职业教育"十三五"
数字媒体应用人才培养规划

Premiere Pro CS6 视频编辑项目教程（项目教学）

第2版 微课版

薛志红 / 主编

郦发仲 骆梅柳 陈雅萍 / 副主编

人民邮电出版社

北京

图书在版编目（CIP）数据

Premiere Pro CS6视频编辑项目教程 : 项目教学 : 微课版 / 薛志红主编. -- 2版. -- 北京 : 人民邮电出版社, 2020.6
职业教育“十三五”数字媒体应用人才培养规划教材
ISBN 978-7-115-53340-1

Ⅰ. ①P… Ⅱ. ①薛… Ⅲ. ①视频编辑软件－职业教育－教材 Ⅳ. ①TN94

中国版本图书馆CIP数据核字(2020)第021262号

内 容 提 要

本书以Premiere在影视编辑领域的应用为主线，采用项目教学方式，介绍了Premiere Pro CS6的基本操作，以及使用Premiere Pro CS6制作电视节目包装、电子相册、电视纪录片、电视广告、电视节目、音乐MV等内容。

本书可以作为职业院校计算机应用、多媒体、平面广告设计等与计算机设计相关的专业的教材，也可以作为视频编辑爱好者的参考用书。

◆ 主　　编　薛志红
　副 主 编　郦发仲　骆梅柳　陈雅萍
　责任编辑　马小霞
　责任印制　王　郁　马振武

◆ 人民邮电出版社出版发行　　北京市丰台区成寿寺路 11 号
　邮编　100164　　电子邮件　315@ptpress.com.cn
　网址　https://www.ptpress.com.cn
　固安县铭成印刷有限公司印刷

◆ 开本：787×1092　1/16
　印张：14.25　　　　2020 年 6 月第 2 版
　字数：363 千字　　　2024 年 12 月河北第 10 次印刷

定价：46.00 元

读者服务热线：(010)81055256　印装质量热线：(010)81055316
反盗版热线：(010)81055315
广告经营许可证：京东市监广登字20170147号

前言 Preface

Premiere是由Adobe公司开发的影视编辑软件。它功能强大、易学易用，深受广大影视制作爱好者和影视后期编辑人员的喜爱，已经成为这一领域最流行的软件之一。目前，计算机应用专业、多媒体专业、平面设计专业等均开设了此课程。本书编者在多年实践经验的基础上根据岗位技能要求，引用了大量的实际案例，不仅讲解软件使用技巧，还着重培养学生实际操作技能，为今后就业打下基础。在内容编写方面，本书全面贯彻党的二十大精神，以社会主义核心价值观为引领，传承中华优秀传统文化，坚定文化自信，使内容更好地体现时代性、把握规律性、富于创造性。

本书采用项目教学法编写，按照项目制作→综合实训项目练习→课后实战演练的顺序，通过制作电视节目包装、制作电子相册、制作电视纪录片、制作电视广告、制作电视节目、制作音乐MV 6个项目讲解了软件的知识。在详细介绍每个项目制作步骤之后，还设计了综合实训项目，对前面讲到的知识点进行了融合，每个项目最后安排了2个课后练习题目，以便学生检验学习的效果。

本书免费为授课教师提供教学辅助资源，教师可以登录人民邮电出版社人邮教育社区下载资源，具体网址为http://www.ryjiaoyu.com。

本书的教学课时为54课时，各项目的参考教学课时见下表。

前言 Preface

项 目	课 程 内 容	参考课时分配	
		讲 授	实 训
项目一	初识 Premiere Pro CS6	4	
项目二	制作电视节目包装	6	4
项目三	制作电子相册	5	2
项目四	制作电视纪录片	6	2
项目五	制作电视广告	6	4
项目六	制作电视节目	6	2
项目七	制作音乐 MV	3	4
课 时 总 计		36	18

由于编者水平有限，书中难免存在疏漏之处，敬请广大读者批评指正。

编　者

2023 年 5 月

目录 Contents

项目一

初识 Premiere Pro CS6 1

任务一 Premiere Pro CS6 的操作界面 2

1.1.1 认识用户操作界面 2

1.1.2 熟悉“项目”面板 2

1.1.3 认识“时间线”面板 3

1.1.4 认识监视器窗口 4

1.1.5 其他功能面板概述 6

任务二 Premiere Pro CS6 的基本操作 8

1.2.1 项目文件操作 8

1.2.2 撤销与恢复操作 11

1.2.3 设置自动保存 11

1.2.4 自定义设置 12

1.2.5 导入素材 13

1.2.6 解释素材 14

1.2.7 改变素材名称 15

任务三 Premiere Pro CS6 的输出设置 15

1.3.1 Premiere Pro CS6 可输出的文件格式 15

1.3.2 影片项目的预演 16

1.3.3 输出参数的设置 18

1.3.4 渲染输出各种格式文件 21

项目二

制作电视节目包装 26

任务一 剪辑素材 27

2.1.1 监视器窗口的使用 27

2.1.2 剪裁素材 28

2.1.3 切割素材 32

2.1.4 实训项目：海洋世界 33

任务二 使用 Premiere Pro CS6 创建新元素 37

2.2.1 通用倒计时片头 37

2.2.2 实训项目：影视片头 38

任务三 综合实训项目 42

2.3.1 制作节目片头 42

2.3.2 制作体育赛事集锦 49

2.3.3 制作动物栏目片头 59

任务四 课后实战演练 68

2.4.1 立体相框 68

2.4.2 镜头的快慢处理 68

项目三

制作电子相册 69

任务一 设置转场特技 70

3.1.1 使用镜头切换 70

3.1.2 调整切换区域 70

3.1.3 切换设置 71

目录

3.1.4 设置默认切换 72
3.1.5 实训项目：绝色美食 73

任务二 综合实训项目 75

3.2.1 制作旅行相册 75
3.2.2 制作儿童相册 81
3.2.3 制作婚礼相册 88

任务三 课后实战演练 97

3.3.1 宇宙星空 97
3.3.2 时尚女孩 97

项目四

制作电视纪录片 98

任务一 使用关键帧制作动画 99

4.1.1 了解关键帧 99
4.1.2 激活关键帧 99
4.1.3 实训项目：飘落的树叶 99

任务二 综合实训项目 106

4.2.1 制作日出日落纪录片 106
4.2.2 制作趣味玩具城纪录片 112
4.2.3 制作科技时代纪录片 119

任务三 课后实战演练 126

4.3.1 石林镜像 126
4.3.2 夕阳美景 127

项目五

制作电视广告 128

任务一 视频调色基础 129

任务二 影视合成 130

5.2.1 影视合成相关知识 130
5.2.2 合成视频 132
5.2.3 实训项目：淡彩铅笔画 134

任务三 综合实训项目 139

5.3.1 制作化妆品广告 139
5.3.2 制作摄像机广告 143
5.3.3 制作汉堡广告 152

任务四 课后实战演练 161

5.4.1 单色保留 161
5.4.2 水墨画 162

项目六

制作电视节目 163

任务一 了解字幕编辑面板 164

任务二 创建字幕文字对象 164

6.2.1 创建水平排列或垂直排列的文字 164
6.2.2 创建路径文字 164
6.2.3 创建段落字幕文字 165

Contents

6.2.4 实训项目：球面化文字 166

任务三 创建运动字幕 170

6.3.1 制作垂直滚动字幕 170

6.3.2 制作水平滚动字幕 171

任务四 综合实训项目 172

6.4.1 制作花卉赏析节目 172

6.4.2 制作烹饪节目 182

6.4.3 制作滚动字幕 192

任务五 课后实战演练 195

6.5.1 影视快车 195

6.5.2 童话世界 195

项目七

制作音乐 MV 197

任务一 认识“调音台”面板 198

任务二 添加音频特效 199

7.2.1 为素材添加特效 199

7.2.2 实训项目：摇滚音乐 200

任务三 综合实训项目 203

7.3.1 制作歌曲 MV 203

7.3.2 制作卡拉 OK 210

任务四 课后实战演练 219

7.4.1 超重低音效果 219

7.4.2 音频的剪辑 220

01 项目一 初识 Premiere Pro CS6

本项目对 Premiere Pro CS6 的操作界面、基本操作进行了详细讲解。通过对本项目的学习，读者可以快速地了解并掌握 Premiere Pro CS6 的入门知识，为后续项目的学习打下坚实的基础。

课堂学习目标

- Premiere Pro CS6 的操作界面
- Premiere Pro CS6 的基本操作
- Premiere Pro CS6 的输出设置

任务一 Premiere Pro CS6 的操作界面

初学 Premiere Pro CS6 的读者在启动 Premiere Pro CS6 后，可能会对工作窗口或面板感到束手无策。本任务将对用户的操作界面、“项目”面板、“时间线”面板、监视器窗口和其他功能面板进行详细讲解。

1.1.1 认识用户操作界面

Premiere Pro CS6 用户操作界面如图 1-1 所示，从图中可以看出，Premiere Pro CS6 的用户操作界面由标题栏、菜单栏、“节目”面板、“源”/“特效控制台”/“调音台”面板组、“项目”/“历史记录”/“效果”面板组、“时间线”面板、“音频仪表”面板、“工具”面板、序列等组成。

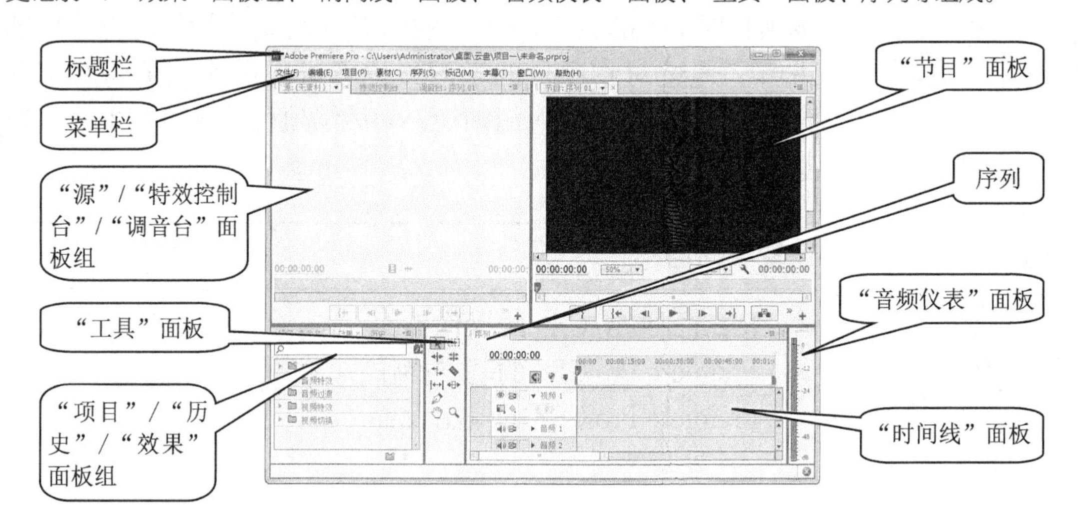

图 1-1

1.1.2 熟悉“项目”面板

“项目”面板主要用于输入、组织和存储供“时间线”面板编辑合成的原始素材，如图 1-2 所示。该面板主要由素材预览区、素材目录栏和面板工具栏 3 部分组成。

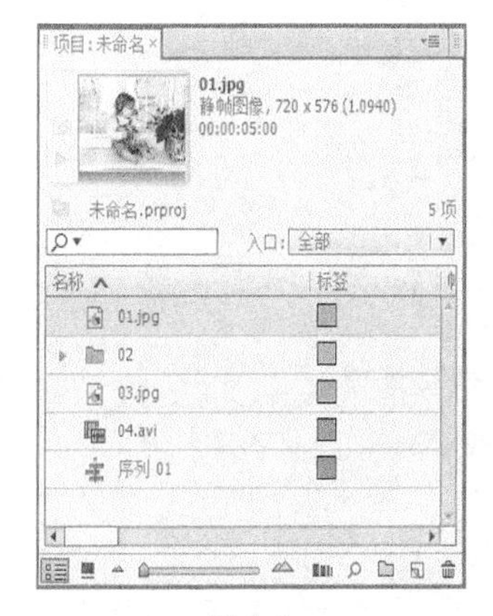

图 1-2

在素材预览区中，用户可预览选中的原始素材，也可查看素材的基本属性，如素材的名称、媒体格式、视音频信息、数据量等。

在“项目”面板下方的工具栏中共有 7 个功能按钮，从左至右分别为“列表视图”按钮、“图标视图”按钮、“自动匹配序列”按钮、“查找”按钮、“新建文件夹”按钮、“新建分项”按钮和“清除”按钮。各按钮的含义如下。

“列表视图”按钮：单击此按钮可以将素材窗中的素材以列表形式显示出来。

“图标视图”按钮：单击此按钮可以将素材窗中的素材以图标形式显示出来。

“自动匹配序列”按钮：单击此按钮可以将素材自动调整到时间线上。

“查找”按钮：单击此按钮可以按提示快速查找素材。

“新建文件夹”按钮：单击此按钮可以新建文件夹，以便管理素材。

“新建分项”按钮：单击此按钮可以弹出相应的下拉菜单，选择需要的分项名称后，新建需要的分项文件。

“清除”按钮：选中不需要的文件，单击此按钮，即可将其删除。

1.1.3 认识“时间线”面板

“时间线”面板是 Premiere Pro CS6 的核心部分，在编辑影片的过程中，大部分工作是在“时间线”面板中完成的。通过“时间线”面板，可以轻松地实现对素材的剪辑、插入、复制、粘贴、修整等操作，如图 1-3 所示。

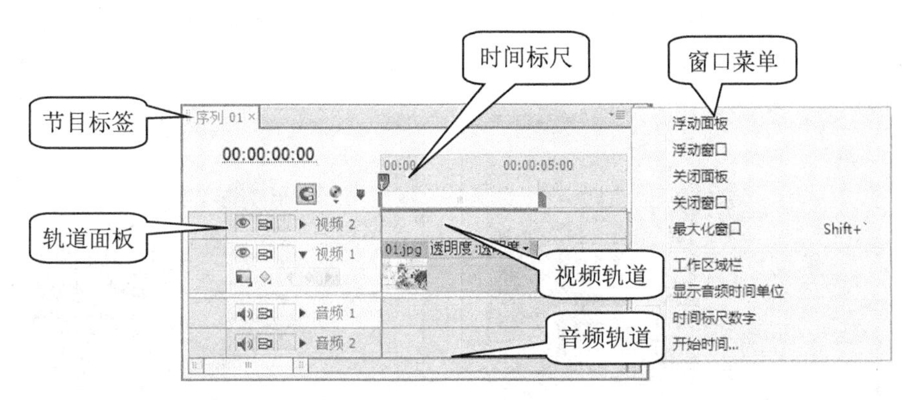

图 1-3

“吸附”按钮：单击此按钮可以启动吸附功能，此时在“时间线”面板中拖动素材，素材将自动粘合到邻近素材的边缘。

“设置 Encore 章节标记”按钮：用于设定 Encore 主菜单标记。

“切换轨道输出”按钮：单击此按钮，可以设置是否在监视器窗口中显示该影片。

“切换轨道输出”按钮：激活此按钮，可以播放声音，反之静音。

“轨道锁定开关”按钮：单击此按钮，当按钮变成状时，当前轨道被锁定，处于不能编辑状态；当按钮变成状时，可以编辑操作该轨道。

“折叠-展开轨道”：隐藏/展开视频轨道工具栏或音频轨道工具栏。

“设置显示样式”按钮：单击此按钮，弹出下拉菜单，在此菜单中可选择显示的命令。

“显示关键帧”按钮：单击此按钮，可以选择显示当前关键帧的方式。

“设置显示样式”按钮：单击此按钮，弹出下拉菜单，在此菜单中可以根据需要对音频轨道素材显示方式进行选择。

“转到下一关键帧”按钮：设置时间指针定位在被选素材轨道的下一个关键帧上。

“添加-移除关键帧”按钮：在时间指针所处的位置，在轨道中被选素材的当前位置添加/移除关键帧。

“转到前一关键帧”按钮：设置时间指针定位在被选素材轨道的上一个关键帧上。

滑块：放大/缩小音频轨中关键帧的显示程度。

“添加标记”按钮：单击此按钮，在当前帧的位置上设置标记。

时间码 00:00:00:00：在这里显示播放影片的进度。

节目标签：单击相应的标签，可以在不同的节目间相互切换。

轨道面板：对轨道的退缩、锁定等参数进行设置。

时间标尺：对剪辑的组进行时间定位。

窗口菜单：对时间单位及剪辑参数进行设置。

视频轨道：为影片进行视频剪辑的轨道。

音频轨道：为影片进行音频剪辑的轨道。

1.1.4 认识监视器窗口

监视器窗口分为素材“源”面板和“节目”面板，分别如图 1-4 和图 1-5 所示，所有编辑或未编辑的影片片段都在此显示效果。

图 1-4

图 1-5

“添加标记”按钮：可以为素材影片添加标记。

“标记入点”按钮：设置当前影片位置的起始点。

“标记出点”按钮：设置当前影片位置的结束点。

“跳转到入点”按钮：单击此按钮，可将时间标记移到起始位置。

“逐帧退”按钮：此按钮是对素材进行逐帧倒播的控制按钮，每单击一次此按钮，播放就会后退 1 帧，按住 Shift 键的同时单击此按钮，每次后退 5 帧。

“播放-停止切换”按钮/：控制监视器窗口中素材的时候，单击此按钮会从监视器窗口中时间标记的当前位置开始播放；在“节目”面板中，在播放时按 J 键可以进行倒播。

“逐帧进”按钮：此按钮是对素材进行逐帧播放的控制按钮。每单击一次此按钮，播放就会前进 1 帧，按住 Shift 键的同时单击此按钮，每次前进 5 帧。

“跳转到出点”按钮：单击此按钮，可将时间标记移到结束位置。

“插入”按钮：单击此按钮，当插入一段影片时，重叠的片段将后移。

“覆盖”按钮：单击此按钮，当插入一段影片时，重叠的片段将被覆盖。

“提升”按钮：用于将轨道上入点与出点之间的内容删除，删除之后仍然留有空间。

“提取”按钮：用于将轨道上入点与出点之间的内容删除，删除之后不留空间，后面的素材会自动连接前面的素材。

“导出单帧”按钮：可导出一帧的影视画面。

分别单击面板右下方的“按钮编辑器”按钮，弹出如图 1-6 和图 1-7 所示的面板。面板中包含一些已有和未显示的按钮。

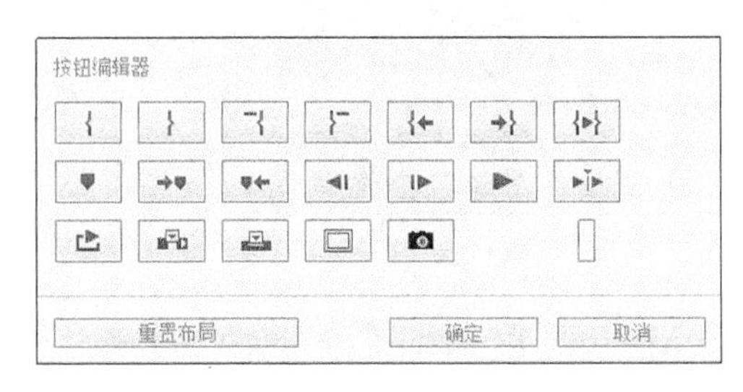

图1-6

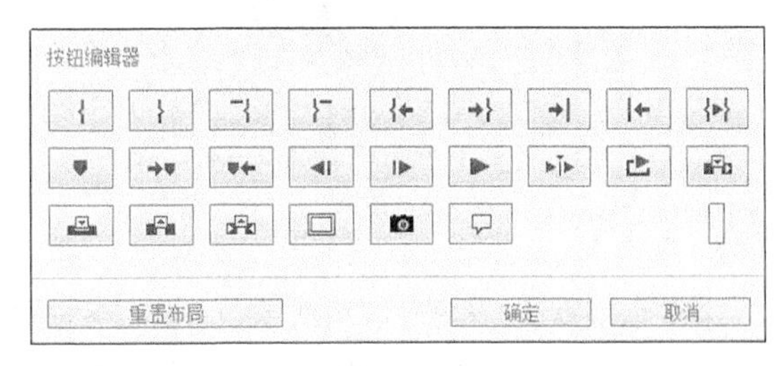

图1-7

“清除入点”按钮：清除设置的标记入点。

“清除出点”按钮：清除设置的标记出点。

“播放入点到出点”按钮：单击此按钮，在播放素材时，只在定义的入点与出点之间播放素材。

“转到下一标记”按钮：调整时差滑块移动到当前位置的下一个标记处。

“转到前一标记”按钮：调整时差滑块移动到当前位置的前一个标记处。

“播放临近区域”按钮：单击此按钮，将播放时间标记的当前位置前后 2 秒的内容。

“循环”按钮：用于控制循环播放的按钮。单击此按钮，监视器窗口就会不断循环播放素材，直至按下停止按钮。

“安全框”按钮：单击此按钮，可以为影片设置安全边界线，以防影片画面太大播放不完整，再次单击此按钮可隐藏安全线。

“跳转到下一个编辑点”按钮：表示到同一轨道上当前编辑点的下一个编辑点。

“跳转到前一个编辑点”按钮：表示到同一轨道上当前编辑点的前一个编辑点。

“隐藏式字幕”按钮：为听力有障碍或者无音条件下观看节目的观众所准备的对白、现时场景的声音和配乐等信息。

可以直接将按钮编辑器中需要的按钮拖动到下面的显示框中，如图 1-8 所示，松开鼠标，按钮即可添加到面板中，如图 1-9 所示。单击“确定”按钮，所选按钮即可显示在面板中，如图 1-10 所示。可以用相同的方法添加多个按钮，如图 1-11 所示。

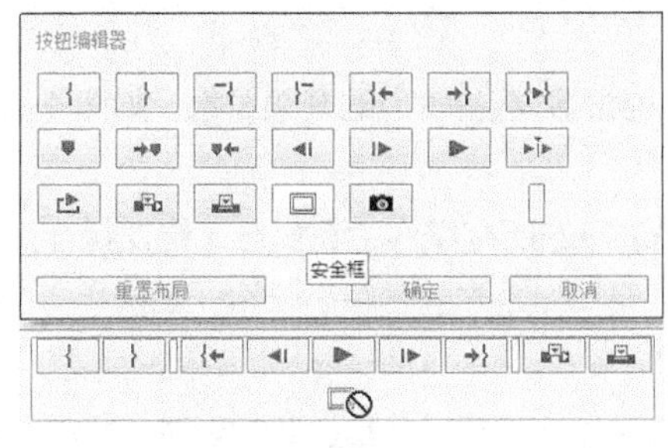

图1-8

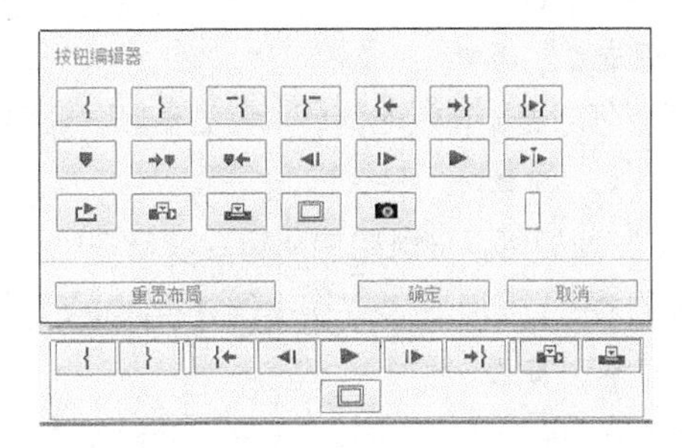

图1-9

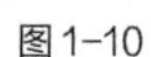

图 1-10

图 1-11

若要恢复默认的布局，可再次单击面板右下方的“按钮编辑器”按钮，在弹出的面板中单击“重置布局”按钮，再单击“确定”按钮，即可恢复。

1.1.5 其他功能面板概述

除了以上介绍的面板之外，Premiere Pro CS6 还提供了其他编辑操作的功能面板，下面逐一进行介绍。

1．“效果”面板

“效果”面板存放着 Premiere Pro CS6 自带的各种音频、视频特效和预设的特效，这些特效按照功能分为五大类，包括音频特效、视频特效、音频过渡、视频切换及预设特效，每一大类又按照效果细分为很多小类，如图 1-12 所示。用户安装的第三方特效插件也将出现在该面板的相应类别文件中。

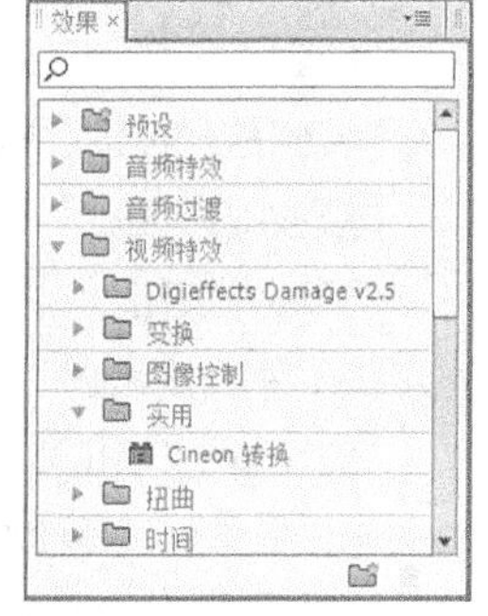

图 1-12

默认设置下，“效果”面板与“历史”面板、“信息”面板合并为一个面板组，单击“效果”标签，即可切换到“效果”面板。

2．“特效控制台”面板

同“效果”面板一样，在 Premiere Pro CS6 的默认设置下，“特效控制台”面板与“源”面板、“调音台”面板合并为一个面板组。“特效控制台”面板主要用于控制对象的运动、透明度、切换、特效等设置，如图 1-13 所示。当为某一段素材添加了音频、视频或转场特效后，就需要在该面板中进行相应的参数设置和添加关键帧，画面的运动特效也在这里进行设置，该面板会根据素材和特效的不同显示不同的内容。

3．“调音台”面板

该面板可以更加有效地调节项目的音频，还可以实时混合各轨道的音频对象，如图 1-14 所示。

4．“历史”面板

“历史”面板可以记录用户从建立项目开始以来进行的所有操作，在执行了错误操作后选择该面板中相应的命令，即可撤销错误操作并重新返回到错误操作之前的某一个状态，如图 1-15 所示。

5．“信息”面板

在 Premiere Pro CS6 中，“信息”面板作为一个独立面板显示，其主要功能是集中显示所选素材对象的各项信息，如图 1-16 所示。不同对象，其“信息”面板的内容也不尽相同。

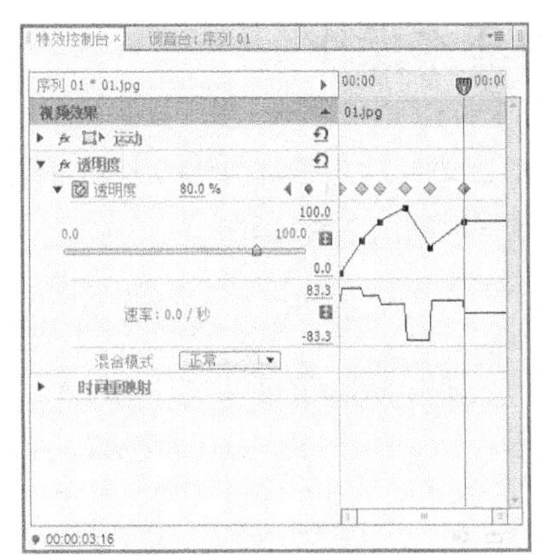

图 1-13

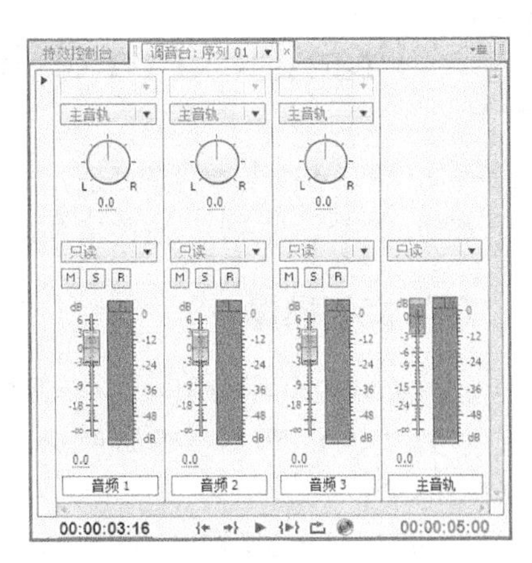

图 1-14

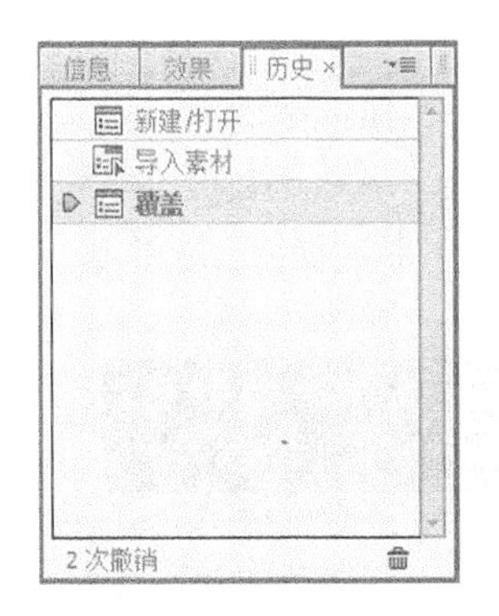

图 1-15

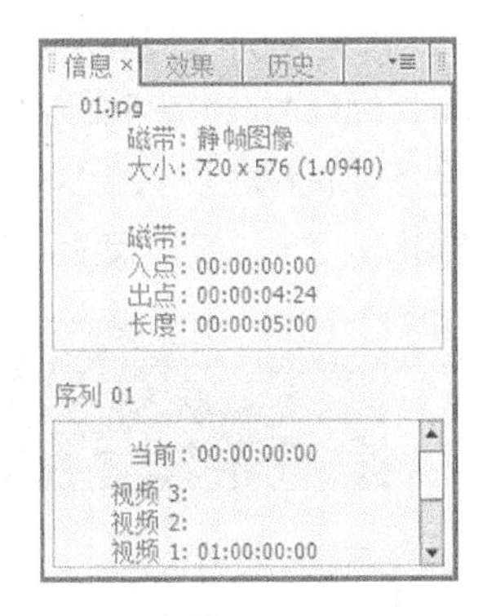

图 1-16

默认设置下，“信息”面板是空白的，如果在“时间线”面板中放入一个素材并选中它，则“信息”面板将显示选中素材的信息，如果有过渡，则显示过渡的信息；如果选定的是一段视频素材，则“信息”面板将显示该素材的类型、持续时间、帧速率、入点、出点及光标的位置；如果是静止图片，则“信息”面板将显示素材的类型、持续时间、帧速率、开始点、结束点及光标的位置。

6. “工具”面板

“工具”面板主要用来对时间线中的音频、视频等内容进行编辑，如图 1-17 所示。

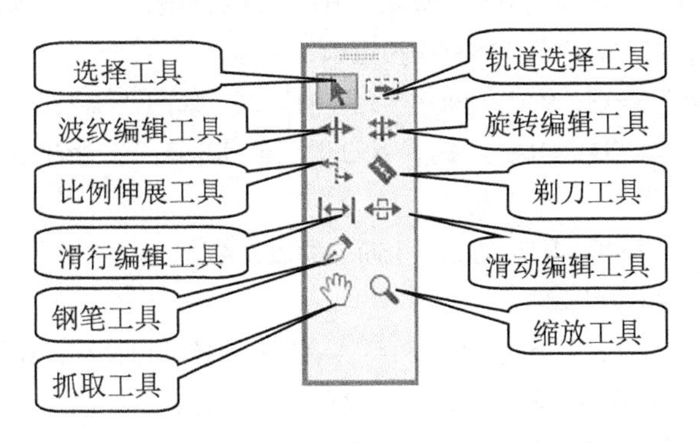

图 1-17

任务二 Premiere Pro CS6 的基本操作

在本任务中将详细介绍项目文件的处理，如新建项目文件、打开现有项目文件；对象的操作，如素材的导入、移动、删除、对齐等。这些基本操作对于后期的制作至关重要。

1.2.1 项目文件操作

在启动 Premiere Pro CS6 开始进行影视制作时，必须先创建新的项目文件或打开已存在的项目文件，这是 Premiere Pro CS6 最基本的操作之一。

1. 新建项目文件

新建项目文件的情况分为两种：一种是启动 Premiere Pro CS6 时直接新建一个项目文件，另一种是在 Premiere Pro CS6 已经启动的情况下新建项目文件。

（1）在启动 Premiere Pro CS6 时新建项目文件

在启动 Premiere Pro CS6 时新建项目文件的具体操作步骤如下。

步骤 1 选择“开始 > 所有程序 > Adobe Premiere Pro CS6”命令，或双击桌面上的 Adobe Premiere Pro CS6 快捷图标，弹出启动对话框，单击“新建项目”按钮，如图 1-18 所示。

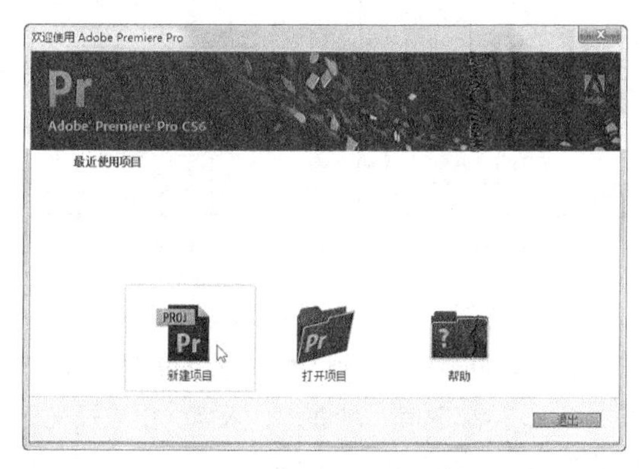

图 1-18

步骤 2 弹出“新建项目”对话框，如图 1-19 所示。在“常规”选项卡中设置活动与字幕安全区域及视频、音频、采集项目名称，单击“位置”下拉列表右侧的“浏览”按钮，在弹出的对话框中选择项目文件保存路径，在“名称”文本框中设置项目名称。

步骤 3 单击“确定”按钮，弹出“新建序列”对话框，如图 1-20 所示。在“序列预设”选项卡中选择项目文件格式，如“DV-PAL”制式下的“标准 48kHz”，此时，在“预设描述”选项区域中将列出相应的项目信息。

步骤 4 单击“确定”按钮，即可创建一个新的项目文件。

（2）利用菜单命令新建项目文件

如果 Premiere Pro CS6 已经启动，则可利用菜单命令新建项目文件，具体操作步骤如下。

选择“文件 > 新建 > 项目”命令，如图 1-21 所示，或按 Ctrl+Alt+N 组合键，弹出“新建项目”对话框，按照上述方法选择合适的设置，单击“确定”按钮即可。

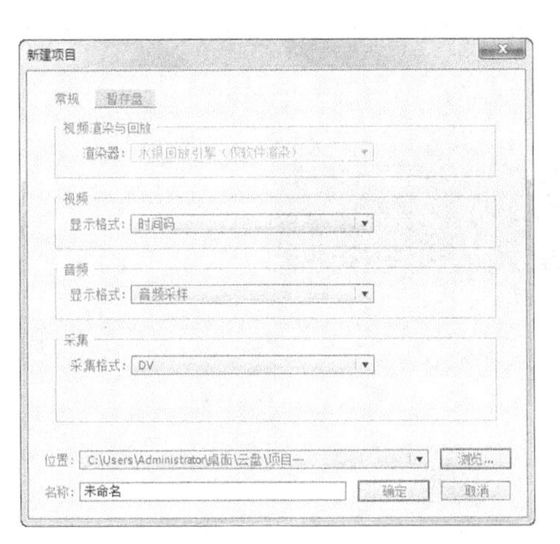

图 1-19

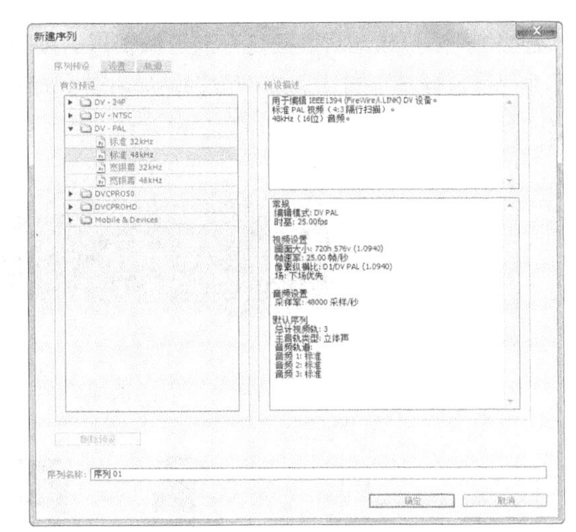

图 1-20

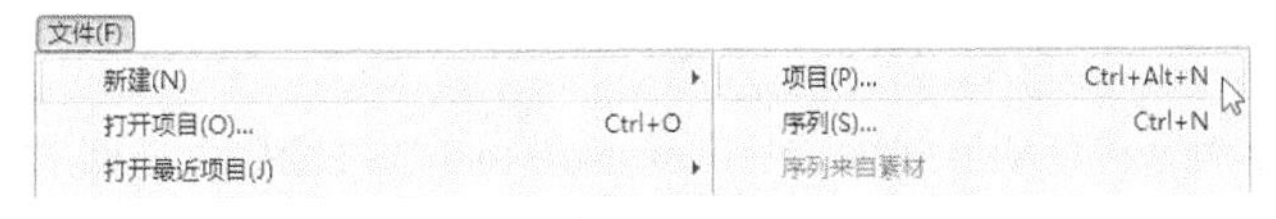

图 1-21

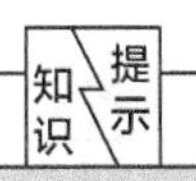

如果正在编辑某个项目文件，此时要采用这一方法新建项目文件，则系统会将当前正在编辑的项目文件关闭，因此，在采用此方法新建项目文件之前一定要保存当前的项目文件，以防止数据丢失。

2. 打开已有的项目文件

要打开一个已存在的项目文件进行编辑或修改，可以使用以下 4 种方法。

方法 1：通过启动对话框打开项目文件。启动 Premiere Pro CS6，弹出启动对话框，单击“打开项目”按钮，如图 1-22 所示，在弹出的“打开项目”对话框中选择需要打开的项目文件，如图 1-23 所示，单击“打开”按钮，即可打开已选择的项目文件。

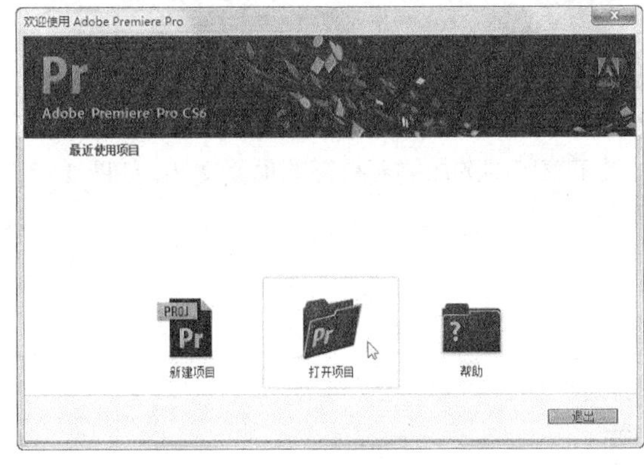

图 1-22

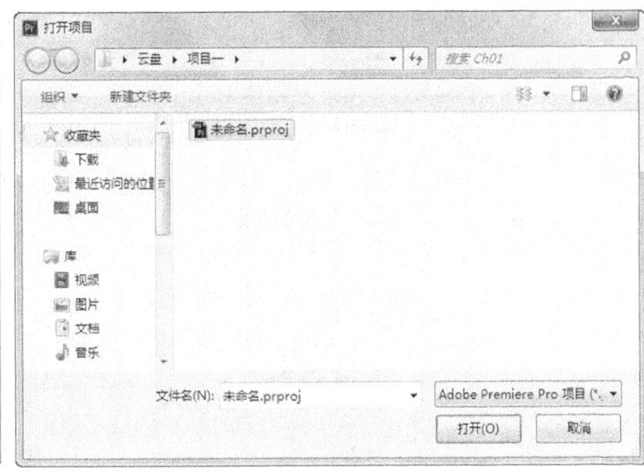

图 1-23

方法 2：通过启动对话框打开最近编辑过的项目文件。启动 Premiere Pro CS6，弹出启动对话框，在“最近使用项目”选项中单击需要打开的项目文件，如图 1-24 所示，打开最近保存过的项目文件。

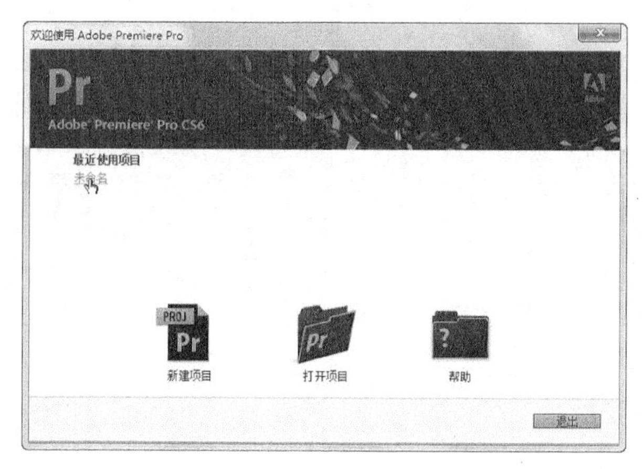

图 1-24

方法 3：利用菜单命令打开项目文件。在 Premiere Pro CS6 窗口中选择“文件 > 打开项目”命令，如图 1-25 所示，或按 Ctrl+O 组合键，弹出“打开项目”对话框，选择需要打开的项目文件，如图 1-26 所示，单击“打开”按钮，即可打开所选的项目文件。

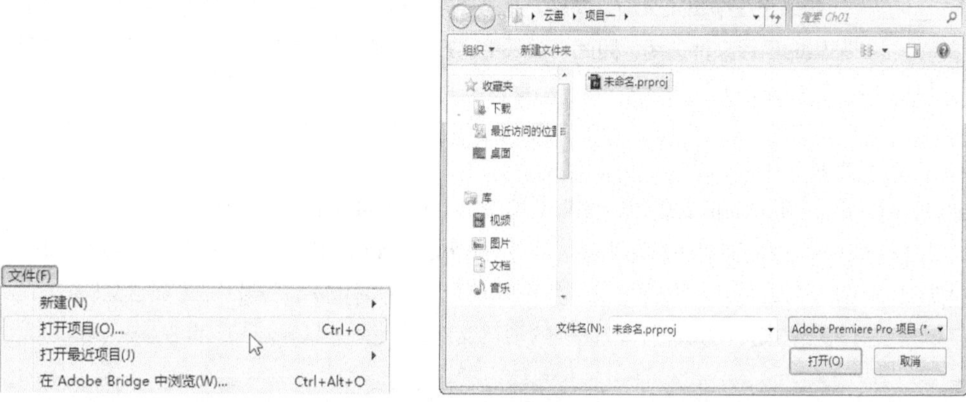

图 1-25　　图 1-26

方法 4：利用菜单命令打开近期的项目文件。Premiere Pro CS6 会将近期打开过的文件保存在“文件”菜单中，选择“文件 > 打开最近项目”命令，在其子菜单中选择需要打开的项目文件，如图 1-27 所示，即可打开所选的项目文件。

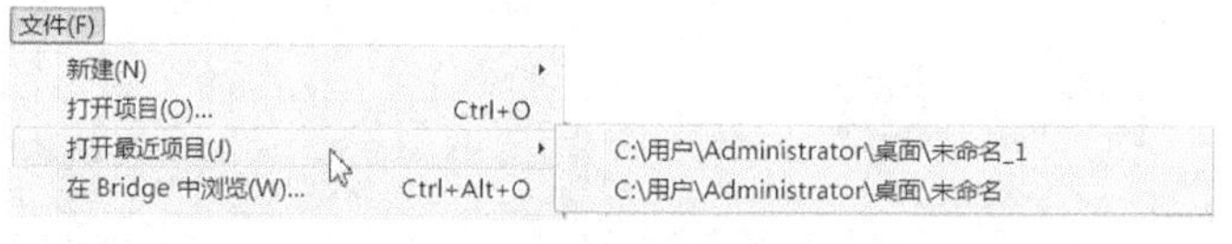

图 1-27

3. 保存项目文件

文件的保存是文件编辑的重要环节，在 Adobe Premiere Pro CS6 中，以何种方式保存文件对图像文件以后的使用有直接的关系。

刚启动 Premiere Pro CS6 软件时，系统会提示用户先保存一个设置了参数的项目，因此，对于编辑过的项目，直接选择“文件 > 存储”命令或按 Ctrl+S 组合键即可保存。另外，系统还会隔一段时间自动保存一次项目。

除此方法之外，Premiere Pro CS6 还提供了“存储为”和“存储副本”命令。

保存项目文件副本的具体操作步骤如下。

步骤 1　选择“文件 > 存储为”命令（或按 Ctrl+Shift+S 组合键），或者选择“文件 > 存储副本”命令（或按 Ctrl+Alt+S 组合键），弹出“存储项目”对话框。

步骤 2　在“保存在”下拉列表中选择保存路径。

步骤 3　在“文件名”文本框中输入文件名。

步骤 4　单击“保存”按钮，即可保存项目文件。

4. 关闭项目文件

如果要关闭当前项目文件，选择“文件 > 关闭项目”命令即可。其中，如果对当前文件做了修改但尚未保存，则系统会弹出如图 1-28 所示的提示对话框，询问是否要保存该项目文件所做的修改。单击“是”按钮，保存项目文件；单击“否”按钮，不保存文件并直接退出项目文件。

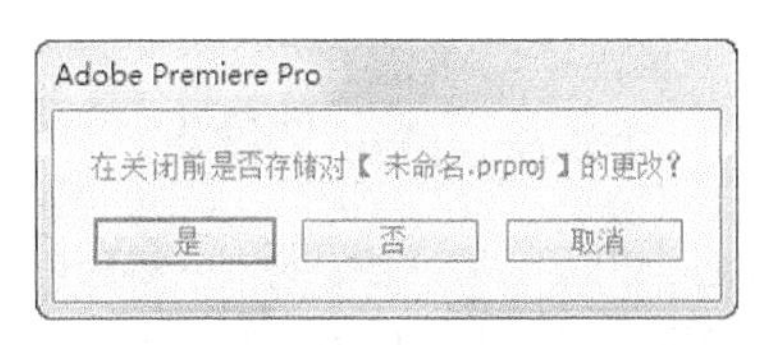

图 1-28

1.2.2　撤销与恢复操作

通常情况下，一个完整的项目需要经过反复地调整、修改与比较才能完成，因此，Premiere Pro CS6 为用户提供了“撤销”与“重做”命令。

在编辑视频或音频时，如果用户的上一步操作是错误的，或对操作得到的效果不满意，则选择“编辑 > 撤销”命令可撤销该操作，如果连续选择此命令，则可连续撤销前面的多步操作。

如果取消撤销操作，则可选择“编辑 > 重做”命令。例如，删除一个素材，通过“撤销”命令来撤销操作后，如果还想将这些素材片段删除，则只要选择“编辑 > 重做”命令即可。

1.2.3　设置自动保存

设置自动保存功能的具体操作步骤如下。

步骤 1　选择“编辑 > 首选项 > 自动存储”命令，弹出“首选项”对话框，如图 1-29 所示。

步骤 2　在“首选项”对话框中根据需要设置“自动存储间隔”及“最多项目存储数量”的数值，如在“自动存储间隔”文本框中输入 20，在“最多项目存储数量”文本框中输入 5，即表示每隔 20min 将自动保存一次，而且只存储最后 5 次存盘的项目文件。

步骤 3　设置完成后，单击“确定”按钮退出对话框，返回到工作界面中。这样，在以后的编辑过程中，系统就会按照设置的参数自动保存文件，用户不必担心由于意外而造成工作数据的丢失。

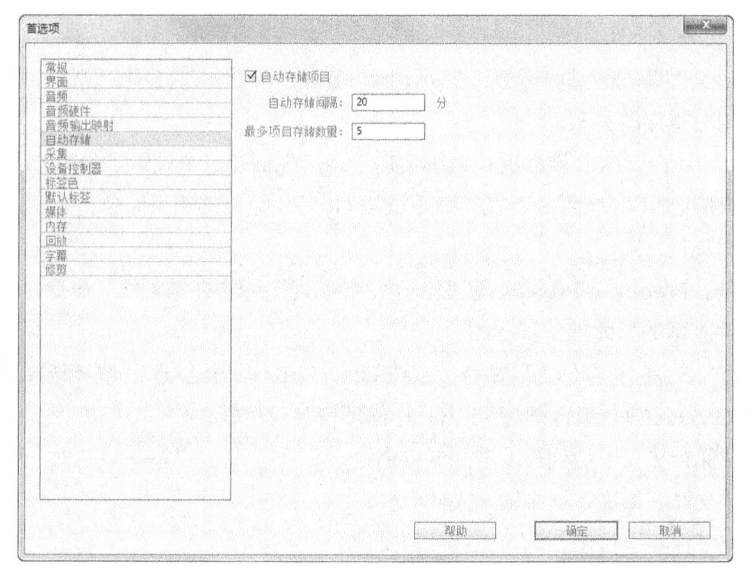

图 1-29

1.2.4　自定义设置

Premiere Pro CS6 预置设置为影片剪辑人员提供了常用的 DV-NTSC 和 DV-PAL 设置。如果需要自定义项目设置，则可在“新建项目”对话框中选择“自定义设置”选项卡，进行参数设置；如果运行 Premiere Pro CS6 的过程中需要改变项目设置，则需选择“项目 > 项目设置”命令，打开“项目设置”对话框进行设置。

在“常规”选项卡中，可以对影片的编辑模式、时间基数、视频、音频等基本指标进行设置，如图 1-30 所示。

图 1-30

“视频”：显示视频素材的格式信息。

“音频”：显示音频素材的格式信息。

"采集"：用来设置设备参数及采集方式。

"活动与字幕安全区域"：可以设置字幕和动作影像安全框的显示范围，以"帧大小"设置数值的百分比计算。

1.2.5 导入素材

Premiere Pro CS6 支持大部分主流的视频、音频及图像文件格式，一般的导入方式为选择"文件 > 导入"命令，弹出"导入"对话框，选择所需要的文件格式和文件即可，如图 1-31 所示。

1. 导入图层文件

以素材的方式导入图层的设置方法如下。选择"文件 > 导入"命令，弹出"导入"对话框，选择 Photoshop、Illustrator 等含有图层的文件格式，选择需要导入的文件，单击"打开"按钮，会弹出图 1-32 所示的提示对话框。

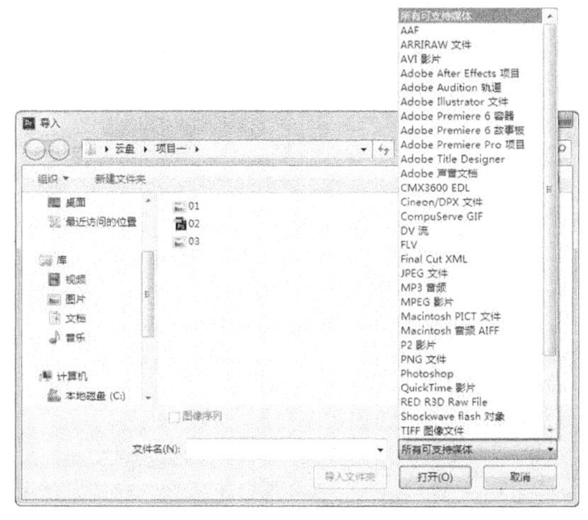

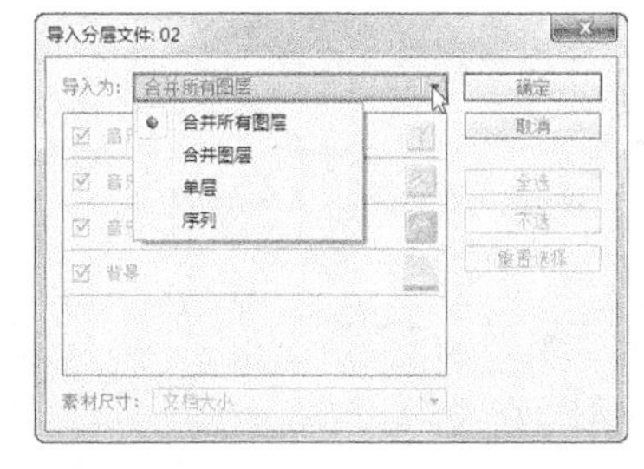

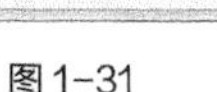
图 1-31　　　　图 1-32

在"导入分层文件"对话框中设置 PSD 图层素材导入的方式，可以选择"合并所有图层""合并图层""单层"或"序列"选项。

本例选择"序列"选项，如图 1-33 所示，单击"确定"按钮，在"项目"面板中会自动产生一个文件夹，其中包括序列文件和图层素材，如图 1-34 所示。

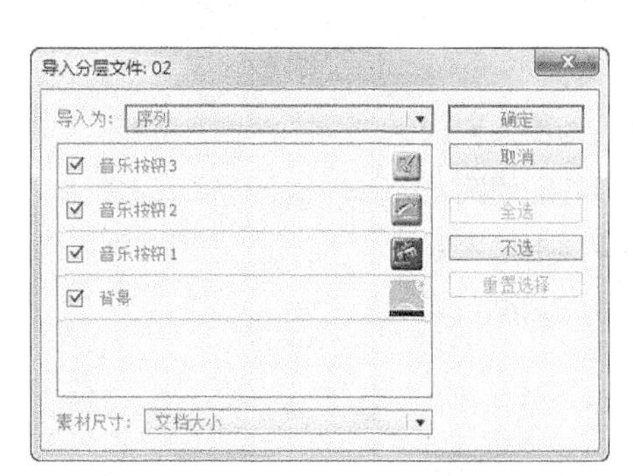

图 1-33　　　　图 1-34

以序列的方式导入图层后，会按照图层的排列方式自动产生一个序列，可以打开该序列设置动画进行编辑。

2. 导入图片

序列文件是一种非常重要的源素材，它由若干幅按序排列的图片组成，用于记录活动影片，每幅图片代表 1 帧。通常，可以先在 3ds Max、After Effects、Combustion 软件中产生序列文件，再将其导入到 Premiere Pro CS6 中使用。

序列文件以数字序号为序进行排列。当导入序列文件时，应在“首选项”对话框中设置图片的帧速率，也可以在导入序列文件后，在“修改素材”对话框中改变帧速率。导入序列文件的方法如下。

步骤 1　在“项目”面板的空白区域双击，弹出“导入”对话框，找到序列文件所在的目录，勾选“图像序列”复选框，如图 1-35 所示。

步骤 2　单击“打开”按钮，导入素材。序列文件导入后的状态如图 1-36 所示。

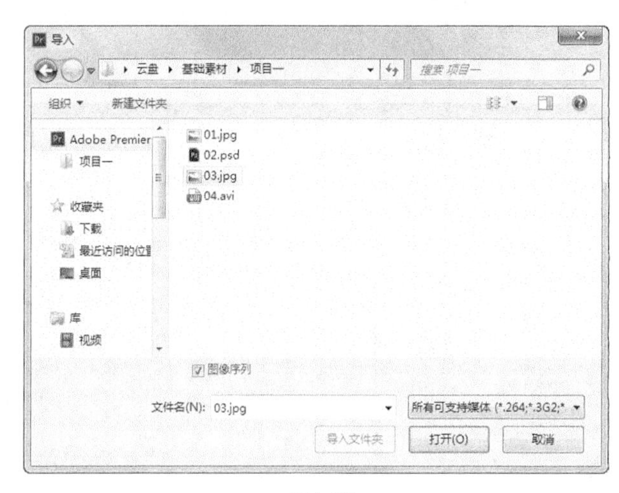

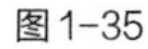

图 1-35

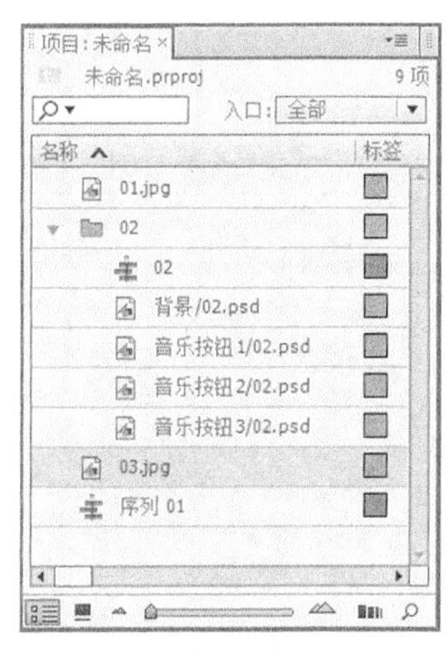

图 1-36

1.2.6　解释素材

对于项目的素材文件，可以通过解释素材来修改其属性。在“项目”面板中的素材上单击鼠标右键，在弹出的快捷菜单中选择“修改 > 解释素材”命令，弹出“修改素材”对话框，如图 1-37 所示。

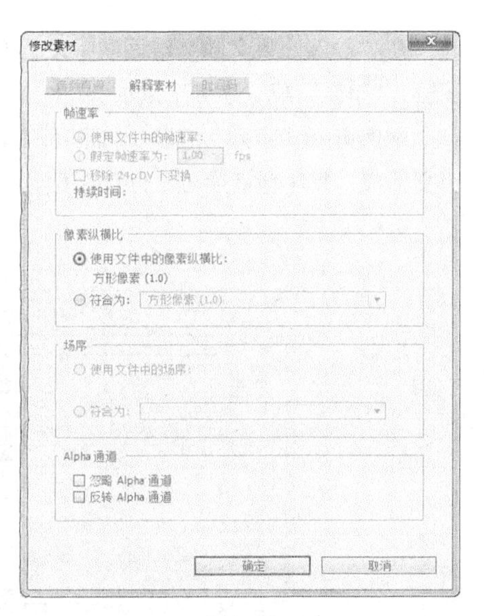

图 1-37

1. 设置帧速率

在“帧速率”选项区域中可以设置影片的帧速率。若选中“使用文件中的帧速率”单选按钮，则使用影片的原始帧速率，剪辑人员也可以在“假定帧速率”为数值框中输入新的帧速率，下方的“持续时间”选项将显示影片的长度。改变帧速率后，影片的长度也会发生改变。

2. 设置像素纵横比

一般情况下，选中“使用文件中的像素纵横比”单选按钮，可使用影片素材的原像素宽高比。剪辑人员也可以通过“符合为”下拉列表重新指定像素宽高比。

3. 设置场序

一般情况下，选中“使用文件中的场序”单选按钮，可使用影片素材的原场序。剪辑人员也可以通过“符合为”下拉列表重新指定场序。

4. 设置透明通道

可以在“Alpha 通道”选项区域中对素材的透明通道进行设置，在 Premiere Pro CS6 中导入带有透明通道的文件时，会自动识别该通道。若勾选“忽略 Alpha 通道”复选框，则忽略 Alpha 通道；若勾选“反转 Alpha 通道”复选框，则保存透明通道中的信息，同时保存可见的 RGB 通道中的相同信息。

5. 观察素材属性

Premiere Pro CS6 提供了属性分析功能，利用该功能，剪辑人员可以了解素材的详细信息，包括素材的片段延时、文件大小、平均速率等。在“项目”面板或者序列中的素材上单击鼠标右键，在弹出的快捷菜单中选择“属性”命令，弹出“属性”对话框，如图 1-38 所示。

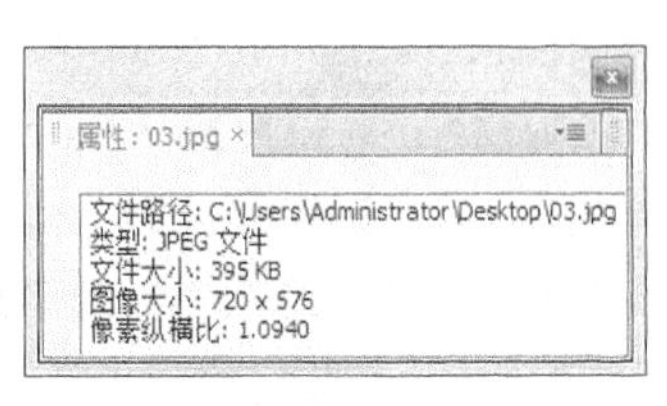

图 1-38

该对话框中详细列出了当前素材的各项属性，如源素材路径、文件大小、媒体格式、帧尺寸、持续时间、使用状况等。

1.2.7 改变素材名称

在“项目”面板中的素材上单击鼠标右键，在弹出的快捷菜单中选择“重命名”命令，素材会处于可编辑状态，输入新名称即可，如图 1-39 所示。

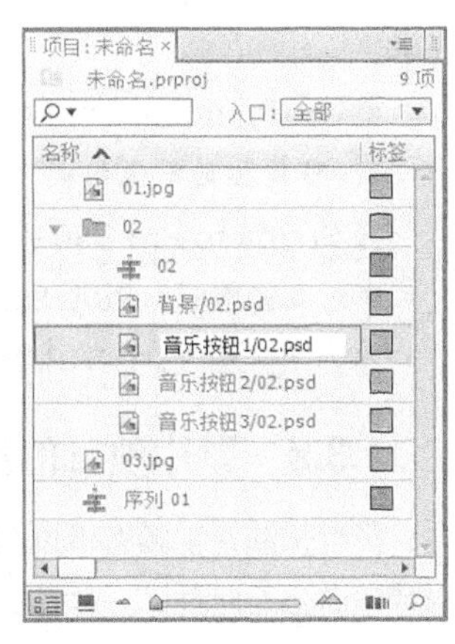

图 1-39

剪辑人员可以给素材重命名以改变它原来的名称，这在一部影片中重复使用一个素材或复制了一个素材并为之设定新的入点和出点时极其有用。给素材重命名有助于在“项目”面板和序列中观看一个复制的素材时避免混淆。

任务三 Premiere Pro CS6 的输出设置

1.3.1 Premiere Pro CS6 可输出的文件格式

在 Premiere Pro CS6 中，可以输出多种文件格式，包括视频格式、音频格式、静态图像和序列图像等，下面进行详细介绍。

1. 可输出的视频格式

在 Premiere Pro CS6 中可以输出多种视频格式，常用的有以下几种。

AVI：AVI 是 Audio Video Interleaved 的缩写，是 Windows 操作系统中使用的视频文件格式，它的优点是兼容性好、图像质量好、调用方便，缺点是文件尺寸较大。

GIF：GIF 是动画格式的文件，可以显示视频运动画面，但不包含音频部分。

Fic/Fli：支持系统的静态画面或动画。

Filmstrip：电影胶片（也称幻灯片影片），但不包括音频部分。该类文件可以先通过 Photoshop 等软件进行画面效果处理，再导入到 Premiere Pro CS6 中进行编辑输出。

QuickTime：用于 Windows 和 Mac OS 的视频文件，适用于网上下载。该文件格式是由 Apple 公司开发的。

DVD：DVD 是使用 DVD 刻录机及 DVD 空白光盘刻录而成的。

DV：DV 是 Digital Video 的缩写，是新一代数字录像带的规格，它具有体积小、时间长的优点。

2. 可输出的音频格式

在 Premiere Pro CS6 中可以输出多种音频格式，其主要输出的音频格式有以下几种。

WMA：WMA 是 Windows Media Audio 的缩写，WMA 音频文件是一种压缩的离散文件或流式文件。它采用的压缩技术与 MP3 压缩原理近似，但它并不削减大量的编码。WMA 最主要的优点是可以在较低的采样率下压缩出近似于 CD 音质的音乐。

MPEG：创建于 1988 年，专门负责为 CD 建立视频和音频等相关标准。

MP3：MP3 是 MPEG Audio Layer3 的简称，它能够以高音质、低采样率对数字音频文件进行压缩。

此外，Premiere Pro CS6 还可以输出 DV AVI、Real Media 和 QuickTime 格式的音频。

3. 可输出的图像格式

在 Premiere Pro CS6 中可以输出多种图像格式，其主要输出的图像格式有以下几种。

静态图像格式：Film Strip、FLC/FLI、Targa、TIFF 和 Windows Bitmap。

序列图像格式：GIF Sequence、Targa Sequence 和 Windows Bitmap Sequence。

1.3.2 影片项目的预演

影片预演是视频编辑过程中对编辑效果进行检查的重要手段，它实际上属于编辑工作的一部分。影片预演分为两种：一种是实时预演，另一种是生成预演。下面分别对其进行介绍。

1. 实时预演

实时预演也称实时预览，即平时所说的预览。进行影片实时预演的具体操作步骤如下。

步骤 1　影片编辑制作完成后，在“时间线”面板中将时间标记移动到需要预演的片段的开始位置，如图 1-40 所示。

步骤 2　在“节目”面板中单击“播放-停止切换”按钮，系统开始播放节目，在“节目”面板中可预览节目的最终效果，如图 1-41 所示。

2. 生成预演

与实时预演不同的是，生成预演不是使用显卡对画面进行实时渲染，而是使用计算机的 CPU 对画面进行运算，先生成预演文件，再进行播放。因此，生成预演取决于计算机 CPU 的运算能力。生成预演播放的画面是平滑的，不会产生停顿或跳跃，所表现出来的画面效果和渲染输出的效果是完全一致的。进行影片生成预演的具体操作步骤如下。

步骤 1　影片编辑制作完成以后，在“时间线”面板中拖动工具区范围条的两端，以确定要生成影片预演的范围，如图 1-42 所示。

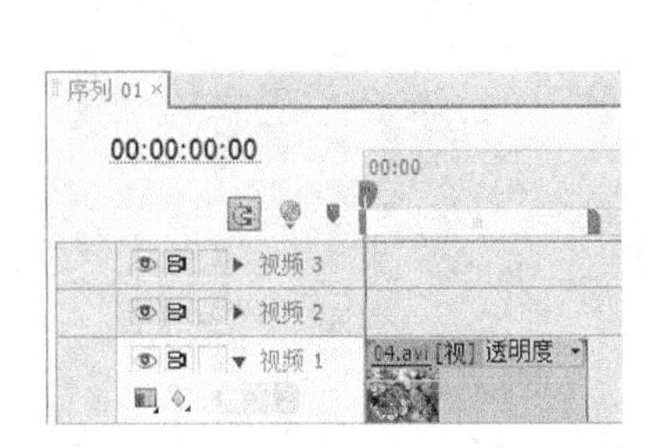

图 1-40

图 1-41

步骤 2　选择“序列 > 渲染工作区域内的效果”命令，系统将开始进行渲染，并弹出“正在渲染”对话框显示渲染进度，如图 1-43 所示。

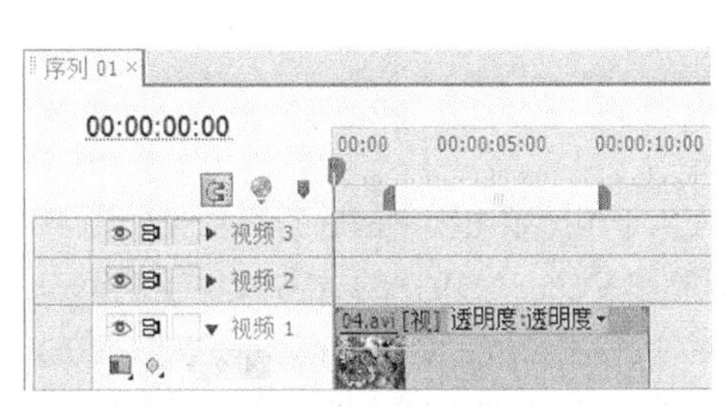

图 1-42

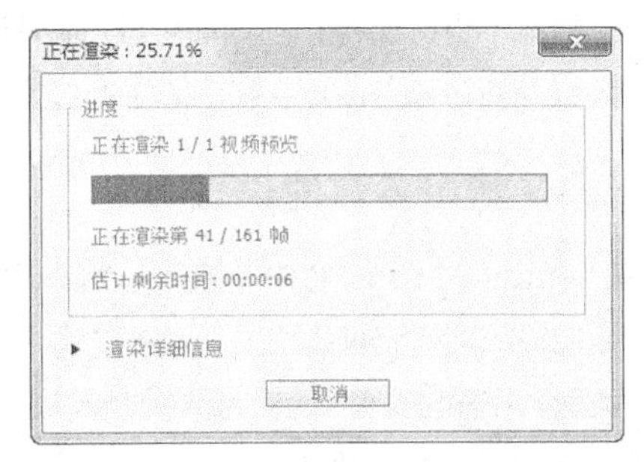

图 1-43

步骤 3　在“正在渲染”对话框中单击“渲染详细信息”选项前面的按钮▶，展开此选项区域，可以查看渲染的时间、磁盘剩余空间等信息，如图 1-44 所示。

步骤 4　渲染结束后，系统会自动播放该片段，在“时间线”面板中，预演部分将会显示绿色线条，其他部分则保持为红色线条，如图 1-45 所示。

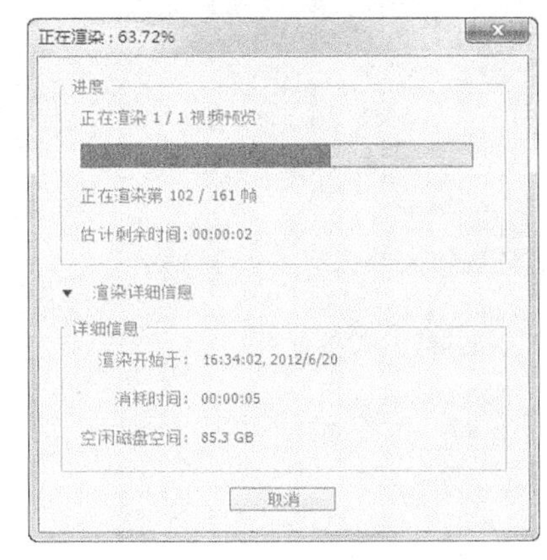

图 1-44

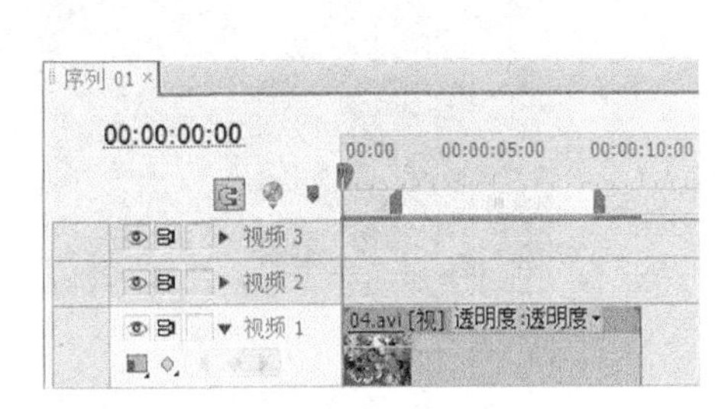

图 1-45

步骤 5　如果用户先设置了预演文件的保存路径，则可在计算机的硬盘中找到预演生成的临时文件，如图 1-46 所示。双击该文件，即可脱离 Premiere Pro CS6 程序进行播放，如图 1-47 所示。

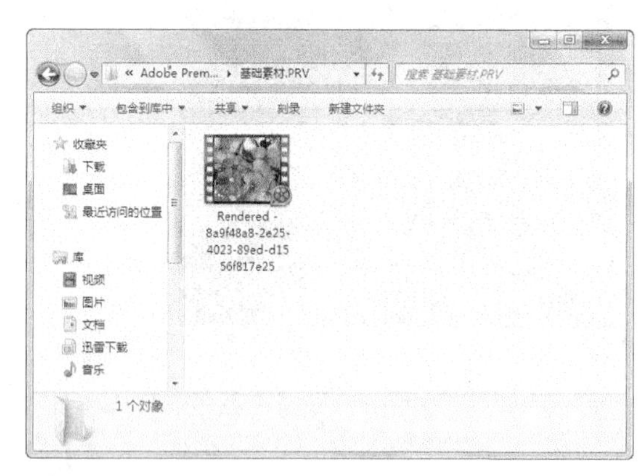

图 1-46

图 1-47

生成的预演文件可以重复使用，用户下一次预演该片段时会自动使用该预演文件。在关闭该项目文件时，如果不进行保存，则预演生成的临时文件会自动删除；如果用户在修改预演区域片段后再次预演，则会重新渲染并生成新的预演临时文件。

1.3.3 输出参数的设置

在 Premiere Pro CS6 中，既可以将影片输出为用于电影或电视中播放的录像带，又可以输出为通过网络传输的网络流媒体格式，还可以输出为可以制作 VCD 或 DVD 的 AVI 文件等。但无论输出的是何种类型，在输出文件之前，都必须合理地设置相关的输出参数，使输出的影片达到理想的效果。下面以输出 AVI 格式的文件为例，介绍输出前的参数设置方法，其他格式类型的输出设置与此基本相同。

1. 输出选项

影片制作完成后即可输出，在输出影片之前，可以设置一些基本参数，其具体操作步骤如下。

步骤 1　在“时间线”面板选择需要输出的视频序列，选择“文件 > 导出 > 媒体”命令，弹出“导出设置”对话框，在其中进行设置，如图 1-48 所示。

图 1-48

步骤 2　在“导出设置”对话框右侧的选项区域中设置文件的格式以及输出区域等。

用户可以将输出的数字电影设置为不同的格式，以适应不同的需要。在“格式”下拉列表中，可以输出的媒体格式如图 1–49 所示。

图 1–49

Premiere Pro CS6 中默认的输出文件类型或格式主要有以下几种。

AVI：如果要输出为基于 Windows 操作系统的数字电影，则选择“AVI”（Windows 格式的视频格式）选项。

QuickTime：如果要输出为基于 Mac OS 的数字电影，则选择“QuickTime”（Mac 视频格式）选项。

GIF：如果要输出 GIF 动画，则选择“GIF”选项，即输出的文件连续存储了视频的每一帧，这种格式支持在网页上以动画形式显示，但不支持声音播放。若选择“GIF”选项，则只能输出为单帧的静态图像序列。

波形音频：如果只是输出为 WAV 格式的影片声音文件，则选择“波形音频”选项。

勾选“导出视频”复选框，可输出整个编辑项目的视频部分；若取消勾选，则不能输出视频部分。

勾选“导出音频”复选框，可输出整个编辑项目的音频部分；若取消勾选，则不能输出音频部分。

2. “视频”选项卡

在“视频”选项卡中，可以为输出的视频指定使用的格式、品质及影片尺寸等相关的选项参数，如图 1–50 所示。

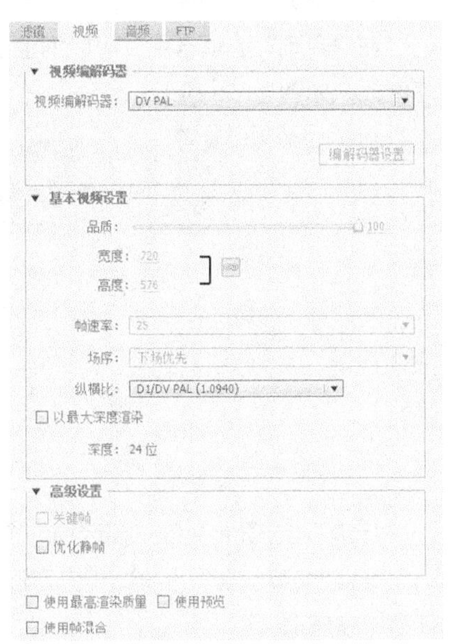

图 1–50

“视频”选项卡中各主要选项的含义如下。

“视频编解码器”：通常视频文件的数据量很大，为了减少其所占的磁盘空间，在输出时可以对文件进行压缩。在“视频编解码器”下拉列表中可选择需要的压缩方式，如图 1-51 所示。

“品质”：设置影片的压缩品质，通过拖动品质的百分比来设置。

“宽度”/“高度”：设置影片的尺寸。我国使用 PAL 制，选择 720×576。

“帧速率”：设置每秒播放画面的帧数，提高帧速率会使画面播放得更流畅。如果将文件类型设置为 Microsoft DV AVI，那么 DV PAL 对应的帧速率是固定的 29.97 和 25；如果将文件类型设置为 Microsoft AVI，那么帧速率可以选择 1～60 的数值。

“场序”：设置影片的场扫描方式，有上场、下场和无场 3 种方式。

“纵横比”：设置视频制式的画面比。单击其右侧的下拉按钮，在弹出的下拉列表中选择需要的选项，如图 1-52 所示。

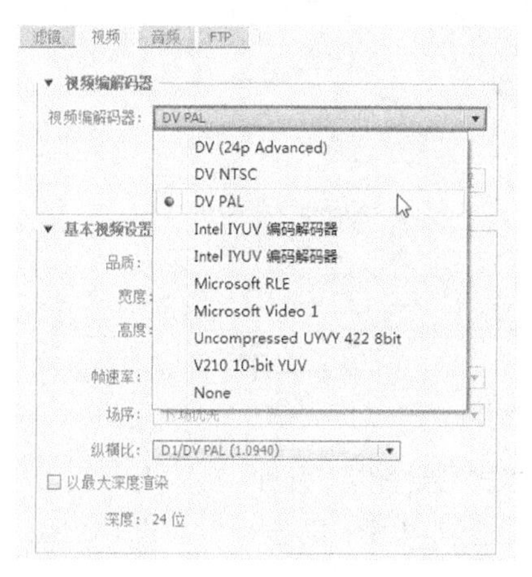

图 1-51

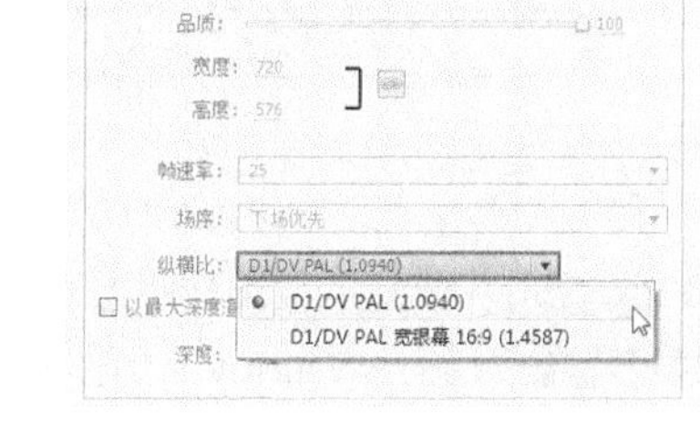

图 1-52

3. “音频”选项卡

在“音频”选项卡中，可以为输出的音频指定使用的压缩方式、采样速率及量化指标等相关的选项参数，如图 1-53 所示。

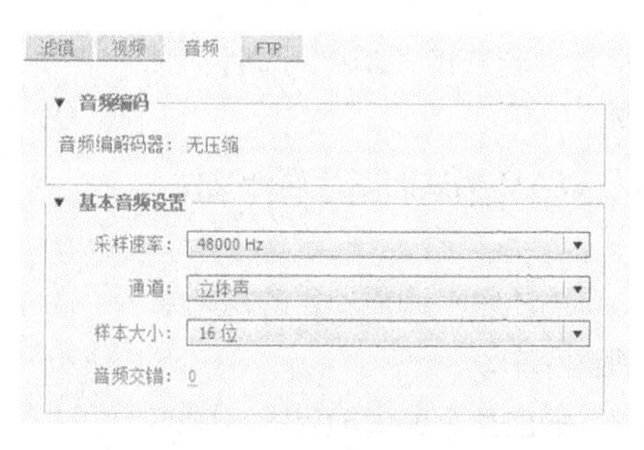

图 1-53

“音频”选项卡中各主要选项的含义如下。

“音频编解码器”：为输出的音频选项选择合适的压缩方式进行压缩。Premiere Pro CS6 默认的选项是“无压缩”。

“采样速率”：设置输出节目音频时所使用的采样速率，如图 1-54 所示。采样速率越高，播放质量越好，但所需的磁盘空间越大，占用的处理时间也越长。

“样本大小”：设置输出节目音频时所使用的声音量化倍数，最高要提供 32 位。一般而言，要想获得较好的音频质量就要使用较高的量化位数，如图 1-55 所示。

“通道”：在其下拉列表中可以为音频选择单声道或立体声。

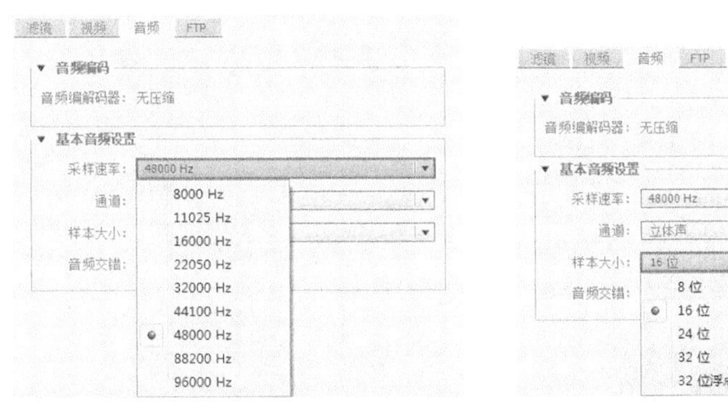

图 1-54

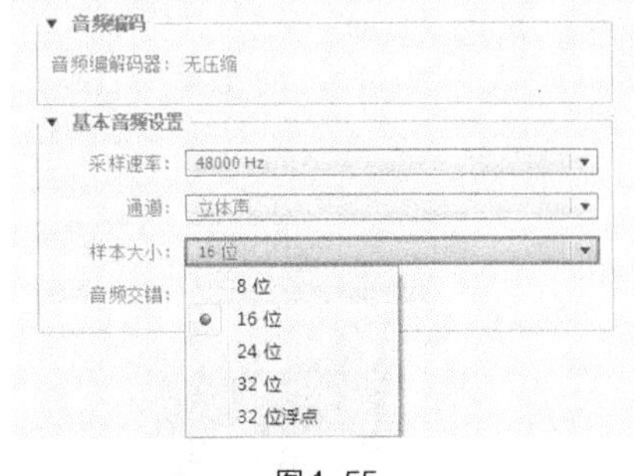

图 1-55

1.3.4 渲染输出各种格式文件

Premiere Pro CS6 可以渲染输出多种格式文件，从而使视频剪辑更加方便灵活。下面重点介绍常用格式文件渲染输出的方法。

1. 输出单帧图像

在视频编辑中，可以将画面的某一帧输出，以便给视频动画制作定格效果。Premiere Pro CS6 中输出单帧图像的具体操作步骤如下。

步骤 1　在 Premiere Pro CS6 的时间线上添加一段视频文件，选择“文件 > 导出 > 媒体”命令，弹出“导出设置”对话框，在“格式”下拉列表中选择“TIFF”选项，在“输出名称”文本框中输入文件名并设置文件的保存路径，勾选“导出视频”复选框，其他参数保持默认状态，如图 1-56 所示。

图 1-56

步骤 2　单击“队列”按钮，打开“Queue”窗口，单击右侧的 ▶ 按钮渲染输出视频，如图 1-57 所示。

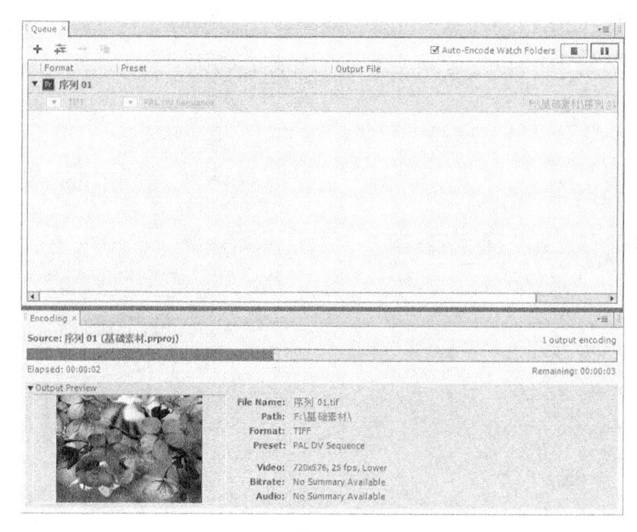

图 1-57

输出单帧图像时，最关键的是时间指针的定位，它决定了单帧输出时的图像内容。

2. 输出音频文件

Premiere Pro CS6 可以将影片中的一段声音或影片中的歌曲制作成音乐光盘等文件。输出音频文件的具体操作步骤如下。

步骤 1　在 Premiere Pro CS6 的时间线上添加一个有声音的视频文件或打开一个有声音的项目文件，选择“文件 > 导出 > 媒体”命令，弹出“导出设置”对话框，在“格式”下拉列表中选择“MP3”选项，在“预设”下拉列表中选择“MP3 128kbps”选项，在“输出名称”文本框中输入文件名并设置文件的保存路径，勾选“导出音频”复选框，其他参数保持默认状态，如图 1-58 所示。

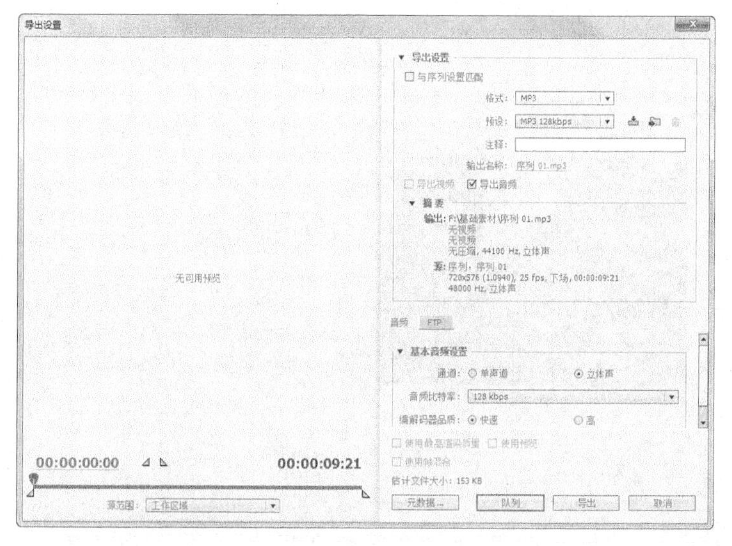

图 1-58

步骤 2　单击“队列”按钮，打开“Queue”窗口，单击右侧的“ ▶ ”按钮渲染输出音频，如图 1-59 所示。

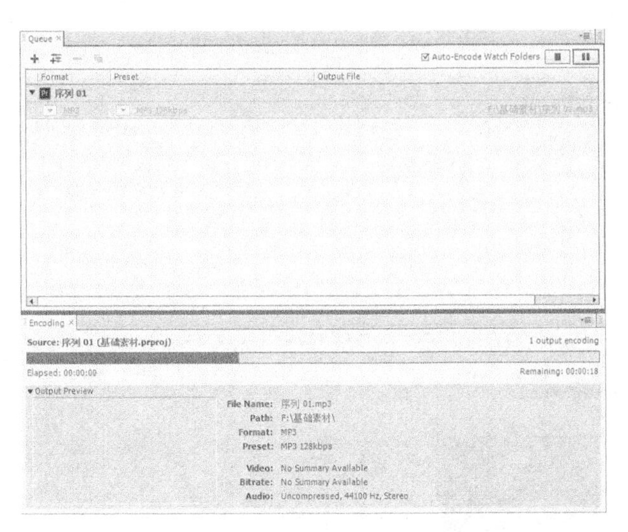

图 1-59

3. 输出整个影片

输出影片是最常用的输出方式，将编辑完成的项目文件以视频格式输出，可以输出编辑内容的全部或者某一部分，也可以只输出视频内容或者只输出音频内容，一般将全部的视频和音频一起输出。

下面以 Microsoft AVI 格式为例，介绍输出影片的方法，其具体操作步骤如下。

步骤 1　选择“文件 > 导出 > 媒体”命令，弹出“导出设置”对话框。

步骤 2　在“格式”下拉列表中选择“AVI”选项。

步骤 3　在“预设”下拉列表中选择“PAL DV”选项。

步骤 4　在“输出名称”文本框中输入文件名并设置文件的保存路径，勾选“导出视频”复选框和“导出音频”复选框，如图 1-60 所示。

图 1-60

步骤 5 设置完成后，单击“队列”按钮，打开“Queue”窗口，单击右侧的 ▶ 按钮渲染输出视频和音频，如图 1-61 所示。渲染完成后，即可生成所设置的 AVI 格式的影片。

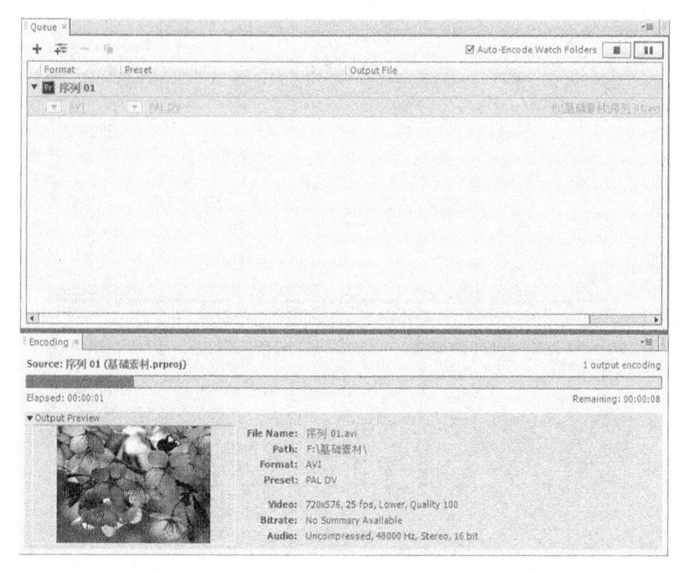

图 1-61

4. 输出静态图片序列

在 Premiere Pro CS6 中，可以将视频输出为静态图片序列，也就是说，将视频画面的每一帧都输出为一张静态图片，这一系列图片中的每张都具有一个自动编号。这些输出的序列图片可用于 3D 软件中的动态贴图，并且可以移动和存储。

输出静态图片序列的具体操作步骤如下。

步骤 1 在 Premiere Pro CS6 的时间线上添加一段视频文件，设定只输出视频的一部分内容，如图 1-62 所示。

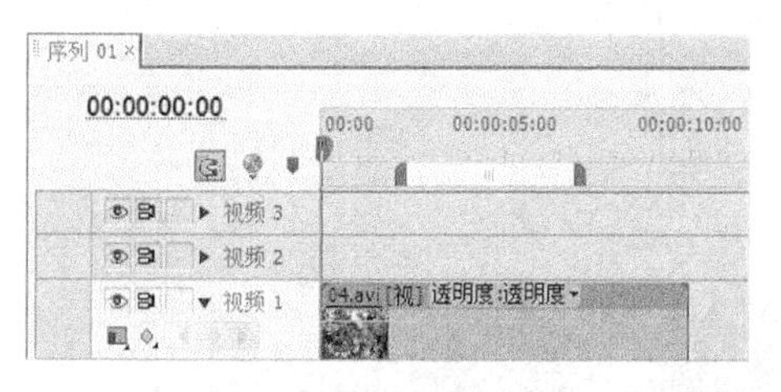

图 1-62

步骤 2 选择“文件 > 导出 > 媒体”命令，弹出“导出设置”对话框，在“格式”下拉列表中选择“TIFF”选项，在“预设”下拉列表中选择“PAL DV 序列”选项，在“输出名称”文本框中输入文件名并设置文件的保存路径，勾选“导出视频”复选框，在“视频”扩展参数面板中必须勾选“导出为序列”复选框，其他参数保持默认状态，如图 1-63 所示。

步骤 3 单击“队列”按钮，打开“Queue”窗口，单击右侧的 ▶ 按钮渲染输出视频，如图 1-64 所示。

步骤 4 输出完成后的静态图片序列文件如图 1-65 所示。

图1-63

图1-64

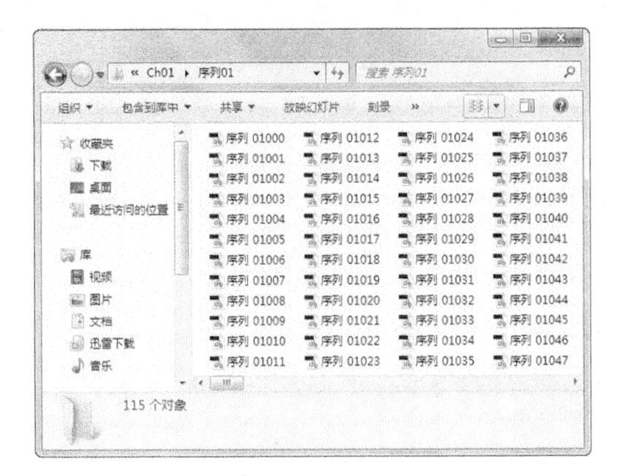

图1-65

02 项目二 制作电视节目包装

本项目对 Premiere Pro CS6 中剪辑影片的基本技术和操作进行详细介绍，其中包括打开、剪裁和切割素材，以及使用 Premiere Pro CS6 创建新元素的多种方式等。通过本项目的学习，读者可以掌握剪辑技术的使用方法和应用技巧。

课堂学习目标

- 监视器窗口的使用
- 使用 Premiere Pro CS6 剪辑素材
- 使用 Premiere Pro CS6 创建新元素

任务一　剪辑素材

Premiere Pro CS6 中的编辑过程是非线性的，可以在任意时刻插入、复制、替换、传递和删除素材片段，还可以采取各种各样的顺序和效果进行试验，并在合成最终影片或输出到磁带前进行预演。

用户在 Premiere Pro CS6 中使用监视器窗口和“时间线”面板编辑素材。监视器窗口用于观看素材和完成的影片，设置素材的入点、出点等；“时间线”面板用于建立序列、安排素材、分离素材、插入素材、合成素材、混合音频等。使用监视器窗口和“时间线”面板编辑影片时，可同时使用一些相关的其他窗口和面板。

在一般情况下，Premiere Pro CS6 会从头至尾地播放一个音频素材或视频素材。用户可以使用剪辑窗口或监视器窗口改变一个素材的开始帧和结束帧或改变静止图像素材的长度。Premiere Pro CS6 中的监视器窗口可以对原始素材和序列进行剪辑。

2.1.1　监视器窗口的使用

监视器窗口中有两个面板，即“源”面板与“节目”面板，分别用来显示素材与作品在编辑时的状况。如图 2-1 所示，左图为“源”面板，用于显示和设置节目中的素材；右图为“节目”面板，用于显示和设置序列。

图 2-1

在“源”面板中，单击上方的标题栏或黑色三角按钮，弹出下拉列表，显示已经调入“时间线”面板中的素材序列表，可以更加快速方便地浏览素材的基本情况，如图 2-2 所示。

监视器窗口可以设置安全区域。用户可以在“源”面板和“节目”面板中设置安全区域，这对输出设备为电视机播放的影片非常有用。

安全区域的产生是由于电视机在播放视频图像时，屏幕的边缘会切除部分图像，这种现象称为“溢出扫描”，而不同的电视机溢出的扫描量不同，所以要把图像的重要部分放在安全区域内。在制作影片时，需要将重要的场景元素、演员、图表放在运动安全区域内，将标题、字幕放在标题安全区域内。如图 2-3 所示，位于工作区域外侧的方框为运动安全区域，位于内侧的方框为标题安全区域。

单击“源”面板或“节目”面板下方的“安全框”按钮，可以显示或隐藏监视器窗口中的安全区域。

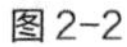
图 2-2

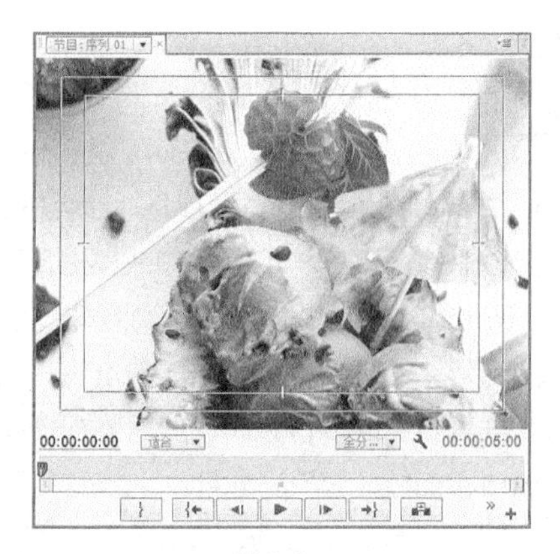

图 2-3

2.1.2 剪裁素材

剪辑可以增加或删除帧以改变素材的长度。素材开始帧的位置被称为入点，素材结束帧的位置被称为出点。用户可以在“源\节目”监视器窗口和“时间线”面板中剪裁素材。

1．在“源\节目”监视器窗口中剪裁素材

在“源\节目”监视器窗口中改变入点和出点的具体操作步骤如下。

步骤 1　在“项目”面板中双击要设置入点和出点的素材，将其在“源\节目”监视器窗口中打开。

步骤 2　在“源\节目”监视器窗口中拖动时间标记或按 Space 键，找到要使用的片段的开始位置。

步骤 3　单击“源\节目”监视器窗口下方的“标记入点”按钮或按 I 键，“源\节目”监视器窗口中显示当前素材入点画面，“素材”监视器窗口右上方显示入点标记，如图 2-4 所示。

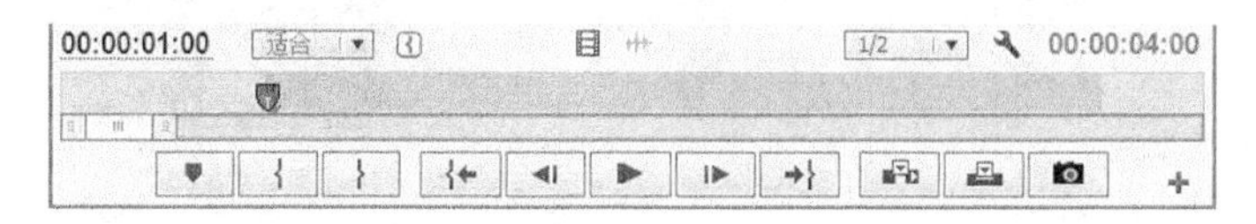

图 2-4

步骤 4　继续播放影片，找到使用片段的结束位置。单击“源\节目”监视器窗口下方的“标记出点”按钮或按 O 键，窗口下方显示当前素材出点。入点和出点间显示为深色，两点之间的片段即为入点与出点间的素材片段，如图 2-5 所示。

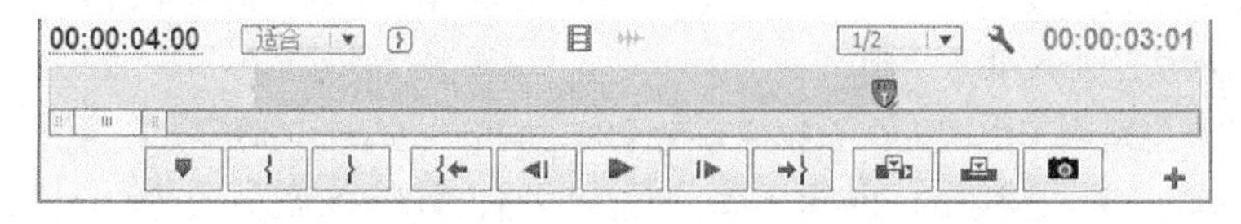

图 2-5

步骤 5　单击“转到前一标记”按钮，可以自动跳到影片的入点位置，单击“转到下一标记”按钮，可以自动跳到影片的出点位置。

当声音同步要求非常严格时，用户可以为音频素材设置高精度的入点。音频素材的入点可以使用

高达 1/600s 的精度来调节。对于音频素材，入点和出点标签出现在波形图相应的点处，如图 2-6 所示。

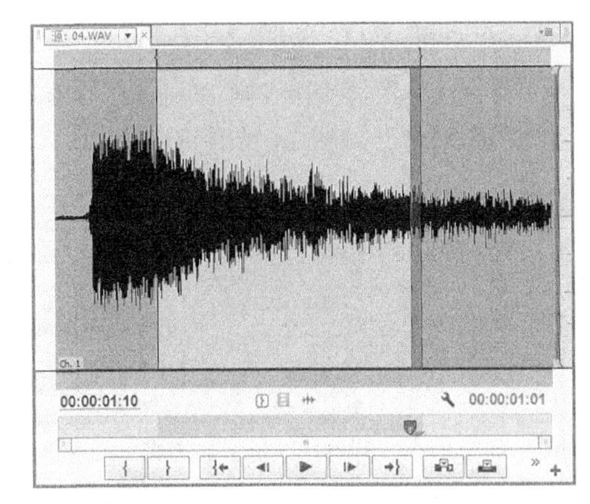

图 2-6

当用户将一个同时含有影像和声音的素材拖动到“时间线”面板中时，该素材的音频和视频部分会被放到相应的轨道中。

用户在为素材设置入点和出点时，对素材的音频和视频部分同时有效，也可以为素材的视频和音频部分单独设置入点和出点。

为素材的视频或音频部分单独设置入点和出点的具体操作步骤如下。

步骤 1　在“源”面板中打开要设置入点和出点的素材。

步骤 2　播放影片，找到使用视频片段的开始或结束位置。

步骤 3　在面板中的标记处单击鼠标右键，在弹出的快捷菜单中选择“标记拆分”命令，弹出其子菜单，如图 2-7 所示。

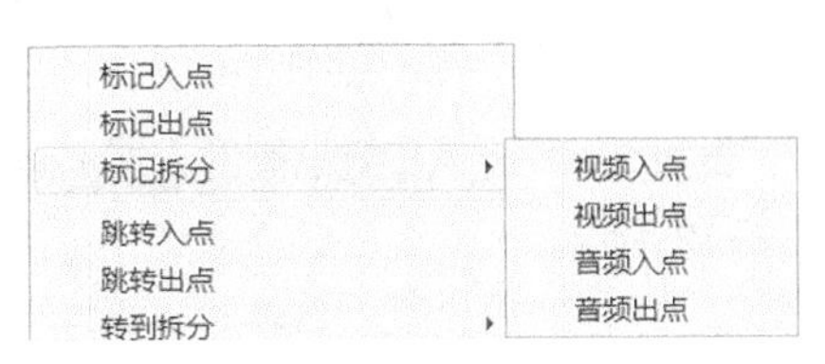

图 2-7

步骤 4　在弹出的子菜单中选择“视频入点 > 视频出点”命令，为两点之间的视频部分设置入点和出点，如图 2-8 所示。继续播放影片，找到使用音频片段的开始或结束位置，同样，选择“音频入点 > 音频出点”命令，为两点之间的音频部分设置入点和出点，如图 2-9 所示。

图 2-8

图 2-9

2. 在“时间线”面板中剪辑素材

Premiere Pro CS6 提供了 4 种编辑素材的工具，分别是“轨道选择”工具、“滑动”工具、“错落”工具和“滚动编辑”工具。

下面介绍如何应用这些编辑工具。

利用“轨道选择”工具，可以选择一个或多个轨道上的某素材及其后存在的所有素材，也可以选择链接素材中的单独的视频或音频。其具体操作步骤如下。

步骤 1　选择“轨道选择”工具，在“时间线”面板中要选择的轨道素材上单击，选定此素材及其后的所有素材，如图 2-10 所示。

步骤 2　按住 Shift 键的同时，在要选择的轨道素材上单击，选定此素材及所有轨道上此素材之后的所有素材，如图 2-11 所示。

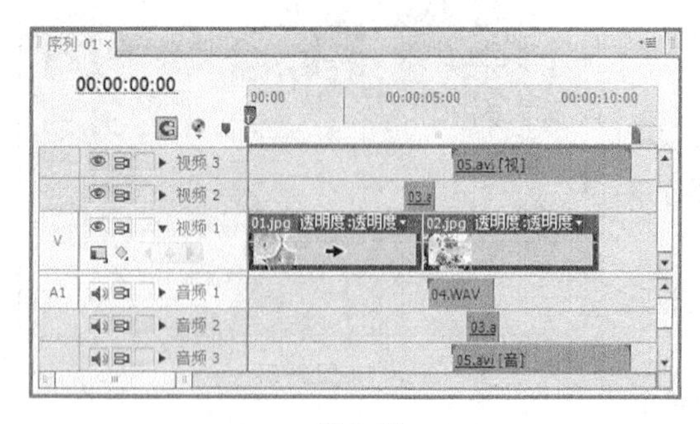

图 2-10

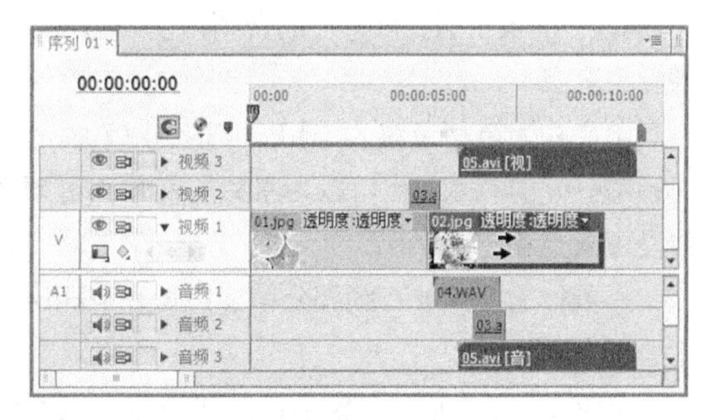

图 2-11

步骤 3　按住 Alt 键的同时，在要选择的链接素材视频上单击，选定此链接素材的视频文件，如图 2-12 所示。

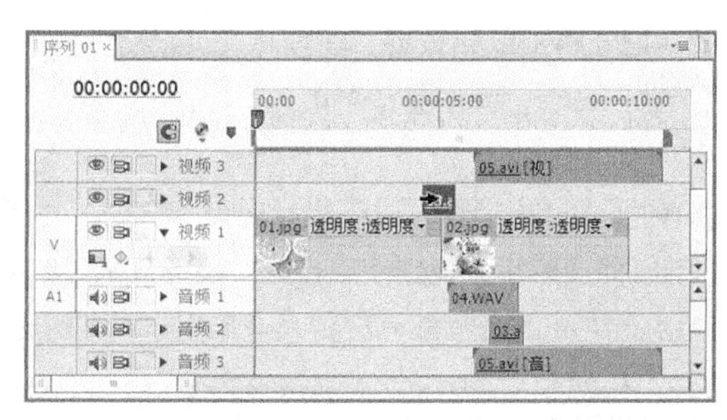

图 2-12

“滑动”工具可以使两个片段的入点与出点发生本质上的位移，并不影响片段持续时间与节目的整体持续时间，但会影响编辑片段之前或之后的持续时间，迫使前面或后面的影片片段的出点与入点发生改变。其具体操作步骤如下。

步骤 1　选择“滑动”工具，在“时间线”面板中单击需要编辑的某一个片段。

步骤 2　将鼠标指针移动到两个片段的结合处，当鼠标指针呈↔状时，左右拖动对其进行编辑操作，如图 2-13 和图 2-14 所示。

步骤 3　在拖动过程中，监视器窗口中将会显示被调整片段的出点、入点及未被编辑的出点、入点。

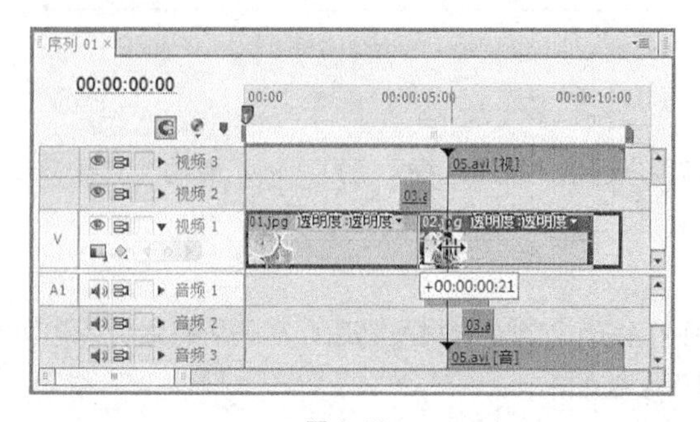

图 2-13

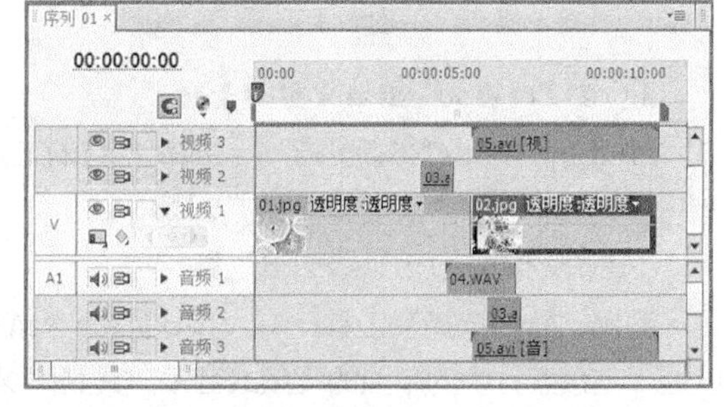

图 2-14

利用“错落”工具[icon]编辑影片片段时，会更改片段的入点与出点，但它的持续时间不会改变，并不会影响其他片段的入点时间、出点时间，节目总的持续时间也不会发生任何改变。其具体操作步骤如下。

步骤 1　选择“错落”工具[icon]，在“时间线”面板中单击需要编辑的某一个片段。

步骤 2　将鼠标指针移动到两个片段的结合处，当鼠标指针呈[icon]状时，左右拖动对其进行编辑操作，如图 2-15 所示。

步骤 3　在拖动鼠标时，监视器窗口中将会依次显示上一片段的出点和后一片段的入点，同时显示画面帧数，如图 2-16 所示。

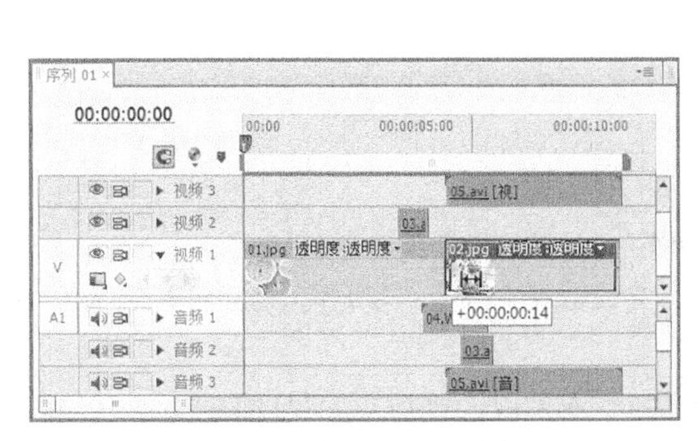

图 2-15

图 2-16

利用“滚动编辑”工具[icon]编辑影片片段时，片段时间的增长或缩短会由其相接片段进行替补。在编辑过程中，整个节目的持续时间不会发生任何改变，该编辑方法同时会影响其轨道上的片段在时间轨中的位置。其具体操作步骤如下。

步骤 1　选择“滚动编辑”工具[icon]，在“时间线”面板中单击需要编辑的某一个片段。

步骤 2　将鼠标指针移动到两个片段的结合处，当鼠标指针呈[icon]状时，左右拖动进行编辑操作，如图 2-17 所示。

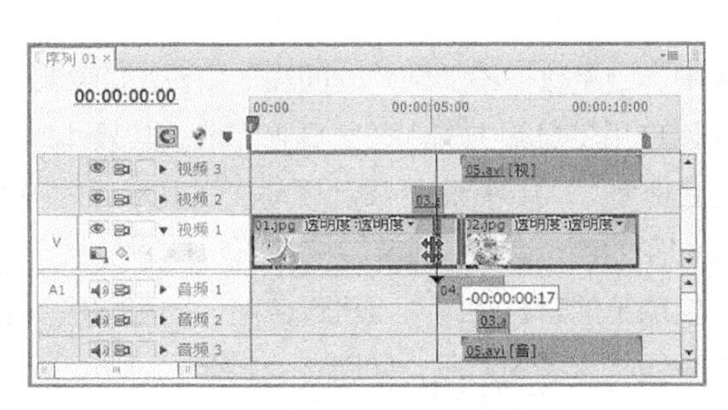

图 2-17

步骤 3　松开鼠标后，被修整片段帧的增加或减少会引起相邻片段的变化，但整个节目的持续时间不会发生任何改变。

3. 改变影片的速度

在 Premiere Pro CS6 中，用户可以根据需求随意更改片段的播放速度，具体操作步骤如下。

步骤 1　在“时间线”面板中的某一个文件上单击鼠标右键，在弹出的快捷菜单中选择“速度>持续时间”命令，弹出“素材速度/持续时间”对话框，如图 2-18 所示。

“速度”：在此设置播放速度的百分比，以此决定影片的播放速度。

“持续时间”：单击其右侧的时间码，当时间码如图 2-19 所示时，在此导入时间值。时间值越长，影片播放的速度越慢；时间值越短，影片播放的速度越快。

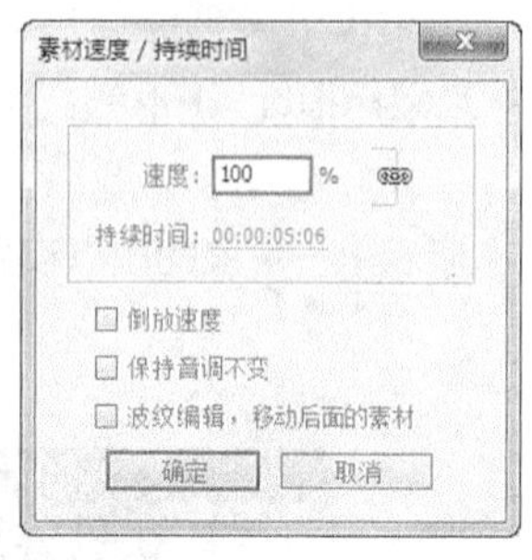

图 2-18

持续时间：00:00:05:06

图 2-19

“倒放速度”：勾选此复选框，影片片段将向反方向播放。

“保持音调不变”：勾选此复选框，将保持影片片段的音频播放速度不变。

步骤 2　设置完成后，单击“确定”按钮，完成更改持续时间的操作，返回到主页面。

4. 删除素材

如果用户决定不使用“时间线”面板中的某个素材片段，则可以在“时间线”面板中将其删除。从“时间线”面板中删除的素材并不会在“项目”面板中删除。当用户删除一个已经运用于“时间线”面板中的素材后，在“时间线”面板的轨道上，该素材处将留下空位。用户也可以选择波纹删除，将该素材轨道上的内容向左移动，覆盖被删除的素材留下的空位。

删除素材的具体操作步骤如下。

步骤 1　在“时间线”面板中选择一个或多个素材。

步骤 2　按 Delete 键或选择“编辑 > 清除”命令。

2.1.3　切割素材

在 Premiere Pro CS6 中，当素材被添加到“时间线”面板中的轨道上后，必须对此素材进行分割才能进行后面的操作，可以应用工具箱中的剃刀工具来完成。其具体操作步骤如下。

步骤 1　选择“剃刀”工具，将鼠标指针移动到需要切割影片片段的“时间线”面板中的某一素材上并单击，该素材即被切割为两个素材，如图 2-20 所示。

步骤 2　如果要将多个轨道上的素材在同一点进行分割，则可按住 Shift 键，会显示多重刀片，轨道上未锁定的素材都在该位置被分割为两段，如图 2-21 所示。

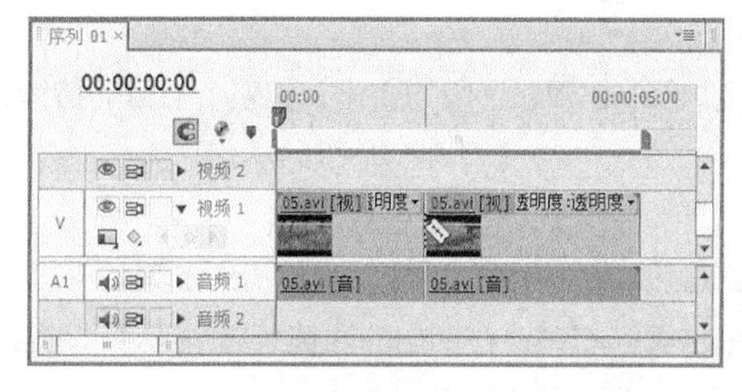

图 2-20

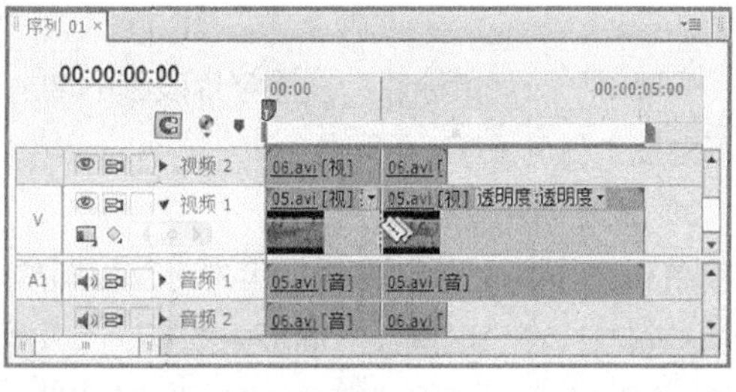

图 2-21

2.1.4 实训项目：海洋世界

【案例知识要点】

使用“导入”命令导入视频文件，利用“剃刀”工具切割视频素材，使用“解除视音频链接”命令解除视频与音频的链接并删除音频，使用“交叉叠化（标准）”特效制作视频之间的转场效果。海洋世界效果如图 2-22 所示。

图 2-22

【案例操作步骤】

步骤 1 启动 Premiere Pro CS6，弹出启动对话框，单击“新建项目”按钮，弹出“新建项目”对话框，设置“位置”选项，选择保存文件路径，在“名称”文本框中输入文件名“海洋世界”，如图 2-23 所示。单击“确定”按钮，弹出“新建序列”对话框，选择“设置”选项卡，相关设置如图 2-24 所示，单击“确定”按钮，完成序列的创建。

图 2-23

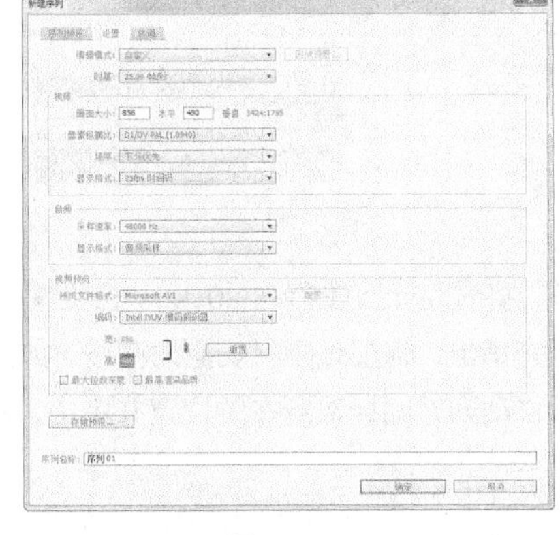

图 2-24

步骤 2 选择“文件 > 导入”命令，弹出“导入”对话框，选择云盘中的“项目二\海洋世界\素材\01.mov”文件，如图 2-25 所示，单击“打开”按钮，将视频文件导入到“项目”面板中，如图 2-26 所示。

步骤 3 在“项目”面板中，选中“01.mov”文件并将其拖动到“时间线”面板的“视频 1”轨道中，弹出“素材不匹配警告”对话框，如图 2-27 所示，单击“更改序列设置”按钮，将“01.mov”文件放置在“视频 1”轨道中，如图 2-28 所示。

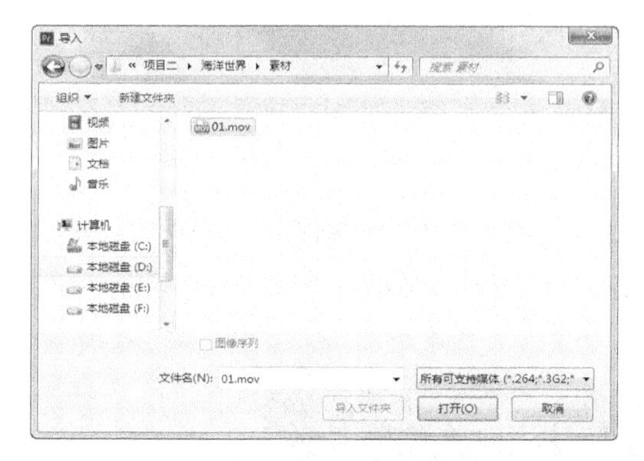

图 2-25

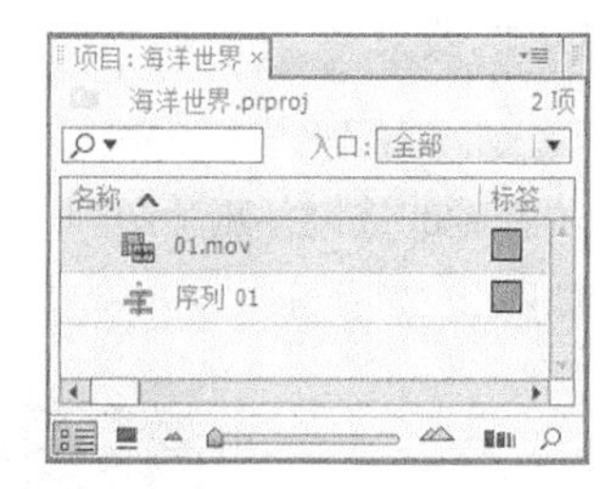

图 2-26

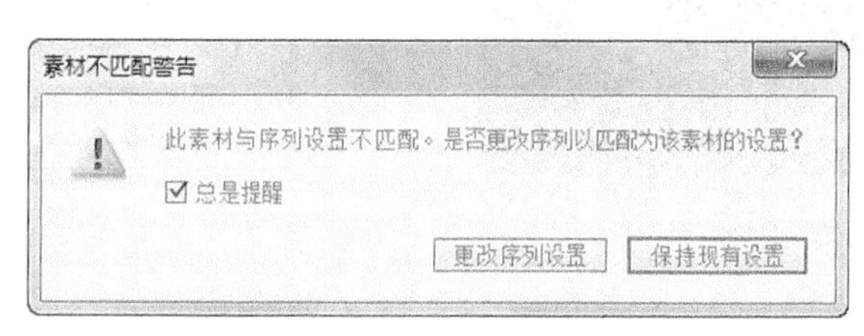

图 2-27

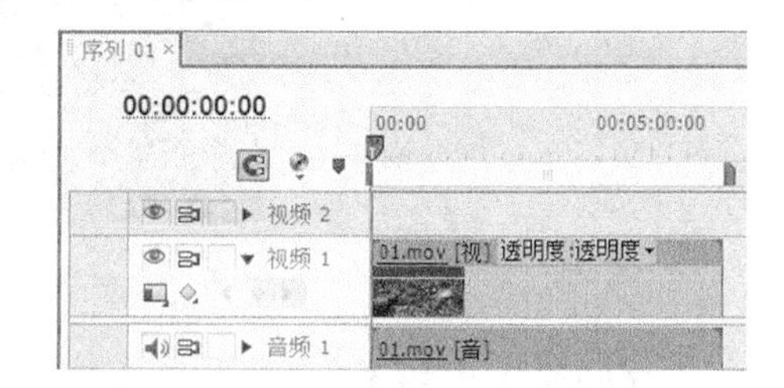

图 2-28

步骤 4 在“时间线”面板中选择“01.mov”文件，如图 2-29 所示。选择“素材 > 解除视音频链接”命令，解除视频和音频的链接。选择下方的音频，按 Delete 键删除音频，如图 2-30 所示。

图 2-29

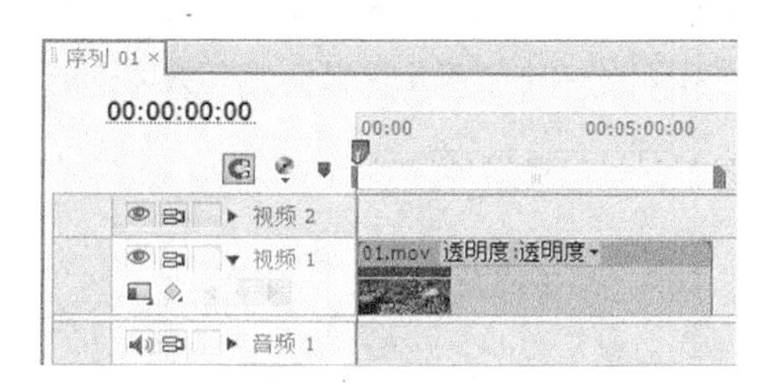

图 2-30

步骤 5 将时间标签放置在 30:00s 的位置。选择“剃刀”工具，将鼠标指针移动到时间标签所在的位置并单击，将视频素材切割为两段，如图 2-31 所示。将时间标签放置在 1:00:00s 的位置，将鼠标指针移动到时间标签所在的位置并单击，将视频素材切割为两段，如图 2-32 所示。

图 2-31

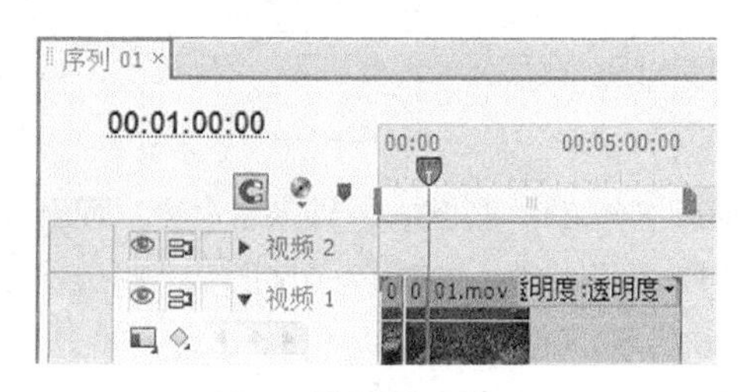

图 2-32

步骤 6 选择“选择”工具，选择需要删除的视频素材，按 Delete 键将其删除，效果如图 2-33 所示。选择右侧的视频素材，将其拖动到适当的位置，效果如图 2-34 所示。

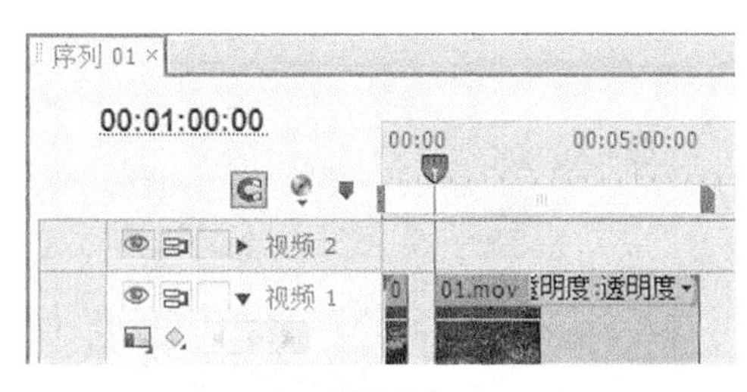

图 2-33

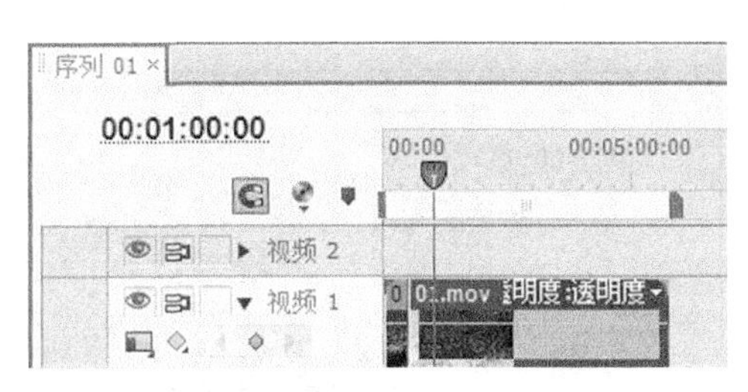

图 2-34

步骤 7　选择“剃刀”工具，将鼠标指针移动到时间标签所在的位置并单击，将视频素材切割为两段，如图 2-35 所示。将时间标签放置在 1:30:00s 的位置，将鼠标指针移动到时间标签所在的位置并单击，将视频素材切割为两段，如图 2-36 所示。

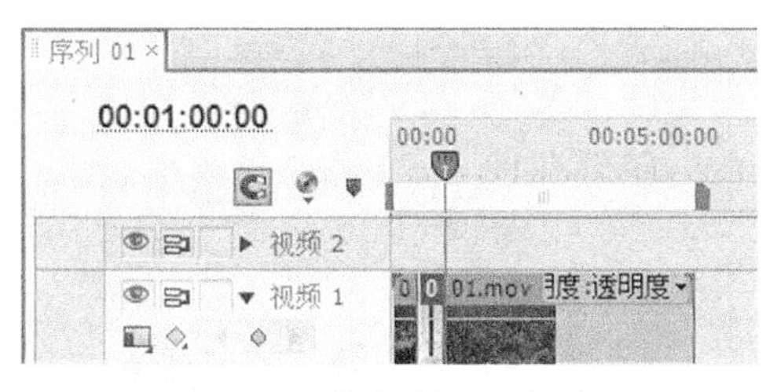

图 2-35

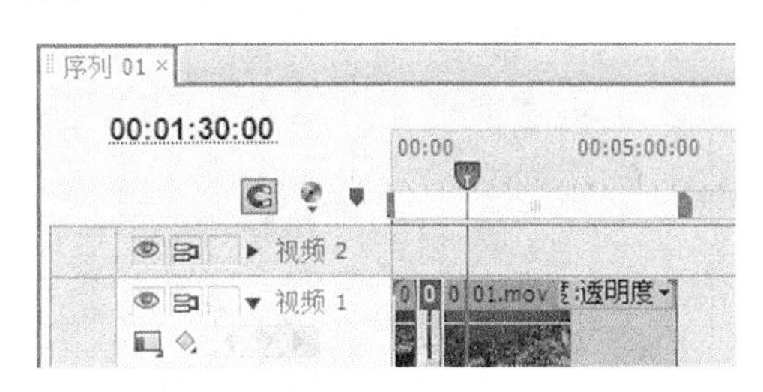

图 2-36

步骤 8　选择“选择”工具，选择需要删除的视频素材，按 Delete 键将其删除，效果如图 2-37 所示。选择右侧的视频素材，将其拖曳到适当的位置，效果如图 2-38 所示。

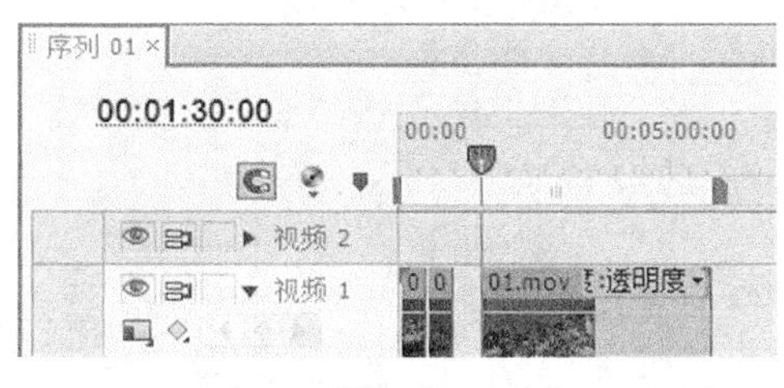

图 2-37

图 2-38

步骤 9　选择“剃刀”工具，将鼠标指针移动到时间标签所在的位置并单击，将视频素材切割为两段，如图 2-39 所示。将时间标签放置在 2:00:00s 的位置，将鼠标指针移动到时间标签所在的位置并单击，将视频素材切割为两段，如图 2-40 所示。

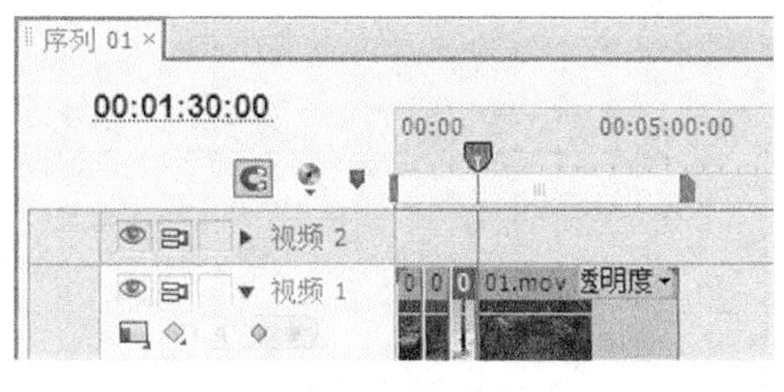

图 2-39

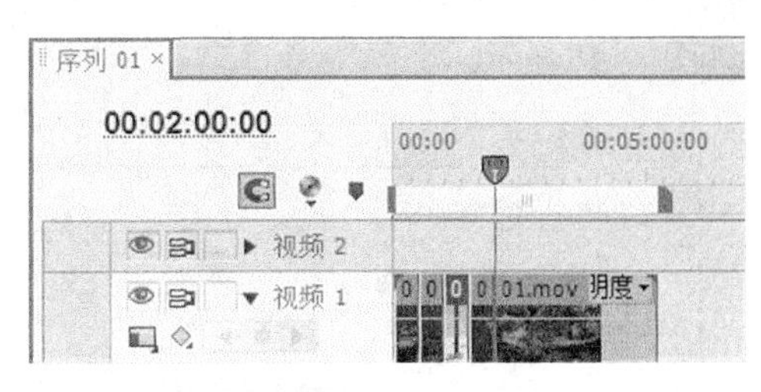

图 2-40

步骤 10　选择“选择”工具，选择需要删除的视频素材，按 Delete 键将其删除，效果如图 2-41 所示。选择右侧的视频素材，将其拖曳到适当的位置，效果如图 2-42 所示。

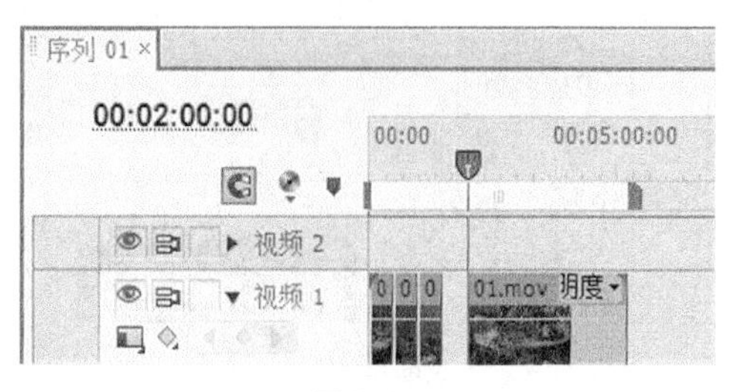

图 2-41

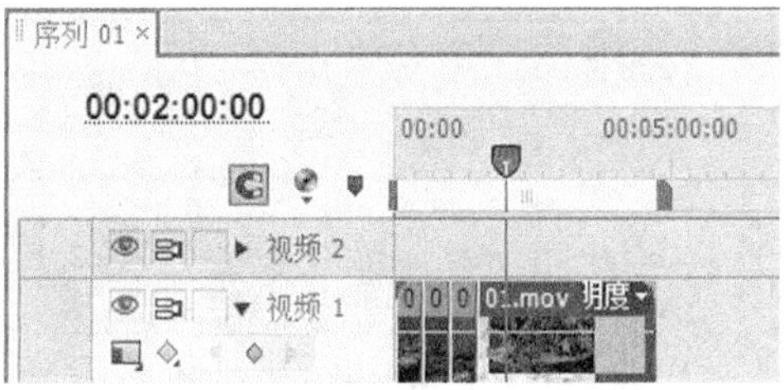

图 2-42

步骤 11　选择“剃刀”工具，将鼠标指针移动到时间标签所在的位置并单击，将视频素材切割为两段，如图 2-43 所示。将时间标签放置在 2:30:00s 的位置，将鼠标指针移动到时间标签所在的位置并单击，将视频素材切割为两段，如图 2-44 所示。

图 2-43

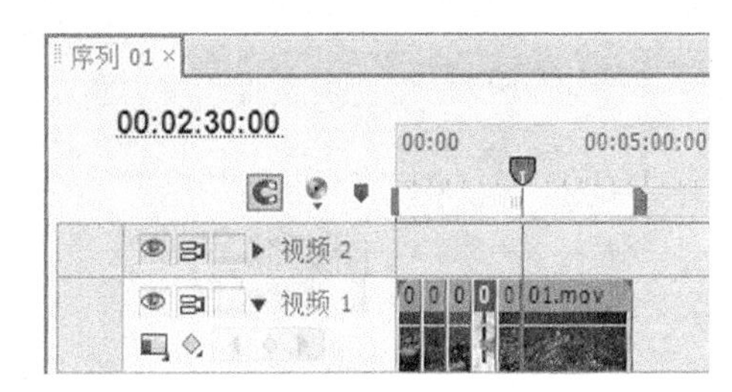

图 2-44

步骤 12　选择“选择”工具，选择需要删除的视频素材，按 Delete 键将其删除，效果如图 2-45 所示。选择右侧的视频素材，将其拖曳到适当的位置，效果如图 2-46 所示。

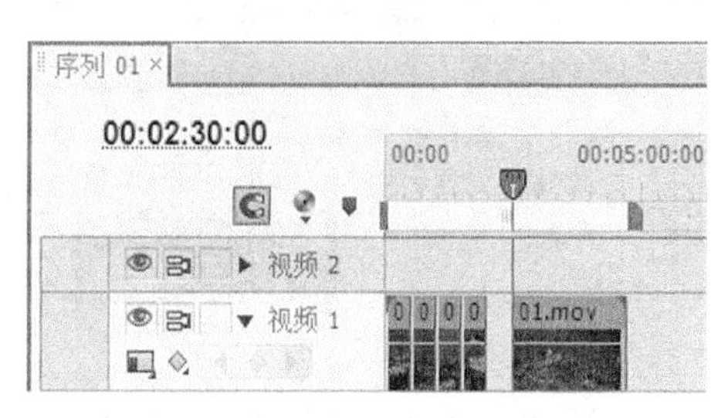

图 2-45

图 2-46

步骤 13　选择“剃刀”工具，将鼠标指针移动时间标签所在的位置并单击，将视频素材切割为两段，如图 2-47 所示。选择“选择”工具，选择需要删除的视频素材，按 Delete 键将其删除，效果如图 2-48 所示。

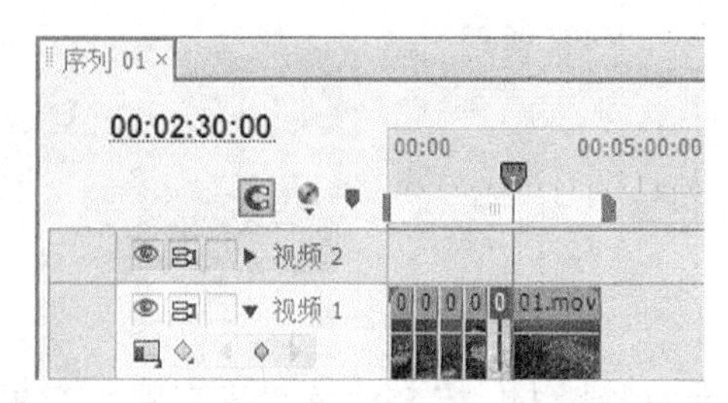

图 2-47

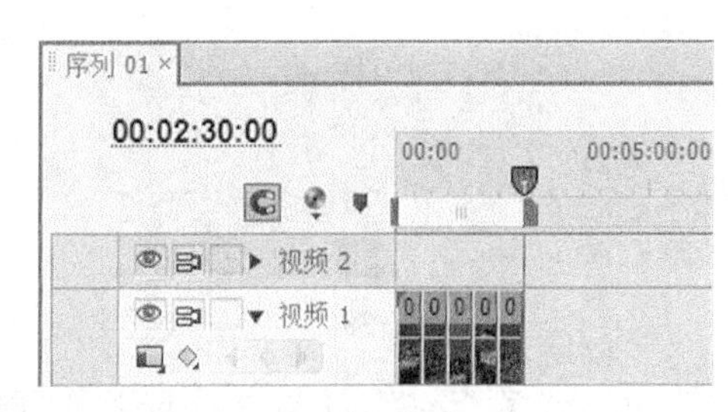

图 2-48

步骤 14　选择“窗口 > 效果”命令，弹出“效果”面板，展开“视频切换”选项，单击“叠化”文件夹前面的三角形按钮将其展开，选中“交叉叠化（标准）”特效，如图 2-49 所示。将“交叉叠化（标准）”特效拖曳到“时间线”面板“视频 1”轨道中的第 1 个“01.mov”文件的尾部和第 2 个“01.mov”文件的开始位置，如图 2-50 所示。

图 2-49

图 2-50

步骤 15　用相同的方法为其他视频文件添加“交叉叠化（标准）”特效，效果如图 2-51 所示。至此，“海洋世界”制作完成。

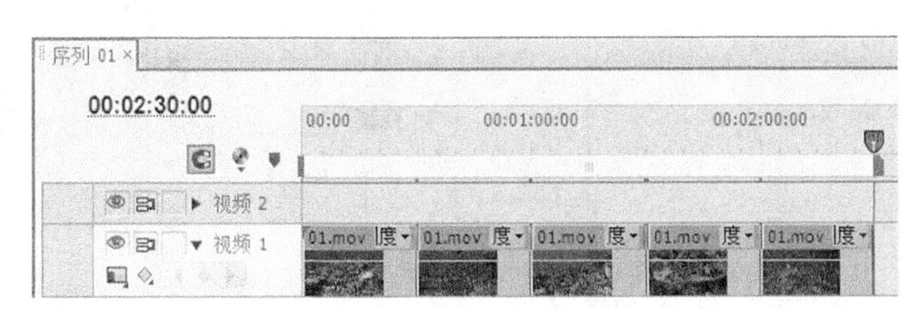

图 2-51

任务二　使用 Premiere Pro CS6 创建新元素

Premiere Pro CS6 除了使用导入的素材之外，还可以创建一些新的素材元素，本任务中将对此进行详细介绍。

2.2.1　通用倒计时片头

通用倒计时通常用于影片开始前的倒计时准备。Premiere Pro CS6 为用户提供了现成的通用倒计时，用户可以非常简便地创建一个标准的倒计时素材，并可以在 Premiere Pro CS6 中随时对其进行修改，如图 2-52 所示。创建倒计时素材的具体操作步骤如下。

步骤 1　单击“项目”面板下方的“新建分项”按钮，在弹出的下拉列表中选择“通用倒计时片头”选项，弹出“新建通用倒计时片头”对话框，如图 2-53 所示。设置完成后，单击“确定”按钮，弹出“通用倒计时设置”对话框，如图 2-54 所示。

“擦除色”：擦除颜色。播放倒计时影片的时候，指示线会不停地围绕圆心转动，在指示线转动方向之后的颜色为划变色。

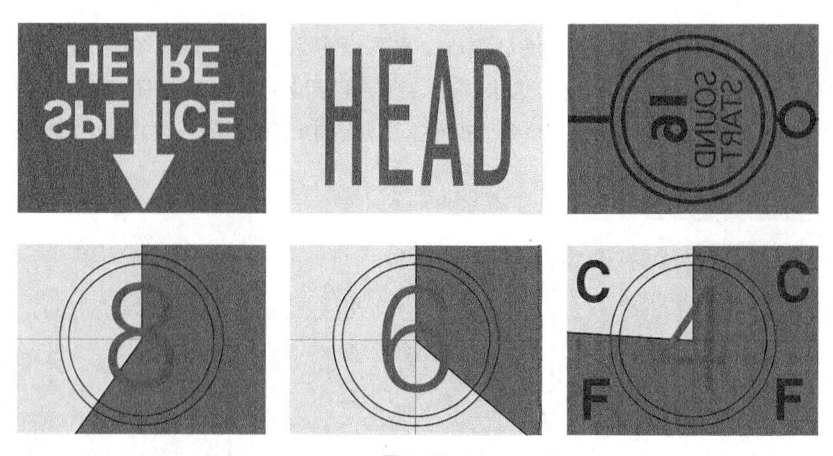

图 2-52

图 2-53

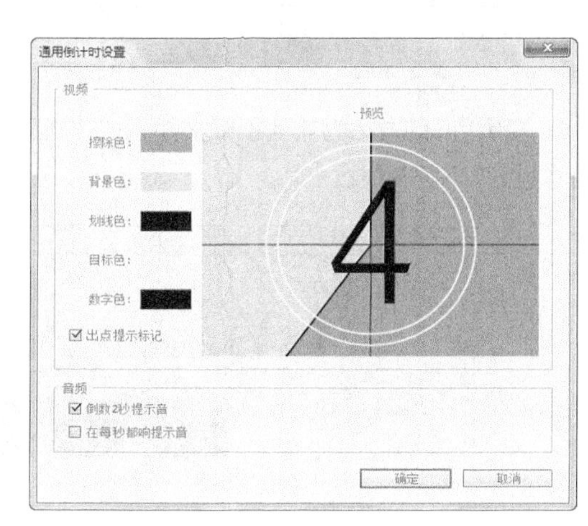

图 2-54

“背景色”：背景颜色。指示线转换方向之前的颜色为背景色。

“划线色”：指示线颜色。固定十字及转动的指示线的颜色由该选项设定。

“目标色”：准星颜色，用来指定圆形准星的颜色。

“数字色”：数字颜色，用来指定倒计时影片中 8、7、6、5、4 等数字的颜色。

“出点提示标记”：结束提示标志。勾选该复选框，在倒计时结束时将显示标志图形。

“倒数 2 秒提示音”：2 秒处是提示音标志。勾选该复选框，将在显示“2”的时候发声。

“在每秒都响提示音”：每秒提示音标志。勾选该复选框，将在每秒开始的时候发声。

步骤 2　设置完成后，单击“确定”按钮，Premiere Pro CS6 自动将该段倒计时影片加入项目窗口。

用户可在“项目”面板或“时间线”面板中双击倒计时素材，随时在弹出的“通用倒计时设置”对话框中进行修改。

2.2.2　实训项目：影视片头

【案例知识要点】

使用“导入”命令导入视频文件，使用“通用倒计时片头”命令编辑默认倒计时属性，使用“速度/持续时间”命令改变视频文件的播放速度。影视片头效果如图 2-55 所示。

微课：影视片头

图 2-55

【案例操作步骤】

步骤 1　启动 Premiere Pro CS6 软件，弹出启动对话框，单击“新建项目”按钮，弹出“新建项目”对话框，设置“位置”选项，选择保存文件路径，在“名称”文本框中输入文件名“影视片头”，如图 2-56 所示。单击“确定”按钮，弹出“新建序列”对话框，在左侧的列表中展开“DV-PAL”选项，选中“标准 48kHz”模式，如图 2-57 所示，单击“确定”按钮，完成序列的创建。

图 2-56

图 2-57

步骤 2　选择“文件 > 导入”命令，弹出“导入”对话框，选择云盘中的“项目二\影视片头\素材\ 01.mov”文件，单击“打开”按钮，导入视频文件，如图 2-58 所示。导入后的文件排列在“项目”面板中，如图 2-59 所示。

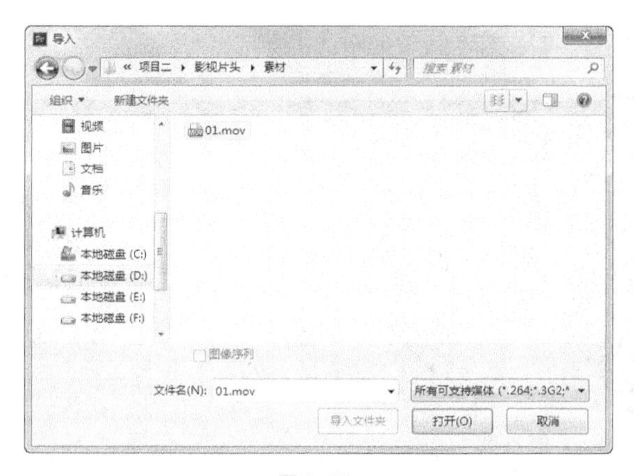

图 2-58

图 2-59

步骤 3　在“项目”面板中单击“新建分类”按钮，在弹出的下拉列表中选择“通用倒计时片头”命令，弹出“新建通用倒计时片头”对话框，如图 2-60 所示，单击“确定”按钮，弹出“通用倒计时设置”对话框，将“擦除色”设置为橘黄色，“背景色”设置为玫红色，“划线色”设置为青色，“目标色”设置为蓝色，“数字色”设置为白色，设置完成后单击“确定”按钮，如图 2-61 所示。

图 2-60

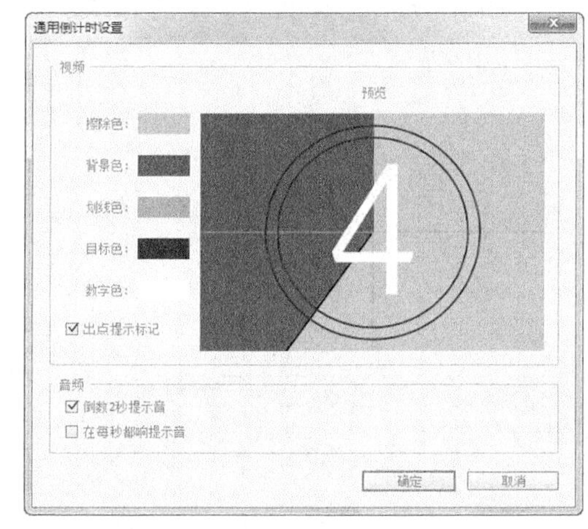

图 2-61

步骤 4　在“项目”面板中选中“通用倒计时片头”文件，并将其拖曳到“时间线”面板的“视频 1”轨道中，如图 2-62 所示。在“项目”面板中选中“01.mov”文件，并将其拖曳到“时间线”面板的“视频 2”轨道的 11:00s 的位置，如图 2-63 所示。

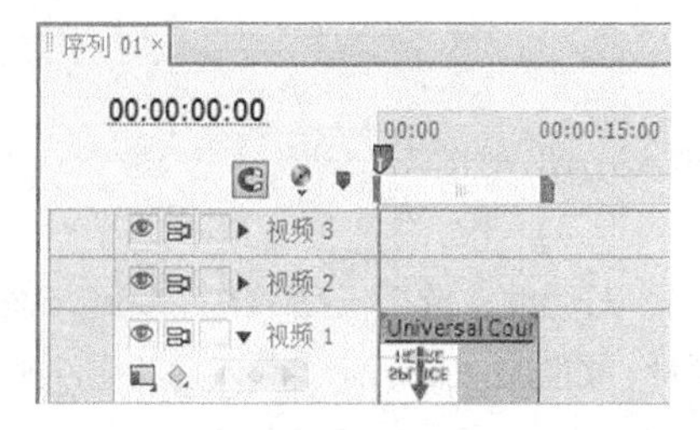

图 2-62

图 2-63

步骤 5　在“项目”面板中选中“01.mov”文件，并将其拖曳到“时间线”面板的“视频 3”轨道的 21:18s 的位置，如图 2-64 所示。在“时间线”面板的“视频 3”轨道中选中“01.mov”文件，按 Ctrl+R 组合键，弹出“素材速度/持续时间”对话框，将“速度”选项设置为 299%，如图 2-65 所示，单击“确定”按钮。

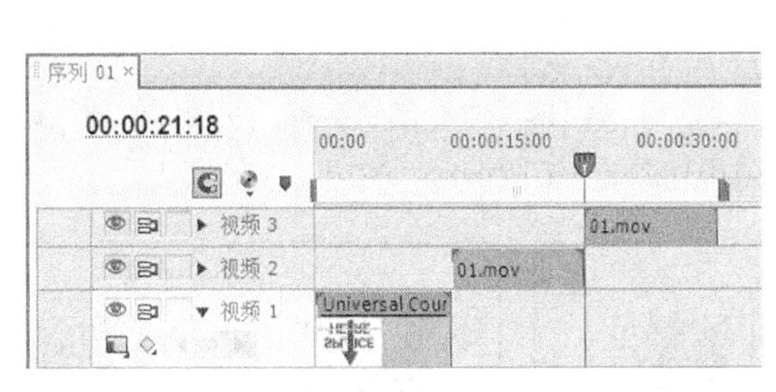

图 2-64

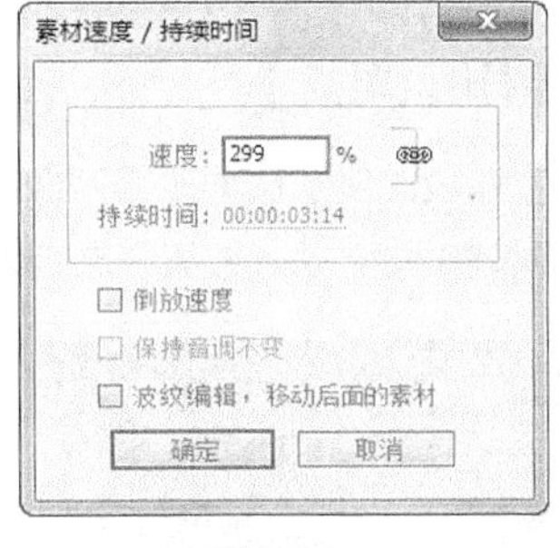

图 2-65

步骤 6　选择“序列 > 添加轨道”命令，弹出“添加视音轨”对话框，具体参数设置如图 2-66 所示，单击“确定”按钮，在“时间线”面板中添加轨道，如图 2-67 所示。

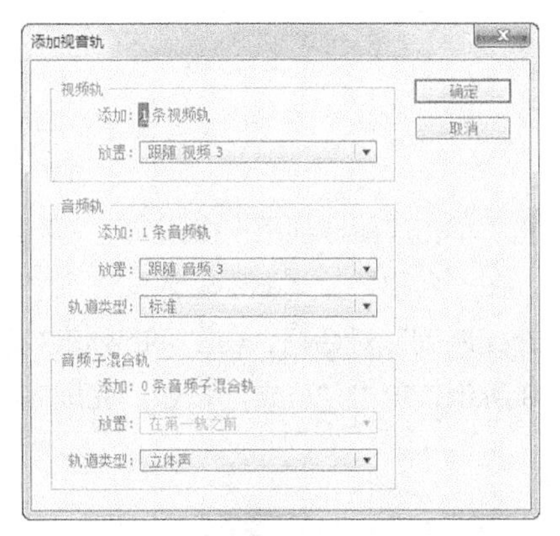

图 2-66

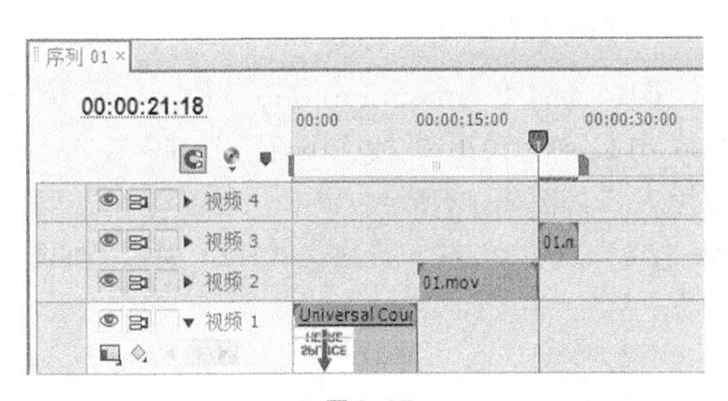

图 2-67

步骤 7　在“项目”面板中选中“01.mov”文件，并将其拖曳到“时间线”面板的“视频 4”轨道的 25:08s 的位置，如图 2-68 所示。在“时间线”面板的“视频 4”轨道中选中“01.mov”文件，按 Ctrl+R 组合键，弹出“素材速度/持续时间”对话框，将“速度”选项设置为 498%，如图 2-69 所示，单击“确定”按钮。至此，影视片头制作完成，如图 2-70 所示。

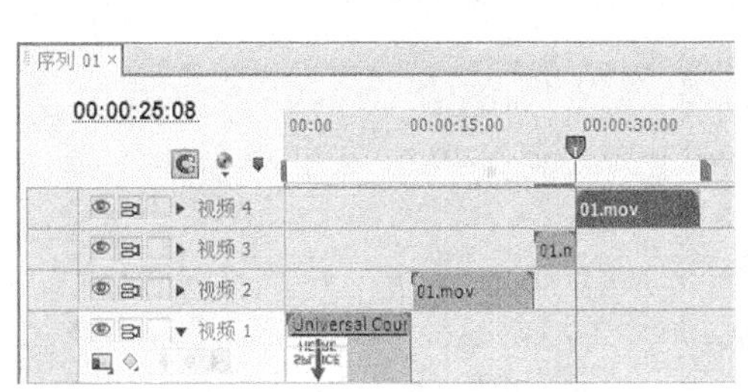

图 2-68

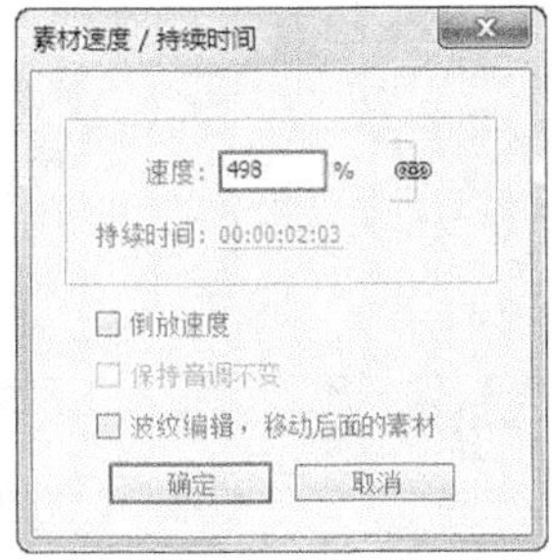

图 2-69

图 2-70

任务三 综合实训项目

2.3.1 制作节目片头

【案例知识要点】

使用“缩放比例”选项改变图像的大小，使用“字幕”命令创建字幕，使用“位置”选项和“透明度”选项制作文字动画效果。节目片头效果如图2-71所示。

图2-71

微课：制作节目片头1

微课：制作节目片头2

微课：制作节目片头3

【案例操作步骤】

步骤1 启动Premiere Pro CS6软件，弹出启动对话框，单击“新建项目”按钮，弹出“新建项目”对话框，设置“位置”选项，选择保存文件路径，在“名称”文本框中输入文件名“制作节目片头”，如图2-72所示。单击“确定”按钮，弹出“新建序列”对话框，在左侧的列表中展开“DV-PAL”选项，选中“标准 48kHz”模式，如图2-73所示，单击“确定”按钮，完成序列的创建。

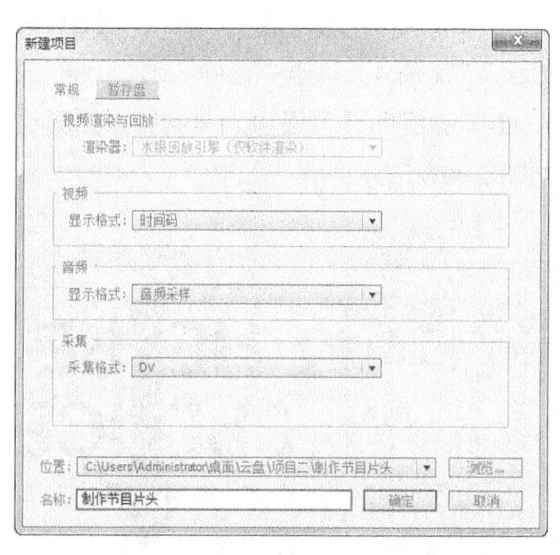

图2-72

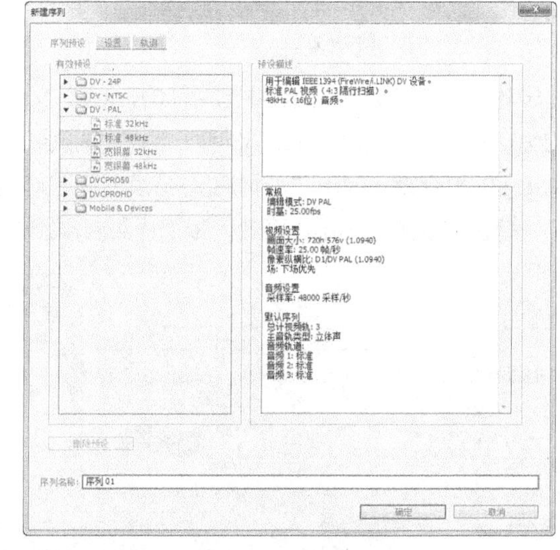

图2-73

步骤 2 选择“文件 > 导入”命令，弹出“导入”对话框，选择云盘中的“项目二\制作节目片头\素材\01.avi”文件，单击“打开”按钮，导入视频文件，如图 2–74 所示。导入后的文件排列在“项目”面板中，如图 2–75 所示。

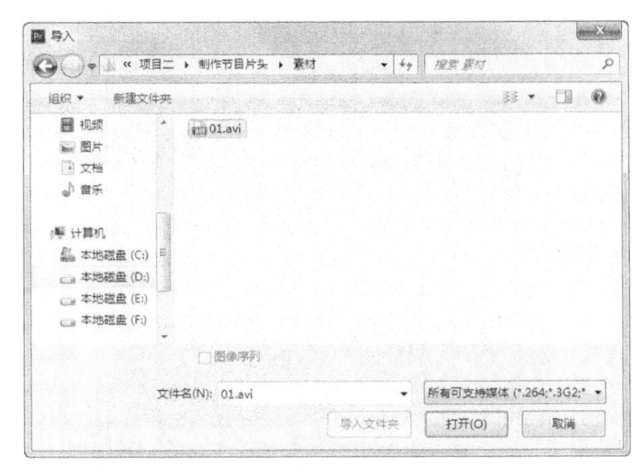

图 2–74

图 2–75

步骤 3 在“项目”面板中选中“01.avi”文件，并将其拖曳到“时间线”面板的“视频 1”轨道中，如图 2–76 所示。选中“01.avi”文件，选择“素材 > 解除视音频链接”命令，取消视音频链接。选择下方的音频文件，按 Delete 键将其删除，效果如图 2–77 所示。

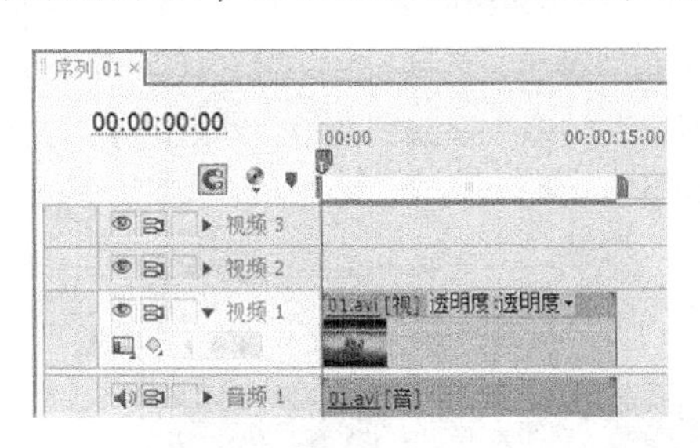

图 2–76

图 2–77

步骤 4 将时间标签放置在 7:10 s 的位置，将鼠标指针移动到“字幕 01”文件的结束位置，当鼠标指针呈![]状时，向后拖曳到 7:10 s 的位置上，如图 2–78 所示。将时间标签放置在 0s 的位置，如图 2–79 所示。

图 2–78

图 2–79

步骤 5 选择“文件 > 新建 > 字幕”命令，弹出“新建字幕”对话框，在“名称”文本框中输入“梦”，如图 2–80 所示，单击“确定”按钮，弹出字幕编辑面板，选择“输入”工具T，在字幕工作区中输入文字“梦”。在“字幕属性”子面板中将“颜色”选项设置为黄色（其 R、G、B 的值分别为 255、252、0），其他选项的设置如图 2-81 所示。关闭字幕编辑面板，新建的字幕文件会自动保存到“项目”面板中。使用相同方法制作其他文字。

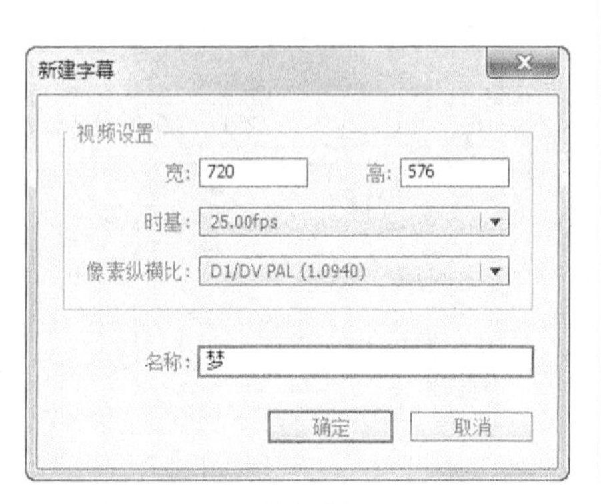

图 2-80

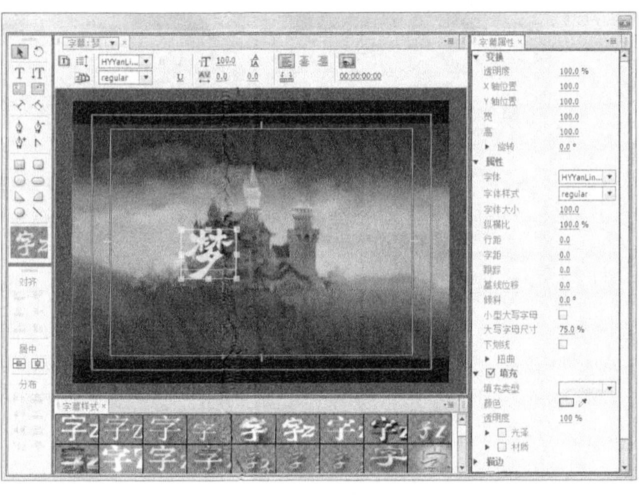

图 2-81

步骤 6　选择“文件 > 新建 > 字幕”命令，弹出“新建字幕”对话框，在“名称”文本框中输入“色块”，如图 2-82 所示，单击“确定”按钮，弹出字幕编辑面板，选择“矩形”工具，在字幕工作区中绘制一个矩形。在“字幕属性”子面板中将“颜色”选项设置为蓝色（其 R、G、B 的值分别为 25、7、255），其他选项的设置如图 2-83 所示。关闭字幕编辑面板，新建的字幕文件会自动保存到“项目”面板中。使用相同的方法制作“色块 2”。

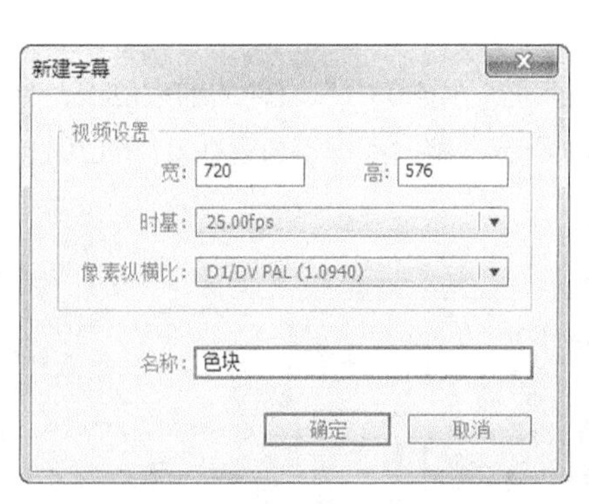

图 2-82

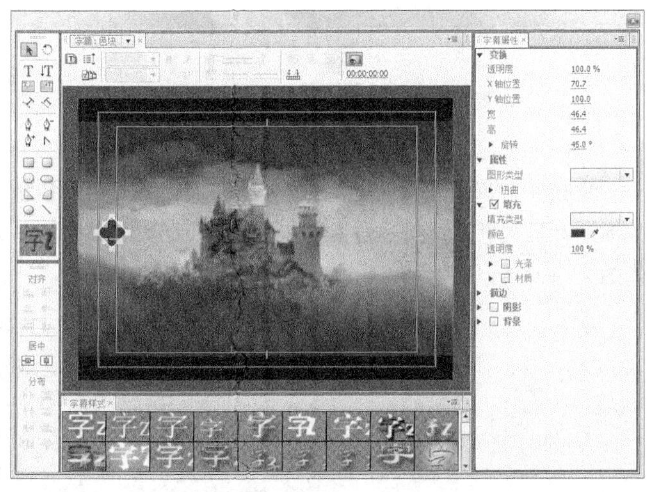

图 2-83

步骤 7　将时间标签放置在 6:08s 的位置。在“特效控制台”面板中展开“透明度”选项，单击“添加/移除关键帧”按钮，如图 2-84 所示，记录动画关键帧。将时间标签放置在 7:07s 的位置，在“特效控制台”面板中将“透明度”选项设置为 0%，如图 2-85 所示。

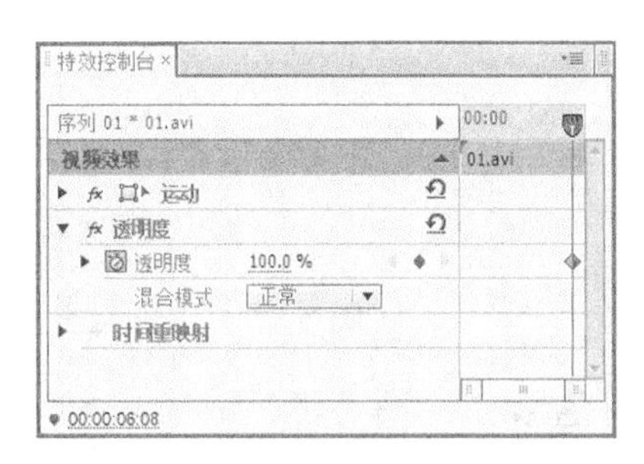

图 2-84

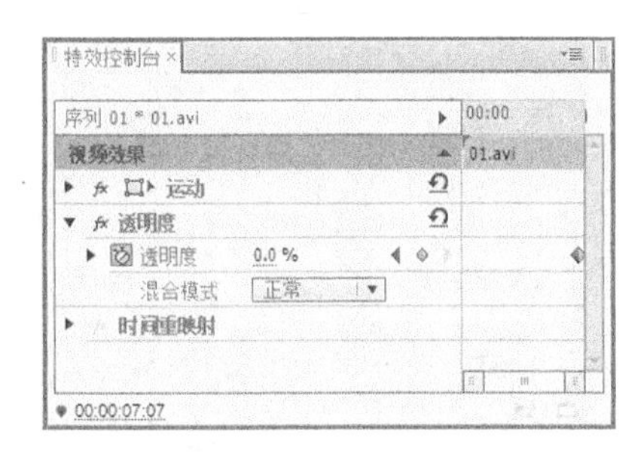

图 2-85

步骤 8　在“项目”面板中选中“色块”文件，并将其拖曳到“时间线”面板的“视频 2”轨道中，如图 2-86 所示。将鼠标指针移动到“色块”文件的结束位置，当鼠标指针呈状时，向后拖曳到与“01.avi”文件相同的结束位置上，如图 2-87 所示。

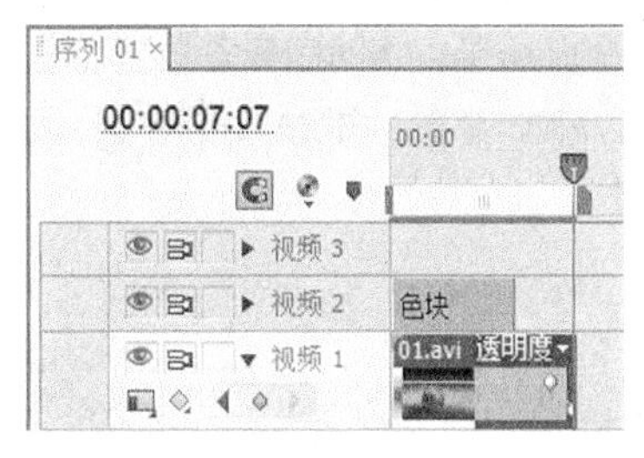

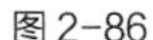
图 2-86

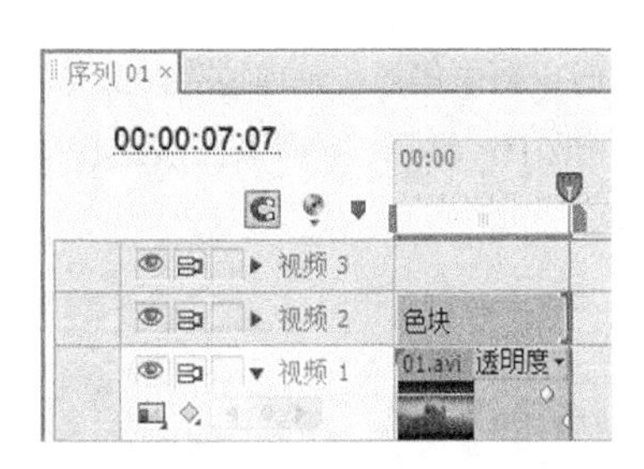

图 2-87

步骤 9　在“时间线”面板中选中“01.avi”文件。将时间标签放置在 0s 的位置，在“特效控制台”面板中展开“运动”选项，将“位置”选项设置为 300、200，将“缩放比例”和“旋转”选项分别设置为 70、30°，如图 2-88 所示。分别单击“位置”“缩放比例”和“旋转”选项左侧的“切换动画”按钮，如图 2-89 所示，记录第 1 个动画关键帧。

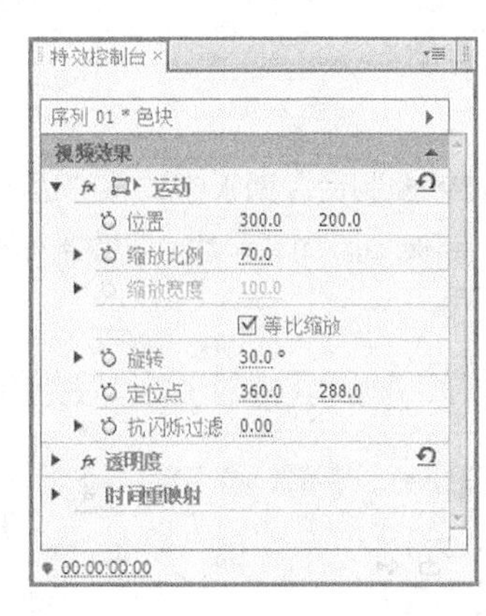

图 2-88

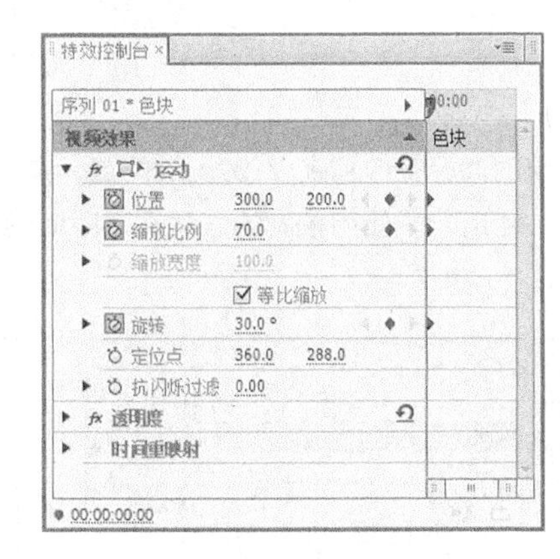

图 2-89

步骤 10　将时间标签放置在 1:00s 的位置，在“特效控制台”面板中，修改“位置”“缩放比例”和“旋转”参数值，如图 2-90 所示，记录第 2 个动画关键帧，将时间标签放置在 4:00s 的位置，在“特效控制台”面板中，修改“位置”“缩放比例”和“旋转”参数值，如图 2-91 所示，记录第 3 个动画关键帧。

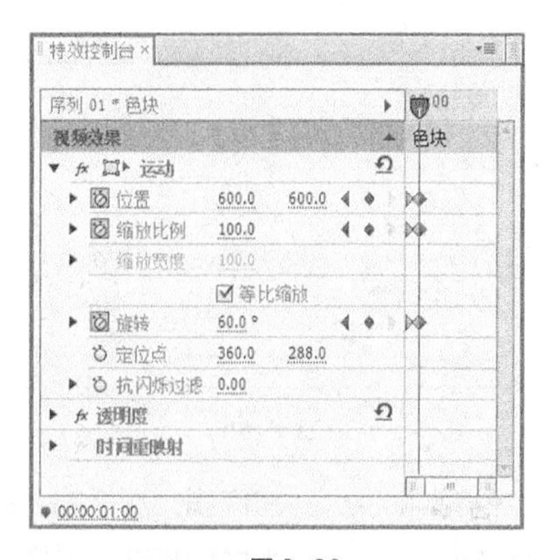

图 2-90

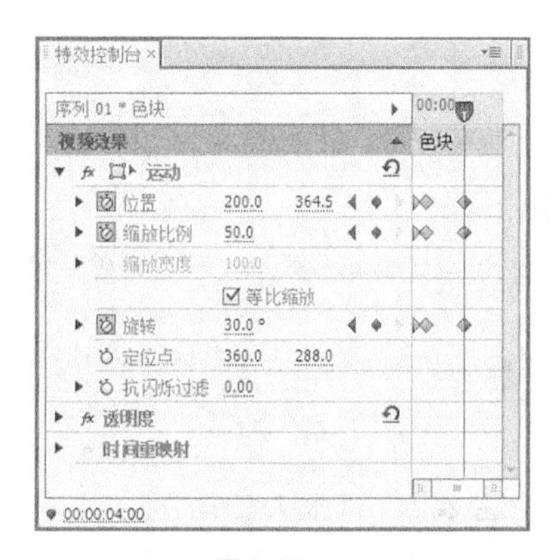

图 2-91

步骤 11　将时间标签放置在 4:24s 的位置，在“特效控制台”面板中，修改“位置”“缩放比例”和“旋转”参数值，记录第 4 个动画关键帧，如图 2-92 所示。将时间标签放置在 6:08s 的位置，在“特效控制台”面板中，展开“透明度”选项，单击“添加/移除关键帧”按钮，如图 2-93 所示，记录动画关键帧。

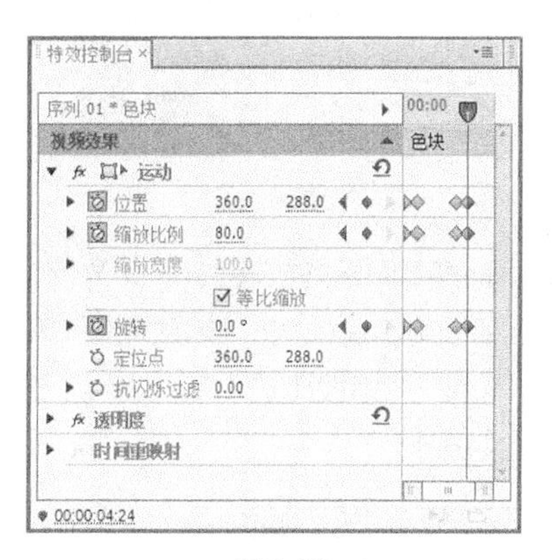

图 2-92

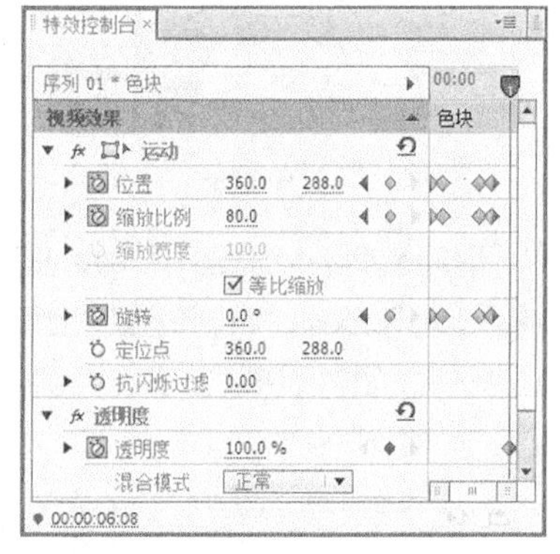

图 2-93

步骤 12　将时间标签放置在 7:07s 的位置，在“特效控制台”面板中，将“透明度”选项设置为 0%，如图 2-94 所示。使用相同的方法在“时间线”面板中添加“色块 2”并制作相应的关键帧，如图 2-95 所示。

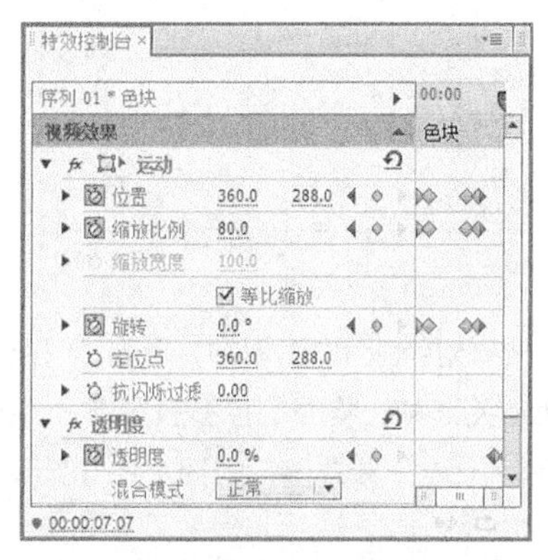

图 2-94

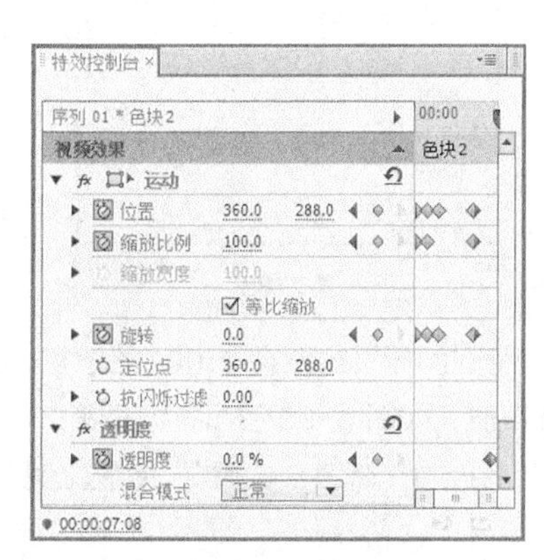

图 2-95

步骤 13　将时间标签放置在 0s 的位置。在“项目”面板中选中“梦”文件，并将其拖曳到“时间线”面板的“视频 4”轨道中，如图 2-96 所示。将鼠标指针移动到“梦”文件的结束位置，当鼠标指针呈状时，向后拖曳到与“01.avi”文件相同的结束位置上，如图 2-97 所示。

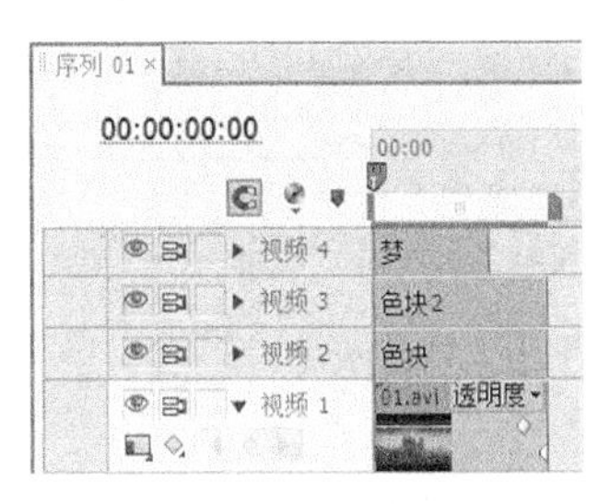

图 2-96

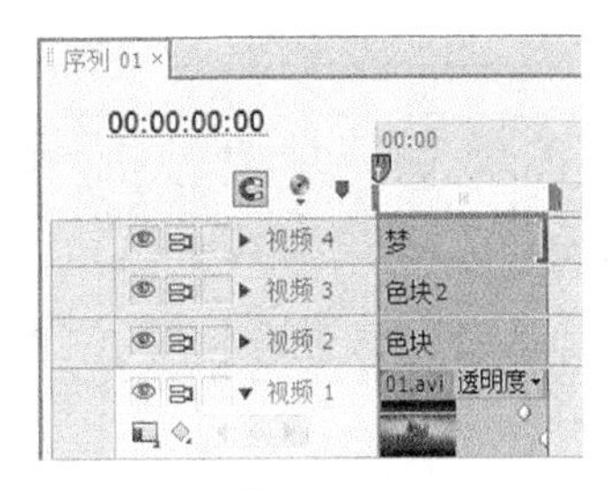

图 2-97

步骤 14　在“特效控制台”面板中展开“运动”选项，分别单击“位置”“缩放比例”和“旋转”选项左侧的“切换动画”按钮，单击“透明度”选项右侧的“添加/移除关键帧”按钮，如图 2-98 所示，记录第 1 个动画关键帧。将时间标签放置在 1:00s 的位置，在“特效控制台”面板中，修改“位置”“缩放比例”“旋转”和“透明度”参数值，如图 2-99 所示，记录第 2 个动画关键帧。

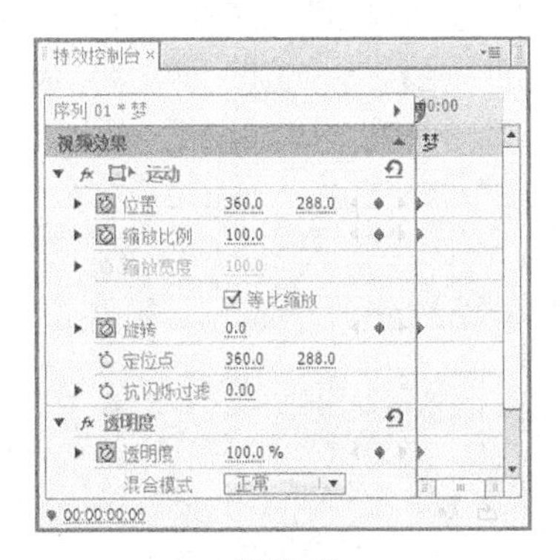

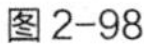
图 2-98

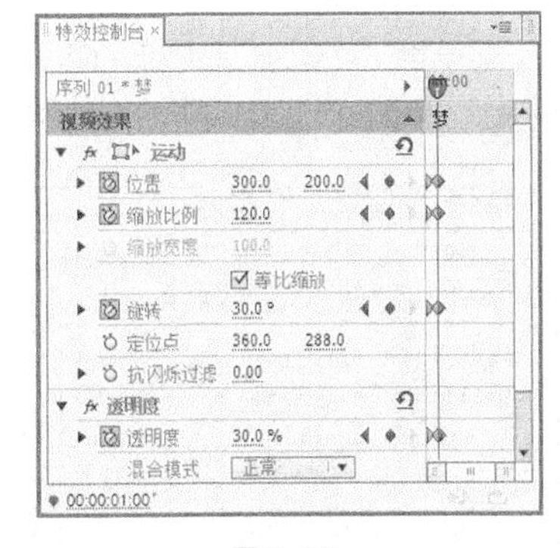

图 2-99

步骤 15　将时间标签放置在 2:00s 的位置，在“特效控制台”面板中，修改“位置”“缩放比例”“旋转”和“透明度”参数值，如图 2-100 所示，记录第 3 个动画关键帧。将时间标签放置在 4:00s 的位置，在“特效控制台”面板中，修改“位置”和“透明度”参数值，单击“缩放比例”选项右侧的“添加/移除关键帧”按钮，如图 2-101 所示，记录第 4 个动画关键帧。

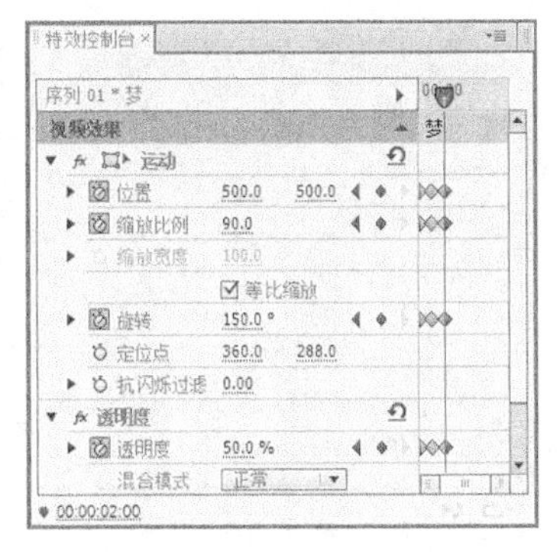

图 2-100

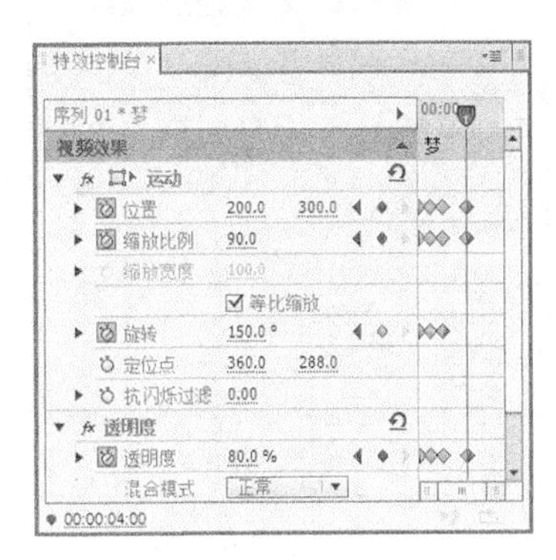

图 2-101

步骤 16　将时间标签放置在 4:24s 的位置，在“特效控制台”面板中，修改“位置”“缩放比例”“旋转”和“透明度”参数值，如图 2-102 所示，记录第 5 个动画关键帧。将时间标签放置在 6:08s 的位置，在“特效控制台”面板中，单击“透明度”选项右侧的“添加/移除关键帧”按钮，如图 2-103 所示，记录第 6 个动画关键帧。

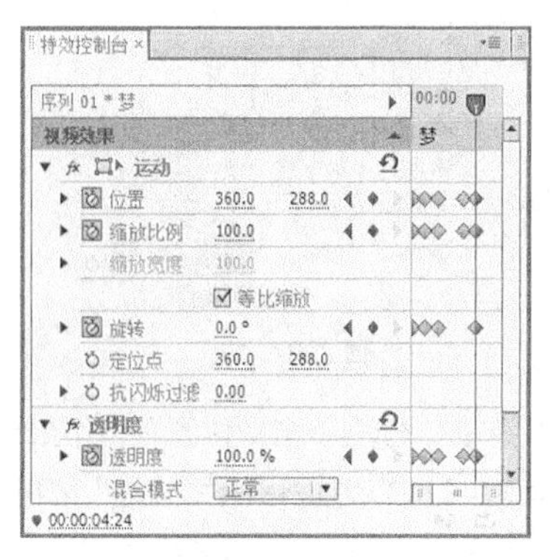

图 2-102

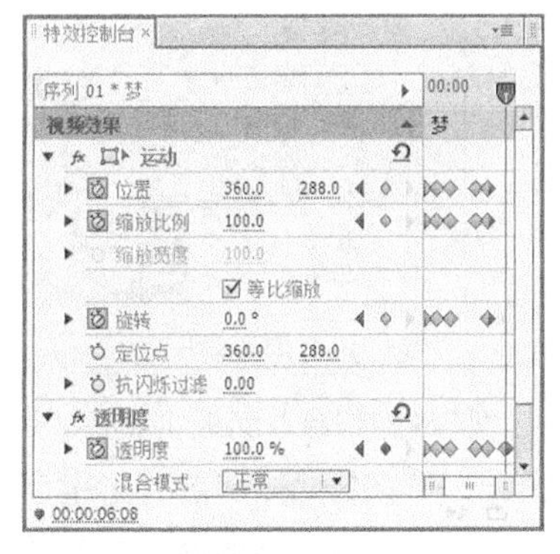

图 2-103

步骤 17　将时间标签放置在 7:08s 的位置，在“特效控制台”面板中，修改“透明度”参数值，如图 2-104 所示，记录第 7 个动画关键帧。使用相同的方法在“时间线”面板中添加“幻”“城”“堡”并制作相应的关键帧，如图 2-105 ~ 图 2-107 所示。至此，节目片头制作完成。

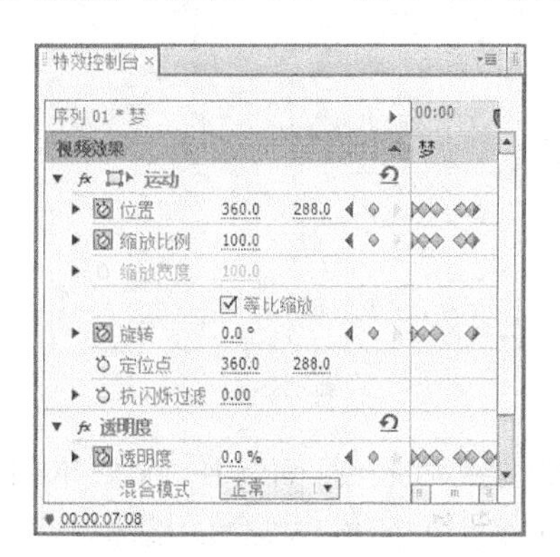

图 2-104

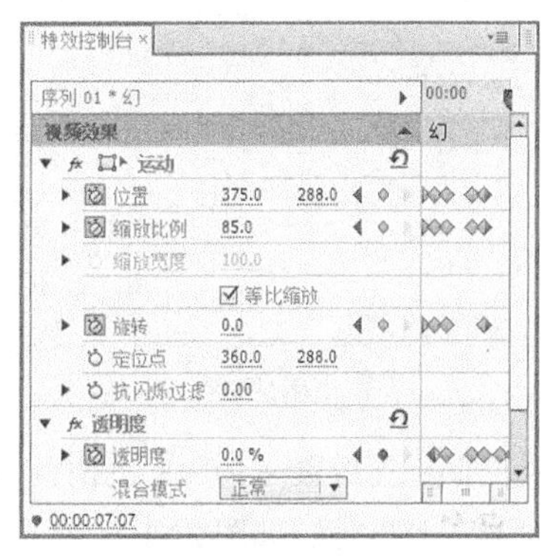

图 2-105

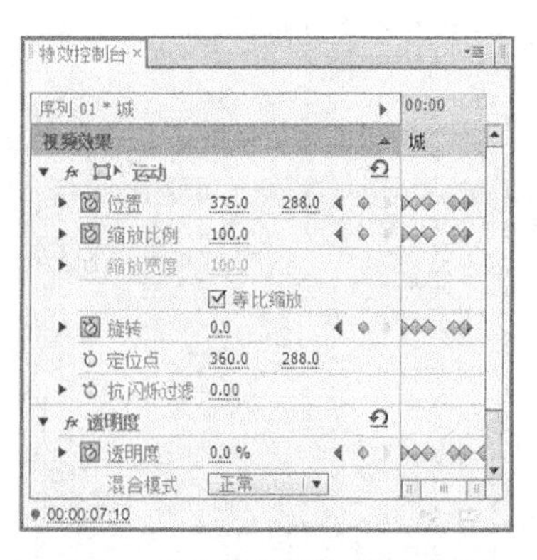

图 2-106

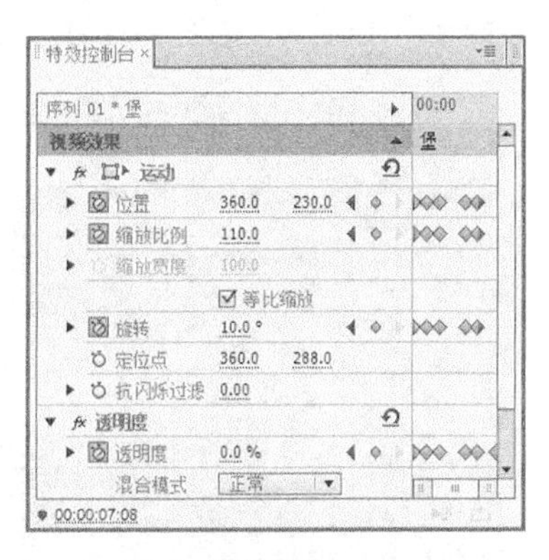

图 2-107

2.3.2 制作体育赛事集锦

【案例知识要点】

使用“缩放”选项改变视频的大小，使用“剪辑 > 速度/持续时间”命令调整视频的播放速度，使用字幕编辑面板添加注释文字，使用“视频过渡”效果面板为视频添加过渡效果，使用“新建颜色遮罩”命令添加白色遮罩背景，使用“添加轨道”命令添加需要的视频轨道。体育赛事集锦效果如图 2-108 所示。

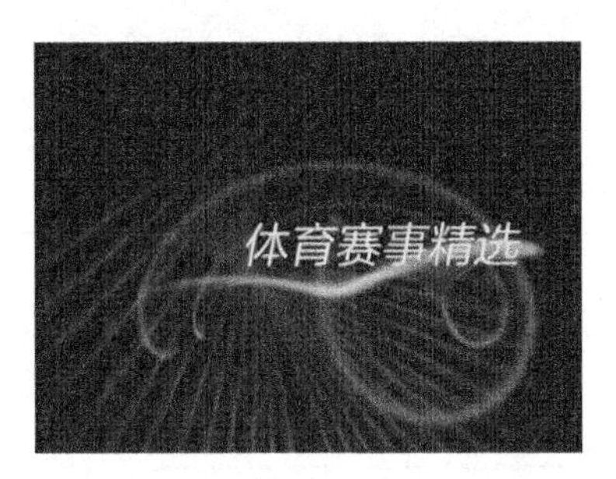

图 2-108

微课：制作体育赛事集锦 1

微课：制作体育赛事集锦 2

微课：制作体育赛事集锦 3

微课：制作体育赛事集锦 4

【案例操作步骤】

1. 制作节目片头

步骤 1 启动 Premiere Pro CS6 软件，弹出启动对话框，单击“新建项目”按钮 ，弹出“新建项目”对话框，设置“位置”选项，选择保存文件路径，在“名称”文本框中输入文件名“制作体育赛事集锦”，如图 2-109 所示。单击“确定”按钮，弹出“新建序列”对话框，在左侧的列表中展开“DV-PAL”选项，选中“标准 48kHz”模式，如图 2-110 所示，单击“确定”按钮，完成序列的创建。

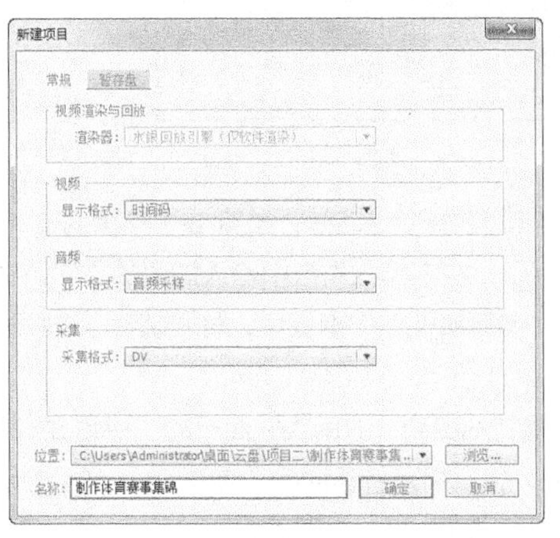

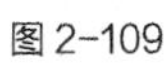

图 2-109

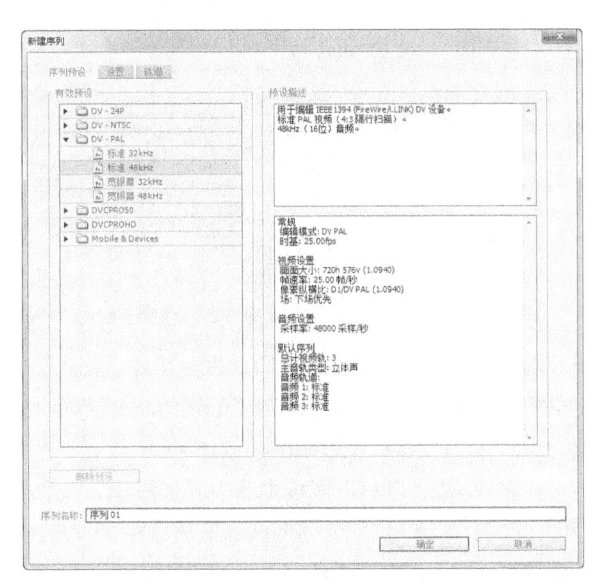

图 2-110

步骤 2　选择“文件 > 导入”命令，弹出“导入”对话框，选择云盘中的“项目二\制作体育赛事集锦\素材”中的所有素材文件，单击“打开”按钮，导入视频文件，如图 2-111 所示。导入后的文件将排列在“项目”面板中，如图 2-112 所示。

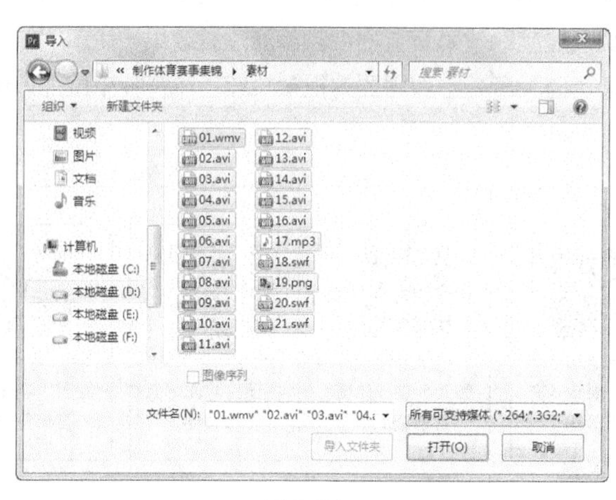

图 2-111

图 2-112

步骤 3　在“项目”面板中选中“01.wmv”文件，并将其拖曳到“时间线”面板的“视频 1”轨道中，如图 2-113 所示。选中“视频 1”轨道中的“01.wmv”文件，在“特效控制台”面板中展开“运动”选项，将“缩放比例”选项设置为 120，如图 2-114 所示。

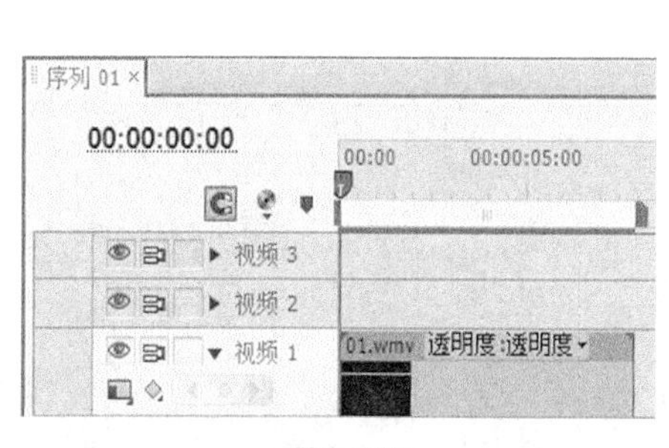

图 2-113

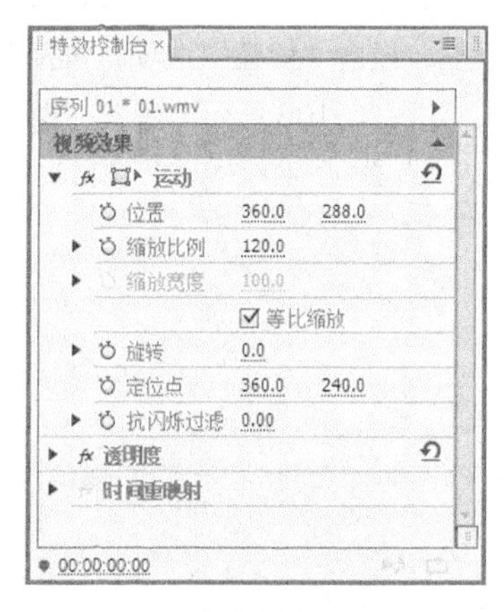

图 2-114

步骤 4　选择“文件 > 新建 > 字幕”命令，弹出“新建字幕”对话框，如图 2-115 所示，单击“确定”按钮，弹出字幕编辑面板，选择“输入”工具 T，在字幕工作区中输入需要的文字，在字幕编辑面板的工具栏中选择需要的字体和文字大小。在“字幕属性”子面板中，将“倾斜”选项设置为 10°，其他参数设置如图 2-116 所示。

步骤 5　在“项目”面板中选中“字幕 01”文件，并将其拖曳到“时间线”面板的“视频 2”轨道中，如图 2-117 所示。将时间标签放置在 7:00s 的位置，将鼠标指针移动到“字幕 01”文件的结束位置，当鼠标指针呈 状时，向后拖曳到 7:00 s 的位置上，如图 2-118 所示。

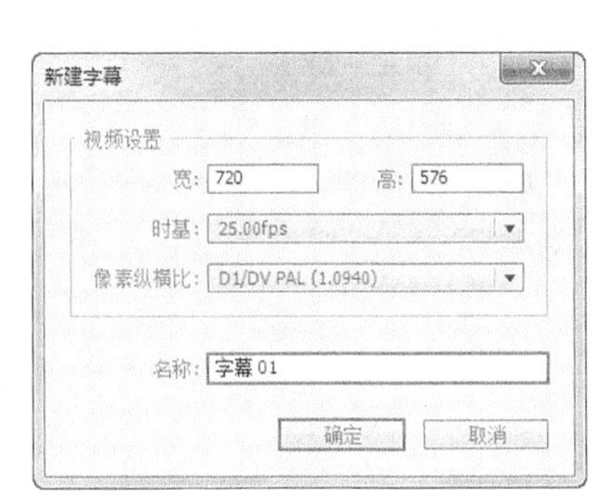

图 2-115

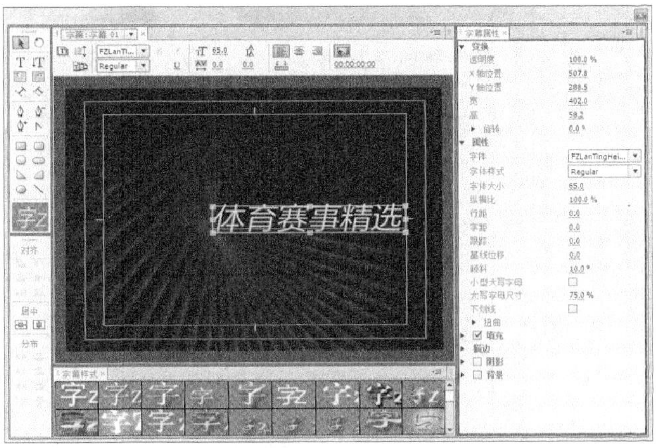

图 2-116

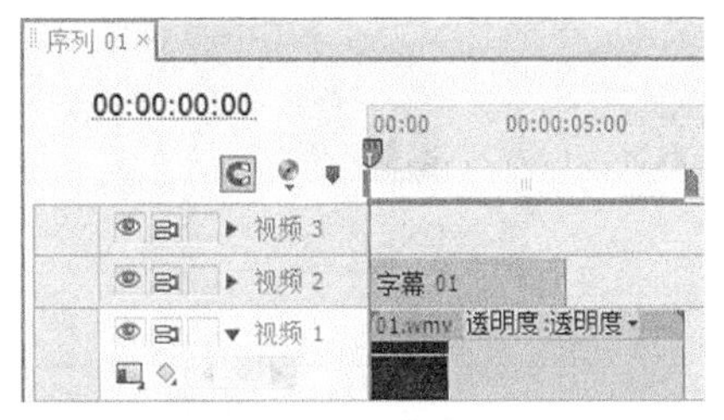

图 2-117

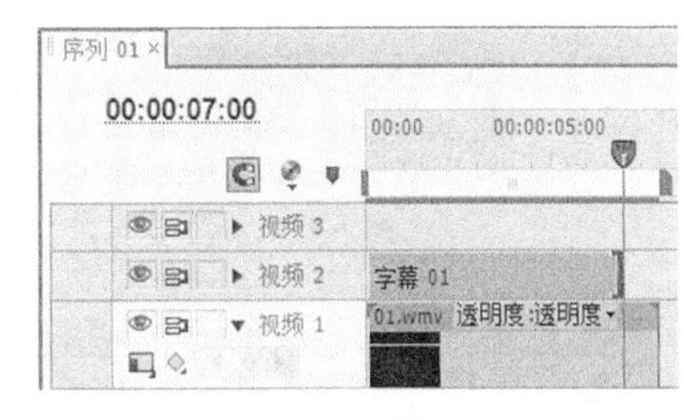

图 2-118

2. 添加赛事集锦

步骤 1　将时间标签放置在 6:00s 的位置。在“项目”面板中选中“02.avi”文件并将其拖曳到“时间线”面板的“视频 3”轨道中，如图 2-119 所示。选中“02.avi”文件，选择“剪辑 > 速度/持续时间”命令，弹出“素材速度/持续时间”对话框，相关设置如图 2-120 所示，设置完成后单击“确定”按钮。

图 2-119

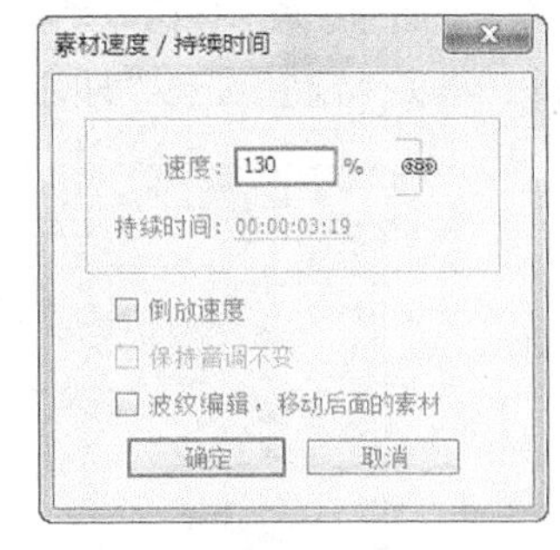

图 2-120

步骤 2　此时，“时间线”面板如图 2-121 所示。在“项目”面板中选中“03.avi”文件并将其拖曳到“时间线”面板的“视频 3”轨道中，如图 2-122 所示。

步骤 3　选中“03.avi”文件，选择“剪辑 > 速度/持续时间”命令，弹出“素材速度/持续时间”对话框，相关设置如图 2-123 所示，设置完成后单击“确定”按钮，如图 2-124 所示。使用相同方法添加其他赛事集锦并剪辑到适当的位置，分别编辑素材速度/持续时间，如图 2-125 所示。

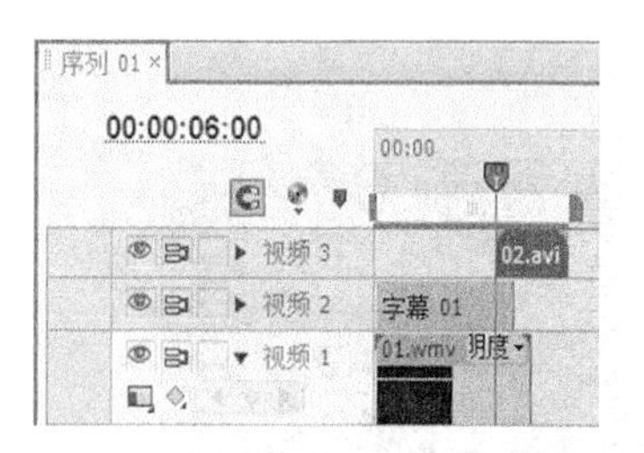

图 2-121

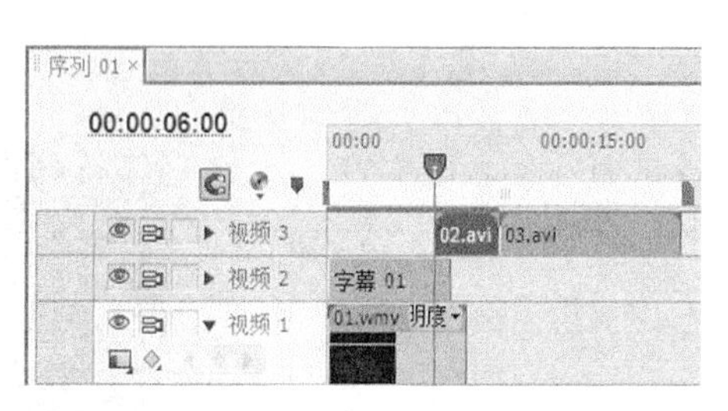

图 2-122

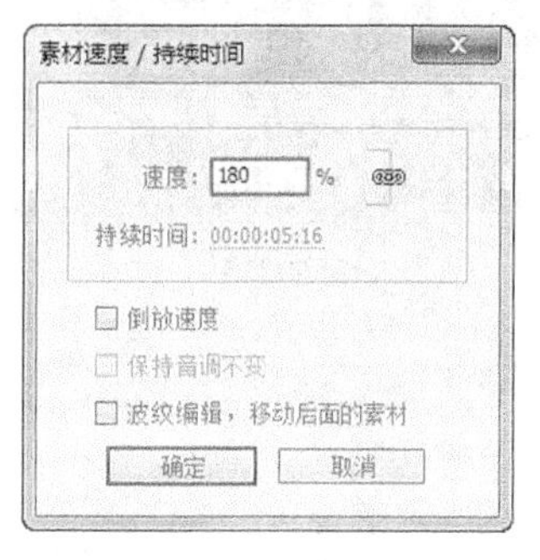

图 2-123

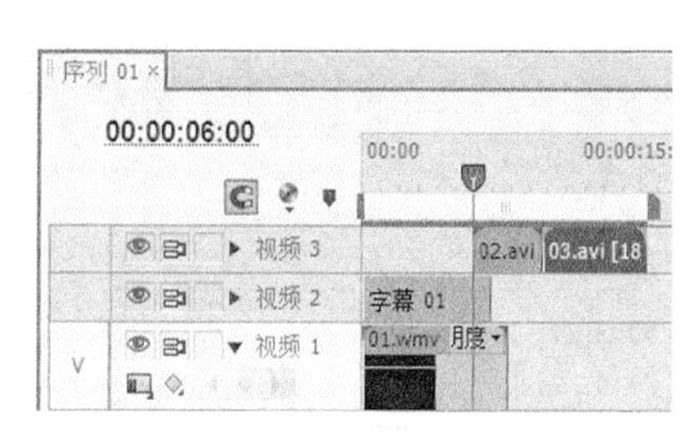

图 2-124

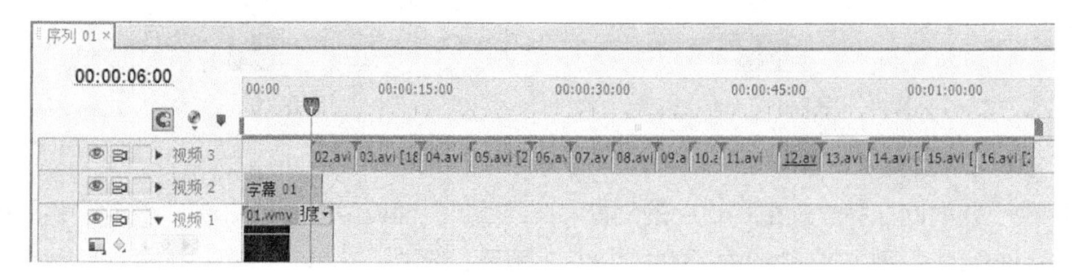

图 2-125

步骤 4　选择“窗口 > 工作区 > 效果”命令，弹出“效果”面板，展开“视频切换”选项，单击“叠化”文件夹前面的三角形按钮 ▶ 将其展开，选中“交叉叠化（标准）”特效，如图 2-126 所示。将“交叉叠化（标准）”特效拖曳到“时间线”面板的“02.avi”文件的开始位置，如图 2-127 所示。

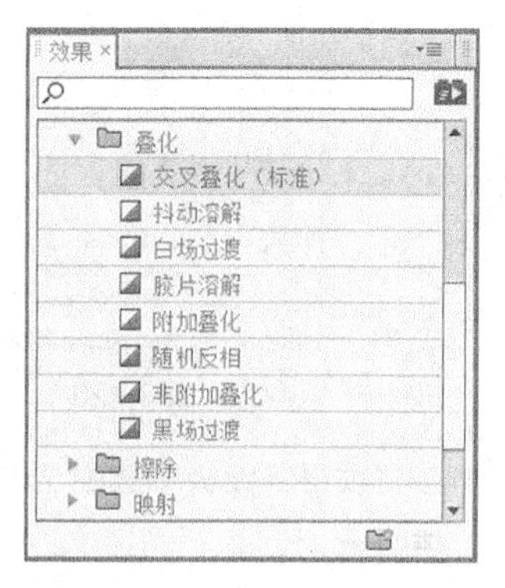

图 2-126

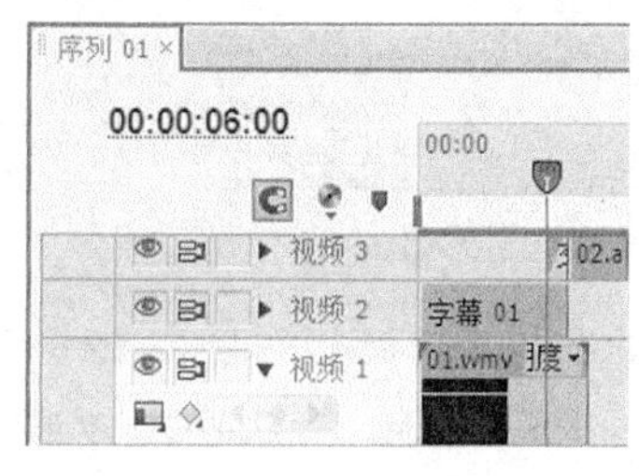

图 2-127

步骤 5　在“效果”面板中展开“视频切换”选项，单击“擦除”文件夹前面的三角形按钮 ▶ 将其展开，选中“百叶窗”特效，如图 2-128 所示。将“百叶窗”特效拖曳到“时间线”面板的“03.avi”

文件的尾部与“04.avi”文件的开始位置，如图 2-129 所示。使用相同的方法在适当的位置添加需要的视频过渡特效，如图 2-130 所示。

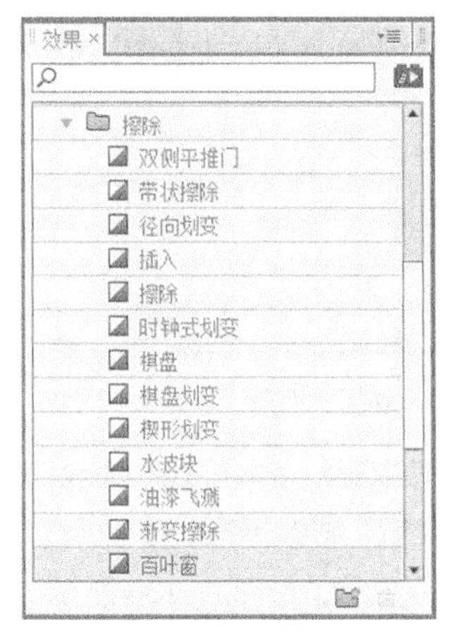

图 2-128

图 2-129

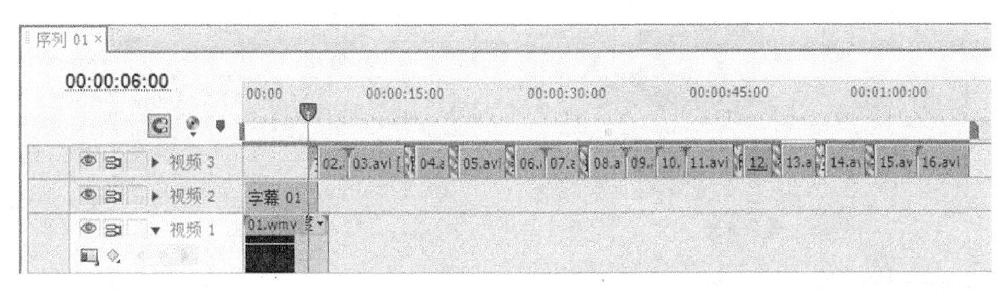

图 2-130

步骤 6　选择“文件 > 新建 > 彩色蒙版”命令，弹出“新建彩色蒙版”对话框，如图 2-131 所示。单击“确定”按钮，弹出“颜色拾取”对话框，设置蒙版颜色为白色，如图 2-132 所示。单击“确定”按钮，弹出“选择名称”对话框，设置蒙版名称为“白底”，如图 2-133 所示。单击“确定”按钮，在“项目”面板中添加一个“白底”文件，如图 2-134 所示。

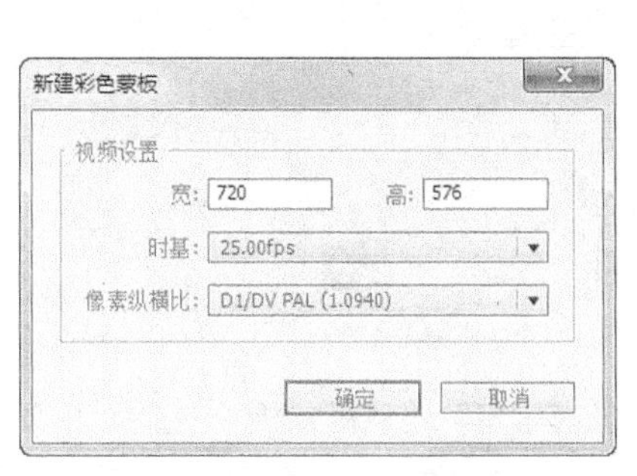

图 2-131

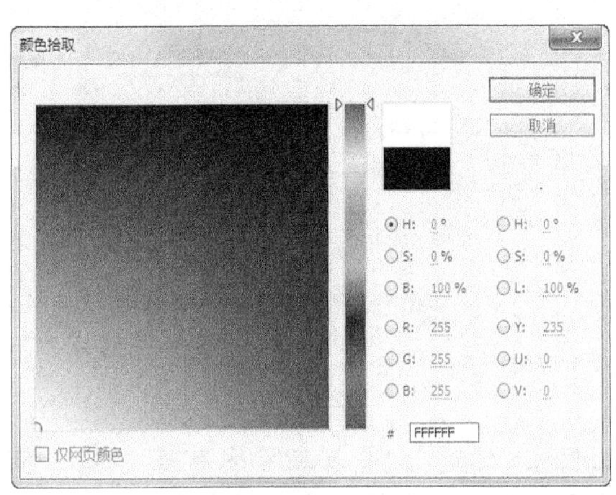

图 2-132

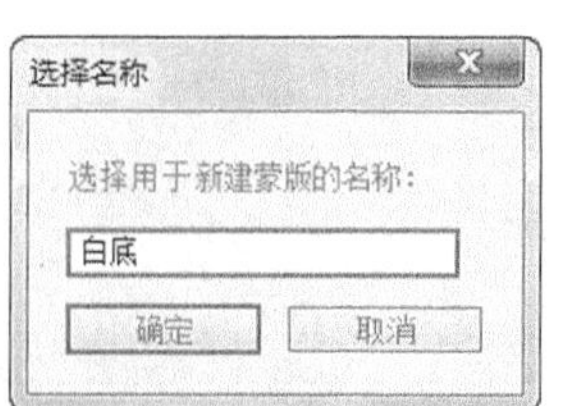

图 2-133

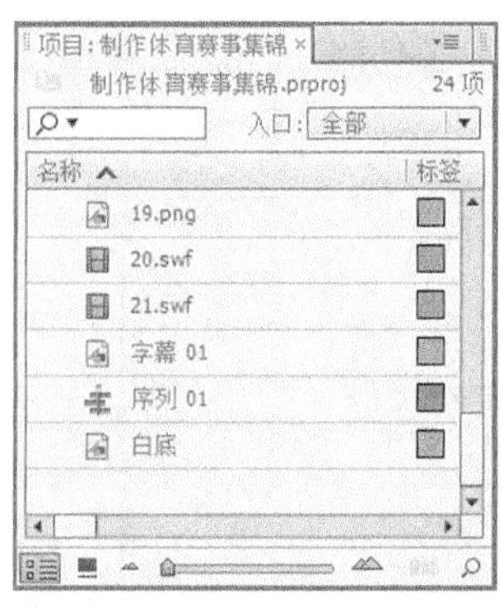

图 2-134

步骤 7　在“项目”面板中选中“白底”文件，并将其拖曳到“时间线”面板的“视频 3”轨道中，如图 2-135 所示。将时间标签放置在 1:10:00 s 的位置，将鼠标指针移动到“白底”文件的结束位置，当鼠标指针呈 状时，向前拖曳到 1:10:00 s 的位置上，如图 2-136 所示。

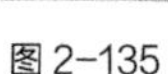
图 2-135

图 2-136

3. 添加注释文字

步骤 1　选择“序列 > 添加轨道”命令，弹出“添加视音轨”对话框，相关设置如图 2-137 所示，单击“确定”按钮，添加轨道，如图 2-138 所示。

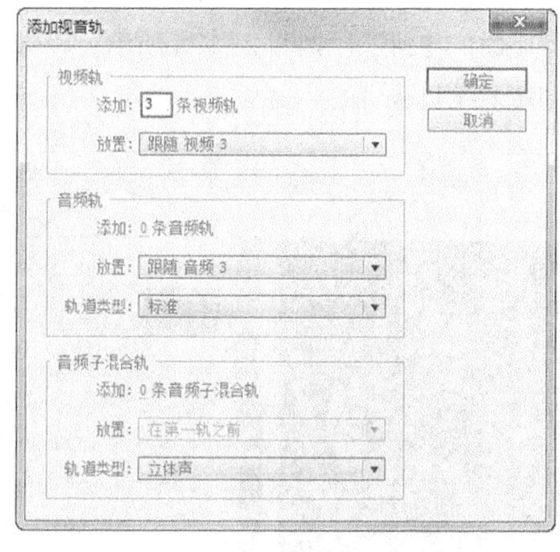

图 2-137

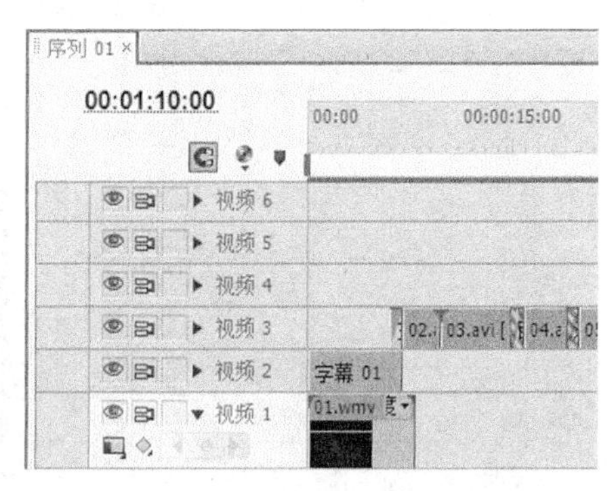

图 2-138

步骤 2　选择“文件 > 新建 > 字幕”命令，弹出“新建字幕”对话框，相关设置如图 2-139 所示，单击“确定”按钮，弹出字幕编辑面板，选择“输入”工具 T，在字幕工作区中输入需要的文字，在字幕编辑面板的工具栏”中选择需要的字体和文字大小。在“字幕属性”子面板中，将“倾斜”选项设置为 10° ，将颜色设置为白色，添加文字阴影，如图 2-140 所示。在“项目”面板中生成“字幕 02”文件。

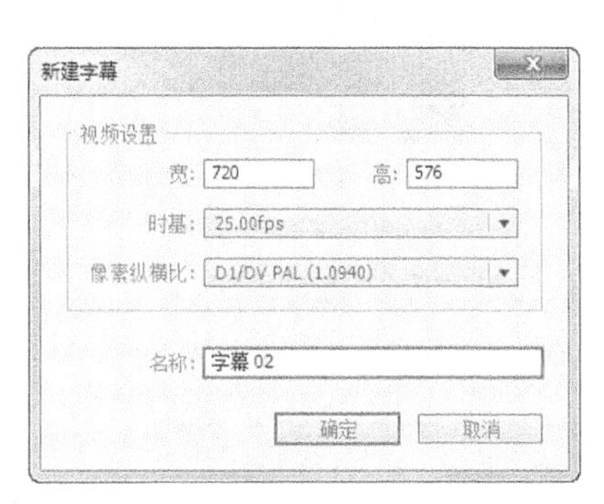

图 2-139

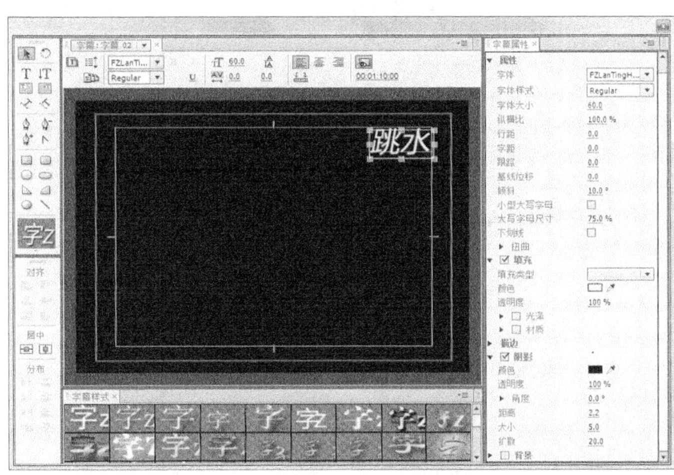

图 2-140

步骤 3　在“项目”面板中选中“字幕 02”文件。按 Ctrl+C 组合键复制文件，连续按 Ctrl+V 组合键粘贴文件，并分别修改字幕的名称，如图 2-141 所示。双击“字幕 03”文件，打开字幕编辑面板，修改文字内容，如图 2-142 所示。使用相同的方法修改其他文字。

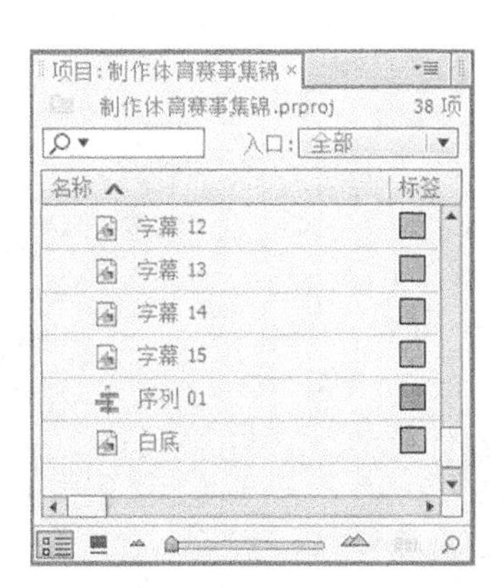

图 2-141

图 2-142

步骤 4　将时间标签放置在 7:00s 的位置。在“项目”面板中选中“字幕 02”文件并将其拖曳到“时间线”面板的“视频 4”轨道中，如图 2-143 所示。将鼠标指针移动到“字幕 02”文件的结束位置，当鼠标指针呈◀状时，向前拖曳到与“02.avi”文件相同的位置上，如图 2-144 所示。使用相同的方法在“时间线”面板中添加其他文字并进行调整，效果如图 2-145 所示。

4. 添加装饰图形

步骤 1　将时间标签放置在 20:00s 的位置。在“项目”面板中选中“20.swf”文件并将其拖曳到“时间线”面板的“视频 5”轨道中，如图 2-146 所示。选中“20.swf”文件，选择“剪辑 > 速度/持续时间”命令，弹出“素材速度/持续时间”对话框，相关设置如图 2-147 所示，单击“确定”按钮，如图 2-148 所示。

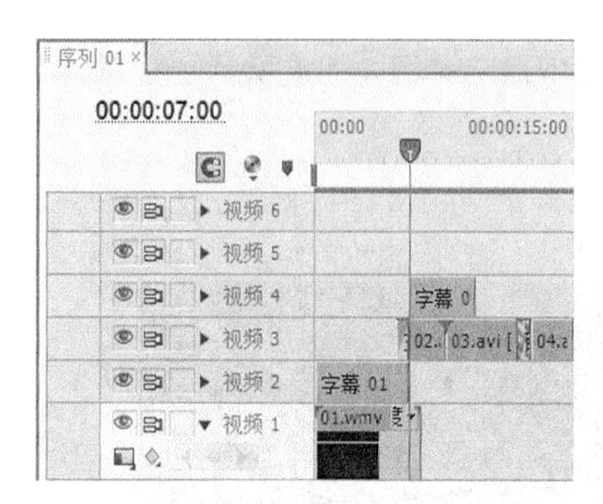

图 2-143

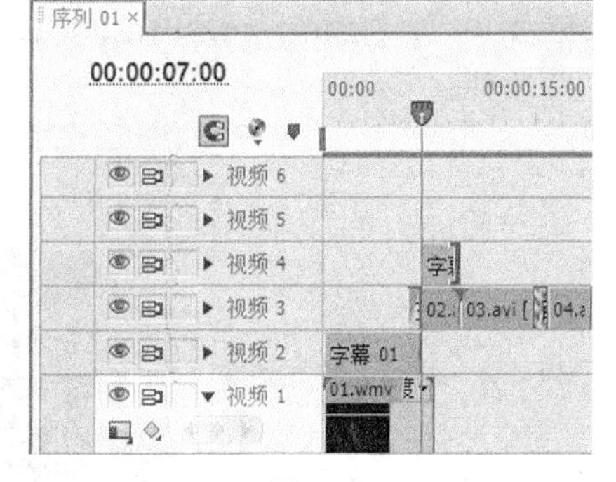

图 2-144

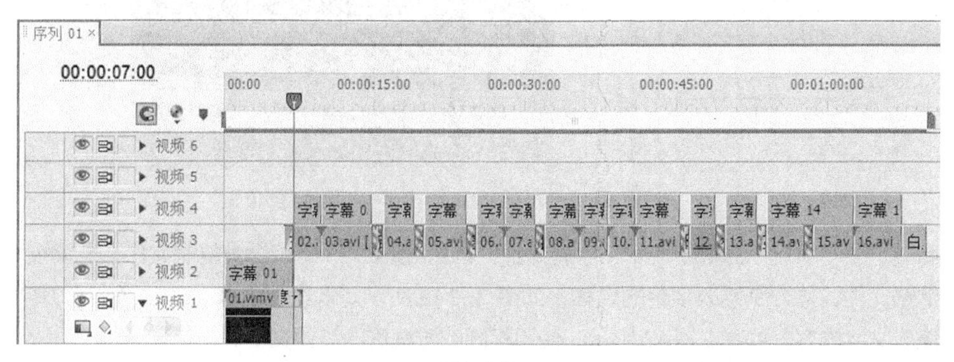

图 2-145

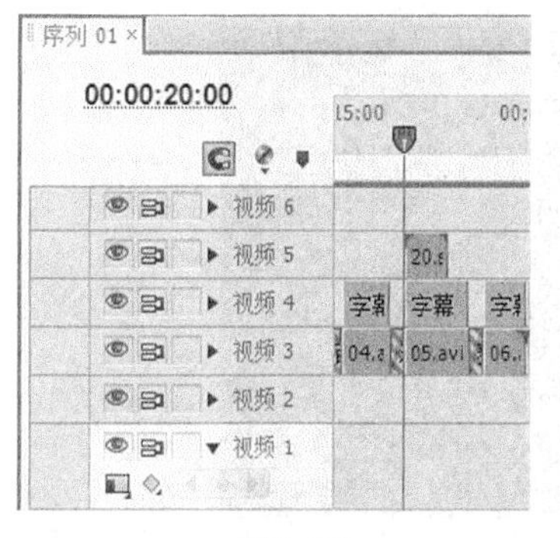

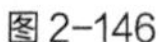

图 2-146

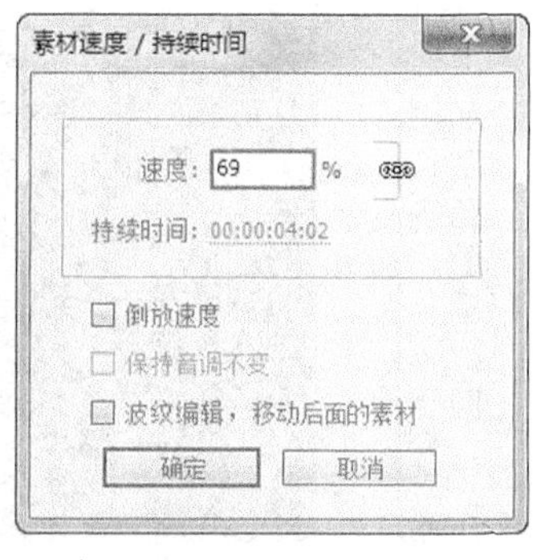

图 2-147

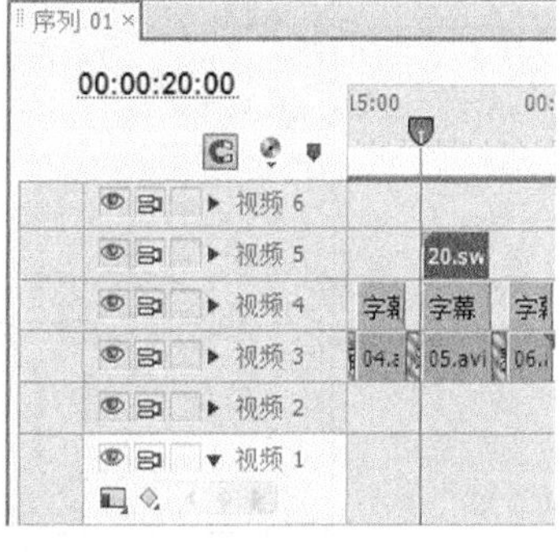

图 2-148

步骤 2　在“特效控制台”面板中展开“运动”选项，将“缩放比例”选项设置为 120，如图 2-149 所示。将时间标签放置在 49:15s 的位置，在“项目”面板中选中“21.swf”文件并将其拖曳到“时间线”面板的“视频 5”轨道中，如图 2-150 所示。

步骤 3　将鼠标指针移动到“21.swf”文件的结束位置，当鼠标指针呈◀]状时，向前拖曳到与“字幕 13”文件相同的位置上，如图 2-151 所示。将时间标签放置在 1:07:04s 的位置，在“项目”面板中选中“18.swf”文件并将其拖曳到“时间线”面板的“视频 5”轨道中，如图 2-152 所示。选中“18.swf”文件，在“特效控制台”面板中展开“运动”选项，将“缩放比例”选项设置为 110，如图 2-153 所示。

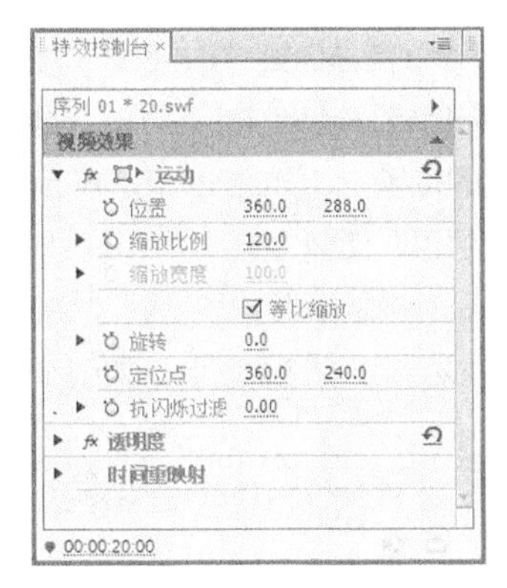

图 2-149

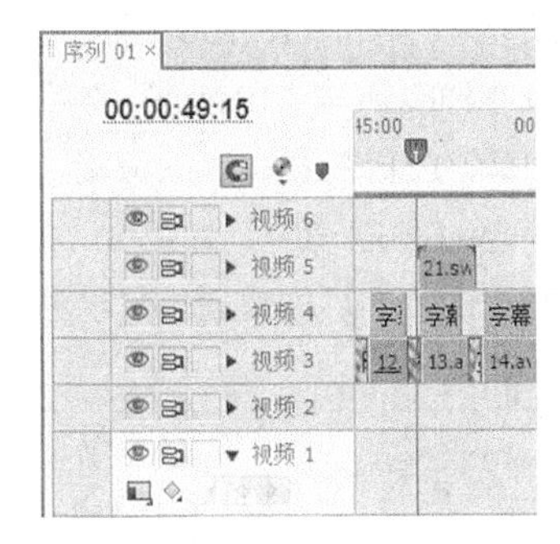

图 2-150

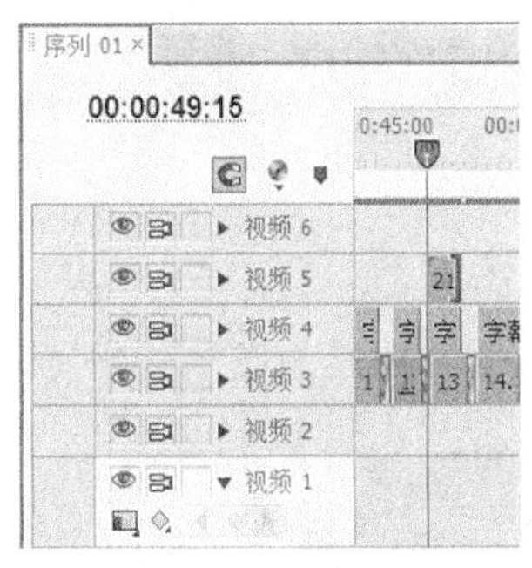

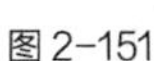

图 2-151

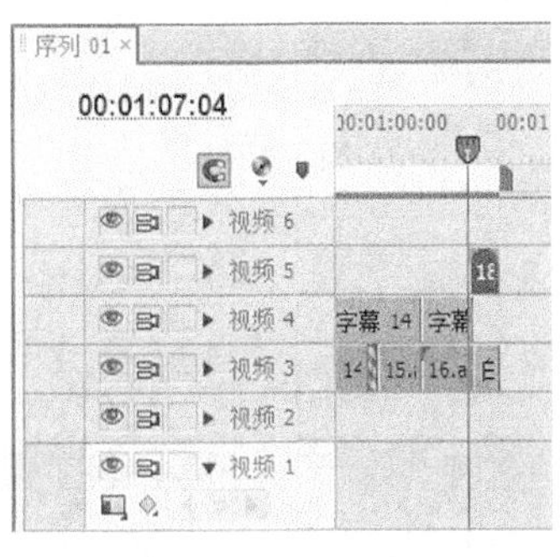

图 2-152

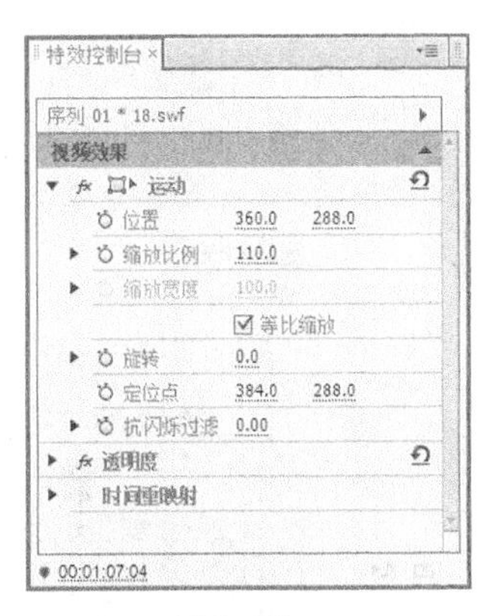

图 2-153

5. 制作片尾和音频

步骤 1　选择“文件 > 新建 > 字幕”命令，弹出“新建字幕”对话框，如图 2-154 所示，单击“确定”按钮，弹出字幕编辑面板，选择“输入”工具 T ，在字幕工作区中输入需要的文字，在字幕编辑面板的工具栏中选择需要的字体和文字大小。在“字幕属性”子面板中，将“倾斜”选项设置为 10° ，颜色设置为蓝色（其 R、G、B 的值分别为 12、62、176），如图 2-155 所示。关闭字幕编辑面板，新建的字幕文件会自动保存到“项目”面板中。

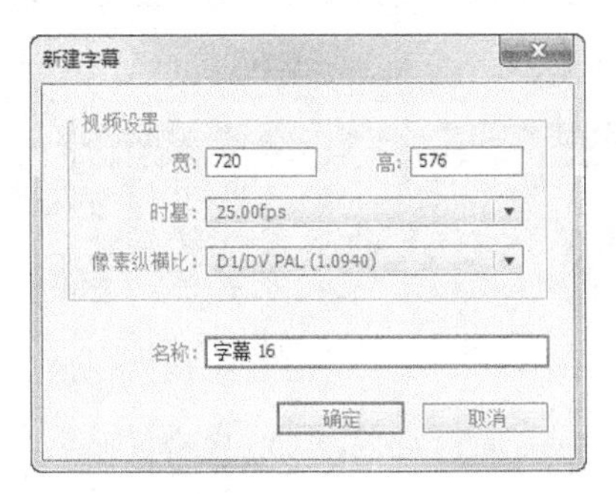

图 2-154

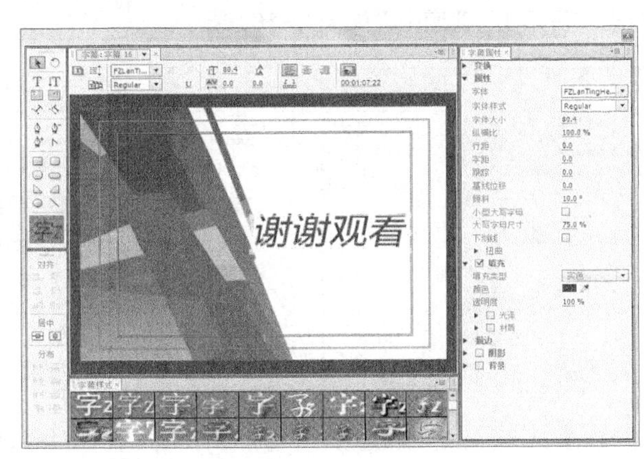

图 2-155

步骤 2　在“项目”面板中选中“字幕 16”文件并将其拖曳到“时间线”面板中“视频 4”轨道的“字幕 15”文件的后面，如图 2-156 所示。将鼠标指针移动到“字幕 16”文件的结束位置，当鼠标指针呈⇤状时，向左拖曳到与“18.swf”文件相同的位置上，如图 2-157 所示。

步骤 3　将时间标签放置在 6:00s 的位置。在“项目”面板中选中“19.png”文件并将其拖曳到“时间线”面板的“视频 6”轨道中，如图 2-158 所示。将鼠标指针移动到“19.png”文件的结束位置，当鼠标指针呈⇥状时，向后拖曳到与“字幕 16”文件相同的位置上，如图 2-159 所示。

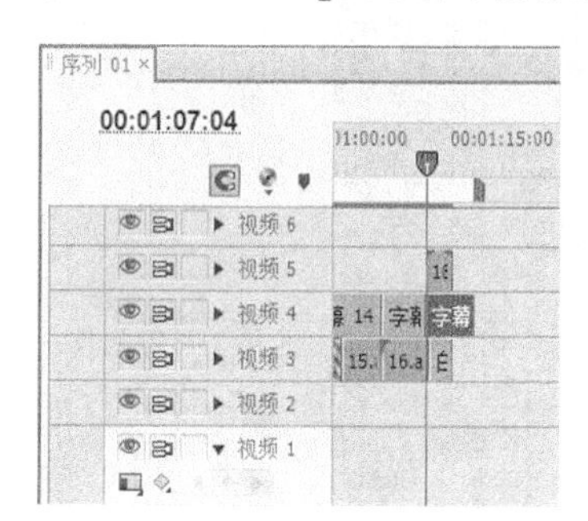

图 2-156

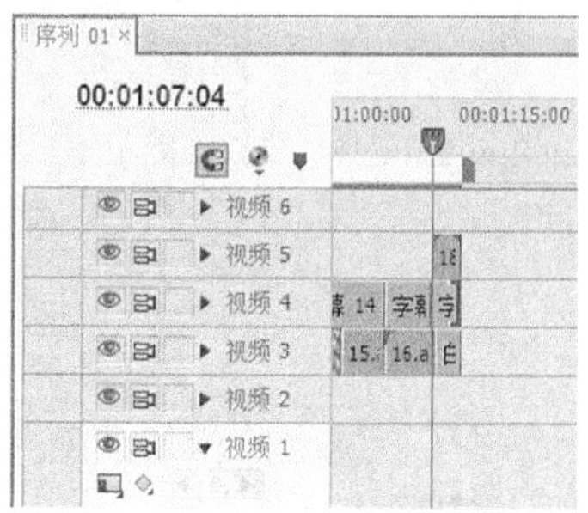

图 2-157

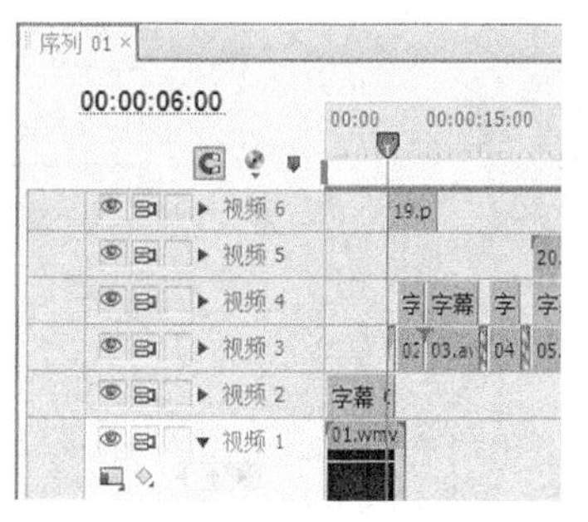

图 2-158

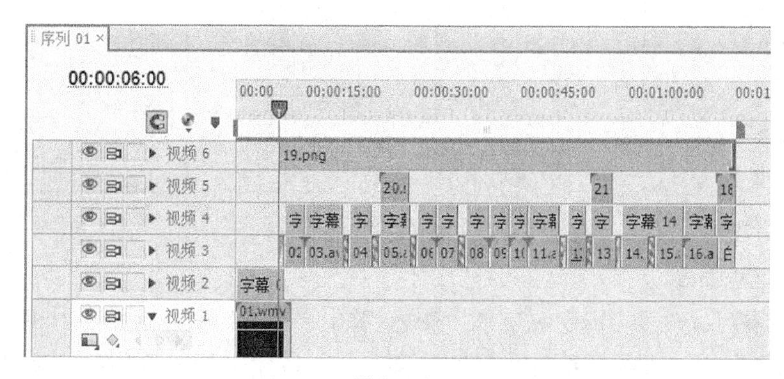

图 2-159

步骤 4　选中“19.png”文件，在“特效控制台”面板中展开“运动”选项，将“缩放比例”选项设置为 120，如图 2-160 所示。在“项目”面板中选中“17.mp3”文件并将其拖曳到“时间线”面板的“音频 1”轨道中，如图 2-161 所示。

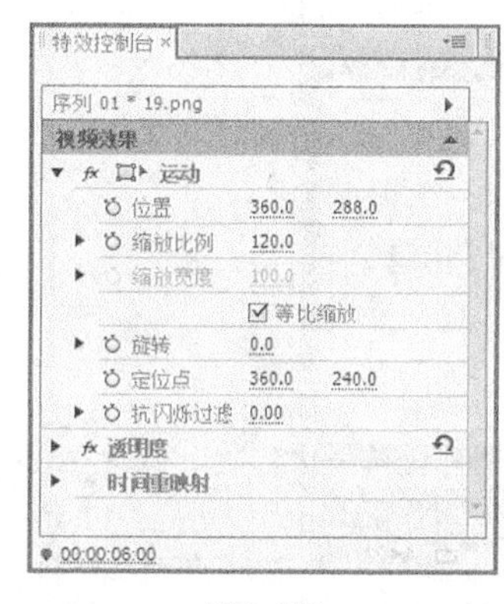

图 2-160

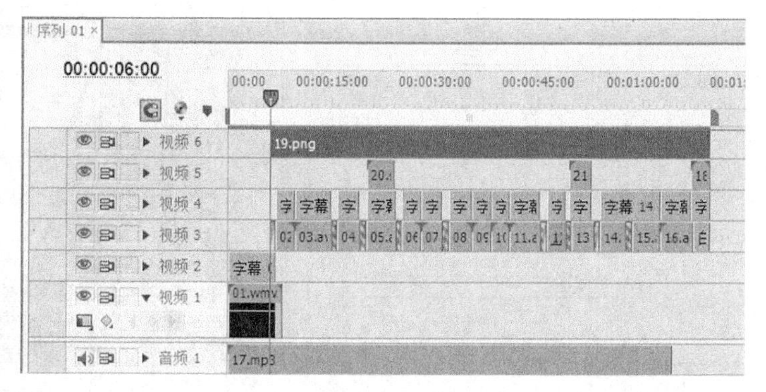

图 2-161

步骤 5　选择“剪辑 > 速度/持续时间”命令，弹出“素材速度/持续时间”对话框，相关设置如图 2-162 所示，单击“确定”按钮。至此，体育赛事集锦制作完成，效果如图 2-163 所示。

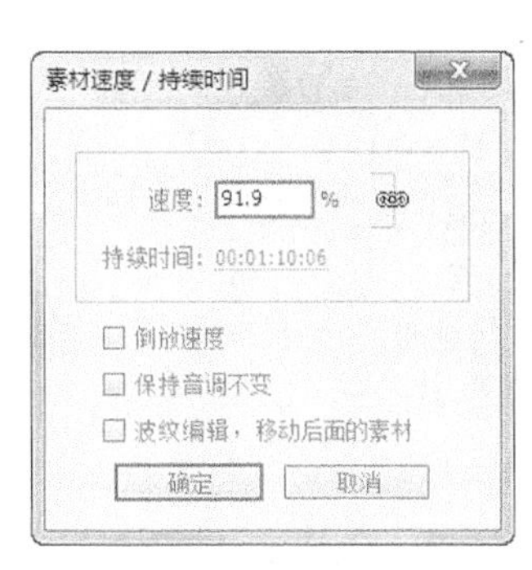

图 2-162

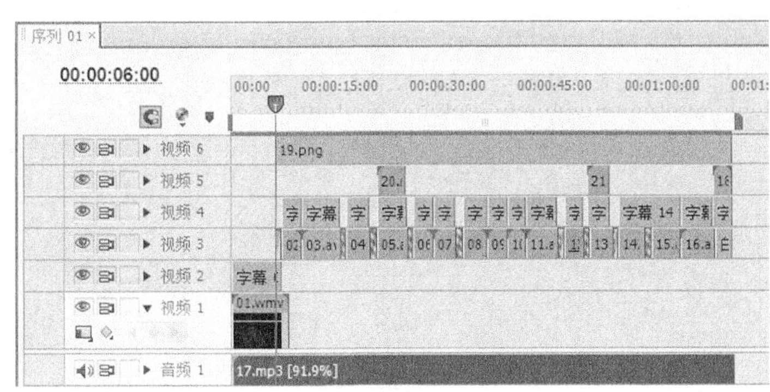

图 2-163

2.3.3　制作动物栏目片头

【案例知识要点】

使用“字幕”命令添加并编辑文字，使用“特效控制台”面板设置视频的缩放比例和透明度以制作动画效果，使用不同的转场命令制作视频之间的转场效果，使用“亮度与对比度”特效调整 04.mov 文件的亮度与对比度，使用“四色渐变”特效为 06.mov 文件添加四色渐变效果。动物栏目片头效果如图 2-164 所示。

微课：制作动物栏目片头

图 2-164

【案例操作步骤】

1. 添加项目文件

步骤 1　启动 Premiere Pro CS6 软件，弹出启动对话框，单击“新建项目”按钮，弹出“新建项目”对话框，设置“位置”选项，选择保存文件路径，在“名称”文本框中输入文件名“制作动物栏目片头”，如图 2-165 所示。单击“确定”按钮，弹出“新建序列”对话框，在左侧的列表中展开“DV-PAL”选项，选中“标准 48kHz”模式，如图 2-166 所示，单击“确定”按钮，完成序列的创建。

步骤 2　选择“文件 > 导入”命令，弹出“导入”对话框，选择云盘中的“项目二\制作动物栏目片头\素材”中的所有素材文件，单击“打开”按钮，导入视频文件，如图 2-167 所示。导入后的文件排列在“项目”面板中，如图 2-168 所示。

图 2-165

图 2-166

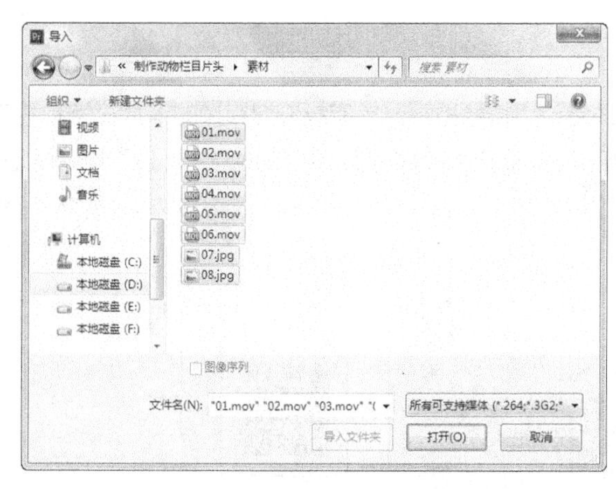

图 2-167

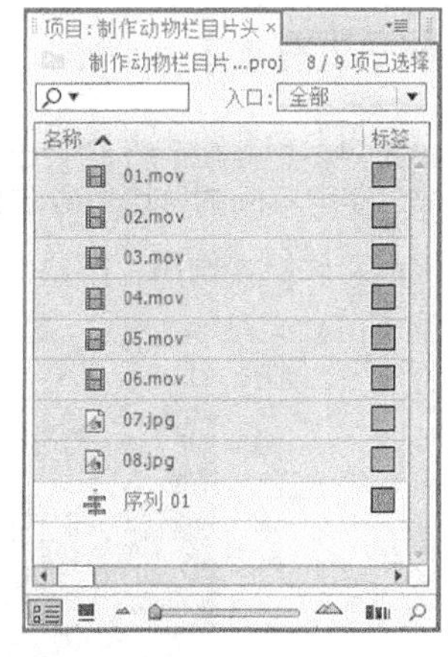

图 2-168

步骤 3　选择“文件 > 新建 > 字幕”命令，弹出“新建字幕”对话框，如图 2-169 所示，单击“确定”按钮，弹出字幕编辑面板，选择“输入”工具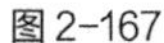，在字幕工作区中输入文字“动物乐园”，在“字幕样式”子面板中选择需要的样式，如图 2-170 所示。在“字幕属性”子面板中进行设置，如图 2-171 所示，字幕工作区中字幕的效果如图 2-172 所示。

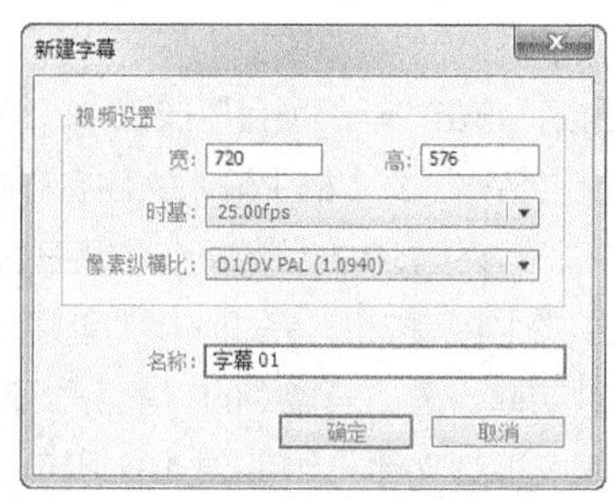

图 2-169

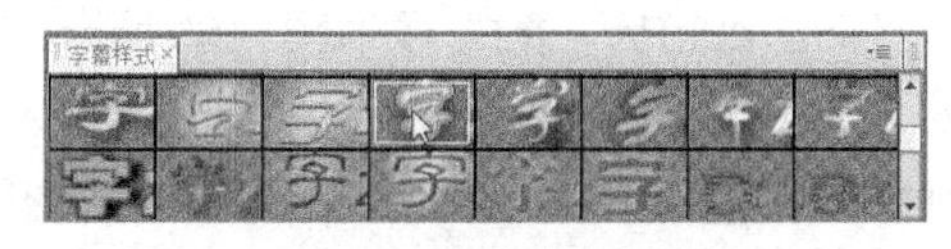

图 2-170

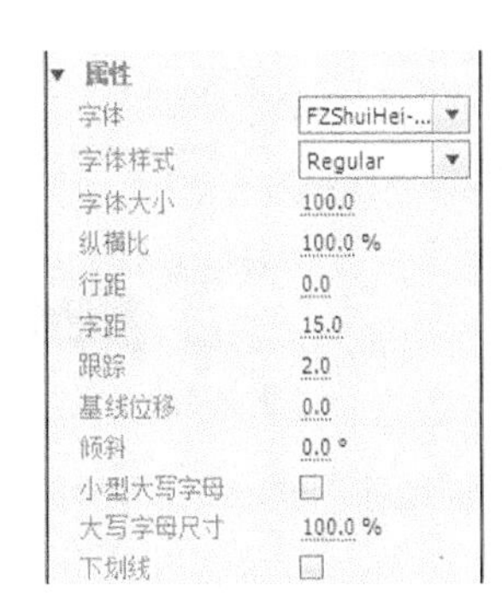

图 2-171

图 2-172

2. 制作图像动画

步骤 1　按住 Ctrl 键，在“项目”面板中分别选中“01.mov”“02.mov”文件并将其拖曳到“时间线”面板的“视频 1”轨道中，如图 2-173 所示。将时间标签放置在 7:20s 的位置，在“视频 1”轨道上选中“02.mov”文件，将鼠标指针移动到“02.mov”文件的尾部，当鼠标指针呈⊣状时，向前拖曳到 7:20s 的位置上，如图 2-174 所示。

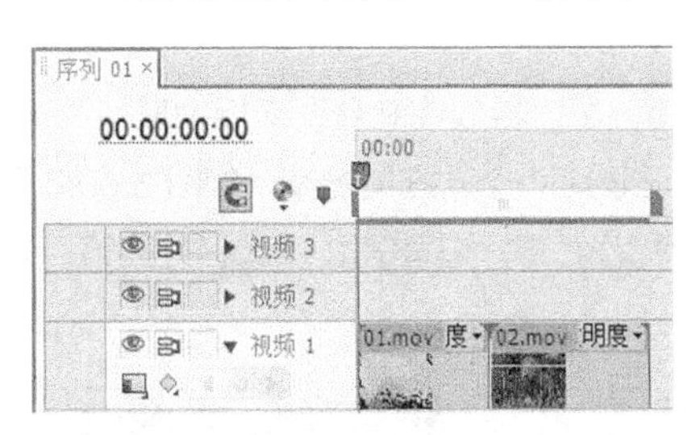

图 2-173

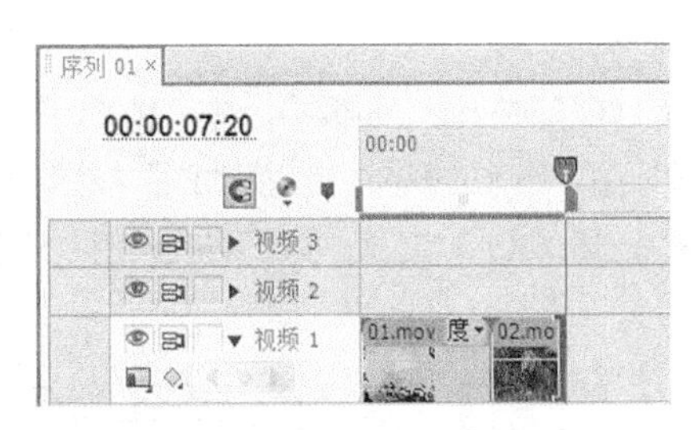

图 2-174

步骤 2　在“项目”面板中选中“03.mov”文件并将其拖曳到“时间线”面板的“视频 1”轨道中，如图 2-175 所示。将时间标签放置在 10:07s 的位置，在“视频 1”轨道上选中“03.mov”文件，将鼠标指针移动到“03.mov”文件的尾部，当鼠标指针呈⊣状时，向前拖曳到 10:07s 的位置上，如图 2-176 所示。

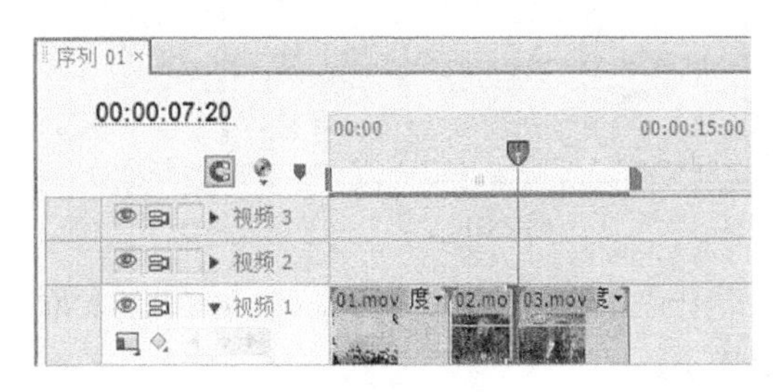

图 2-175

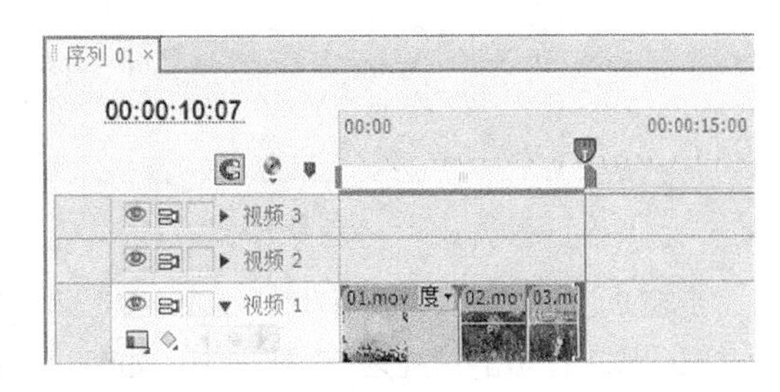

图 2-176

步骤 3　将时间标签放置在 11:05s 的位置，在“项目”面板中选中“05.mov”文件并将其拖曳到“时间线”面板的“视频 1”轨道中，如图 2-177 所示。将时间标签放置在 13:08s 的位置，在“视频 1”轨道上选中“05.mov”文件，将鼠标指针移动到“05.mov”文件的尾部，当鼠标指针呈⊣状时，向前拖曳到 13:08s 的位置上，如图 2-178 所示。

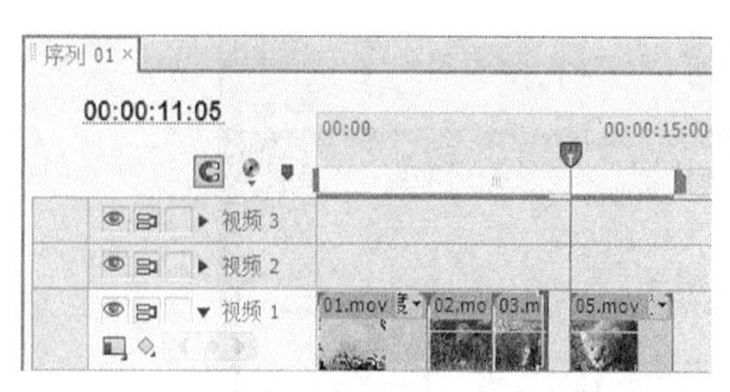

图 2-177

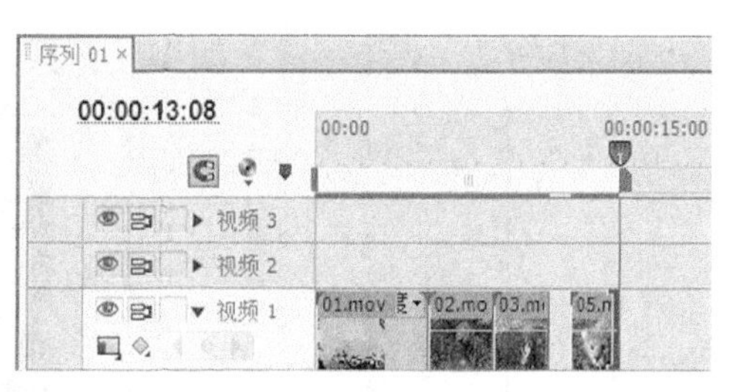

图 2-178

步骤 4　在“项目”面板中选中“07.jpg”文件并将其拖曳到“时间线”面板的“视频 1”轨道中，如图 2-179 所示。

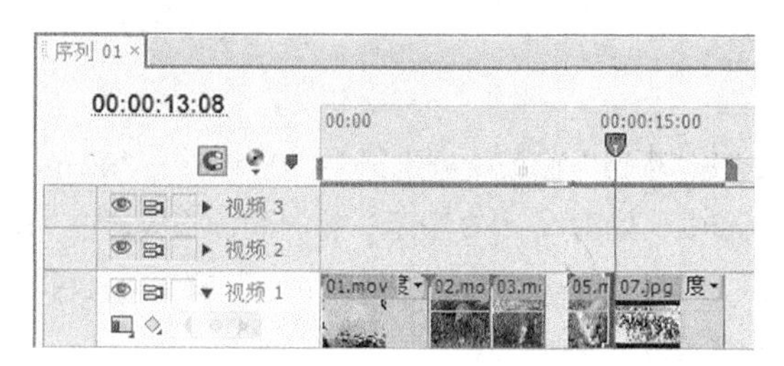

图 2-179

步骤 5　在“时间线”面板中选中“07.jpg”文件，在“特效控制台”面板中展开“运动”选项，单击“缩放比例”选项左侧的“切换动画”按钮，记录第 1 个动画关键帧，如图 2-180 所示。将时间标签放置在 16:02s 的位置，将“缩放比例”选项设置为 35，记录第 2 个动画关键帧，如图 2-181 所示。

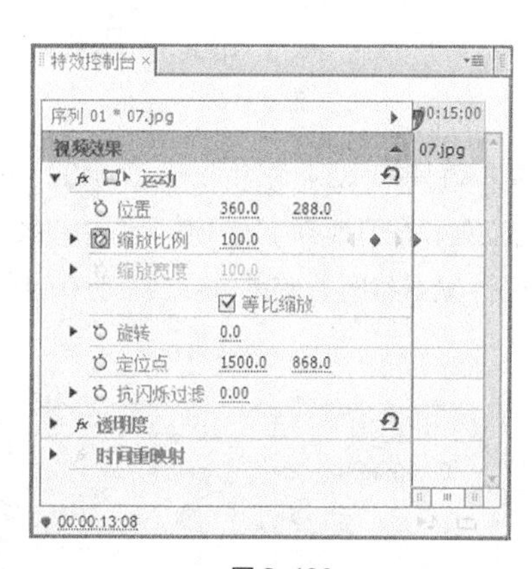

图 2-180

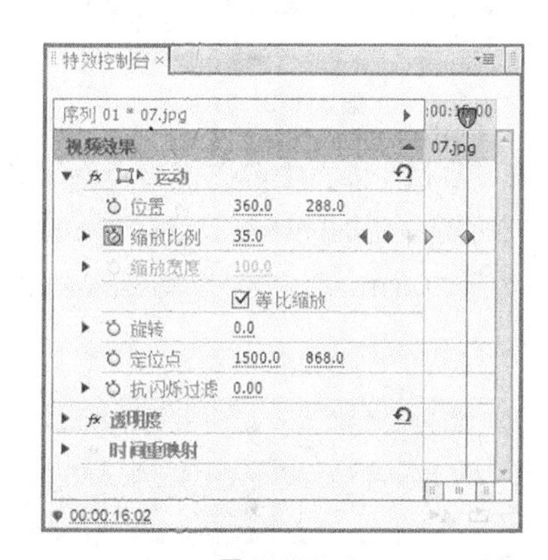

图 2-181

步骤 6　将时间标签放置在 18:22s 的位置。在“项目”面板中选中“06.mov”文件并将其拖曳到“时间线”面板的“视频 1”轨道中，如图 2-182 所示。

步骤 7　选择“窗口 > 效果”命令，弹出“效果”面板，展开“视频特效”选项，单击“生成”文件夹前面的三角形按钮 ▶ 将其展开，选中“四色渐变”特效，如图 2-183 所示。将“四色渐变”特效拖曳到“时间线”面板的“06.mov”文件上，如图 2-184 所示。

步骤 8　在“特效控制台”面板中展开“四色渐变”特效，将“抖动”选项设置为 100%，其他选项的设置如图 2-185 所示。

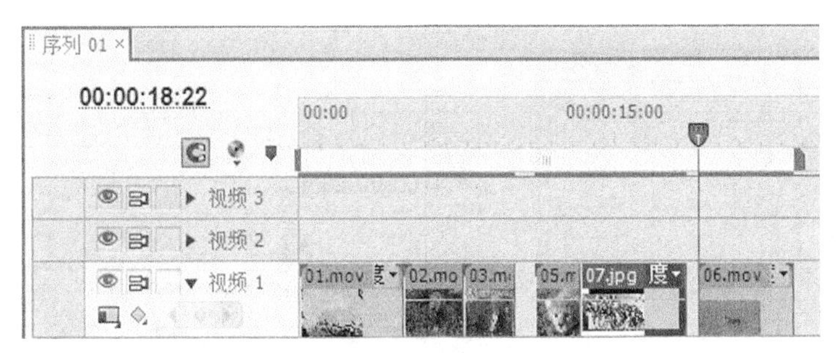

图 2-182

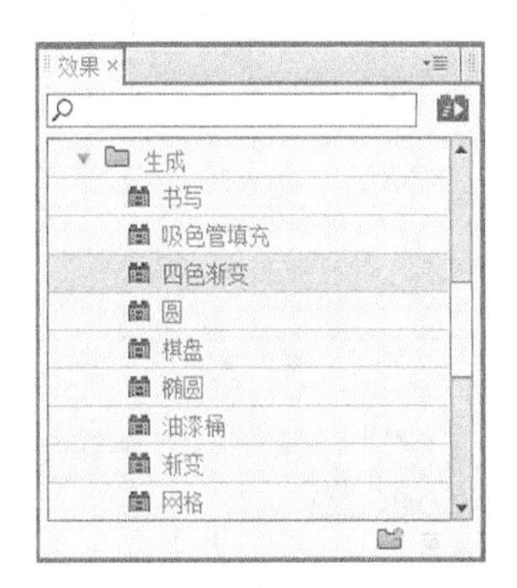

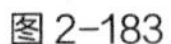
图 2-183

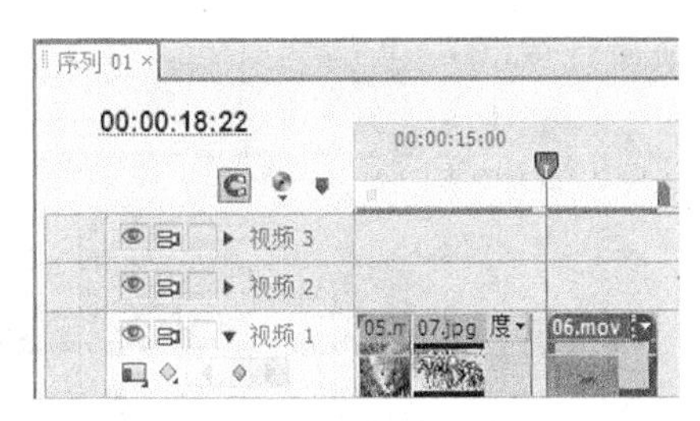

图 2-184

步骤 9　将时间标签放置在 21:24s 的位置。在“特效控制台”面板中展开“透明度”选项，单击其右侧的“添加/移除关键帧”按钮，如图 2-186 所示，记录第 1 个动画关键帧。将时间标签放置在 23:10s 的位置，将“透明度”选项设置为 0%，如图 2-187 所示，记录第 2 个动画关键帧。

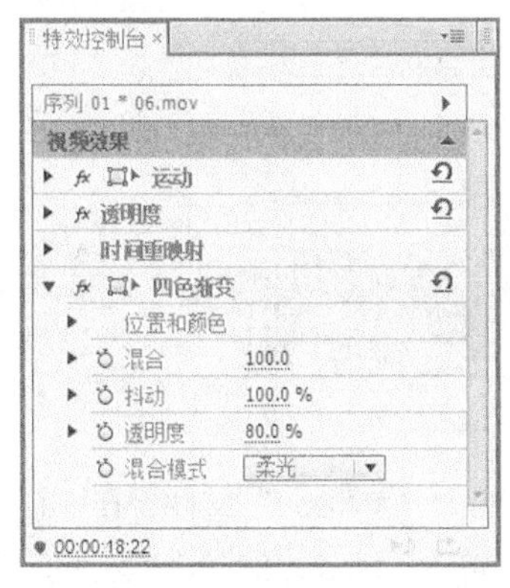

图 2-185

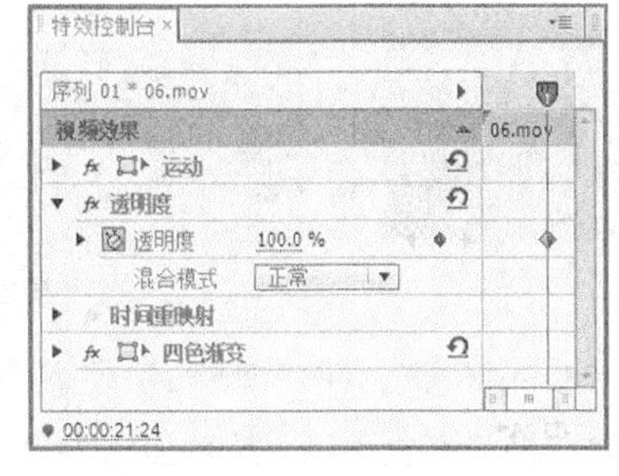

图 2-186

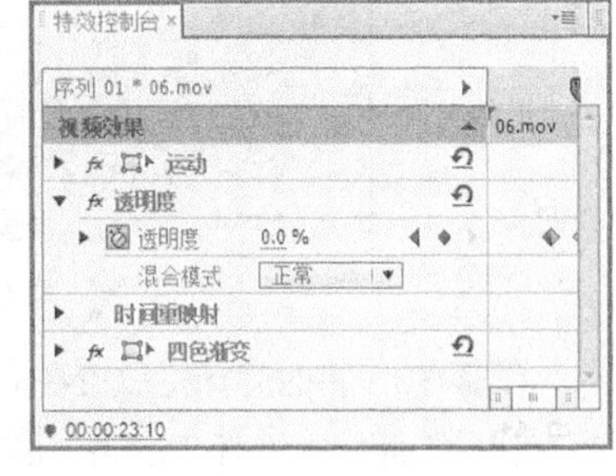

图 2-187

步骤 10　在“效果”面板中展开“视频切换”选项，单击“擦除”文件夹前面的三角形按钮 ▶ 将其展开，选中“棋盘”特效，如图 2-188 所示。将“棋盘”特效拖曳到“时间线”面板的“01.mov”文件的尾部与“02.mov”文件的开始位置，如图 2-189 所示。

步骤 11　使用相同的方法为“视频 1”轨道的其他素材添加不同的视频转场特效，此时，“时间线”面板中的效果如图 2-190 所示。

图 2-188

图 2-189

图 2-190

步骤 12　将时间标签放置在 0:09s 的位置。在“项目”面板中选中“字幕 01”文件并将其拖曳到“时间线”面板的“视频 2”轨道中，如图 2-191 所示。将时间标签放置在 4:24s 的位置，将鼠标指针移动到“字幕 01”文件的尾部，当鼠标指针呈状时，向前拖曳到 4:24s 的位置上，如图 2-192 所示。

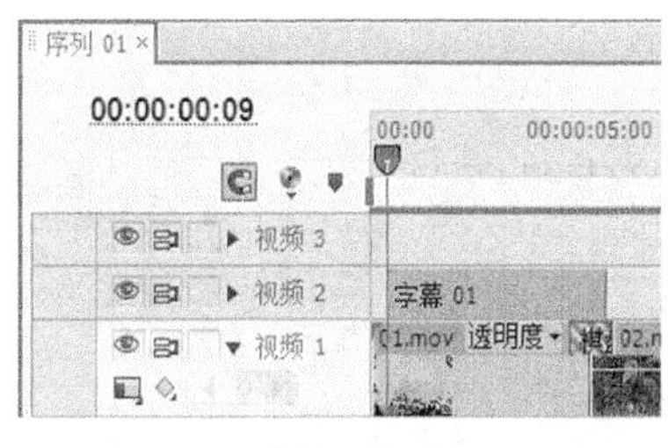

图 2-191

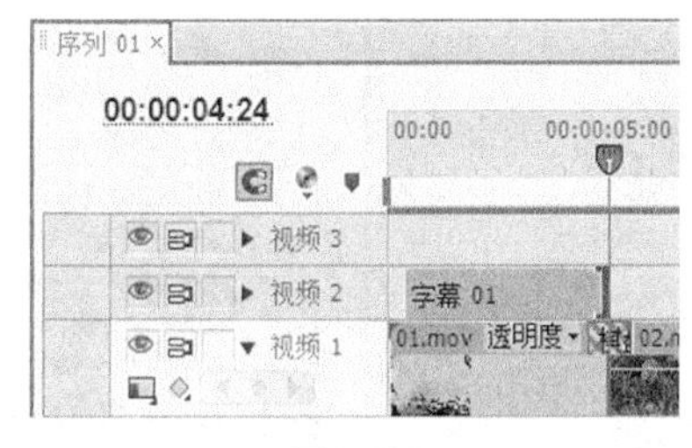

图 2-192

步骤 13　将时间标签放置在 0:09s 的位置。在“视频 1”轨道上选中“字幕 01”文件，在“特效控制台”面板中展开“运动”选项，将“缩放比例”选项设置为 0，单击“缩放比例”选项左侧的“切换动画”按钮，如图 2-193 所示，记录第 1 个动画关键帧。将时间标签放置在 1:02s 的位置，将“缩放比例”选项设置为 100，如图 2-194 所示，记录第 2 个动画关键帧。

步骤 14　将时间标签放置在 4:03s 的位置，在“特效控制台”面板中展开“透明度”选项，单击其右侧的“添加/移除关键帧”按钮，如图 2-195 所示，记录第 1 个动画关键帧。将时间标签放置在 4:22s 的位置，将“透明度”选项设置为 0%，如图 2-196 所示，记录第 2 个动画关键帧。

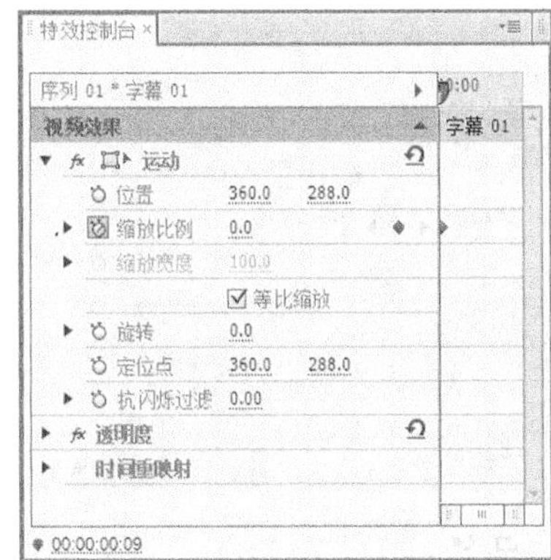

图 2-193

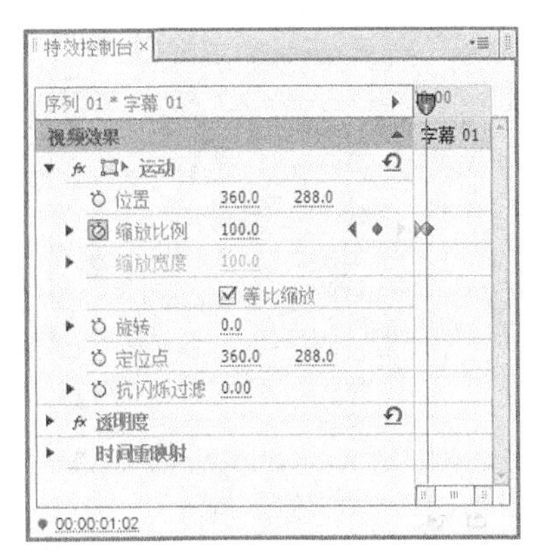

图 2-194

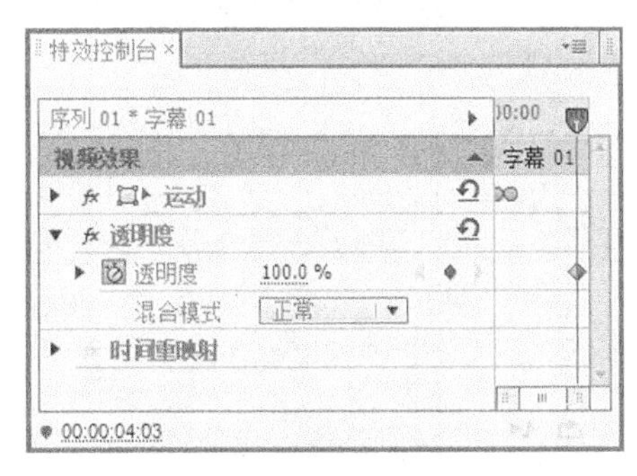

图 2-195

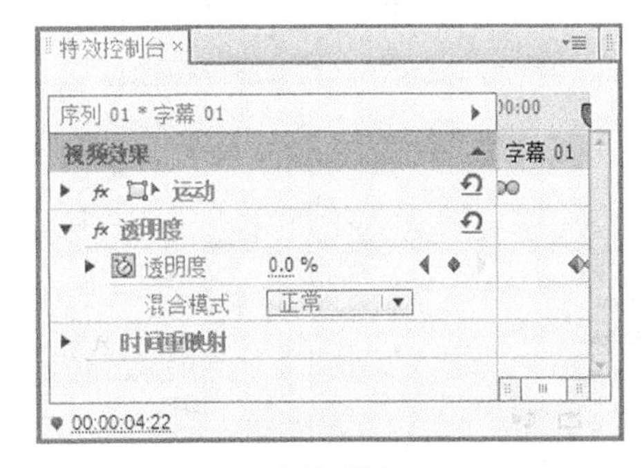

图 2-196

步骤 15　将时间标签放置在 9:20s 的位置。在“项目”面板中选中“04.mov”文件并将其拖曳到“时间线”面板的“视频 2”轨道中，如图 2-197 所示。将时间标签放置在 11:23s 的位置，在“视频 1”轨道上选中“04.mov”文件，将鼠标指针移动到“04.mov”文件的尾部，当鼠标指针呈状时，向前拖曳到 11:23s 的位置上，如图 2-198 所示。

图 2-197

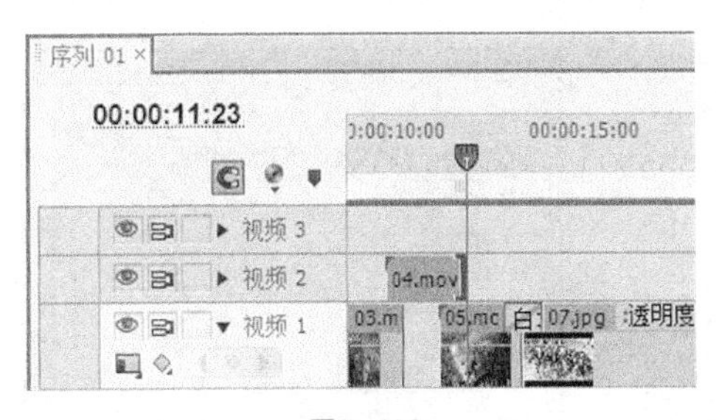

图 2-198

步骤 16　在“效果”面板中展开“视频特效”选项，单击“色彩校正”文件夹前面的三角形按钮 ▶ 将其展开，选中“亮度与对比度”特效，如图 2-199 所示。将“亮度与对比度”特效拖曳到“时间线”面板的“04.mov”文件上，如图 2-200 所示。

步骤 17　将时间标签放置在 9:20s 的位置，在“特效控制台”面板中展开“亮度与对比度”选项，相关设置如图 2-201 所示。

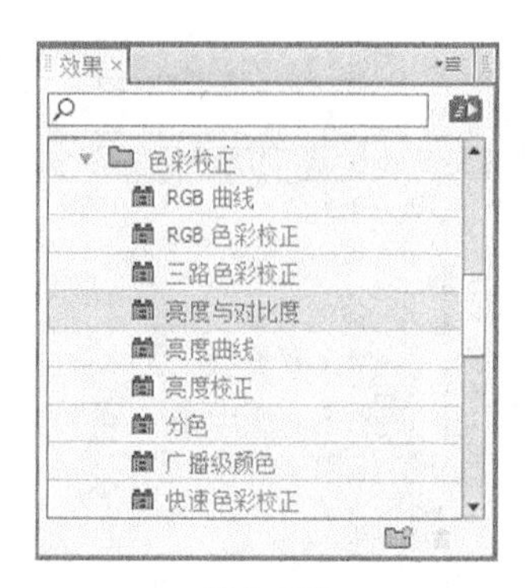

图 2-199

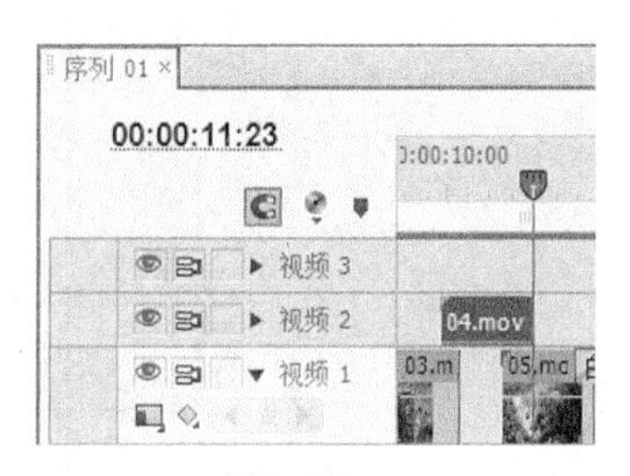

图 2-200

步骤 18　在“特效控制台”面板中展开“透明度”选项，将“透明度”选项设置为 0%，如图 2-202 所示，记录第 1 个动画关键帧。将时间标签放置在 10:07s 的位置，将“透明度”选项设置为 100%，如图 2-203 所示，记录第 2 个动画关键帧。

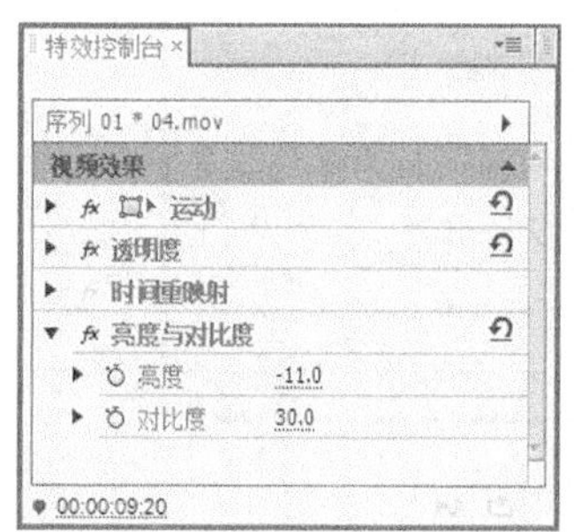

图 2-201

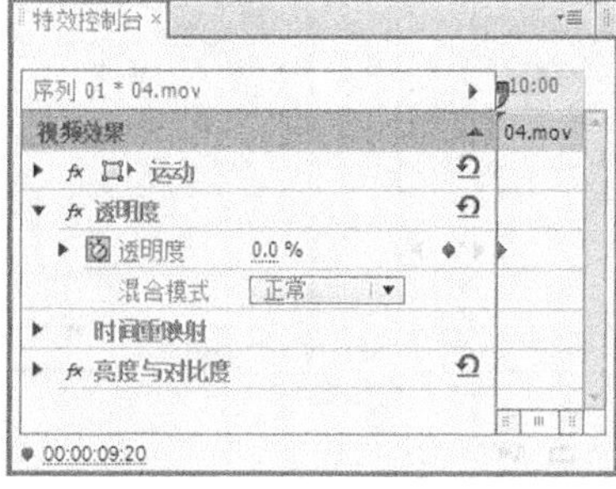

图 2-202

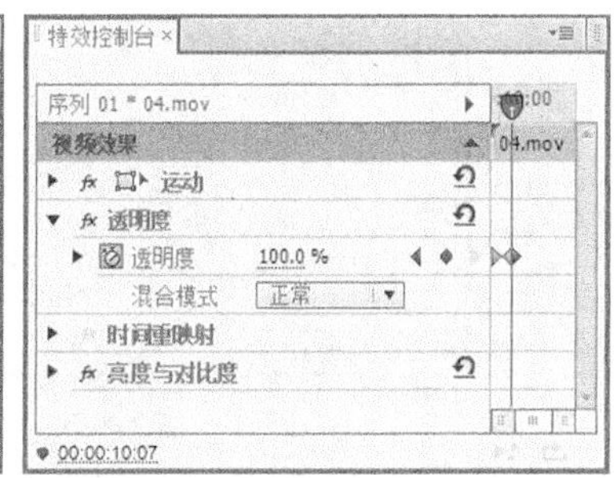

图 2-203

步骤 19　将时间标签放置在 11:06s 的位置，单击“透明度”选项右侧的“添加/移除关键帧”按钮，如图 2-204 所示，记录第 3 个动画关键帧。将时间标签放置在 11:21s 的位置，将“透明度”选项设置为 0%，如图 2-205 所示，记录第 4 个动画关键帧。

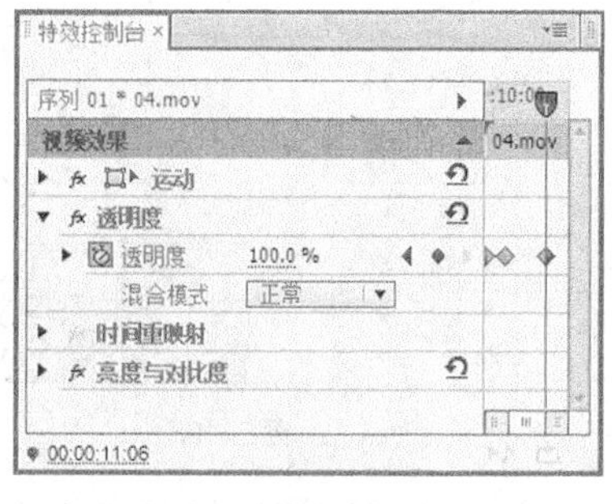

图 2-204

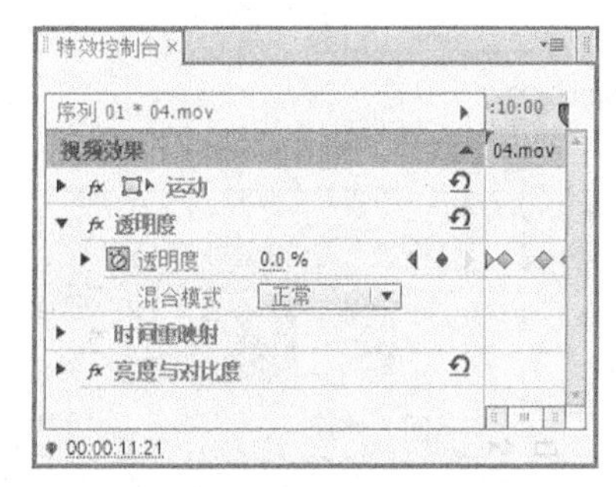

图 2-205

步骤 20　将时间标签放置在 16:17s 的位置，在“项目”面板中选中“08.jpg”文件并将其拖曳到“时间线”面板的“视频 2”轨道中，如图 2-206 所示。将时间标签放置在 19:14s 的位置，在“视频 1”轨道上选中“08.jpg”文件，将鼠标指针移动到“08.jpg”文件的尾部，当鼠标指针呈状时，向前拖曳到 19:14s 的位置上，如图 2-207 所示。

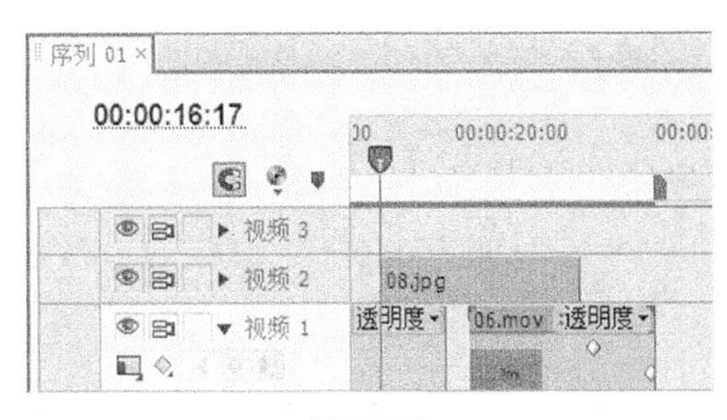

图 2-206

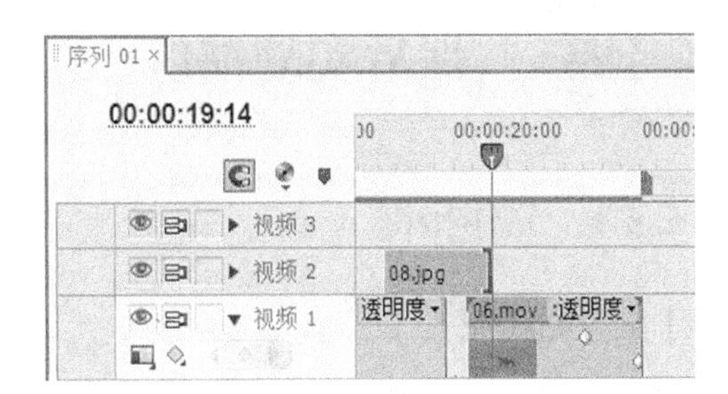

图 2-207

步骤 21　将时间标签放置在 18:20s 的位置，在“特效控制台”面板中展开“运动”选项，将“缩放比例”选项设置为 35，如图 2-208 所示。

步骤 22　在“特效控制台”面板中展开“透明度”选项，单击其右侧的“添加/移除关键帧”按钮◈，如图 2-209 所示，记录第 1 个动画关键帧。将时间标签放置在 19:13s 的位置，将“透明度”选项设置为 0%，如图 2-210 所示，记录第 2 个动画关键帧。

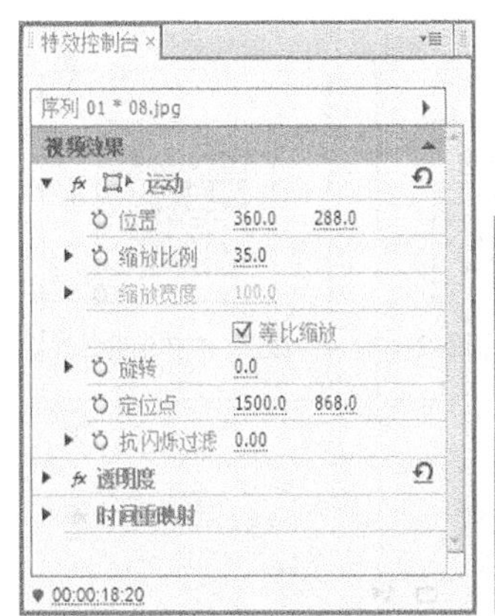

图 2-208

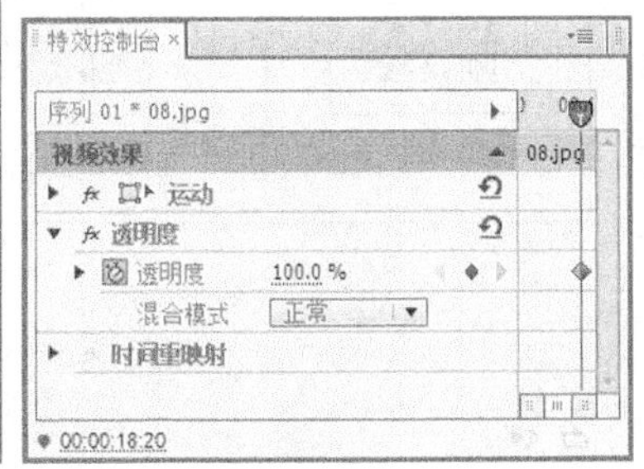

图 2-209

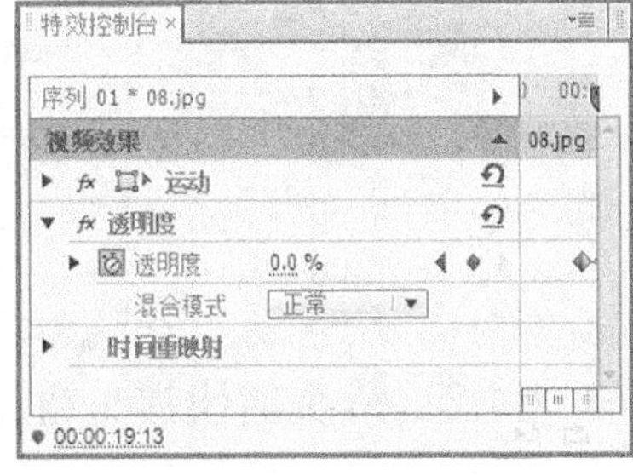

图 2-210

步骤 23　在“效果”面板中展开“视频切换”选项，单击“卷页”文件夹前面的三角形按钮 ▶ 将其展开，选中“翻页”特效，如图 2-211 所示。将“翻页”特效拖曳到“时间线”面板的“08.jpg”文件的开始位置，如图 2-212 所示。至此，动物栏目片头制作完成，效果如图 2-213 所示。

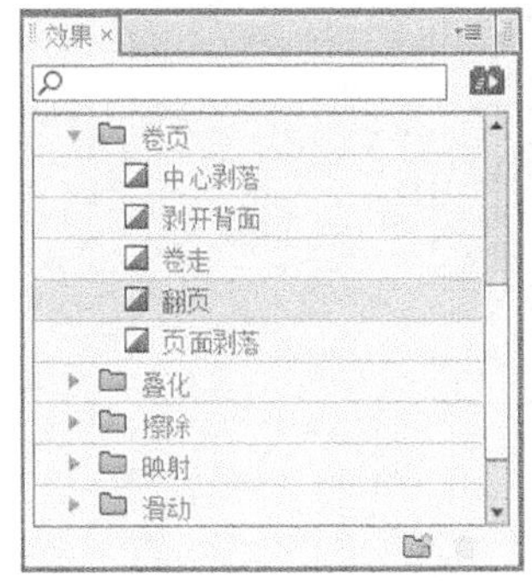

图 2-211

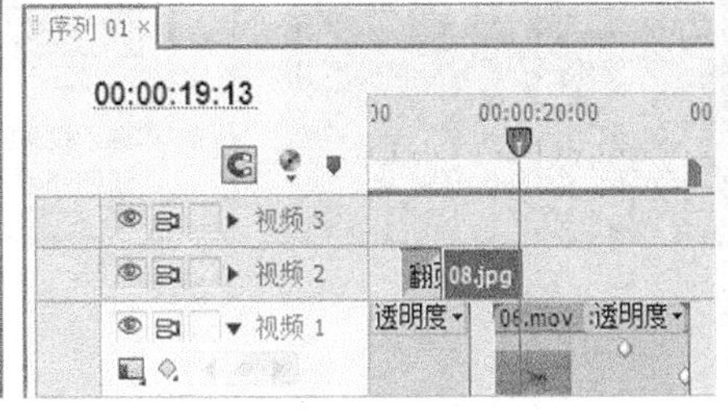

图 2-212

图 2-213

任务四　课后实战演练

2.4.1　立体相框

【练习知识要点】

使用“导入”命令将图像导入到“时间线”面板中，使用“运动”选项编辑图像的位置、比例和旋转等属性，使用“剪裁”命令剪裁图像边框，使用“斜边角”命令制作图像的立体效果，使用“杂波 HLS”“棋盘”和“四色渐变”特效编辑背影特效，使用“色阶”特效调整图像的亮度。立体相框效果如图 2-214 所示。

【案例所在位置】

云盘中的“项目二\立体相框\立体相框.prproj”。

图 2-214

微课：立体相框 1

微课：立体相框 2

微课：立体相框 3

2.4.2　镜头的快慢处理

【练习知识要点】

使用“缩放”选项改变视频文件的大小，利用“剃刀”工具分割文件，使用“剪辑 > 速度/持续时间”命令改变视频播放的快慢。镜头的快慢处理效果如图 2-215 所示。

图 2-215

微课：镜头的快慢处理

【案例所在位置】

云盘中的“项目二\镜头的快慢处理\镜头的快慢处理.prproj”。

03 项目三 制作电子相册

本项目主要介绍在 Premiere Pro CS6 的影片素材或静止图像素材之间建立丰富多彩的切换特效的方法，每一个图像切换的控制方式具有多个可调的选项。本项目的内容对于影视剪辑中的镜头切换有着非常实用的意义，它可以使剪辑的画面更加富有变化及更加生动多彩。

课堂学习目标

- 使用镜头切换
- 切换设置
- 调整切换区域

任务一 设置转场特技

转场包括使用镜头切换、调整切换区域、切换设置和设置默认切换等多种基本操作。下面对转场特技设置进行讲解。

3.1.1 使用镜头切换

一般情况下，切换在同一轨道的两个相邻素材之间使用。当然，也可以单独为一个素材施加切换，此时素材与其下方的轨道进行切换，但是下方的轨道只是作为背景使用，并不能被切换所控制，如图 3-1 所示。为影片添加切换后，可以改变切换的长度。

最简单的方法是在序列中选中切换 交叉叠化（标准） 并拖曳切换的边缘。也可双击切换，弹出“特效控制台”面板，如图 3-2 所示，在其中进行进一步调整。

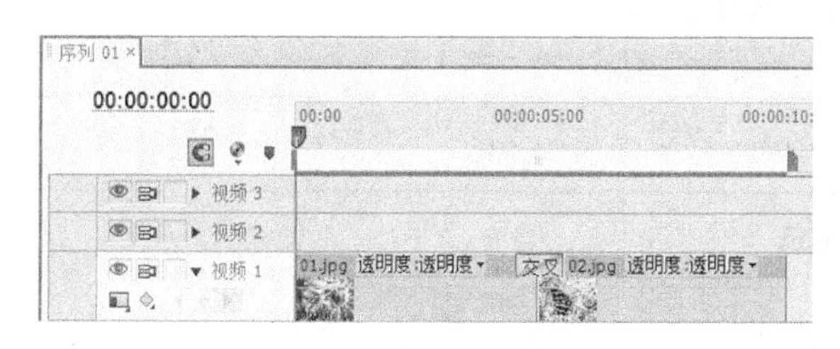

图 3-1

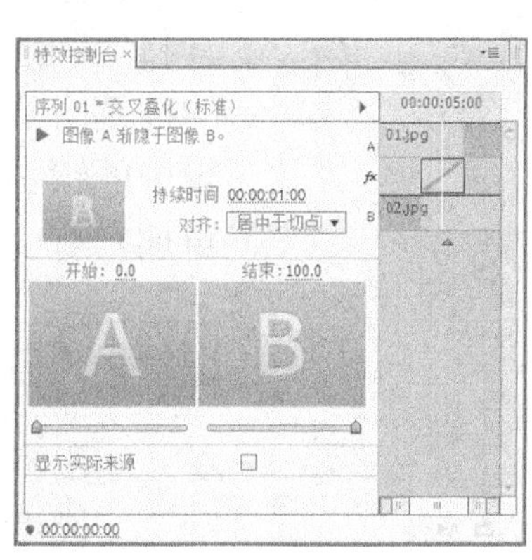

图 3-2

3.1.2 调整切换区域

在“特效控制台”面板右侧的时间线区域中可以设置切换的长度和位置。如图 3-3 所示，两段影片加入切换后，时间线上会有一个重叠区域，这个重叠区域就是发生切换的范围。在“时间线”面板中只显示入点和出点间的影片不同，“特效控制台”面板中的时间线会显示影片的完全长度，这样设置的优点是可以随时修改影片参与切换的位置。

将鼠标指针移动到影片上，按住鼠标左键拖动即可移动影片的位置，改变切换的影响区域。

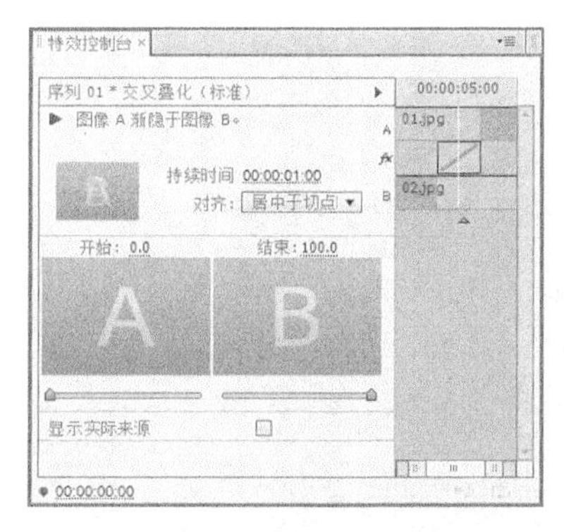

图 3-3

将鼠标指针移动到切换中线上拖曳，可以改变切换位置，如图 3-4 所示。还可以将鼠标指针移动到切换上拖曳改变位置，如图 3-5 所示。

“特效控制台”面板左侧的“对齐”下拉列表中提供了以下几种切换对齐方式。

“居中于切点”：将切换添加到两个剪辑的中间部分，如图 3-6 和图 3-7 所示。

“开始于切点”：以片段 B 的入点位置为准建立切换，如图 3-8 和图 3-9 所示。

“结束于切点”：将切换点添加到第一个剪辑的尾部，如图 3-10 和图 3-11 所示。

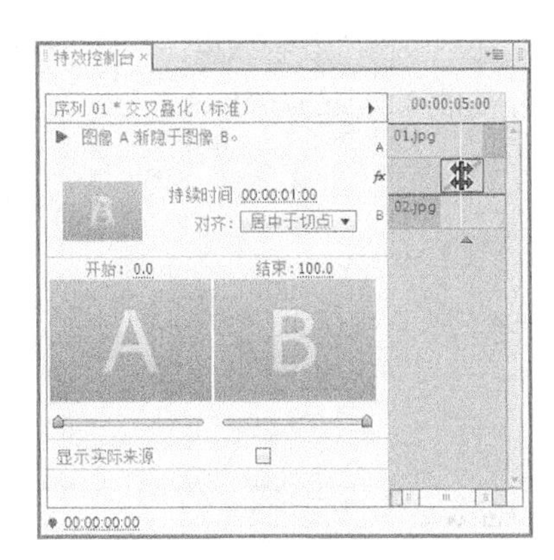

图 3-4

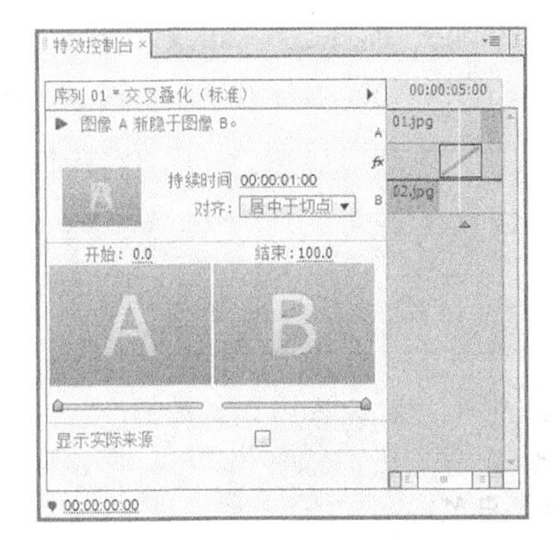

图 3-5

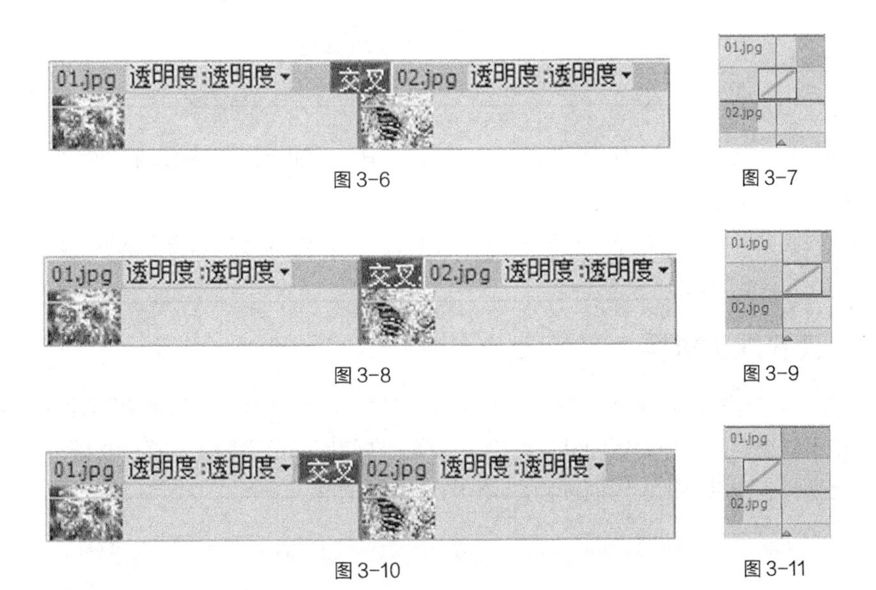

图 3-6

图 3-7

图 3-8

图 3-9

图 3-10

图 3-11

“自定开始”：表示可以通过自定义添加设置，将鼠标指针移动到切换边缘，可以拖曳鼠标改变切换的长度，如图 3-12 和图 3-13 所示。

图 3-12

图 3-13

3.1.3 切换设置

在“特效控制台”面板左下方的切换设置中，可以对切换进行进一步的设置。

默认情况下，切换都是从 A 到 B 完成的，要改变切换的开始和结束的状态，可以拖曳“开始”和“结束”滑块。按住 Shift 键并拖曳滑块可以使开始和结束滑块以相同的数值变化。

勾选“显示实际来源”复选框，可以在切换设置上方的“开始”和“结束”区域中显示切换的开始帧和结束帧，如图 3-14 所示。

在“特效控制台”面板上方单击按钮▶，可以在小视窗中预览切换效果，如图 3-15 所示。对于某些有方向性的切换来说，可以在上方小视窗中单击箭头改变切换的方向。

图 3-14

图 3-15

某些切换具有位置的性质，如出入屏的时候画面从屏幕的哪个位置开始，此时可以在切换的开始和结束显示框中调整位置。

在“特效控制台”面板上方的“持续时间”文本框中可以输入切换的持续时间，这与拖曳切换边缘改变长度的作用是相同的。

3.1.4 设置默认切换

选择“编辑 > 首选项 > 常规”命令，弹出“首选项”对话框，进行切换的默认设置，如图 3-16 所示。可以将当前选定的切换设置为默认切换，这样，在使用如自动导入这样的功能时，所建立的都是该切换。此外，还可以分别设置视频和音频切换的默认时间。

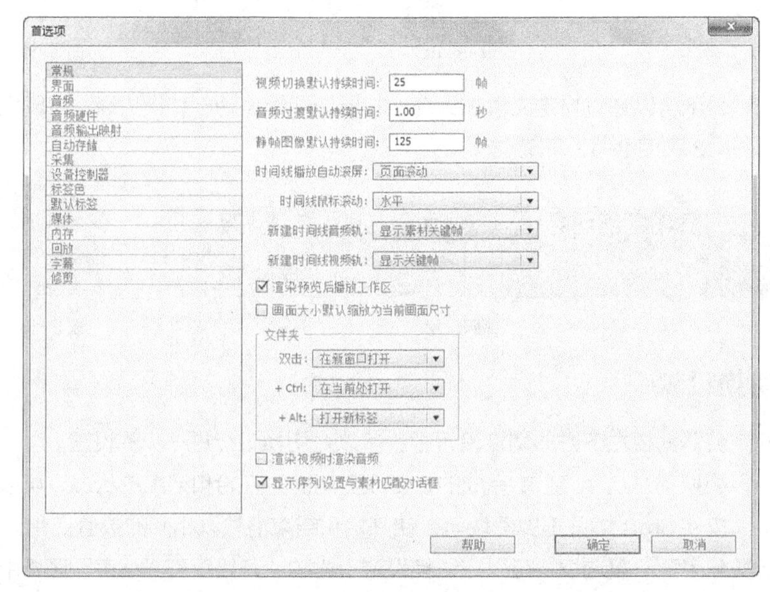

图 3-16

3.1.5 实训项目：绝色美食

【案例知识要点】

使用“导入”命令导入素材文件，使用“胶片溶解”特效、“径向划变”特效和“滑动框”特效制作图片之间的切换效果。绝色美食效果如图 3-17 所示。

图 3-17

微课：绝色美食

【案例操作步骤】

步骤 1　启动 Premiere Pro CS6 软件，弹出启动对话框，单击“新建项目”按钮 ，弹出“新建项目”对话框，设置“位置”选项，选择保存文件路径，在“名称”文本框中输入文件名“绝色美食”，如图 3-18 所示。单击“确定”按钮，弹出“新建序列”对话框，在左侧的列表中展开“DV-PAL”选项，选中“标准 48kHz”模式，如图 3-19 所示，单击“确定”按钮，完成序列的创建。

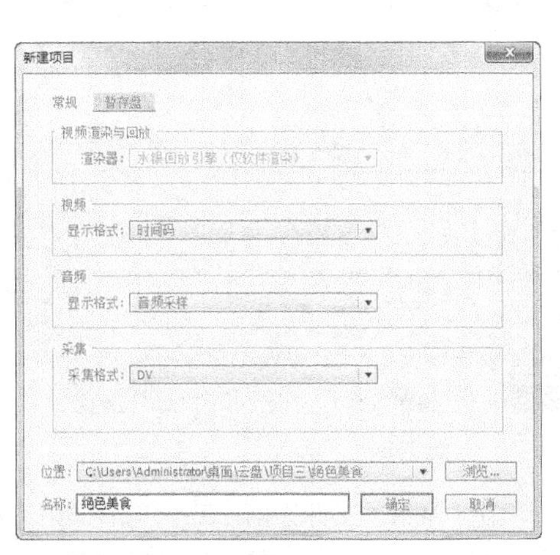

图 3-18

图 3-19

步骤 2　选择“文件 > 导入”命令，弹出“导入”对话框，选择云盘中的“项目三\绝色美食\素材\01.jpg、02.jpg、03.jpg、04.jpg”文件，如图 3-20 所示，单击“打开”按钮，将素材文件导入到“项目”面板中，如图 3-21 所示。

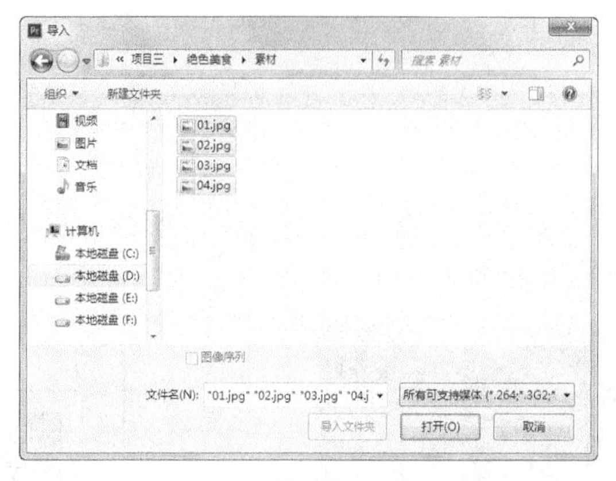

图 3-20

图 3-21

步骤 3　按住 Ctrl 键的同时，在“项目”面板中，选中“01.jpg”“02.jpg”“03.jpg”和“04.jpg”文件并将其拖曳到“时间线”面板的“视频 1”轨道中，如图 3-22 所示。

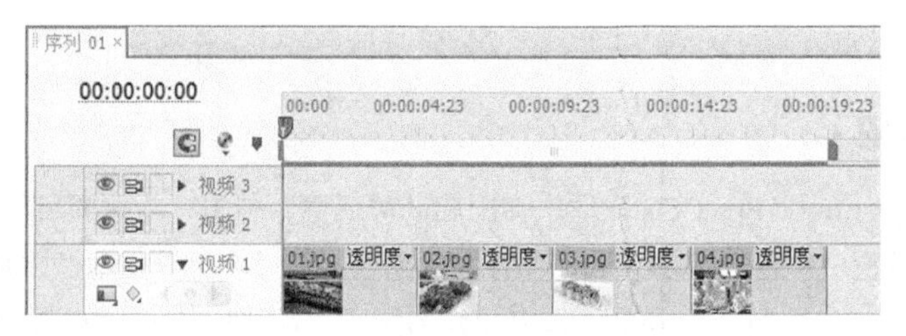

图 3-22

步骤 4　选择“窗口 > 效果”命令，弹出“效果”面板，展开“视频切换”选项，单击“叠化”文件夹前面的三角形按钮 ▶ 将其展开，选中“胶片溶解”特效，如图 3-23 所示。将“胶片溶解”特效拖曳到“时间线”面板的“01.jpg”文件的尾部与“02.jpg”文件的开始位置，如图 3-24 所示。

图 3-23

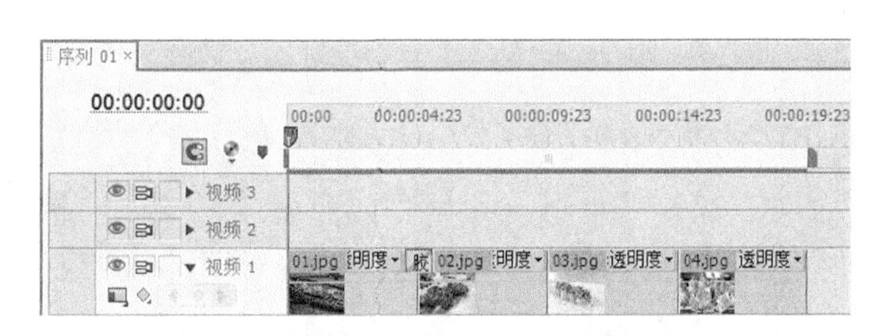

图 3-24

步骤 5　在“效果”面板中展开“视频切换”选项，单击“擦除”文件夹前面的三角形按钮 ▶ 将其展开，选中“径向划变”特效，如图 3-25 所示。将“径向划变”特效拖曳到“时间线”面板的“02.jpg”文件的尾部与“03.jpg”文件的开始位置，如图 3-26 所示。

步骤 6　在“效果”面板中展开“视频切换”选项，单击“滑动”文件夹前面的三角形按钮 ▶ 将其展开，选中“滑动框”特效，如图 3-27 所示。将“滑动框”特效拖曳到“时间线”面板的“03.jpg”文件的尾部与“04.jpg”文件的开始位置，如图 3-28 所示。至此，绝色美食制作完成。

图 3-25

图 3-26

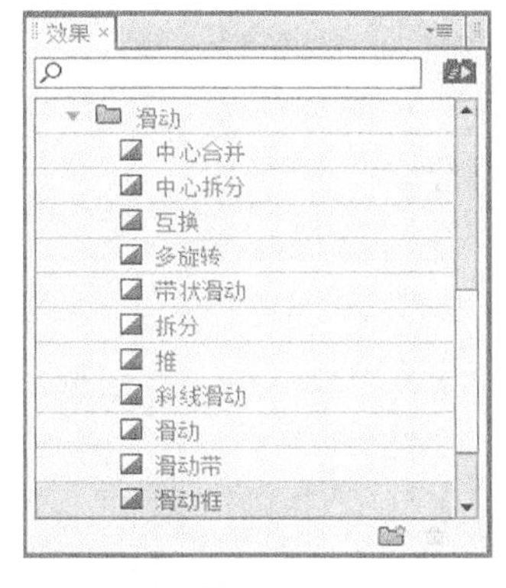

图 3-27

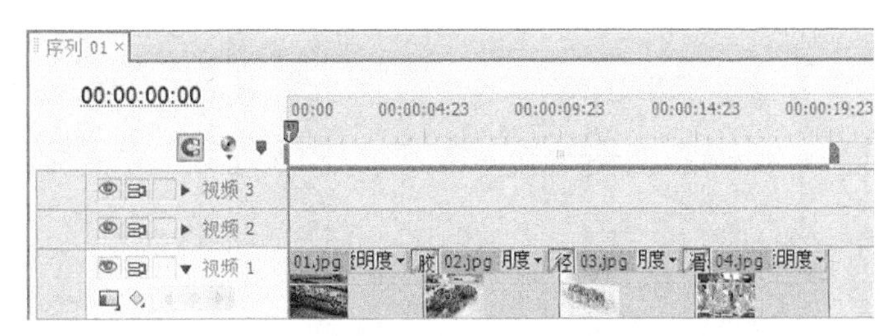

图 3-28

任务二　综合实训项目

3.2.1　制作旅行相册

【案例知识要点】

使用“字幕”命令添加相册文字，使用“镜头光晕”特效制作背景的光照效果，使用“特效控制台”面板制作文字的透明度动画，使用“效果”面板添加照片之间的切换特效。旅行相册效果如图 3-29 所示。

图 3-29

微课：制作旅行相册

【案例操作步骤】

1. 添加项目图像

步骤1 启动Premiere Pro CS6软件，弹出启动对话框，单击“新建项目”按钮 ，弹出“新建项目”对话框，设置“位置”选项，选择保存文件路径，在“名称”文本框中输入文件名“制作旅行相册”，如图3-30所示。单击“确定”按钮，弹出“新建序列”对话框，相关设置如图3-31所示，单击“确定”按钮，完成序列的创建。

图3-30

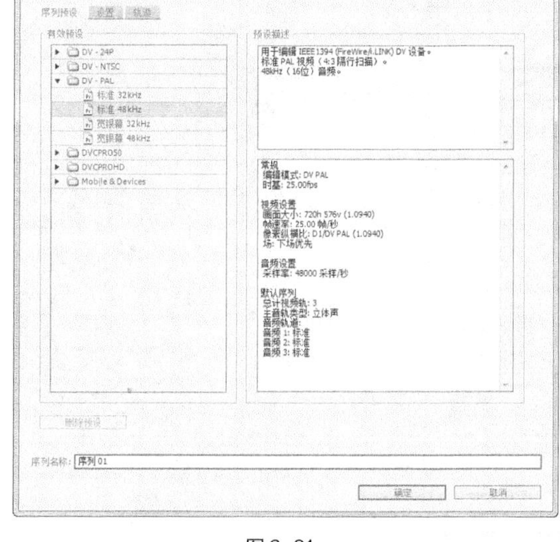

图3-31

步骤2 选择“文件 > 导入”命令，弹出“导入”对话框，选择云盘中的“项目三\制作旅行相册\素材”中的所有素材文件，单击“打开”按钮，导入视频文件，如图3-32所示。导入后的文件排列在“项目”面板中，如图3-33所示。

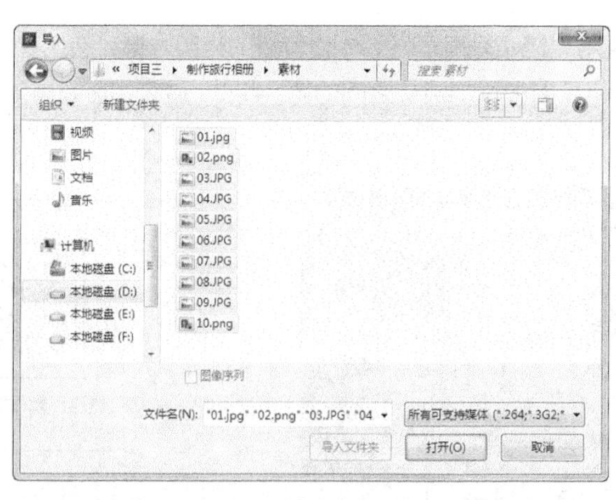

图3-32

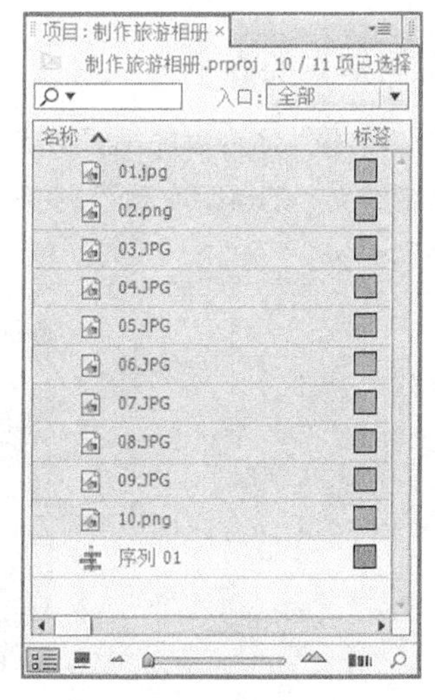

图3-33

步骤 3　选择“文件 > 新建 > 字幕”命令，弹出“新建字幕”对话框，在“名称”文本框中输入“我的旅行相册”，如图 3-34 所示，单击“确定”按钮，弹出字幕编辑面板，选择“输入”工具[T]，在字幕工作区中输入文字“我的旅行相册”。在“字幕属性”子面板中展开“填充”选项，将“颜色”选项设置为蓝色（其 R、G、B 的值分别为 7、84、144），其他选项的设置如图 3-35 所示。关闭字幕编辑面板，新建的字幕文件会自动保存到“项目”面板中。

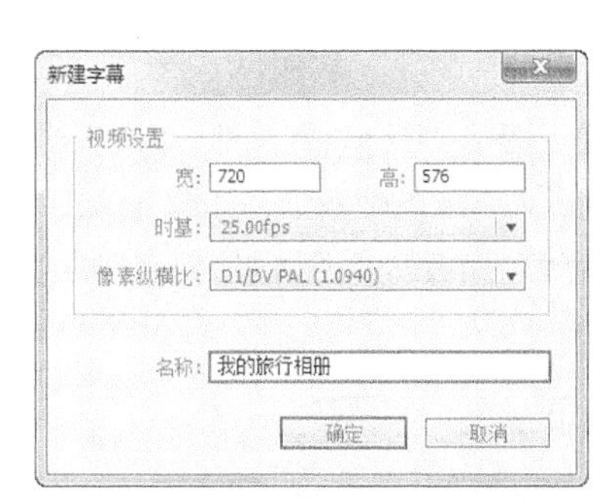

图 3-34

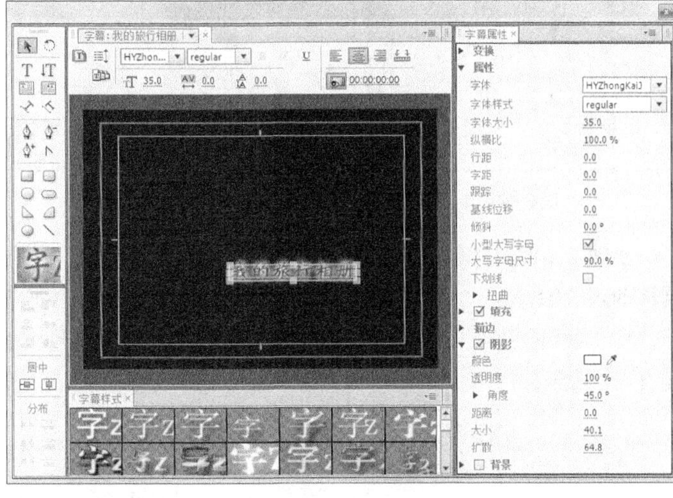

图 3-35

2. 制作图像背景并添加相册文字

步骤 1　在“项目”面板中选中“01.jpg”文件并将其拖曳到“时间线”面板的“视频 1”轨道中，如图 3-36 所示。在“时间线”面板中选中“01.jpg”文件，在“特效控制台”面板中展开“运动”选项，将“位置”选项设置为 398.4 和 286，如图 3-37 所示。

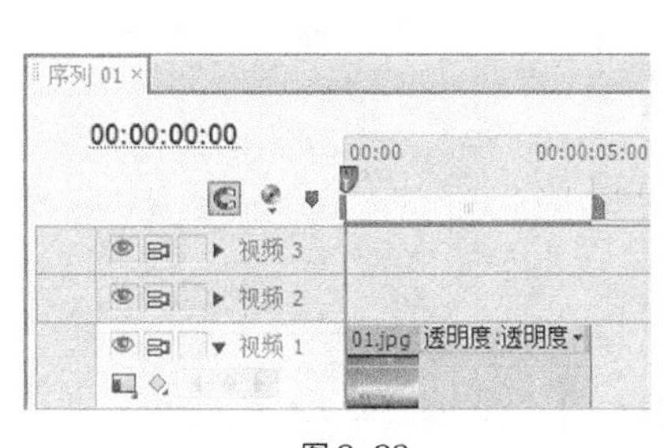

图 3-36

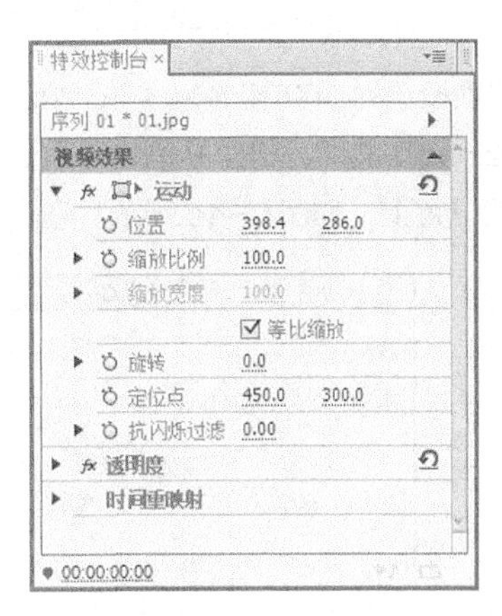

图 3-37

步骤 2　选择“窗口 > 效果”命令，弹出“效果”面板，展开“视频特效”选项，单击“生成”文件夹前面的三角形按钮▶将其展开，选中“镜头光晕”特效，如图 3-38 所示。将其拖曳到“时间线”面板的“01.jpg”文件上，如图 3-39 所示。在“特效控制台”面板中展开“镜头光晕”选项并进行参数设置，如图 3-40 所示。

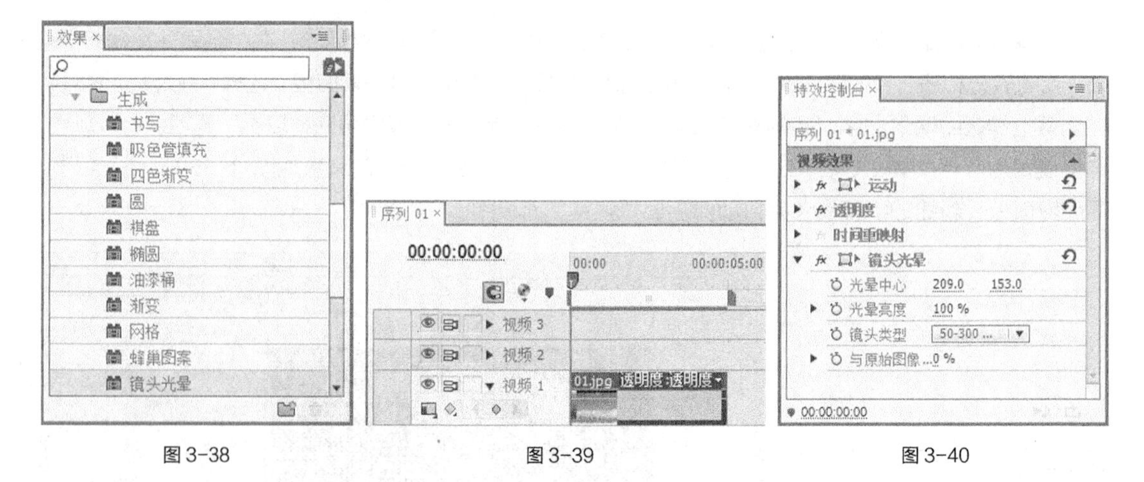

图 3-38　　　　图 3-39　　　　图 3-40

步骤 3　将时间标签放置在 2:04s 的位置。在“视频 1”轨道上选中“01.jpg”文件，将鼠标指针移动到“01.jpg”文件的尾部，当鼠标指针呈状时，向前拖曳到 2:04s 的位置上，如图 3-41 所示。在“项目”面板中，选中“02.png”文件并将其拖曳到“时间线”面板的“视频 2”轨道中，如图 3-42 所示。

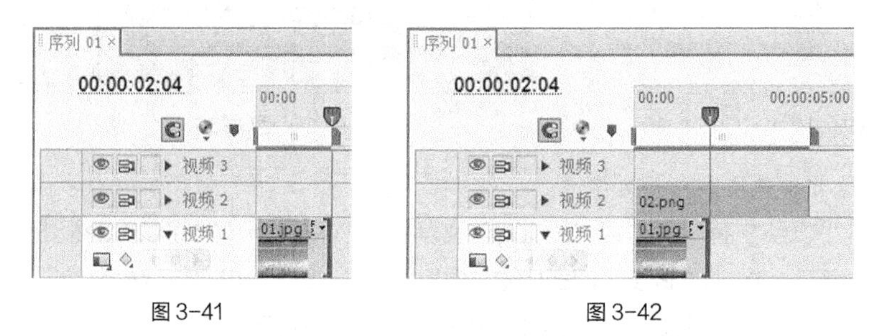

图 3-41　　　　图 3-42

步骤 4　在“时间线”面板中选中“02.png”文件。在“特效控制台”面板中展开“运动”选项，将“位置”选项设置为 360 和 244，“缩放比例”选项设置为 70，如图 3-43 所示。在“视频 2”轨道上选中“02.png”文件，将鼠标指针移动到“02.png”文件的尾部，当鼠标指针呈状时，向前拖曳到 2:04s 的位置上，如图 3-44 所示。

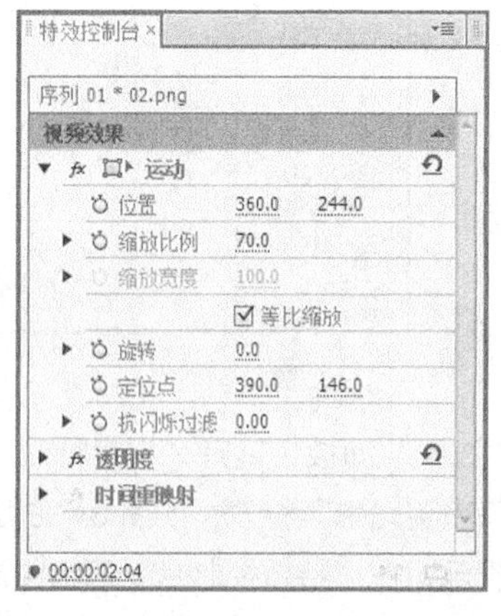

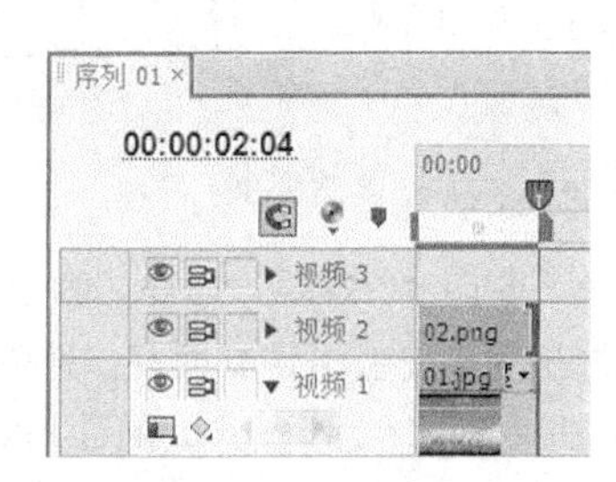

图 3-43　　　　图 3-44

步骤 5　在“效果”面板中展开“视频切换”选项，单击“擦除”文件夹前面的三角形按钮 ▶ 将其展开，选中“擦除”特效，如图 3-45 所示。将其拖曳到“时间线”面板的“02.png”文件的开始位置，如图 3-46 所示。

图 3-45

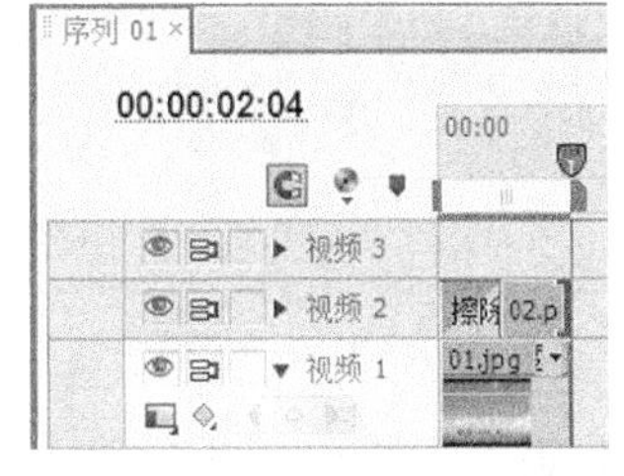

图 3-46

步骤 6　在“项目”面板中选中“我的旅行相册”文件并将其拖曳到“时间线”面板的“视频 3”轨道中，如图 3-47 所示。在“视频 3”轨道上选中“我的旅行相册”文件，将鼠标指针移动到文件的尾部，当鼠标指针呈 ◀ 状时，向前拖曳到 2:04s 的位置上，如图 3-48 所示。

图 3-47

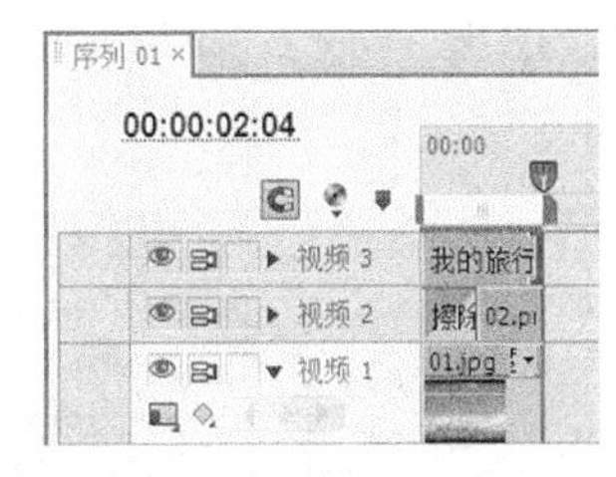

图 3-48

步骤 7　在“时间线”面板中选中“我的旅行相册”文件。将时间标签放置在 0s 的位置，在“特效控制台”面板中展开“透明度”选项，将“透明度”选项设置为 0%，如图 3-49 所示，记录第 1 个关键帧。将时间标签放置在 0:18s 的位置，将“透明度”选项设置为 100%，如图 3-50 所示，记录第 2 个关键帧。

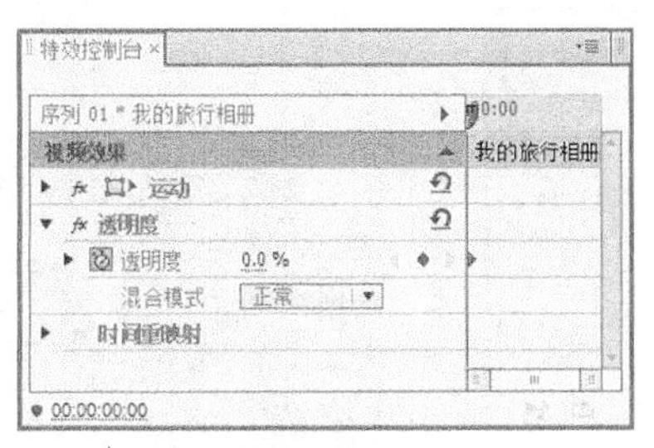

图 3-49

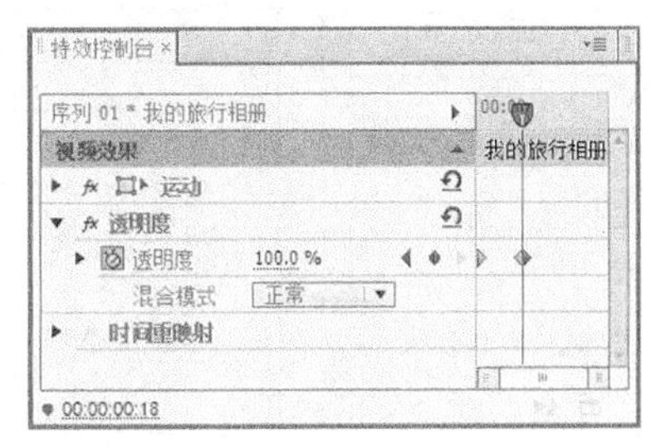

图 3-50

3. 添加图像的过渡和相框

步骤 1　选择“序列 > 添加轨道”命令，弹出“添加视音轨”对话框，相关设置如图 3-51 所示，单击“确定”按钮，在“时间线”面板中添加 2 条视频轨道，如图 3-52 所示。

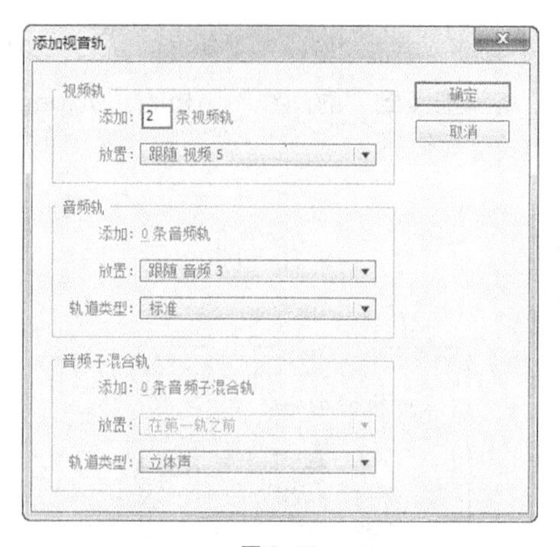

图 3-51

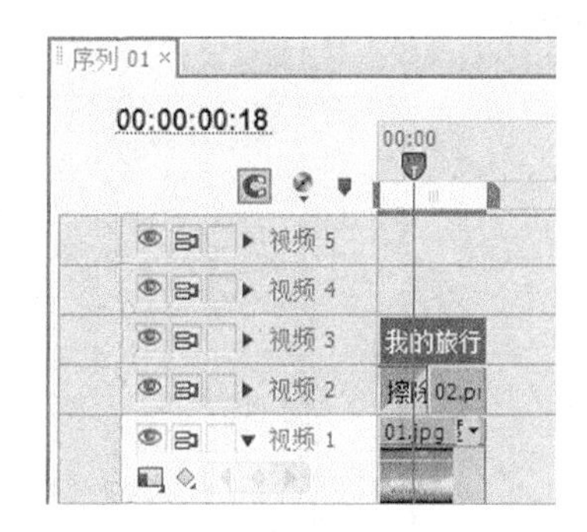

图 3-52

步骤 2　将时间标签放置在 2:04s 的位置。在“项目”面板中选中“03.JPG”文件并将其拖曳到“视频 4”轨道中，如图 3-53 所示。将时间标签放置在 4:04s 的位置。将鼠标指针移动到层的尾部，当鼠标指针呈⇤状时，向前拖曳到 4:04s 的位置上，如图 3-54 所示。在“特效控制台”面板中展开“运动”选项，将“缩放比例”选项设置为 70，如图 3-55 所示。

步骤 3　在“效果”面板中展开“视频切换”选项，单击“叠化”文件夹前面的三角形按钮▶将其展开，选中“白场过渡”特效，如图 3-56 所示。将其拖曳到“时间线”面板的“03.JPG”文件的开始位置，如图 3-57 所示。

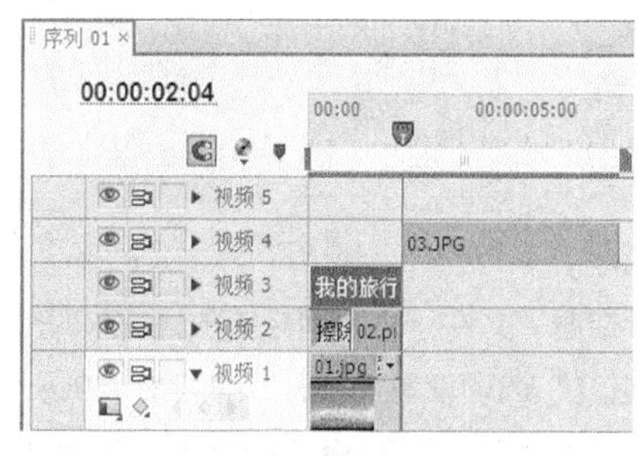

图 3-53

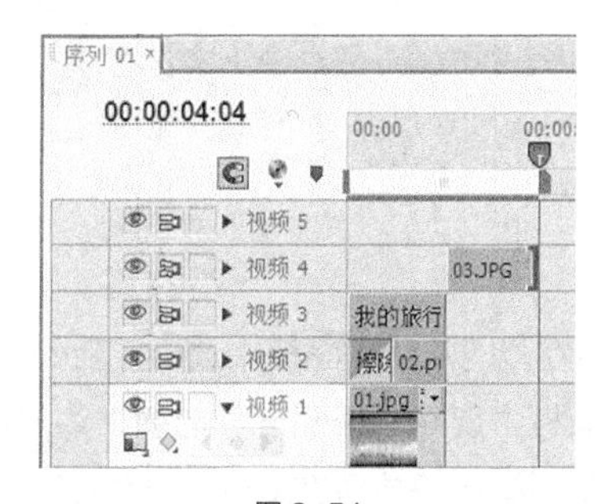

图 3-54

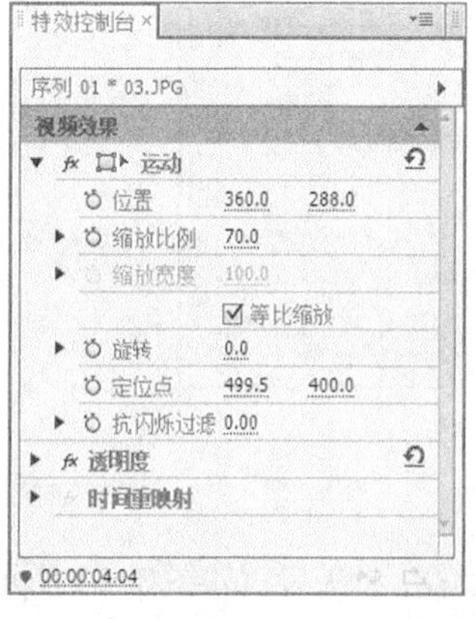

图 3-55

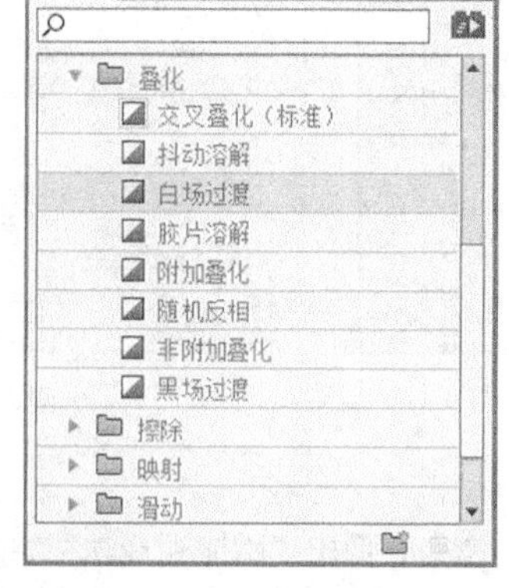

图 3-56

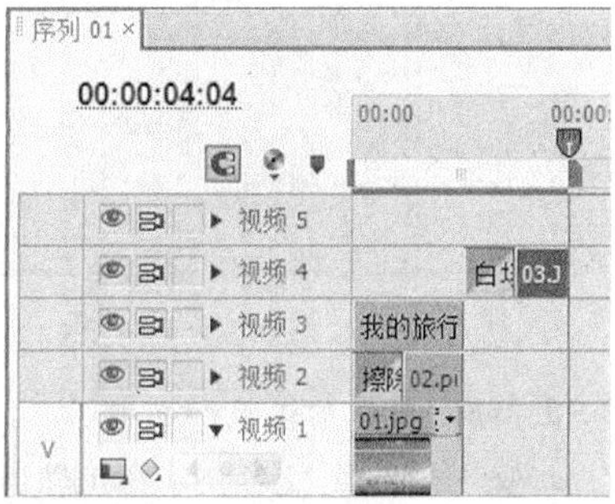

图 3-57

步骤 4　选中“白场过渡”特效，在“特效控制台”面板中将“持续时间”选项设置为 0:10，如图 3-58 所示。使用相同的方法在“时间线”面板中添加其他文件和适当的过渡特效，如图 3-59 所示。

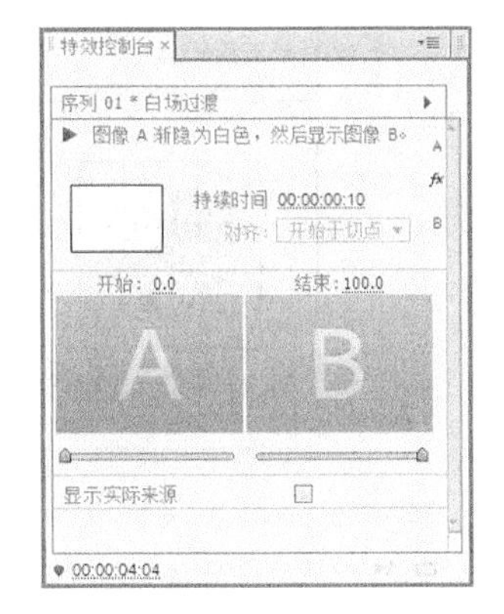

图 3-58

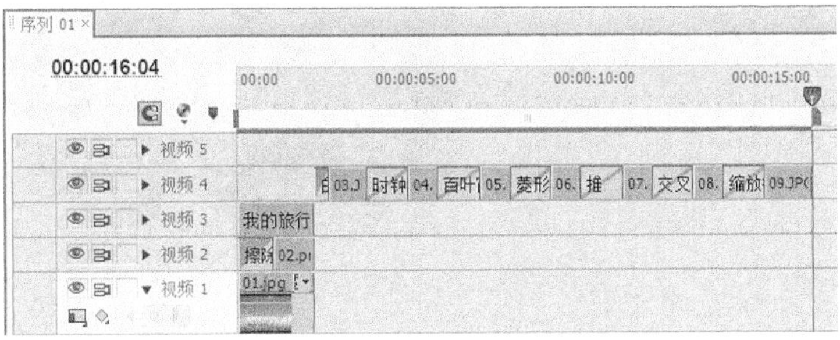

图 3-59

步骤 5　在“项目”面板中选中“10.png”文件并将其拖曳到“视频 5”轨道中，如图 3-60 所示。将鼠标指针移动到层的尾部，当鼠标指针呈状时，向后拖曳到 16:04s 的位置上，如图 3-61 所示。

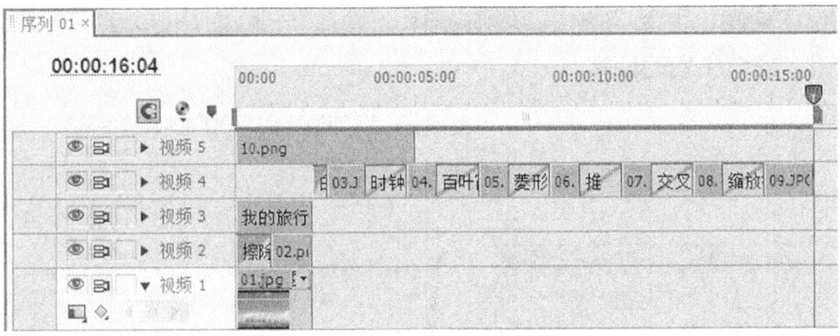

图 3-60

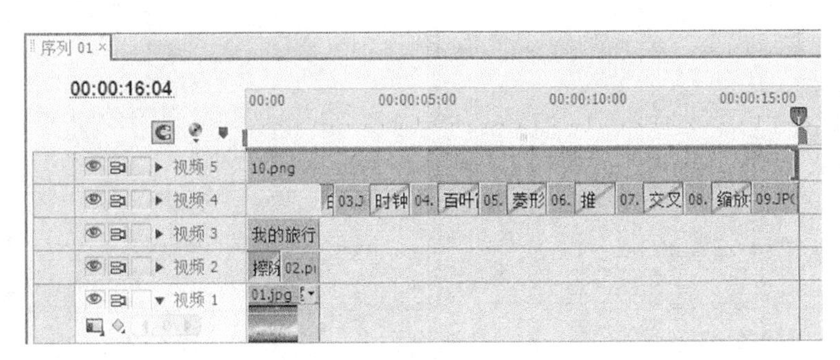

图 3-61

3.2.2　制作儿童相册

【案例知识要点】

使用“特效控制台”面板设置视频的位置、旋转和透明度以制作动画效果，使用“镜头光晕”特效为“01”视频添加镜头光晕效果并制作光晕动画，使用“高斯模糊”特效为“01”视频添加模糊效果并制作方向模糊动画，使用不同的转场特效制作视频之间的转场效果。儿童相册效果如图 3-62 所示。

图 3-62

【案例操作步骤】

步骤 1　启动 Premiere Pro CS6 软件，弹出启动对话框，单击“新建项目”按钮 ，弹出“新建项目”对话框，设置“位置”选项，选择保存文件路径，在“名称”文本框中输入文件名“制作儿童相册”，如图 3-63 所示。单击“确定”按钮，弹出“新建序列”对话框，相关设置如图 3-64 所示，单击“确定”按钮，完成序列的创建。

图 3-63

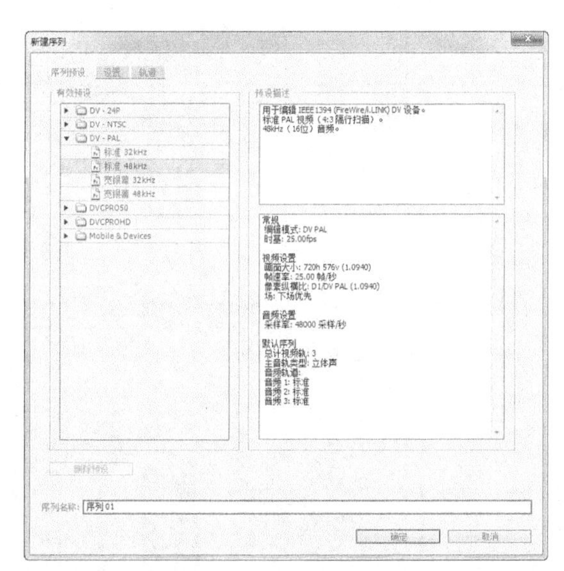

图 3-64

步骤 2　选择“文件 > 导入”命令，弹出“导入”对话框，选择云盘中的“项目三\制作儿童相册\素材”中的所有素材文件，单击“打开”按钮，导入视频文件，如图 3-65 所示。导入后的文件排列在“项目”面板中，如图 3-66 所示。

步骤 3　在“项目”面板中选中“01.jpg”文件并将其拖曳到“时间线”面板的“视频 1”轨道中，如图 3-67 所示。将时间标签放置在 6:15s 的位置，将鼠标指针移动到“01.jpg”文件的尾部，当鼠标指针呈状时，向后拖曳到 6:15s 的位置上，如图 3-68 所示。

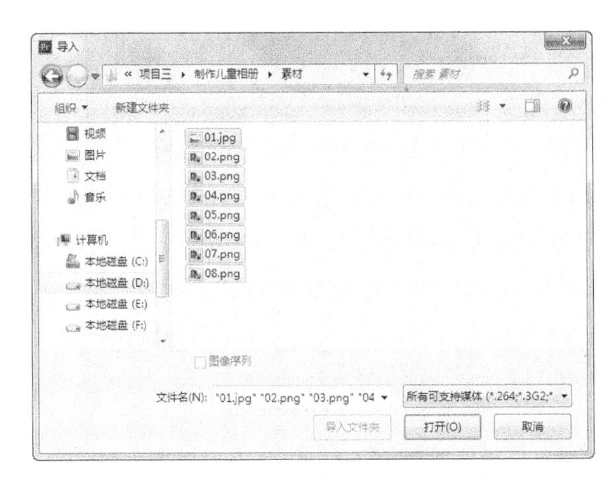

图 3-65

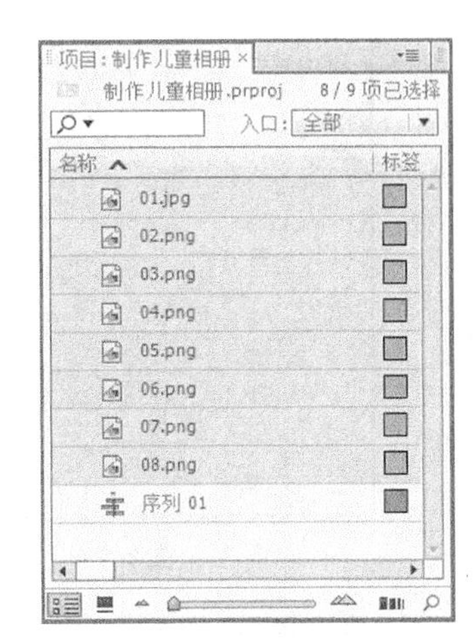

图 3-66

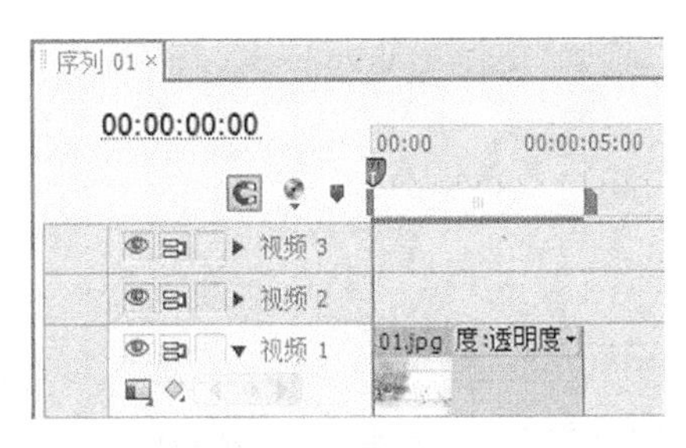

图 3-67

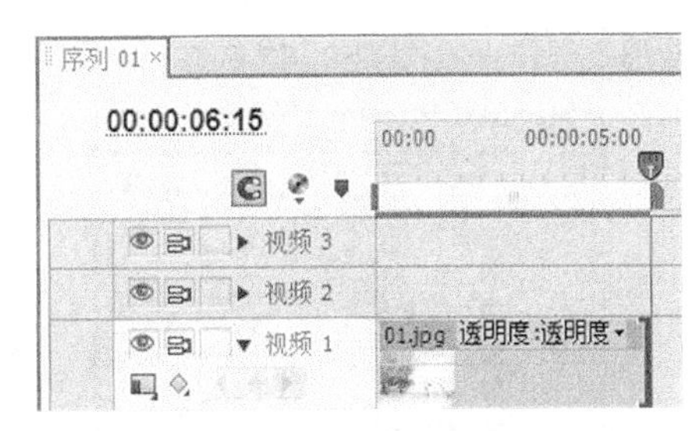

图 3-68

步骤 4　选择“窗口 > 效果”命令，弹出“效果”面板，展开“视频特效”选项，单击“生成”文件夹前面的三角形按钮 ▸ 将其展开，选中“镜头光晕”特效，如图 3-69 所示。将“镜头光晕”特效拖曳到“时间线”面板的“01.jpg”文件上，如图 3-70 所示。

图 3-69

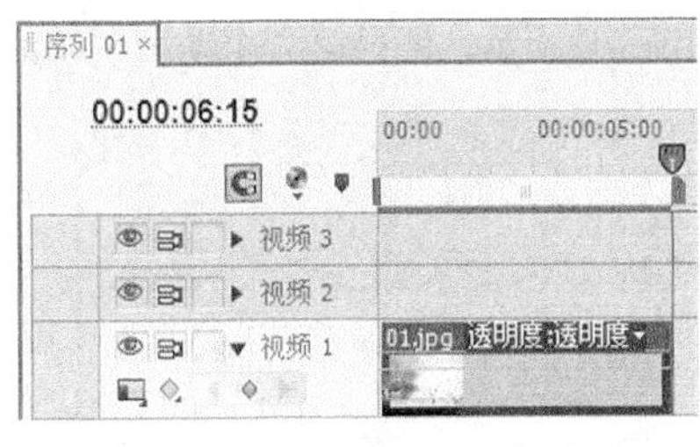

图 3-70

步骤 5　将时间标签放置在 0s 的位置，在“特效控制台”面板中展开“镜头光晕”选项，进行参数设置，并单击“光晕中心”选项前面的“切换动画”按钮，如图 3-71 所示，记录第 1 个动画关键帧。将时间标签放置在 6:10s 的位置，“特效控制台”面板中的相关设置如图 3-72 所示，记录第 2 个动画关键帧。

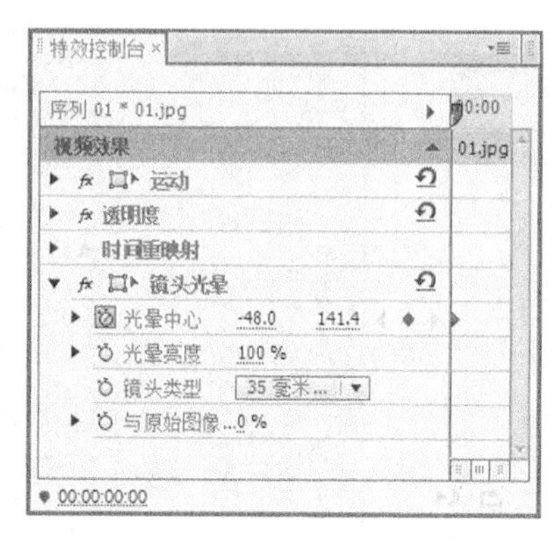

图 3-71

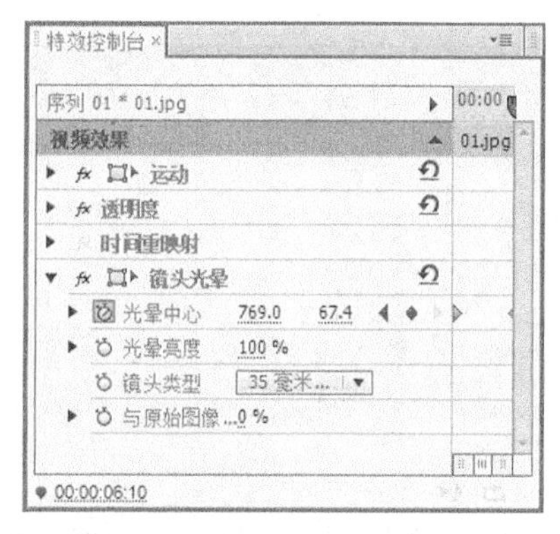

图 3-72

步骤 6　在“效果”面板中展开“视频特效”选项，单击“模糊与锐化”文件夹前面的三角形按钮▶将其展开，选中“高斯模糊”特效，如图 3-73 所示。将“高斯模糊”特效拖曳到“时间线”面板的“01.jpg”文件上，如图 3-74 所示。

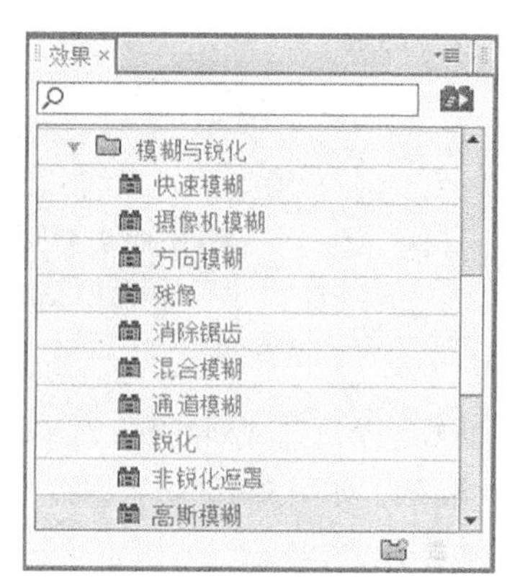

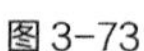

图 3-73

图 3-74

步骤 7　将时间标签放置在 0s 的位置，在“特效控制台”面板中展开“高斯模糊”选项，将“模糊度”选项设置为 100，并单击“模糊度”选项左侧的“切换动画”按钮，如图 3-75 所示，记录第 1 个动画关键帧。将时间标签放置在 1:05s 的位置，在“特效控制台”面板中，将“模糊度”选项设置为 0，如图 3-76 所示，记录第 2 个动画关键帧。

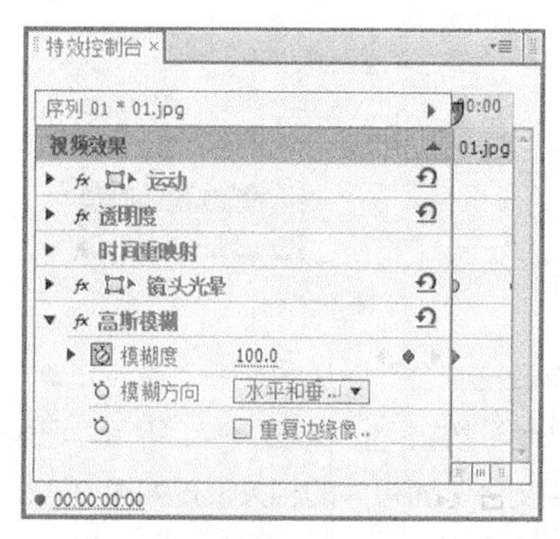

图 3-75

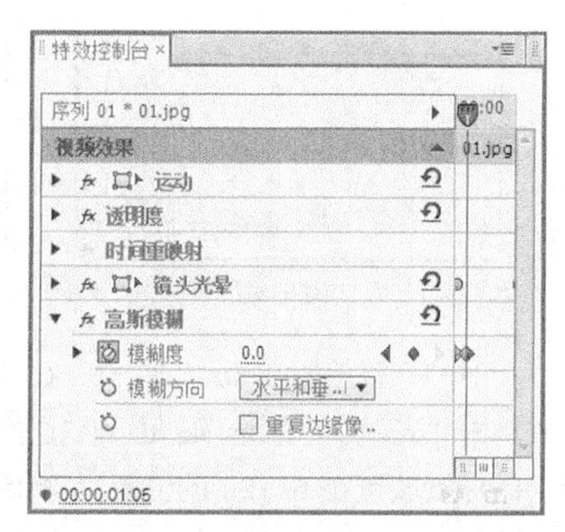

图 3-76

步骤 8　将时间标签放置在 0:10s 的位置。在“项目”面板中选中“02.png”文件并将其拖曳到“时间线”面板的“视频 2”轨道中，如图 3-77 所示。将鼠标指针移动到“02.png”文件的尾部，当鼠标指针呈状时，向后拖曳到 6:15s 的位置上，如图 3-78 所示。在“特效控制台”面板中展开“运动”选项，将“位置”选项设置为 236.7 和 321.4，如图 3-79 所示。

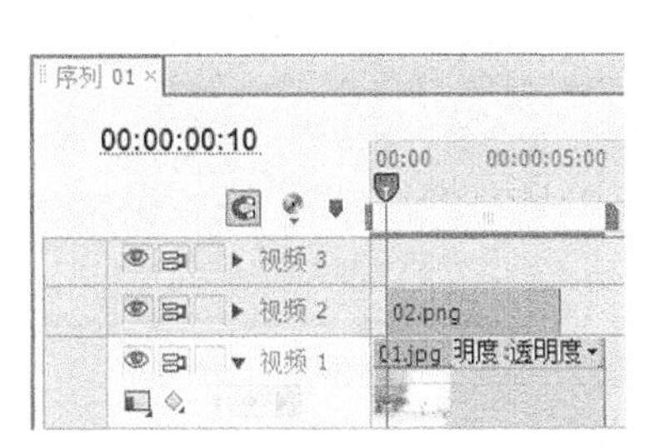

图 3-77

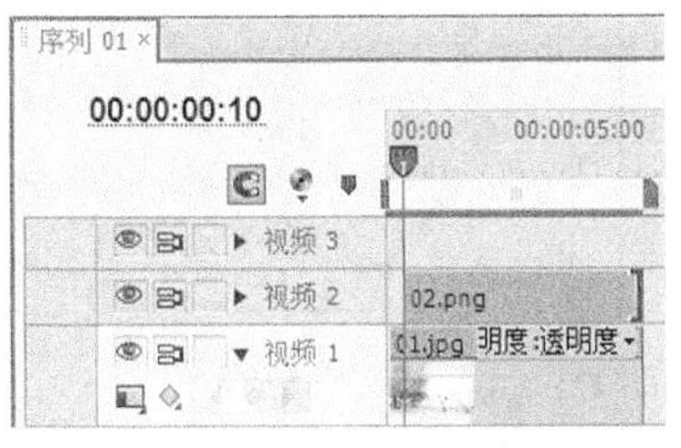

图 3-78

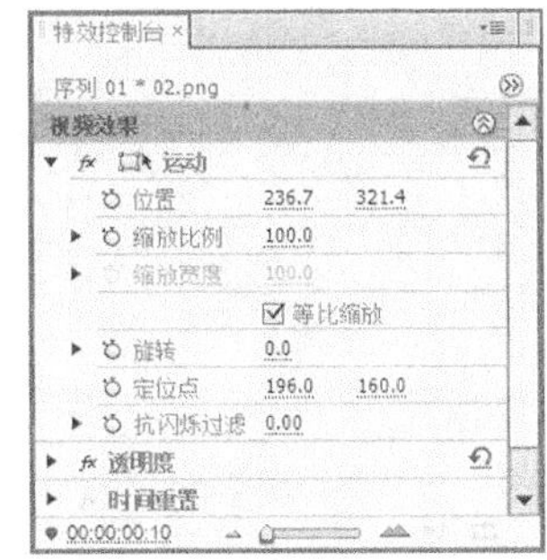

图 3-79

步骤 9　将时间标签放置在 1:07s 的位置。在“项目”面板中选中“03.png”文件并将其拖曳到“时间线”面板的“视频 3”轨道中，如图 3-80 所示。将鼠标指针移动到“03.png”文件的尾部，当鼠标指针呈状时，向后拖曳到 6:15s 的位置上，如图 3-81 所示。

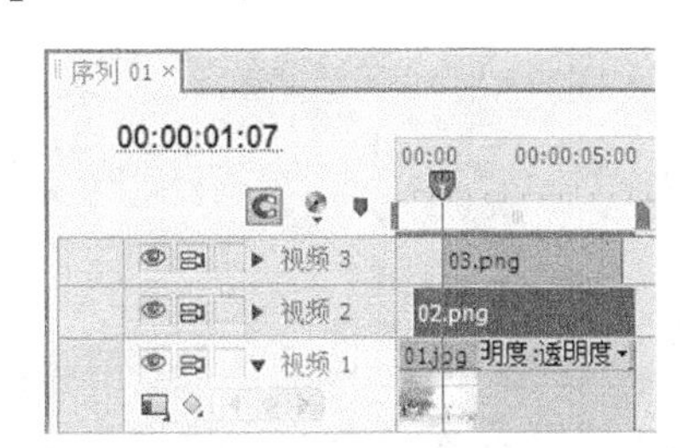

图 3-80

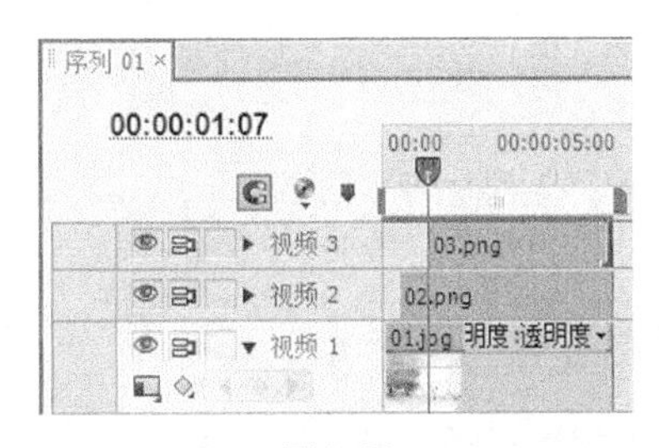

图 3-81

步骤 10　在“特效控制台”面板中展开“运动”选项，将“位置”选项设置为 269.8 和 315.6，如图 3-82 所示。将时间标签放置在 1:23s 的位置，在“特效控制台”面板中展开“透明度”选项，单击其右侧的“添加/移除关键帧”按钮，如图 3-83 所示，记录第 1 个动画关键帧。将时间标签放置在 1:24s 的位置，将“透明度”选项设置为 0%，如图 3-84 所示，记录第 2 个动画关键帧。

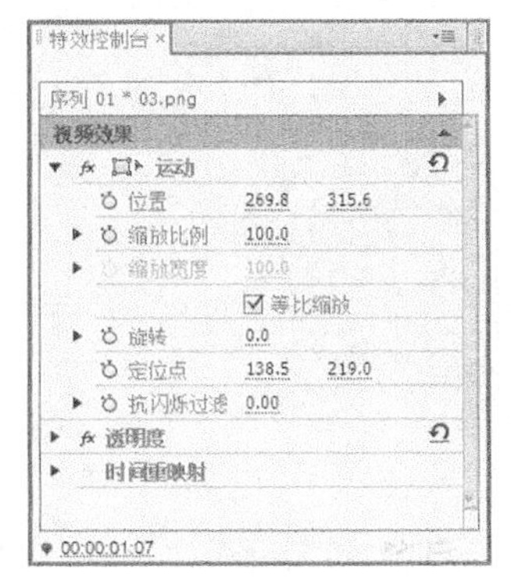

图 3-82

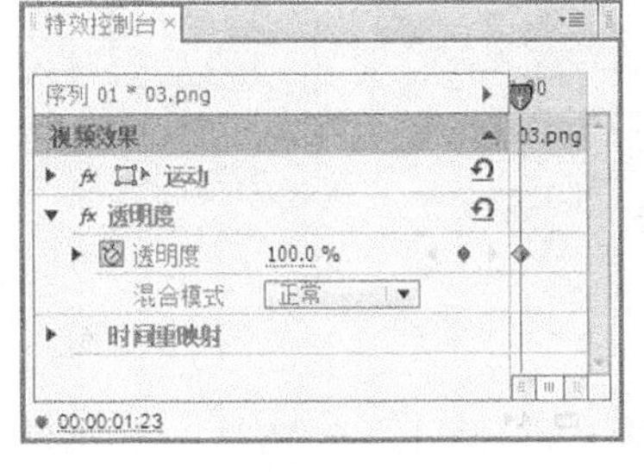

图 3-83

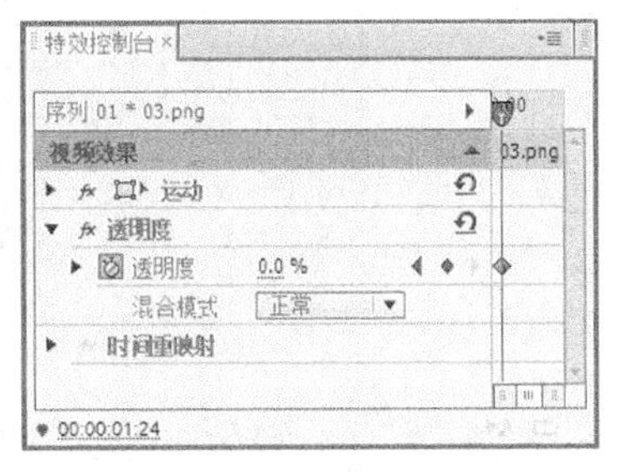

图 3-84

步骤 11　将时间标签放置在 2:00s 的位置，在“特效控制台”面板中展开“透明度”选项，将“透明度”选项设置为 100%，如图 3-85 所示，记录第 3 个动画关键帧。将时间标签放置在 2:01s 的位置，将“透明度”选项设置为 0%，如图 3-86 所示，记录第 4 个动画关键帧。使用相同的方法再添加 9 个透明动画，如图 3-87 所示。

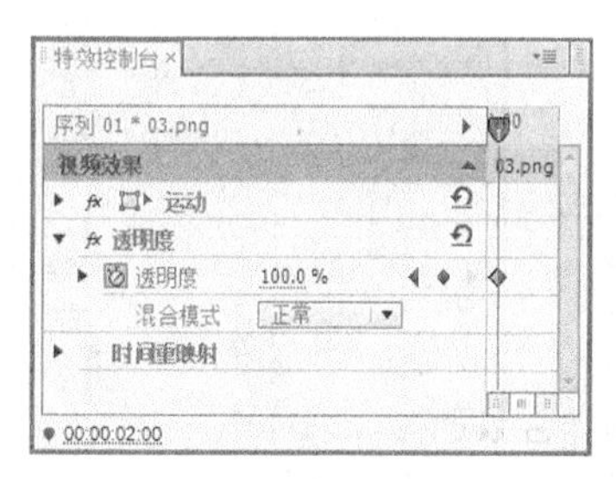

图 3-85

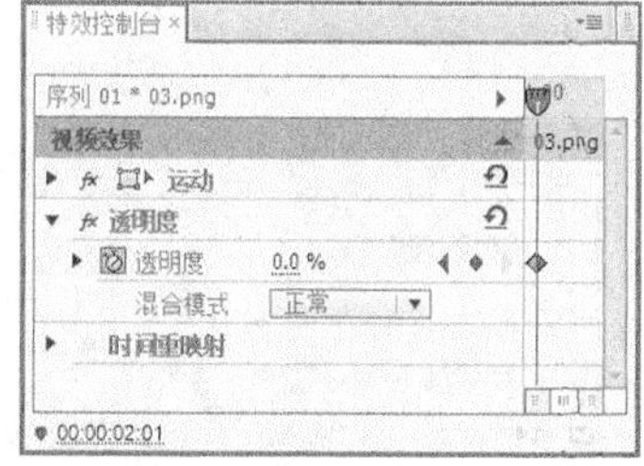

图 3-86

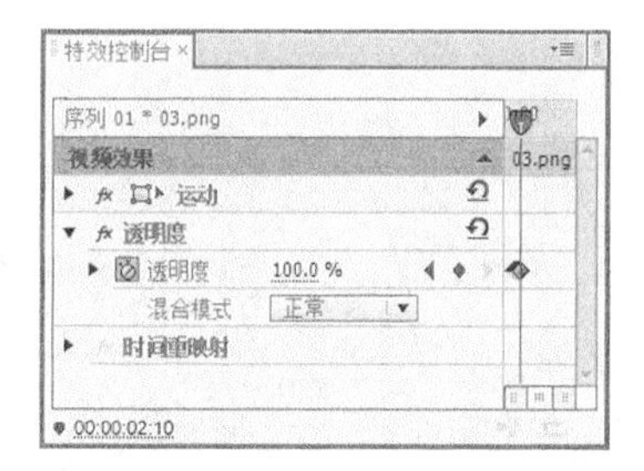

图 3-87

步骤 12　选择“序列 > 添加轨道”命令，弹出“添加视音轨”对话框，相关设置如图 3-88 所示，单击“确定”按钮，在“时间线”面板中添加 5 条视频轨道，如图 3-89 所示。

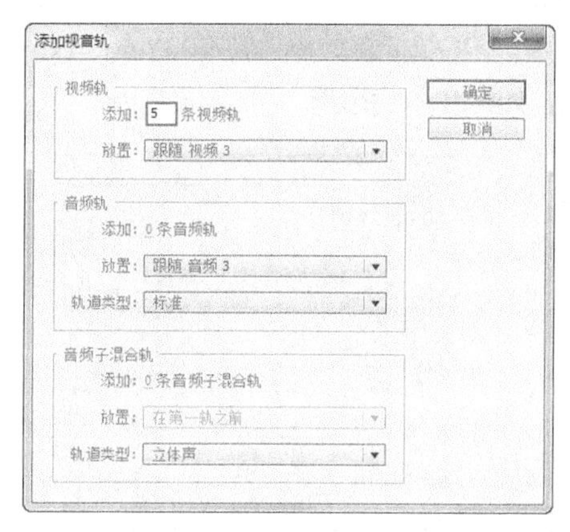

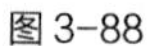
图 3-88

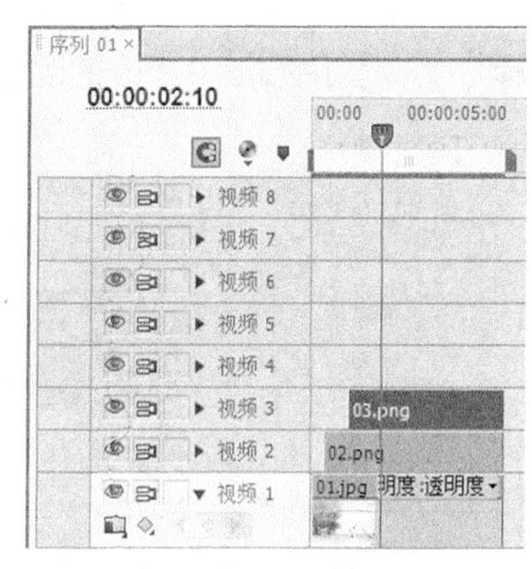

图 3-89

步骤 13　将时间标签放置在 2:16s 的位置。在“项目”面板中选中“04.png”文件并将其拖曳到“时间线”面板的“视频 4”轨道中，如图 3-90 所示。将鼠标指针移动到“04.png”文件的尾部，当鼠标指针呈◀状时，向前拖曳到 6:15s 的位置上，如图 3-91 所示。

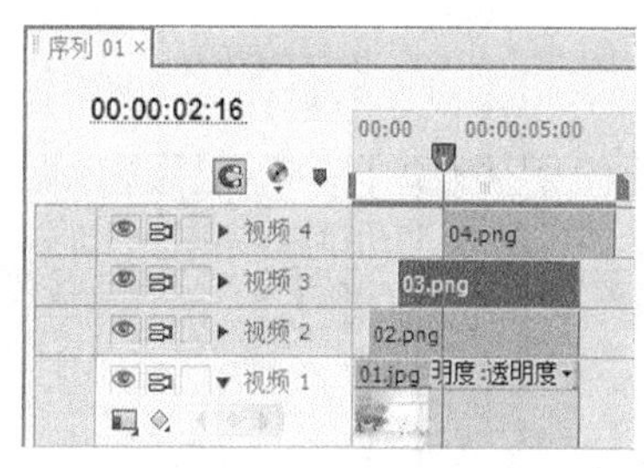

图 3-90

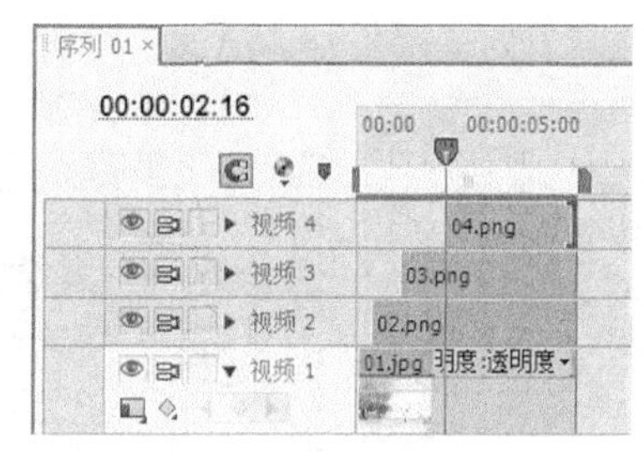

图 3-91

步骤 14　在“特效控制台”面板中展开“运动”选项，将“位置”选项设置为-90 和 436，“缩放比例”选项设置为 102.5，“旋转”选项设置为 2×0°，并单击“位置”和“旋转”选项前面的“切换动画”按钮，如图 3-92 所示，记录第 1 个动画关键帧。将时间标签放置在 3:07s 的位置，将“位置”选项设置为 116 和 436，“旋转”选项设置为 0°，如图 3-93 所示，记录第 2 个动画关键帧。

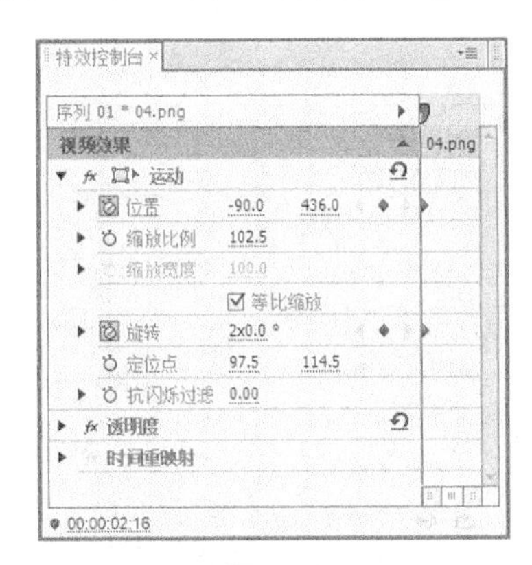

图 3-92

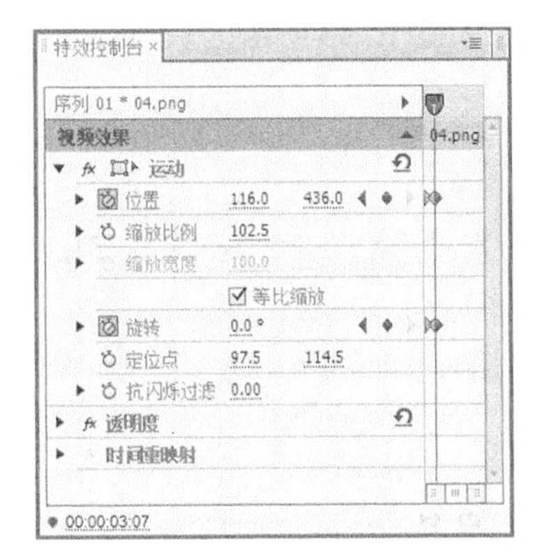

图 3-93

步骤 15　将时间标签放置在 3:12s 的位置，在“项目”面板中选中“05.png”文件并将其拖曳到“时间线”面板的“视频 5”轨道中，如图 3-94 所示。将鼠标指针移动到“05.png”文件的尾部，当鼠标指针呈状时，向前拖曳到 6:15s 的位置上，如图 3-95 所示。

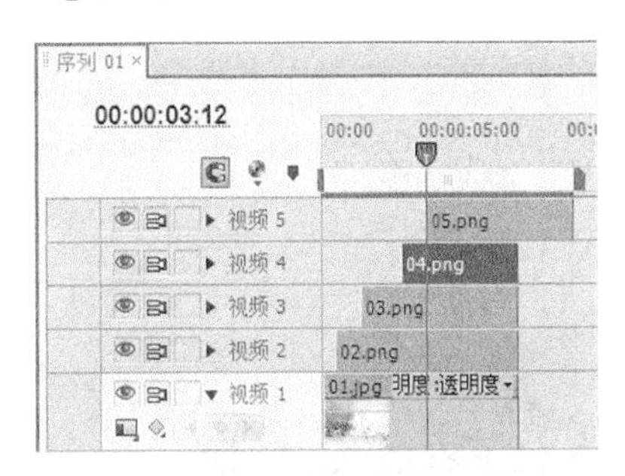

图 3-94

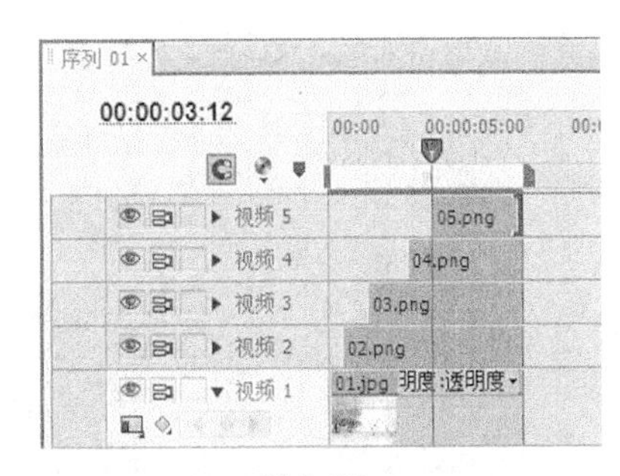

图 3-95

步骤 16　在“特效控制台”面板中展开“运动”选项，将“位置”选项设置为 491.9 和 150.9，如图 3-96 所示。使用相同的方法在“视频 6”“视频 7”和“视频 8”轨道中分别添加“06.png”“07.png”和“08.png”文件，并分别制作文件的位置、旋转动画，如图 3-97 所示。

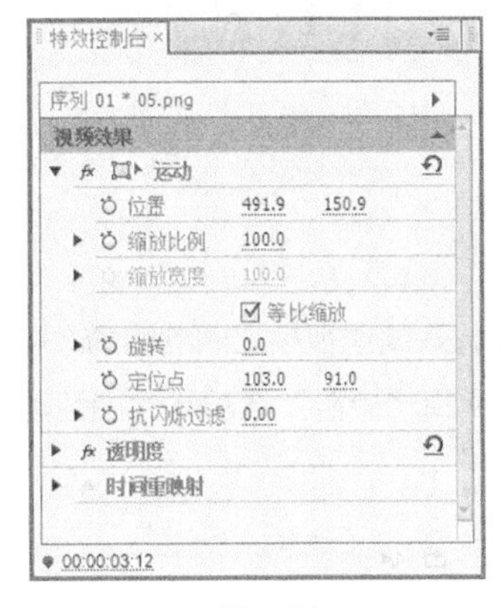

图 3-96

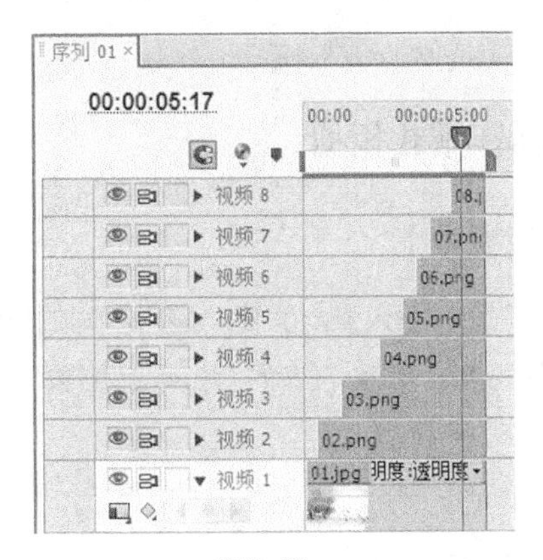

图 3-97

步骤 17　在“效果”面板中展开“视频切换”选项，单击“3D 运动”文件夹前面的三角形按钮 ▶ 将其展开，选中“立方体旋转”特效，如图 3-98 所示。将其拖曳到“时间线”面板中的“02.png”文件的开始位置，如图 3-99 所示。

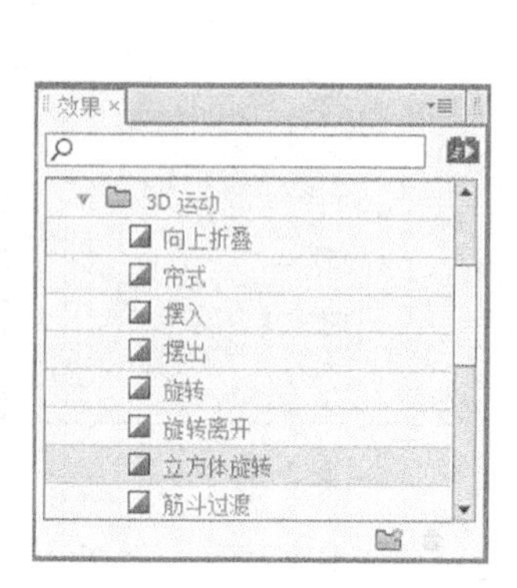

图 3-98

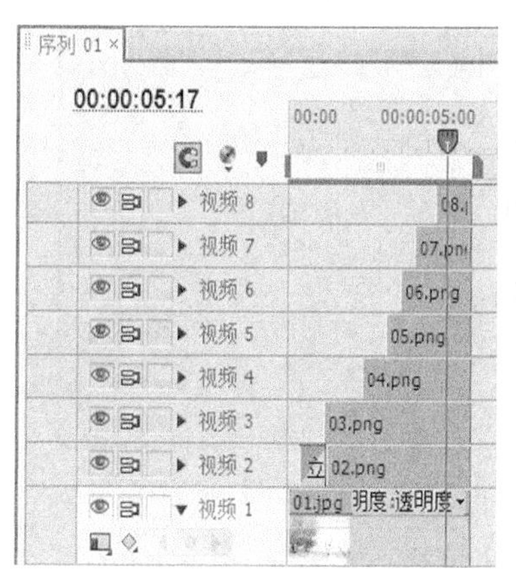

图 3-99

步骤 18　使用相同的方法在“时间线”面板中为其他文件添加适当的过渡切换，如图 3-100 所示。至此，儿童相册制作完成，效果如图 3-101 所示。

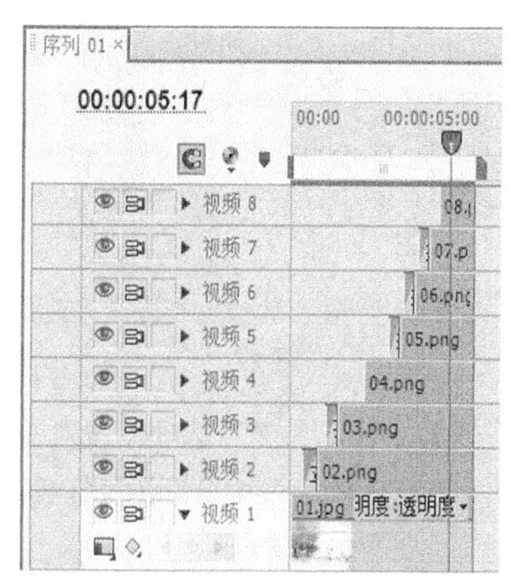

图 3-100

图 3-101

3.2.3　制作婚礼相册

【案例知识要点】

使用“导入”命令导入素材文件，使用不同的过渡特效制作视频之间的转场效果，使用字幕编辑面板设置文本的属性，使用“位置”选项、“缩放”选项和“旋转”选项制作图像动画效果。婚礼相册效果如图 3-102 所示。

微课：制作婚礼相册

图 3-102

【案例操作步骤】

步骤 1　启动 Premiere Pro CS6 软件，弹出启动对话框，单击“新建项目”按钮，弹出“新建项目”对话框，设置“位置”选项，选择保存文件路径，在“名称”文本框中输入文件名“制作婚礼相册”，如图 3-103 所示。单击“确定”按钮，弹出“新建序列”对话框，相关设置如图 3-104 所示，单击“确定”按钮，完成序列的创建。

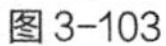
图 3-103

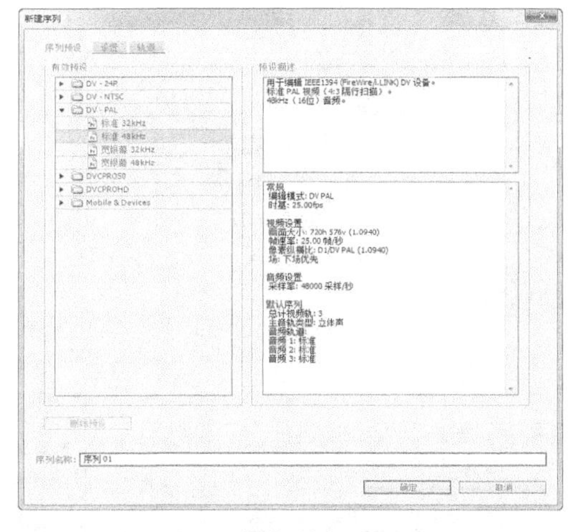

图 3-104

步骤 2　选择“文件 > 导入”命令，弹出“导入”对话框，选择云盘中的“项目三\制作婚礼相册\素材”中的所有素材文件，单击“打开”按钮，导入视频文件，如图 3-105 所示。导入后的文件排列在“项目”面板中，如图 3-106 所示。

步骤 3　在“项目”面板中选中“01.avi”文件并将其拖曳到“时间线”面板的“视频 1”轨道中，如图 3-107 所示。将时间标签放置在 5:00s 的位置，将鼠标指针移动到“01.avi”文件的尾部，当鼠标指针呈◀状时，向前拖曳到 5:00s 的位置上，如图 3-108 所示。

步骤 4　选择“文件 > 新建 > 字幕”命令，弹出“新建字幕”对话框，如图 3-109 所示，单击“确定”按钮，弹出字幕编辑面板，选择“输入”工具 T，在字幕工作区中输入需要的文字。在“字幕属性”子面板中展开“属性”选项，相关设置如图 3-110 所示；展开“填充”选项，将“颜色”设置为白色；展开“描边”选项，单击“外侧边”右侧的“添加”按钮，添加外侧边，将“颜色”设置为红色（其 R、G、B 的值分别为 202、38、70），其他选项的设置如图 3-111 所示。

图 3-105

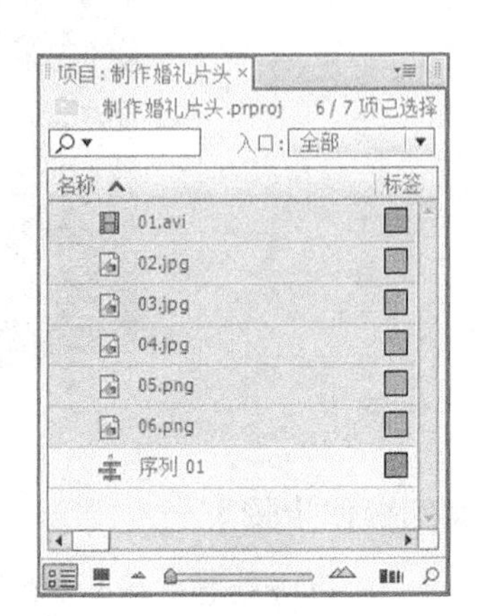

图 3-106

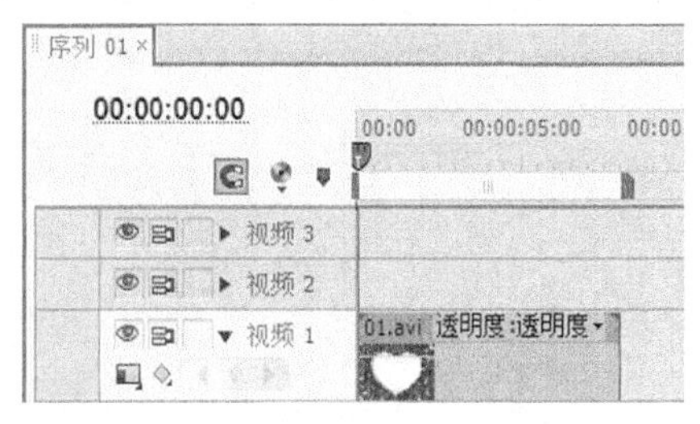

图 3-107

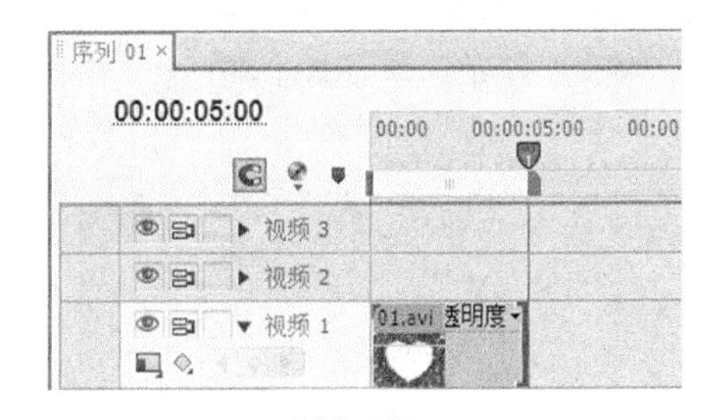

图 3-108

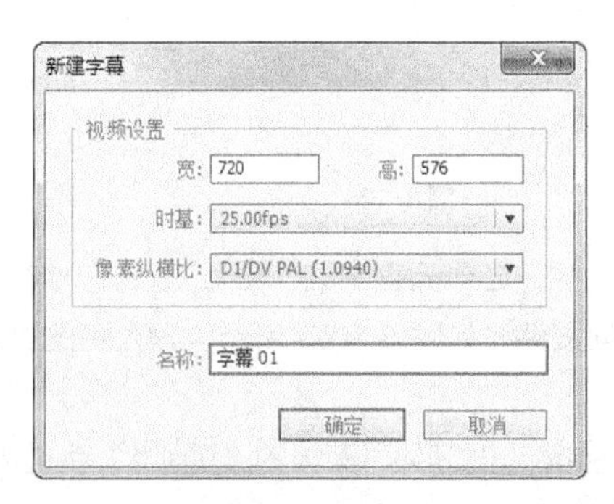

图 3-109

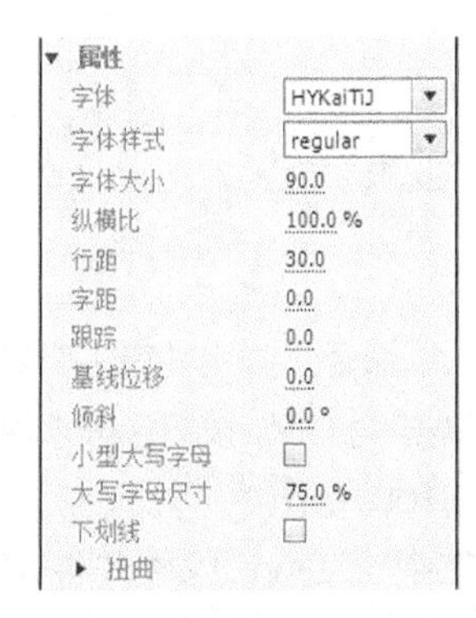

图 3-110

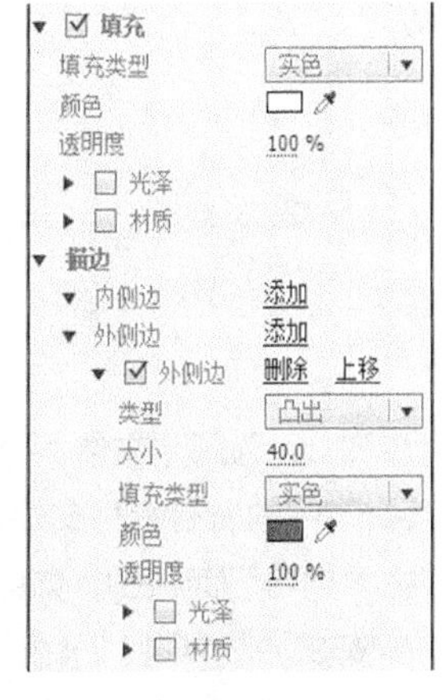

图 3-111

步骤 5　字幕工作区中的文字如图 3-112 所示。使用相同的方法输入剩余文字，效果如图 3-113 所示。关闭字幕编辑面板，新建的字幕文件会自动保存到“项目”面板中。

步骤 6　将时间标签放置在 1:02s 的位置。在“项目”面板中选中“字幕 01”文件并将其拖曳到“时间线”面板的“视频 2”轨道中，如图 3-114 所示。将鼠标指针移动到“字幕 01”文件的尾部，当鼠标指针呈![]状时，向前拖曳到“01.avi”文件的尾部，如图 3-115 所示。

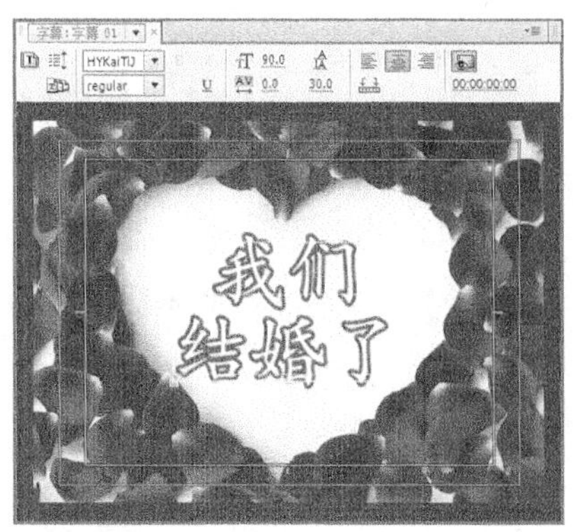

图 3-112

图 3-113

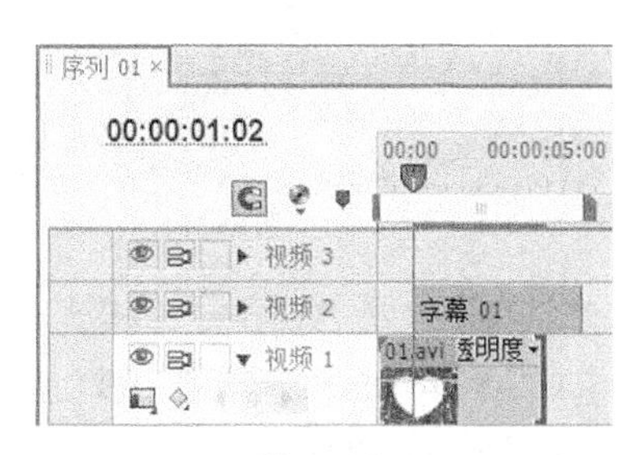

图 3-114

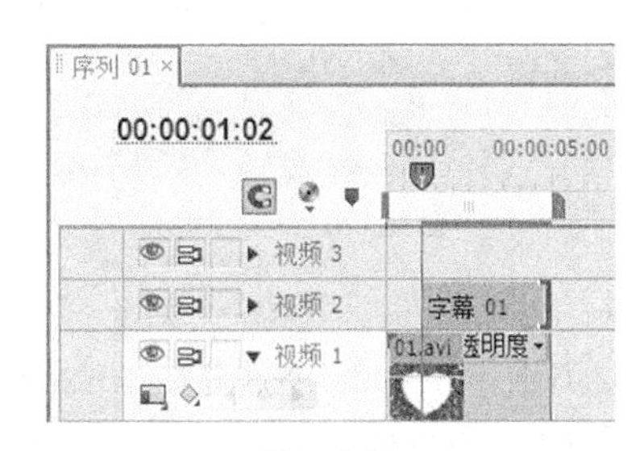

图 3-115

步骤 7 选择“窗口 > 效果”命令，弹出“效果”面板，展开“视频切换”选项，单击“叠化”文件夹前面的三角形按钮 将其展开，选中“交叉叠化（标准）”特效，如图 3-116 所示。将“交叉叠化（标准）”特效拖曳到“时间线”面板中“字幕 01”文件的开始位置，如图 3-117 所示。

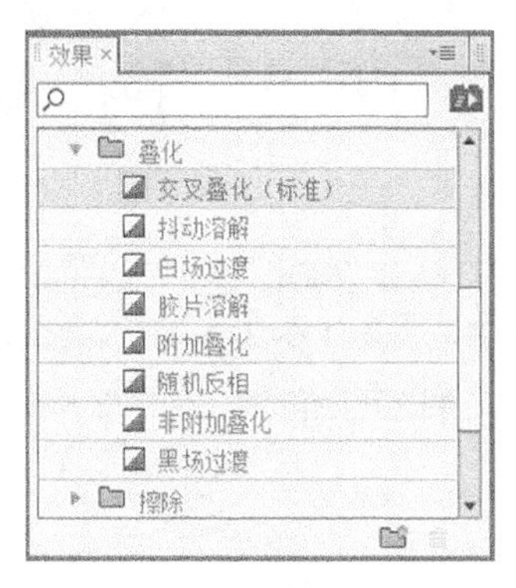

图 3-116

图 3-117

步骤 8 在“项目”面板中选中“02.jpg”文件并将其拖曳到“时间线”面板的“视频 1”轨道中，如图 3-118 所示。将时间标签放置在 7:02s 的位置，将鼠标指针移动到“02.jpg”文件的尾部，当鼠标指针呈 状时，向前拖曳到 7:02s 的位置上，如图 3-119 所示。

步骤 9 在“项目”面板中选中“03.jpg”文件并将其拖曳到“时间线”面板的“视频 1”轨道中，如图 3-120 所示。将时间标签放置在 8:23s 的位置，将鼠标指针移动到“03.jpg”文件的尾部，当鼠标指针呈 状时，向前拖曳鼠标到 8:23s 的位置上，如图 3-121 所示。

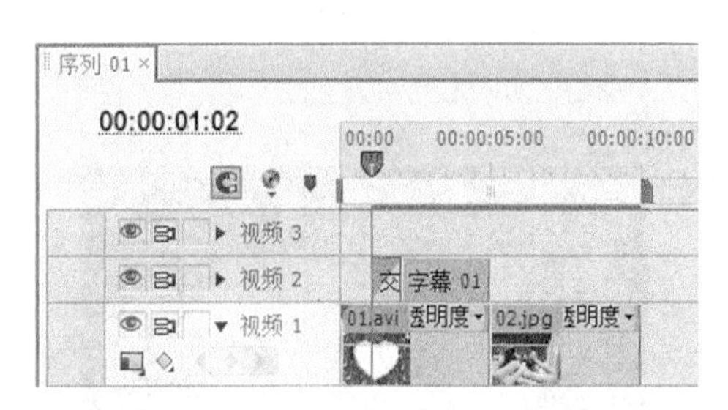

图 3-118

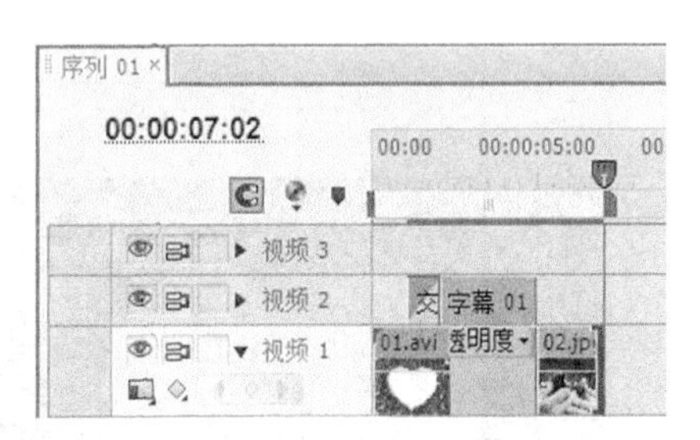

图 3-119

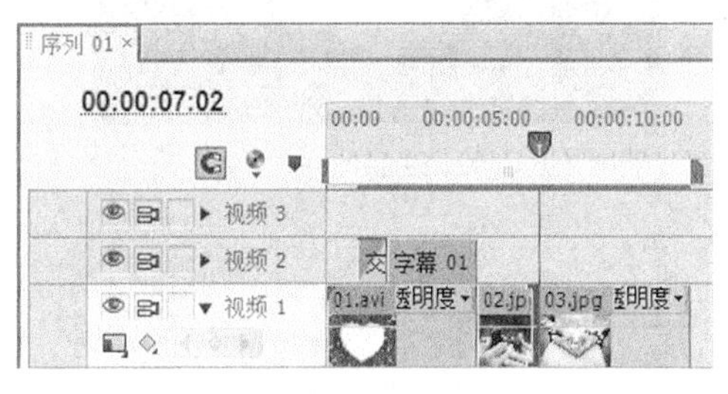

图 3-120

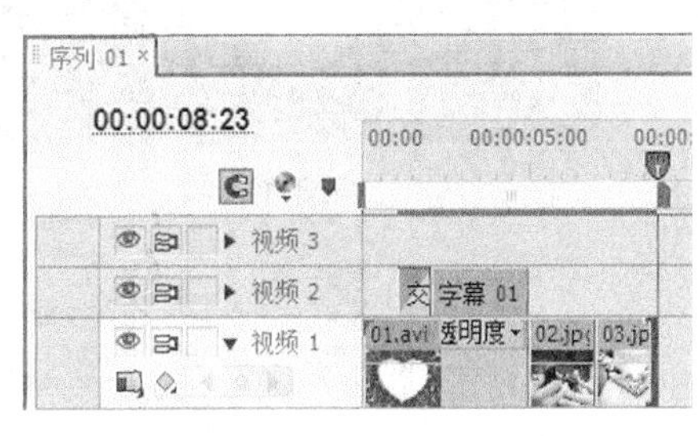

图 3-121

步骤 10　在“项目”面板中选中“04.jpg”文件并将其拖曳到“时间线”面板的“视频 1”轨道中，如图 3-122 所示。将时间标签放置在 10:24s 的位置，将鼠标指针移动到“04.jpg”文件的尾部，当鼠标指针呈状时，向前拖曳到 10:24s 的位置上，如图 3-123 所示。

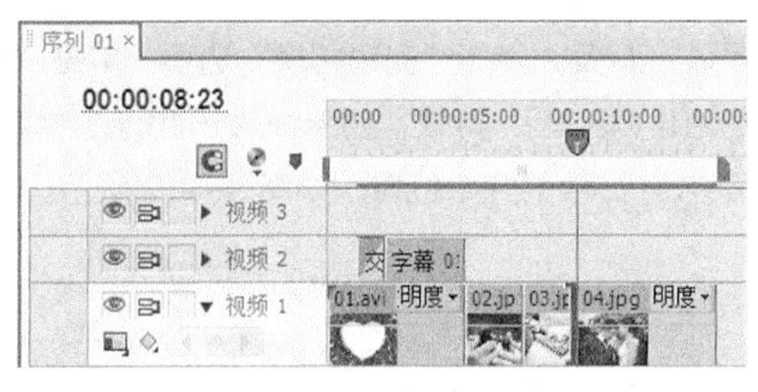

图 3-122

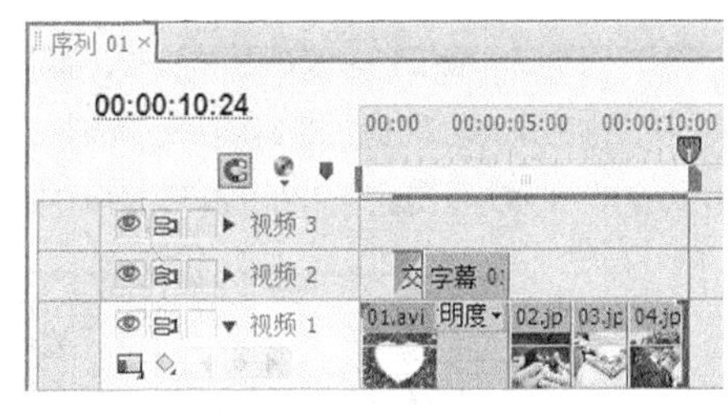

图 3-123

步骤 11　在“效果”面板中展开“视频切换”选项，单击“叠化”文件夹前面的三角形按钮 ▶ 将其展开，选中“交叉叠化（标准）”特效，如图 3-124 所示。将“交叉叠化（标准）”特效拖曳到“时间线”面板中“02.jpg”文件的结束位置和“03.jpg”文件的开始位置，如图 3-125 所示。

图 3-124

图 3-125

步骤 12　使用相同的方法将“交叉叠化（标准）”特效拖曳到“时间线”面板中“03.jpg”文件的结束位置和“04.jpg”文件的开始位置，如图 3–126 所示。在“项目”面板中选中“05.png”文件并将其拖曳到“时间线”面板的“视频 2”轨道中，如图 3–127 所示。

图 3–126

图 3–127

步骤 13　将鼠标指针移动到“05.png”文件的尾部，当鼠标指针呈状时，向前拖曳到“04.jpg”文件的结束位置，如图 3–128 所示。将时间标签放置在 5:00s 的位置，如图 3–129 所示。

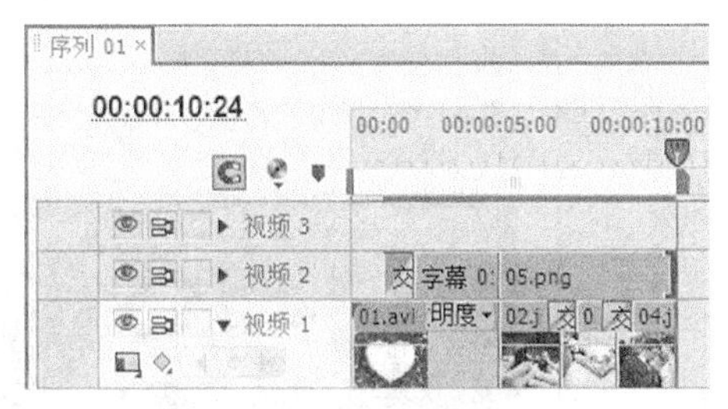

图 3–128

图 3–129

步骤 14　选择“时间线”面板中的“05.png”文件，在“特效控制台”面板中展开“运动”选项，将“位置”选项设置为 358.2 和 449.4，“缩放比例”选项设置为 110；展开“透明度”选项，将“透明度”选项设置为 0%，如图 3–130 所示，记录第 1 个动画关键帧。将时间标签放置在 5:05s 的位置，将“透明度”选项设置为 100%，如图 3–131 所示，记录第 2 个动画关键帧。将时间标签放置在 5:10s 的位置，将“透明度”选项设置为 0%，如图 3–132 所示，记录第 3 个动画关键帧。

步骤 15　将时间标签放置在 5:15s 的位置，将“透明度”选项设置为 100%，如图 3–133 所示，记录第 4 个动画关键帧。使用相同的方法制作其他动画关键帧，如图 3–134 所示。

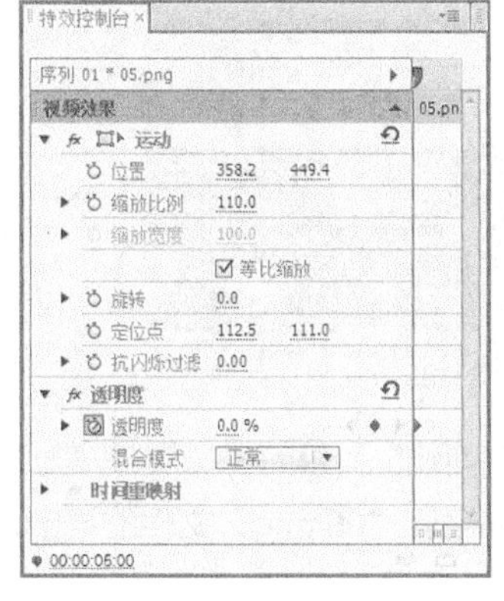

图 3–130

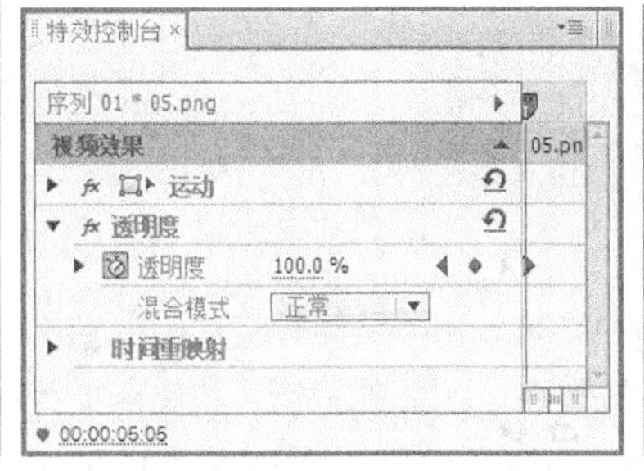

图 3–131

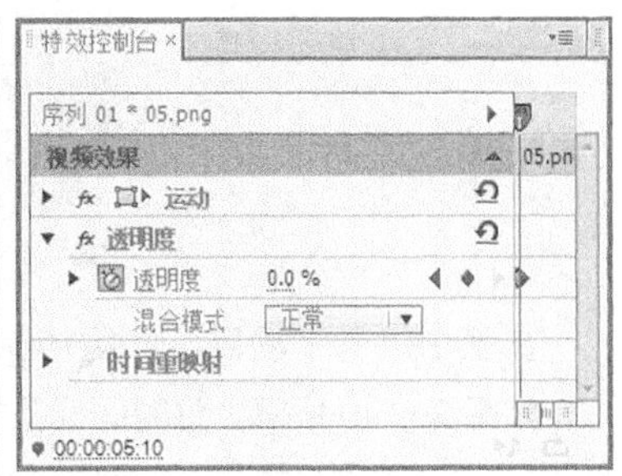

图 3–132

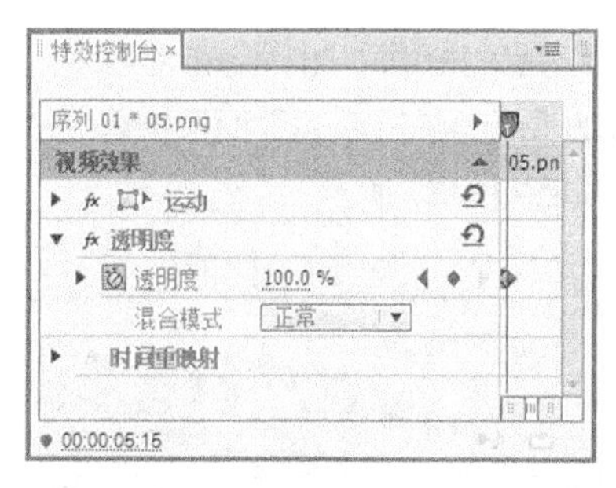

图 3-133

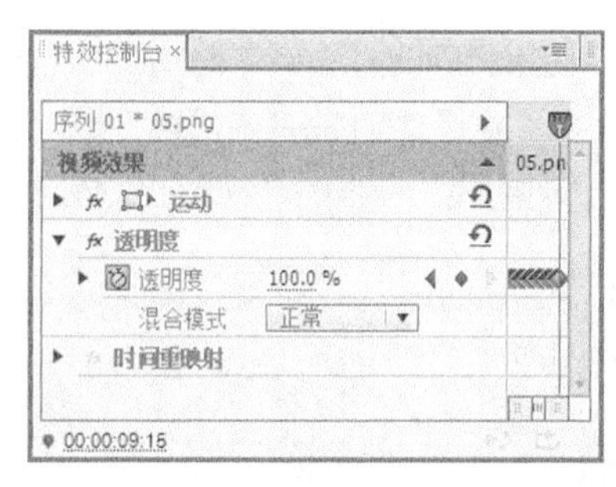

图 3-134

步骤 16　选择“文件 > 新建 > 字幕”命令，弹出“新建字幕”对话框，如图 3-135 所示，单击“确定”按钮，弹出字幕编辑面板，选择“输入”工具[T]，在字幕工作区中输入需要的文字。在“字幕属性”子面板中展开“属性”选项，相关设置如图 3-136 所示；展开“填充”选项，将“颜色”设置为白色，字幕工作区中的文字如图 3-137 所示。关闭字幕编辑面板，新建的字幕文件会自动保存到“项目”面板中。

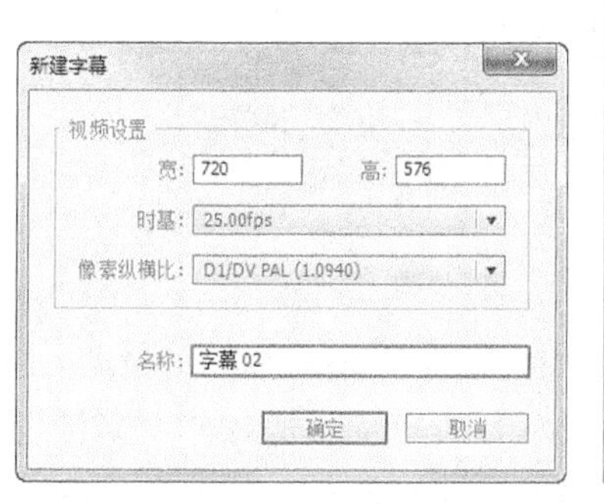

图 3-135

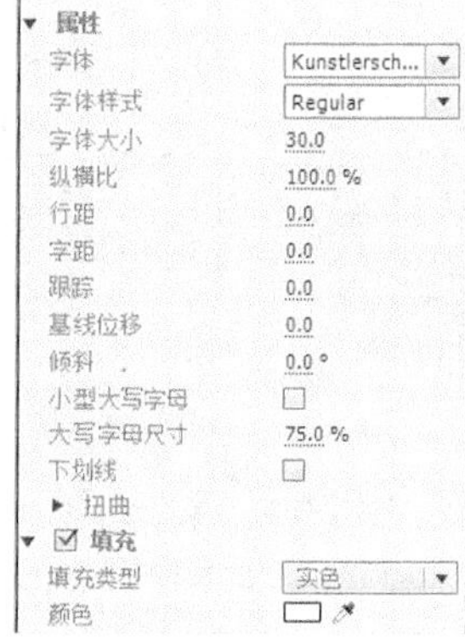

图 3-136

图 3-137

步骤 17　在“项目”面板中选中“字幕 02”文件并将其拖曳到“时间线”面板的“视频 3”轨道中，如图 3-138 所示。将鼠标指针移动到“字幕 02”文件的尾部，当鼠标指针呈![]状时，向前拖曳到“05.png”文件的结束位置上，如图 3-139 所示。

图 3-138

图 3-139

步骤 18　在“项目”面板中选中“06.png”文件并将其拖曳到“时间线”面板的“视频 4”轨道中，如图 3-140 所示。将时间标签放置在 7:15s 的位置，将鼠标指针移动到“06.png”文件的尾部，当鼠标指针呈![]状时，向前拖曳到 7:15s 的位置上，如图 3-141 所示。

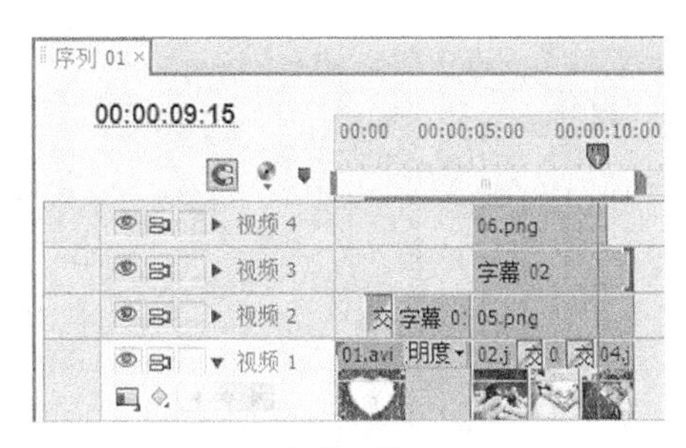
图 3-140

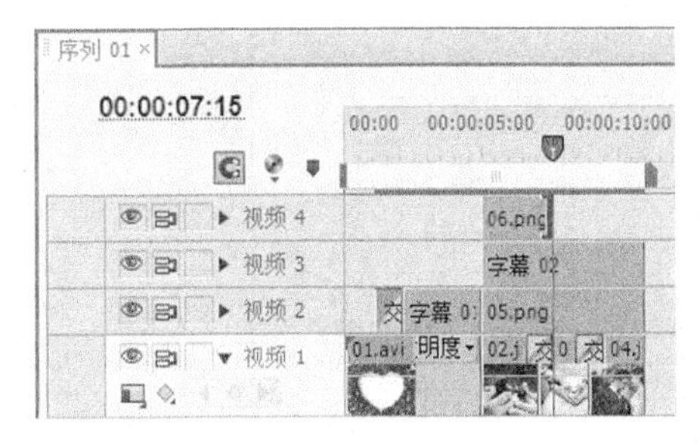
图 3-141

步骤 19　选择“时间线”面板中的“06.png”文件，在“特效控制台”面板中展开“运动”选项，将“位置”选项设置为 65.5 和 597.3，“缩放比例”选项设置为 20，“旋转”选项设置为 30°，并单击“位置”“缩放比例”和“旋转”选项前面的“切换动画”按钮，如图 3-142 所示，记录第 1 个动画关键帧。将时间标签放置在 5:11s 的位置，将“位置”选项设置为 147.3 和 457.2，“缩放比例”选项设置为 35，“旋转”选项设置为-13.9°，如图 3-143 所示，记录第 2 个动画关键帧。

步骤 20　将时间标签放置在 5:23s 的位置，将“位置”选项设置为 47 和 342.9，“缩放比例”选项设置为 45，“旋转”选项设置为 32.1°，如图 3-144 所示，记录第 3 个动画关键帧。将时间标签放置在 6:09s 的位置，将“位置”选项设置为 145.2 和 221.9，“缩放比例”选项设置为 55，如图 3-145 所示，记录第 4 个动画关键帧。

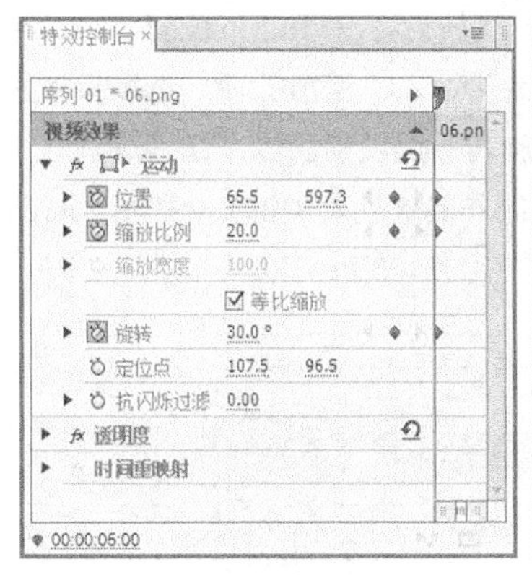
图 3-142

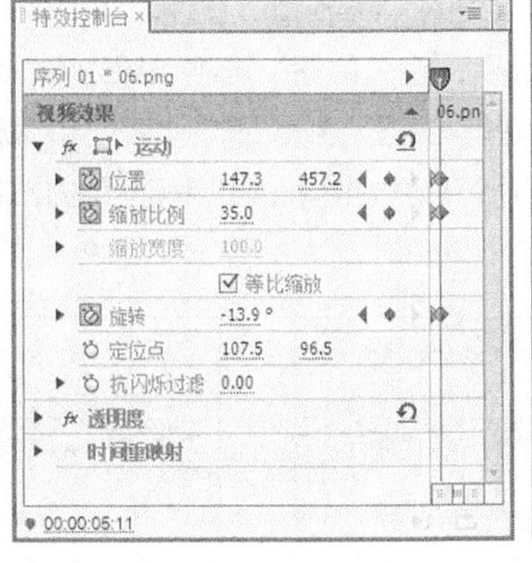
图 3-143

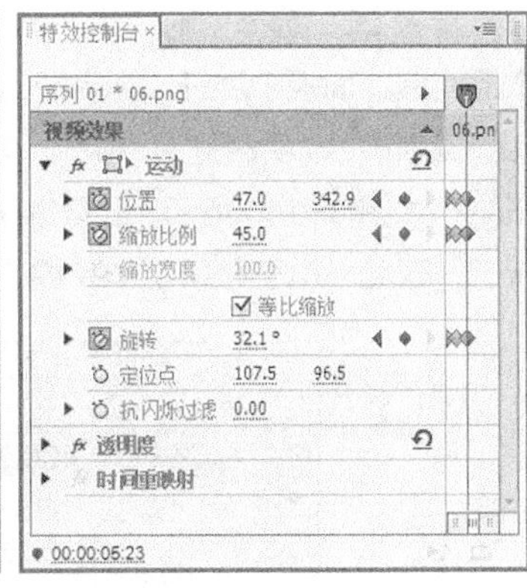
图 3-144

步骤 21　将时间标签放置在 6:20s 的位置，将“位置”选项设置为 941 和 96.4，“缩放比例”选项设置为 45，如图 3-146 所示，记录第 5 个动画关键帧。将时间标签放置在 7:06s 的位置，将“位置”选项设置为 206.6 和-35.9，“缩放比例”选项设置为 35，如图 3-147 所示，记录第 6 个动画关键帧。

步骤 22　在“项目”面板中选中“06.png”文件并将其拖曳到“时间线”面板的“视频 4”轨道中，如图 3-148 所示。将鼠标指针移动到“06.png”文件的尾部，当鼠标指针呈状时，向前拖曳到“字幕 02”文件的结束位置上，如图 3-149 所示。

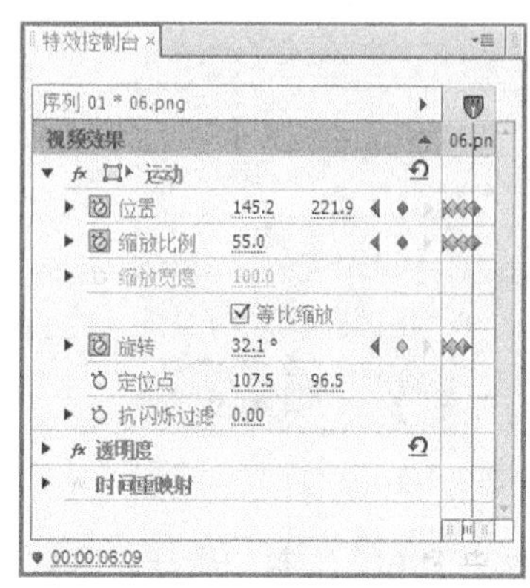

图 3-145

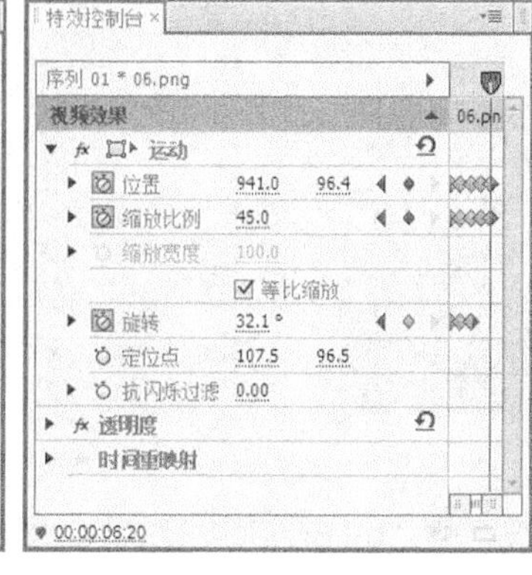

图 3-146

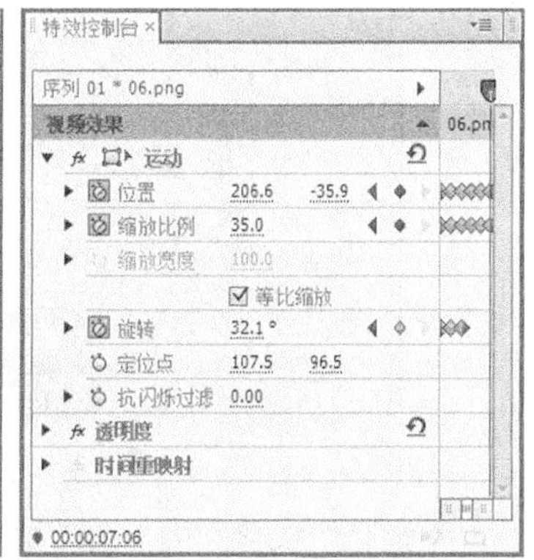

图 3-147

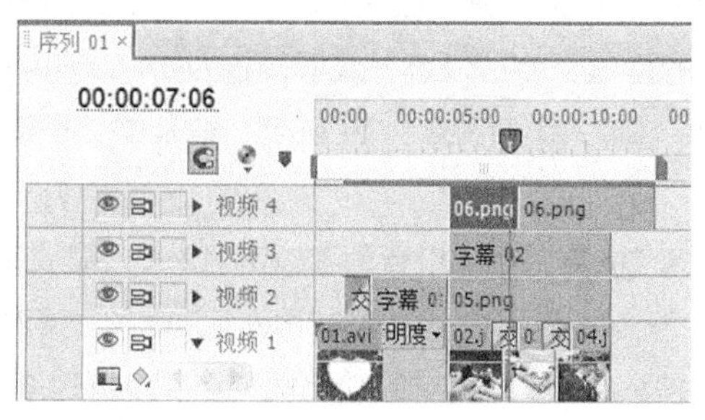

图 3-148

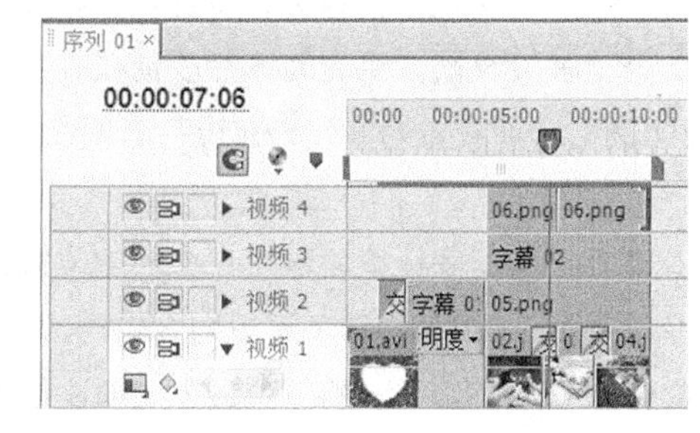

图 3-149

步骤 23　选择“时间线”面板中的“06.png”文件。将时间标签放置在 7:15s 的位置，在“特效控制台”面板中展开“运动”选项，将“位置”选项设置为 697.5 和 2.2，“缩放比例”选项设置为 20，“旋转”选项设置为 20°，并单击“位置”“缩放比例”和“旋转”选项前面的“切换动画”按钮，如图 3-150 所示，记录第 1 个动画关键帧。使用相同的方法制作其他动画关键帧，如图 3-151 所示。至此，电子相册制作完成。

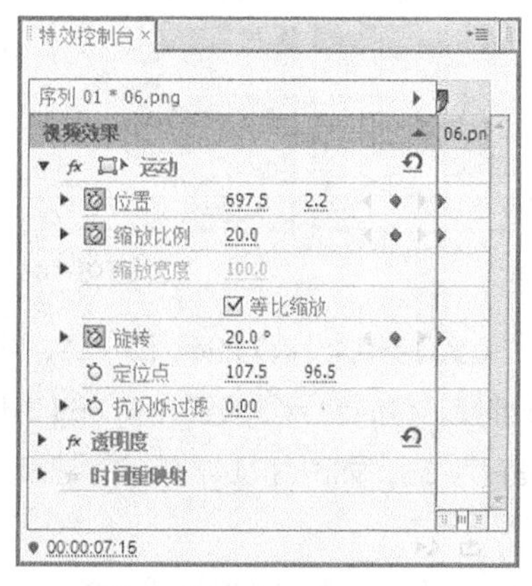

图 3-150

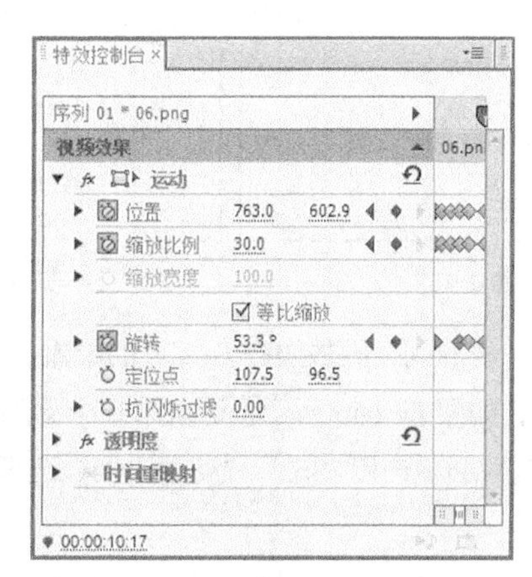

图 3-151

任务三　课后实战演练

3.3.1　宇宙星空

【练习知识要点】

使用“导入”命令导入视频文件，使用“交叉叠化（标准）”特效制作视频之间的转场效果。宇宙星空效果如图 3-152 所示。

【案例所在位置】

云盘中的“项目三\宇宙星空\宇宙星空.prproj”。

微课：宇宙星空

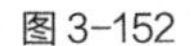

图 3-152

3.3.2　时尚女孩

【练习知识要点】

使用“导入”命令导入素材文件，使用“旋转”特效、“交叉叠化（标准）”特效和“中心剥落”特效制作图片之间的转场效果。时尚女孩效果如图 3-153 所示。

【案例所在位置】

云盘中的“项目三\时尚女孩\时尚女孩.prproj”。

微课：时尚女孩

图 3-153

04 项目四 制作电视纪录片

本项目主要介绍 Premiere Pro CS6 中的视频特效，这些特效可以应用在视频、图片和文字上。通过对本项目的学习，读者可以快速了解并掌握视频特效制作的精髓，随心所欲地创作出丰富多彩的视觉效果。

课堂学习目标

- 了解关键帧
- 使用关键帧
- 激活关键帧

任务一　使用关键帧制作动画

在 Premiere Pro CS6 中，可以添加、选择和编辑关键帧，下面对关键帧的基本操作进行具体介绍。

4.1.1　了解关键帧

若想使效果随时间而改变，则可以使用关键帧技术。当创建了一个关键帧后，就可以指定一个效果属性在确切的时间点上的值，当为多个关键帧赋予不同的值时，Premiere Pro CS6 会自动计算关键帧之间的值，这个处理过程称为“插补”。对于大多数标准效果而言，可以在素材的整个时间长度中设置关键帧。对于固定效果，如位置和缩放，可以设置关键帧，使素材产生动画，也可以移动、复制或删除关键帧和改变插补的模式。

4.1.2　激活关键帧

为了设置动画效果属性，必须激活属性的关键帧，任何支持关键帧的效果属性都包括固定动画按钮，单击该按钮可插入一个关键帧。插入关键帧（即激活关键帧）后，可以添加和调整素材所需要的属性，如图 4-1 所示。

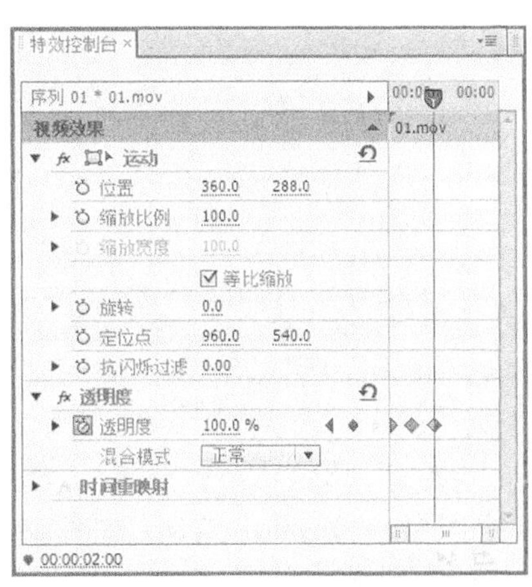

图 4-1

4.1.3　实训项目：飘落的树叶

【案例知识要点】

使用“导入”命令导入素材文件，使用“位置”和“缩放比例”选项设置图像的位置与缩放大小，使用“旋转”选项制作树叶旋转动画，使用“边角固定”特效编辑图像边角并制作动画。飘落的树叶效果如图 4-2 所示。

图 4-2

微课：飘落的树叶 1

微课：飘落的树叶 2

微课：飘落的树叶 3

【案例操作步骤】

1．新建项目与导入素材

步骤 1　启动 Premiere Pro CS6 软件，弹出启动对话框，单击“新建项目”按钮，弹出“新建项目”对话框，设置“位置”选项，选择保存文件路径，在“名称”文本框中输入文件名“飘落的树叶”，如图 4-3 所示。单击“确定”按钮，弹出“新建序列”对话框，在左侧的列表中展开“DV-PAL”选项，选中“标准 48kHz”模式，如图 4-4 所示，单击“确定”按钮，完成序列的创建。

图 4-3

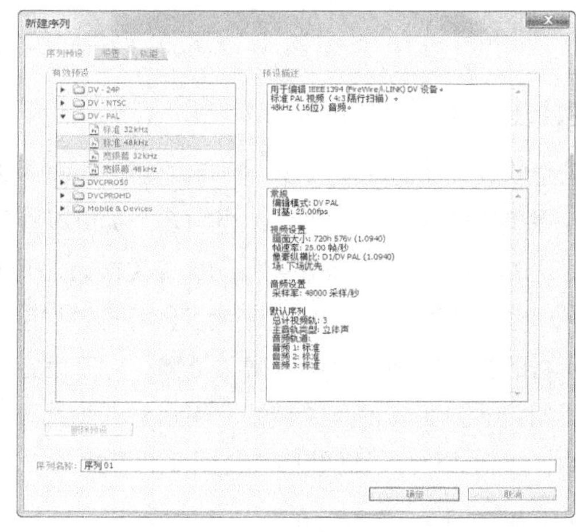

图 4-4

步骤 2　选择“文件 > 导入”命令，弹出“导入”对话框，选择云盘中的“项目四\飘落的树叶\素材\01.jpg、02.png”文件，如图 4-5 所示，单击“打开”按钮，将文件导入到“项目”面板中，如图 4-6 所示。

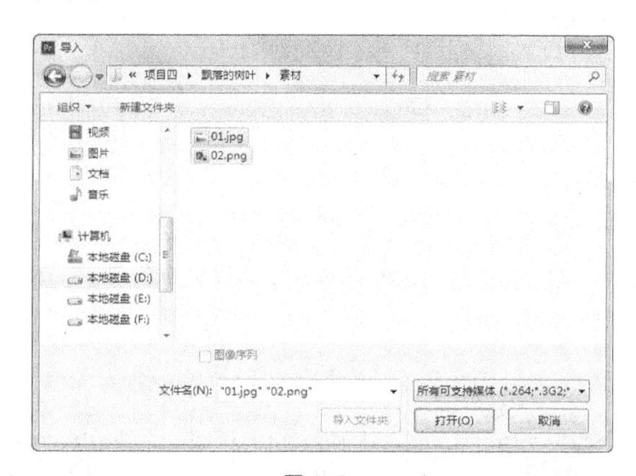

图 4-5

图 4-6

步骤 3　在“项目”面板中，选中“01.jpg”文件并将其拖曳到“时间线”面板的“视频 1”轨道中，如图 4-7 所示。将时间标签放置在 6:00s 的位置，将鼠标指针移动到“01.jpg”文件的结束位置，当鼠标指针呈⇥状时，向后拖曳到 6:00s 的位置上，如图 4-8 所示。

图 4-7

图 4-8

步骤 4　将时间标签放置在 1:00s 的位置，在“项目”面板中选择“02.png”文件并将其拖曳到“时间线”面板的“视频 2”轨道中，如图 4-9 所示。将时间标签放置在 4:00s 的位置，将鼠标指针移动到“02.png”文件的结束位置，当鼠标指针呈状时，向前拖曳到 4:00s 的位置上，如图 4-10 所示。

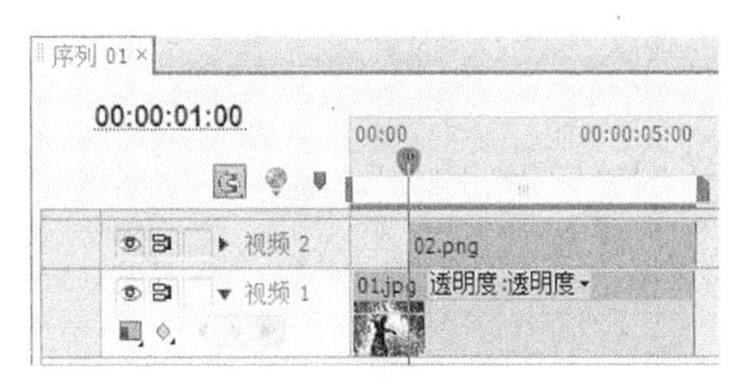

图 4-9

图 4-10

2. 制作树叶动画 1

步骤 1　在“时间线”面板中选择“02.png”文件。将时间标签放置在 1:00s 的位置，在“特效控制台”面板中展开“运动”选项，将“位置”选项设置为 168 和 123，“缩放比例”选项设置为 40，分别单击“位置”和“缩放比例”选项左侧的“切换动画”按钮，如图 4-11 所示，记录第 1 个动画关键帧。

步骤 2　将时间标签放置在 2:00s 的位置，在“特效控制台”面板中，将“位置”选项设置为 80 和 323，如图 4-12 所示，记录第 2 个动画关键帧。

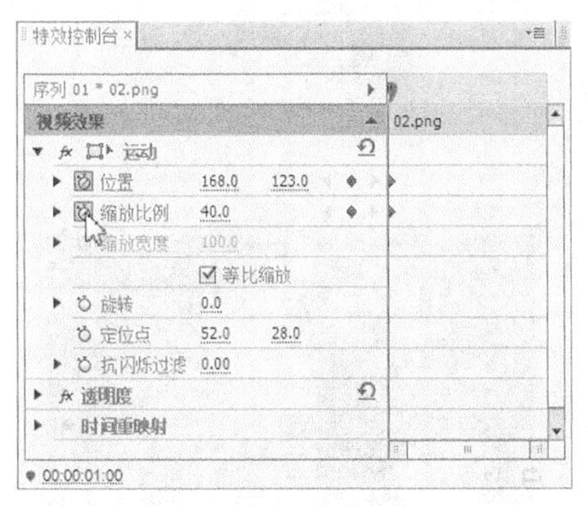

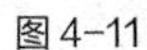
图 4-11

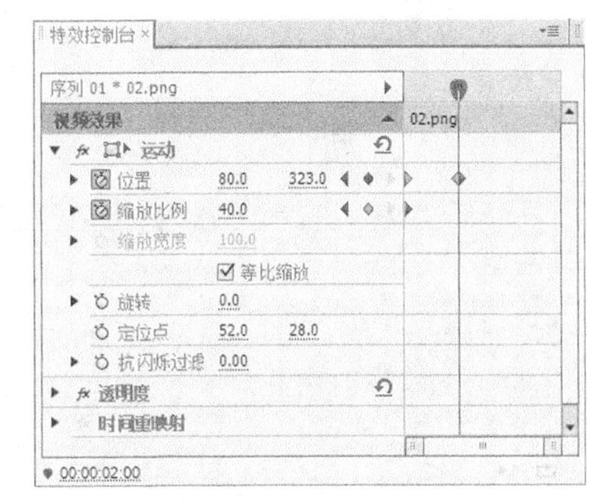

图 4-12

步骤 3　将时间标签放置在 3:00s 的位置，在“特效控制台”面板中，将“位置”选项设置为 250 和 350，如图 4-13 所示，记录第 3 个动画关键帧。将时间标签放置在 4:00s 的位置，在“特效控制台”面板中，将“位置”选项设置为 200 和 600，如图 4-14 所示，记录第 4 个动画关键帧。

步骤 4　选择“窗口 > 效果”命令，弹出“效果”面板，展开“视频特效”选项，单击“色彩校正”文件夹前面的三角形按钮▶将其展开，选中“色彩平衡”特效，如图 4-15 所示。将“色彩平衡”特效拖曳到“时间线”面板“视频 2”轨道的“02.png”文件上，如图 4-16 所示。

步骤 5　在“特效控制台”面板中展开“色彩平衡”选项并进行参数设置，如图 4-17 所示。在“节目”面板中预览效果，如图 4-18 所示。

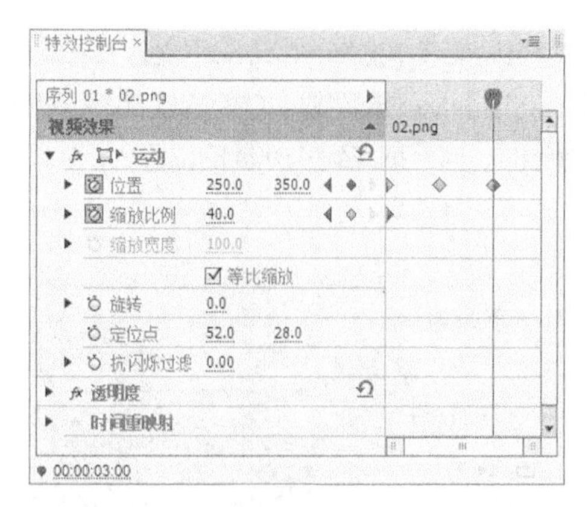

图 4-13

图 4-14

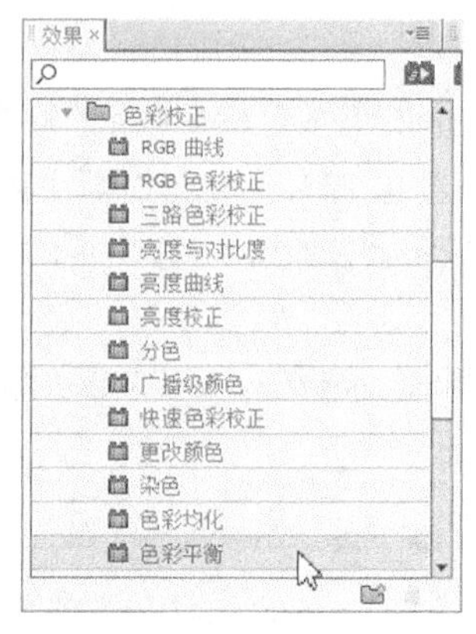

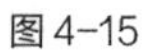

图 4-15

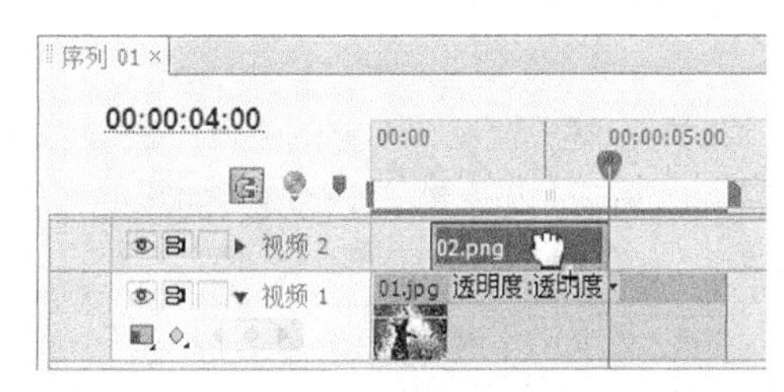

图 4-16

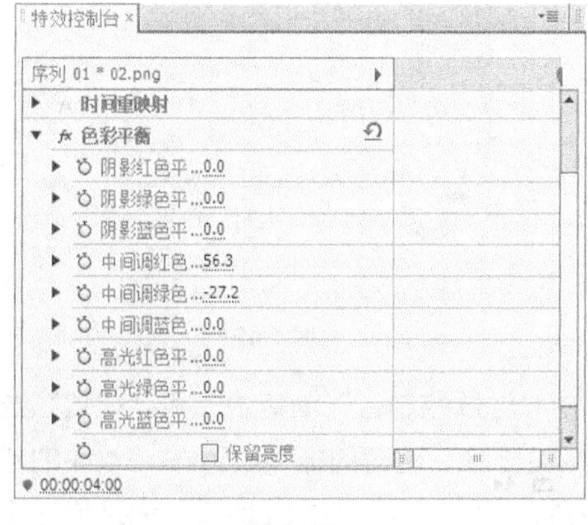

图 4-17

图 4-18

3. 制作树叶动画 2

步骤 1　在“时间线”面板中，选择“视频 2”轨道中的“02.png”文件，按 Ctrl+C 组合键，复制此文件。将时间标签放置在 2:00s 的位置，在“时间线”面板中同时锁定“视频 1”轨道和“视频 2”轨道，如图 4-19 所示。按 Ctrl+V 组合键，将复制的“02.png”文件粘贴到“视频 3”轨道中，如图 4-20 所示。

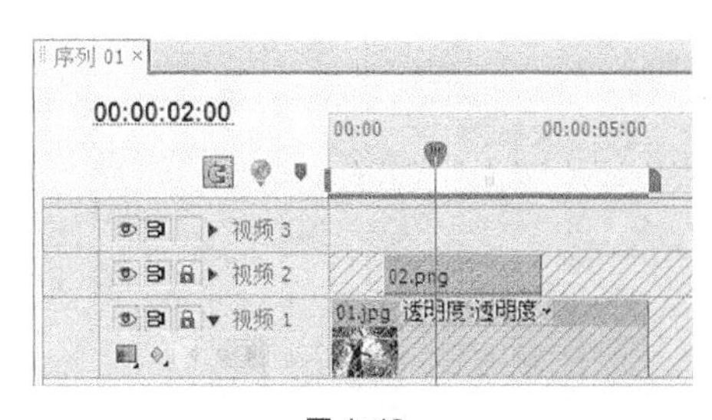

图 4-19

图 4-20

步骤 2　选择“视频 3”轨道中的“02.png”文件，在“特效控制台”面板中展开“运动”选项，单击“缩放比例”选项左侧的“切换动画”按钮，取消关键帧，如图 4-21 所示。将“缩放比例”选项设置为 30，如图 4-22 所示。

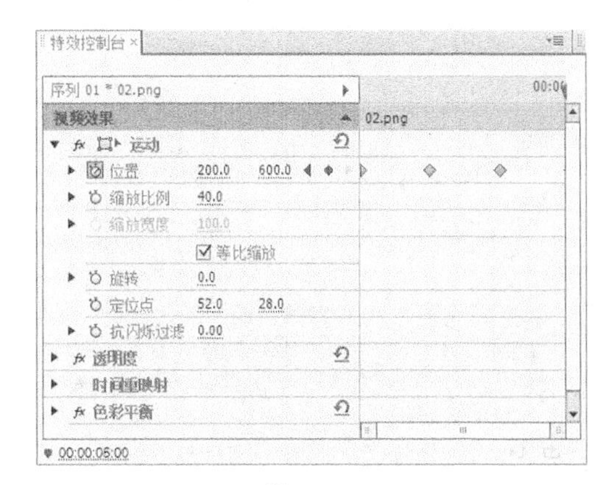

图 4-21

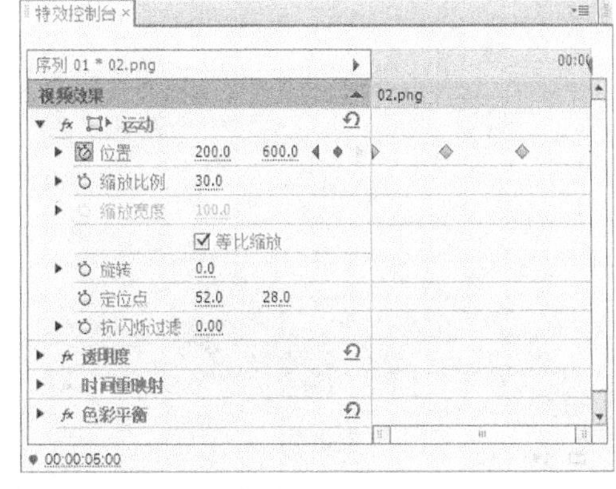

图 4-22

步骤 3　将时间标签放置在 2:00s 的位置，在“特效控制台”面板中，单击“旋转”选项左侧的“切换动画”按钮，如图 4-23 所示，记录第 1 个动画关键帧。将时间标签放置在 4:00s 的位置，在“特效控制台”面板中，将“旋转”选项设置为 183°，如图 4-24 所示，记录第 2 个动画关键帧。

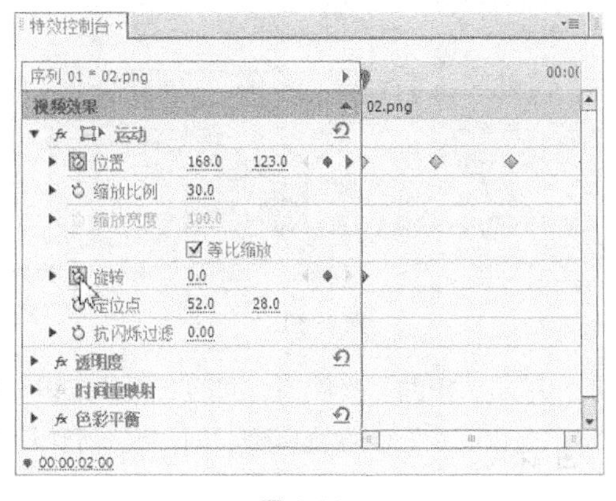

图 4-23

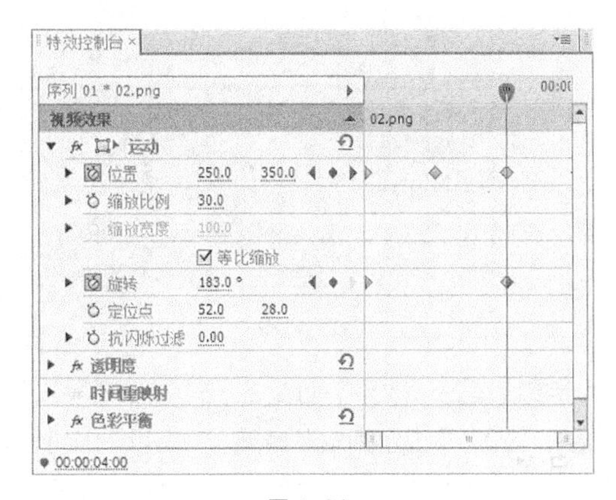

图 4-24

步骤 4　选择“视频 3”轨道中的“02.png”文件，按 Ctrl+C 组合键，复制此文件。在“时间线”面板中锁定“视频 3”轨道，如图 4-25 所示。将时间标签放置在 6:00s 的位置，按 Ctrl+V 组合键，将复制的“02.png”文件粘贴到“视频 4”轨道中，如图 4-26 所示。

图 4-25

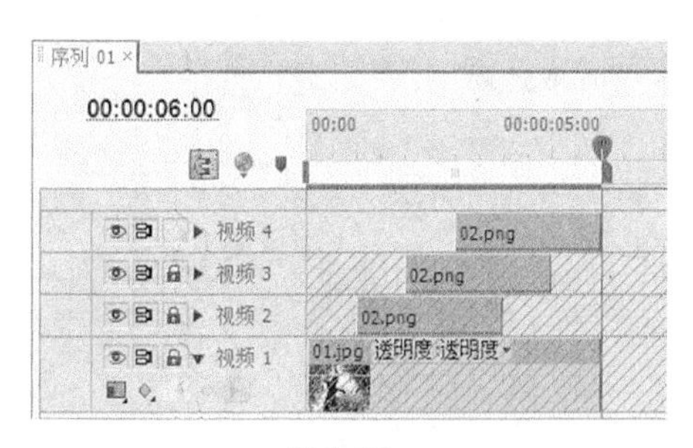

图 4-26

步骤 5　在“时间线”面板中锁定“视频 4”轨道，如图 4-27 所示。将时间标签放置在 7:00s 的位置，按 Ctrl+V 组合键，将复制的“02.png”文件粘贴到“视频 5”轨道中，如图 4-28 所示。

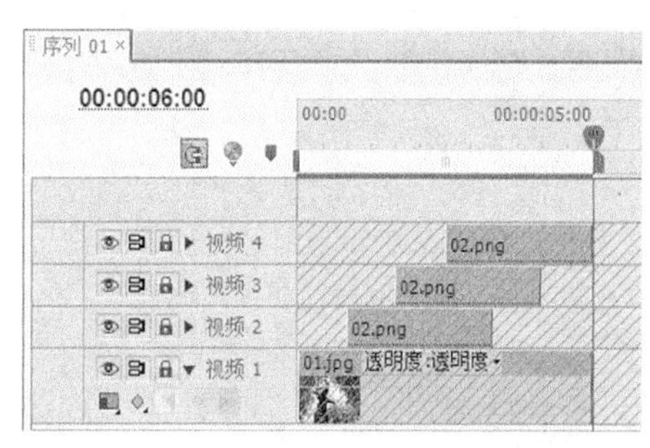

图 4-27

图 4-28

步骤 6　将时间标签放置在 6:00s 的位置，如图 4-29 所示。将鼠标指针移动到“视频 5”轨道“02.png”文件的结束位置，当鼠标指针呈◀状时，向前拖曳到 6:00s 的位置上，如图 4-30 所示。

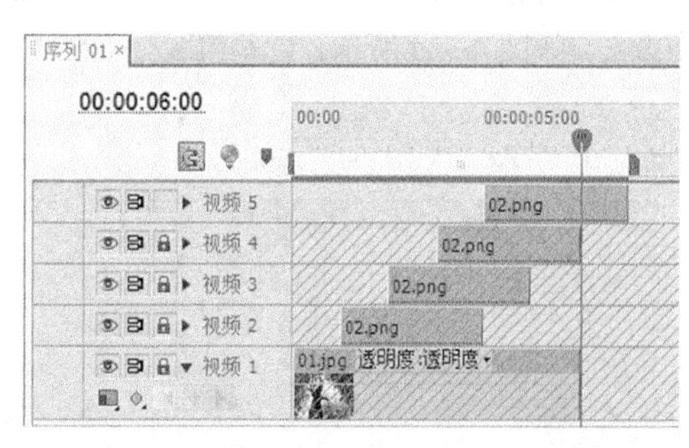

图 4-29

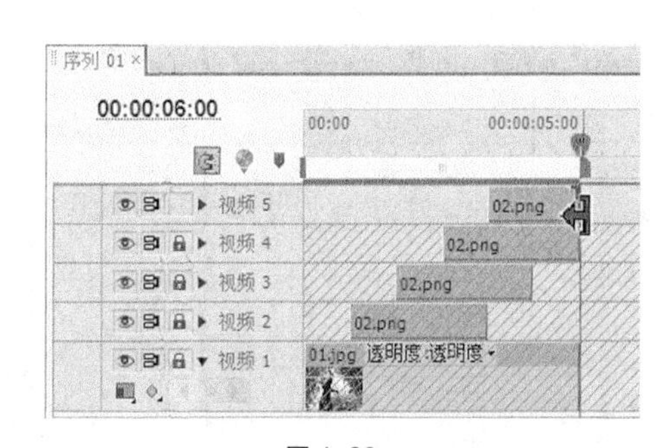

图 4-30

步骤 7　在“效果”面板中展开“视频特效”选项，单击“扭曲”文件夹前面的三角形按钮▶将其展开，选中“边角固定”特效，如图 4-31 所示。将“边角固定”特效拖曳到“时间线”面板“视频 5”轨道的“02.png”文件上，如图 4-32 所示。

步骤 8　将时间标签放置在 4:00s 的位置，在“特效控制台”面板中展开“边角固定”选项并进行参数设置，如图 4-33 所示。分别单击“左上”“右上”“左下”和“右下”选项左侧的“切换动画”按钮⏱，如图 4-34 所示，记录第 1 个动画关键帧。

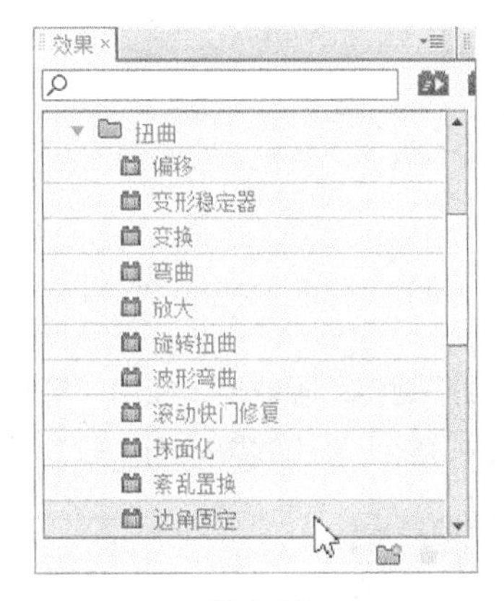

图 4-31

图 4-32

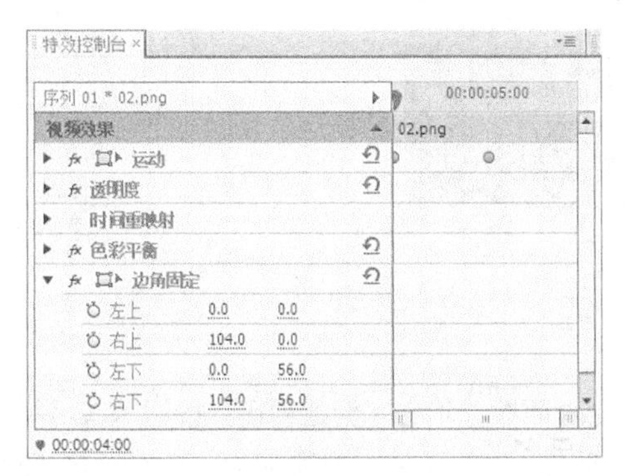

图 4-33

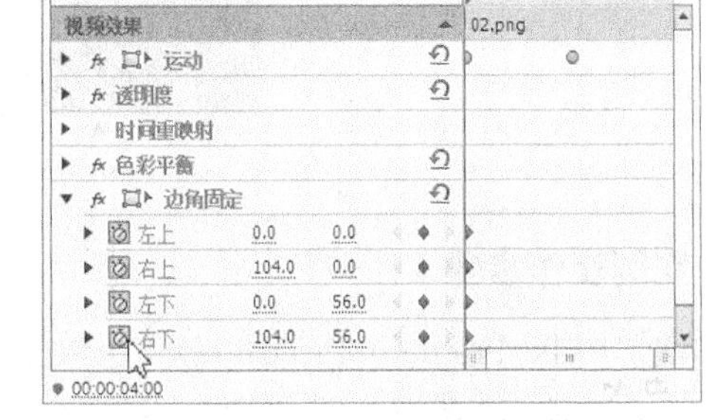

图 4-34

步骤 9　将时间标签放置在 5:00s 的位置，在“特效控制台”面板中，将“左上”选项设置为-40 和 12，“右上”选项设置为 121 和 8，“左下”选项设置为-50 和 53，“右下”选项设置为 54 和 79，如图 4-35 所示，记录第 2 个动画关键帧。至此飘落的树叶制作完成，效果如图 4-36 所示。

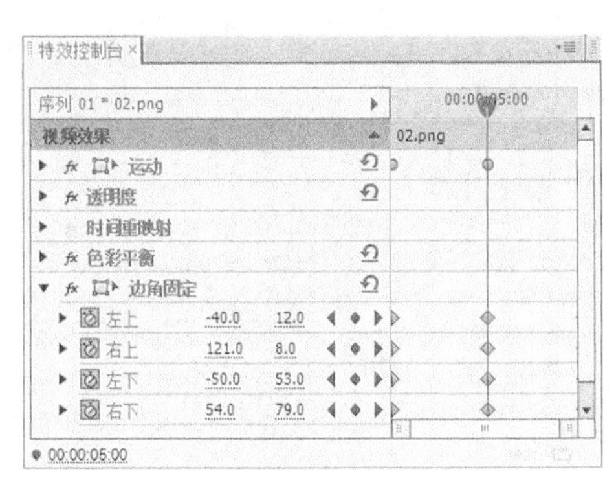

图 4-35

图 4-36

任务二　综合实训项目

4.2.1　制作日出日落纪录片

【案例知识要点】

使用“特效控制台”面板编辑视频的缩放比例和透明度并制作动画效果，使用“擦除”特效为视频添加切换效果，使用“字幕”命令添加图形和字幕。日出日落纪录片效果如图 4-37 所示。

图 4-37

微课：制作日出日落纪录片

【案例操作步骤】

步骤 1　启动 Premiere Pro CS6 软件，弹出启动对话框，单击“新建项目”按钮，弹出“新建项目”对话框，设置“位置”选项，选择保存文件路径，在“名称”文本框中输入文件名“制作日出日落纪录片”，如图 4-38 所示。单击“确定”按钮，弹出“新建序列”对话框，相关设置如图 4-39 所示，单击“确定”按钮，完成序列的创建。

步骤 2　选择“文件 > 导入”命令，弹出“导入”对话框，选择云盘中的“项目四\制作日出日落纪录片\素材”中的所有素材文件，单击“打开”按钮，导入视频文件，如图 4-40 所示。导入后的文件排列在“项目”面板中，如图 4-41 所示。

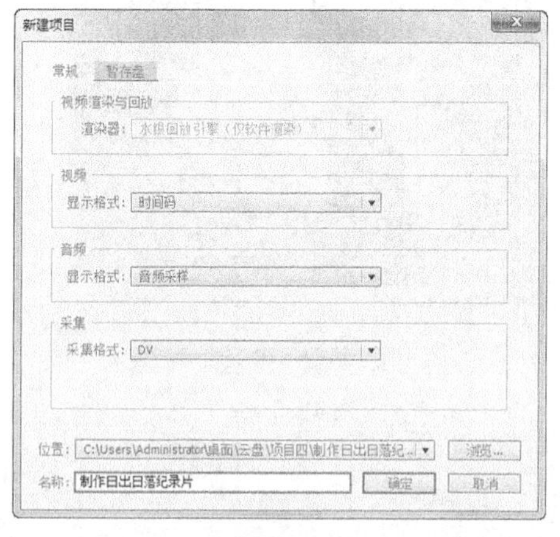

图 4-38

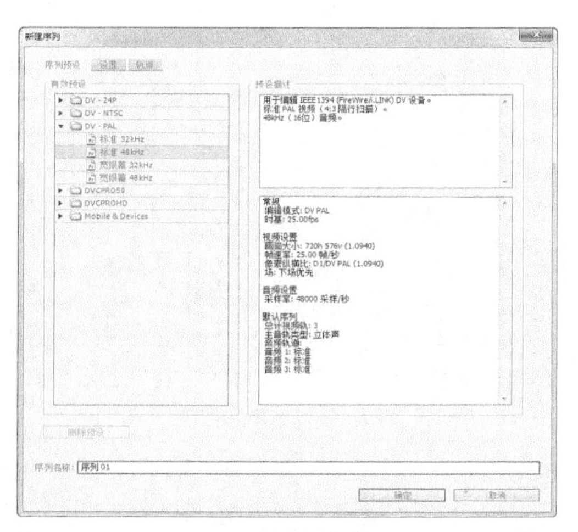

图 4-39

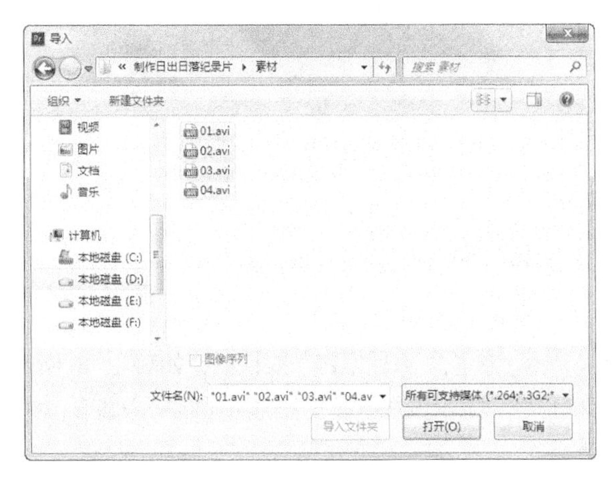

图 4-40

图 4-41

步骤 3　在“项目”面板中选中“01.avi”~“04.avi”文件并将其拖曳到“时间线”面板的“视频 1”轨道中，如图 4-42 所示。

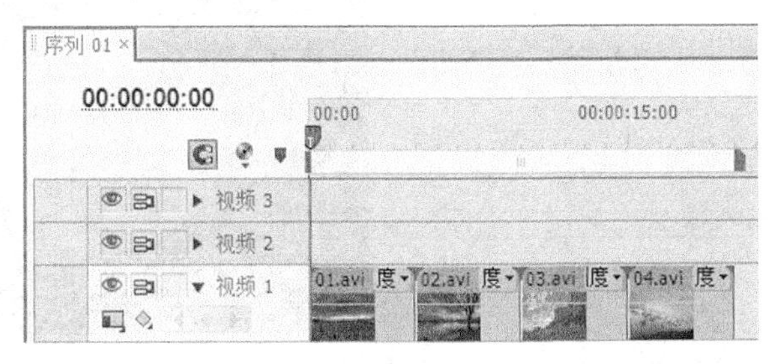

图 4-42

步骤 4　选择“窗口 > 工作区 > 效果”命令，弹出“效果”面板，展开“视频切换”选项，单击“擦除”文件夹前面的三角形按钮 将其展开，选中“随机擦除”特效，如图 4-43 所示。将“随机擦除”特效拖曳到“时间线”面板的“01.avi”文件的开始位置和“02.avi”文件的结束位置，如图 4-44 所示。使用相同的方法制作其他视频切换效果，如图 4-45 所示。

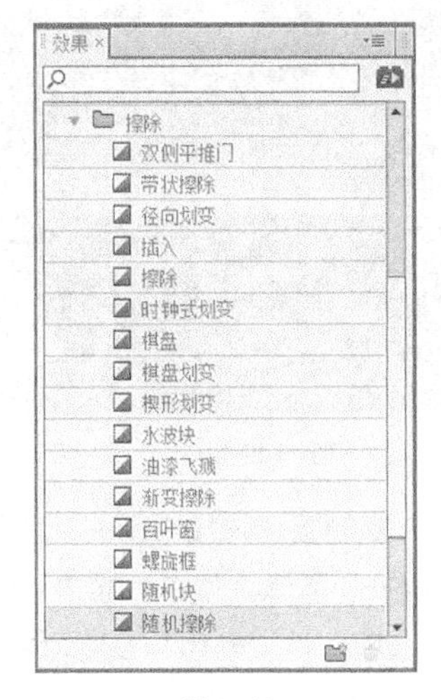

图 4-43

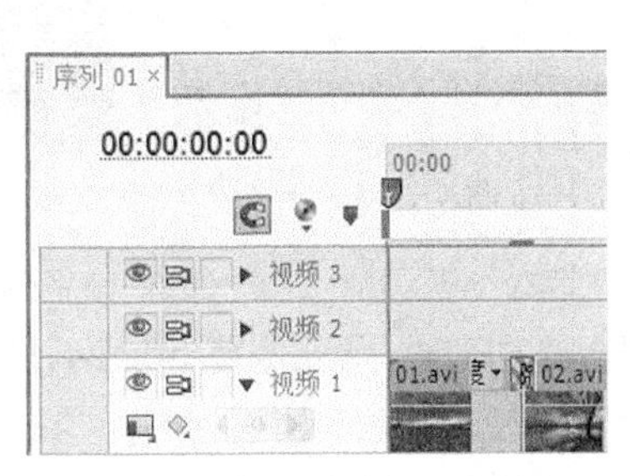

图 4-44

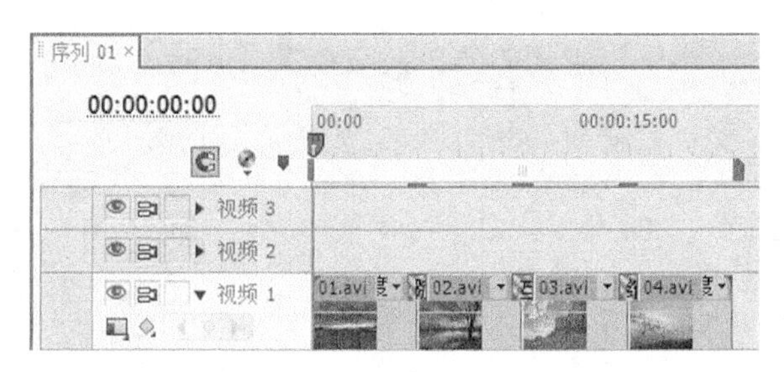

图 4-45

步骤 5　选择“文件 > 新建 > 字幕”命令，弹出“新建字幕”对话框，如图 4-46 所示，单击“确定”按钮，弹出字幕编辑面板，选择“椭圆形”工具，在字幕工作区中绘制一个圆形，如图 4-47 所示。

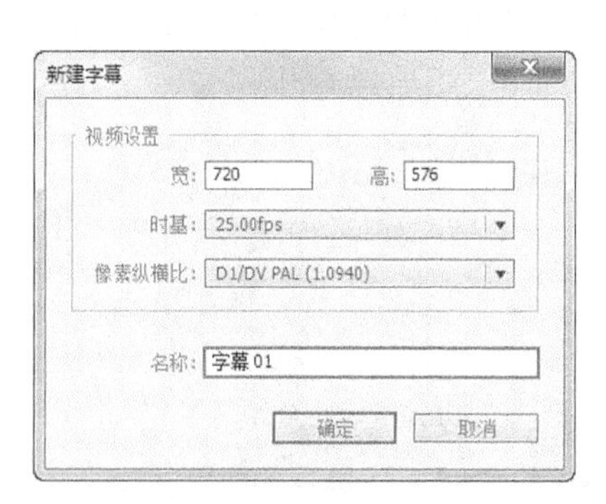

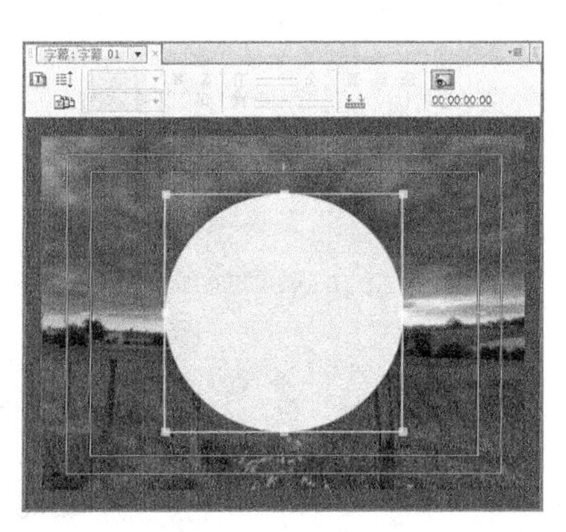

图 4-46　　图 4-47

步骤 6　在“字幕属性”子面板中展开“描边”选项，单击“外侧边”右侧的“添加”按钮，将“颜色”选项设置为白色，其他选项的设置如图 4-48 所示。字幕工作区中的效果如图 4-49 所示。

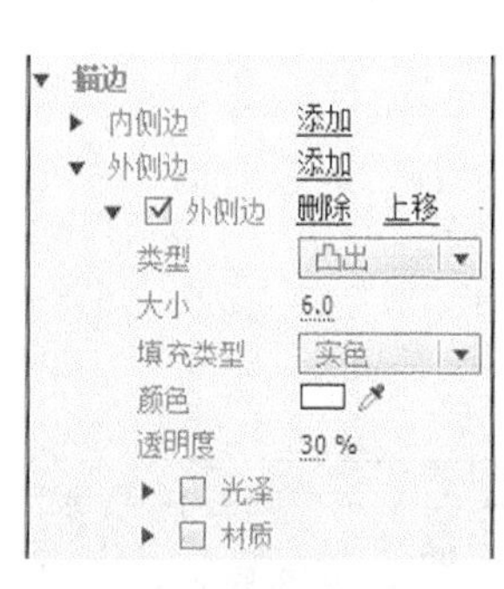

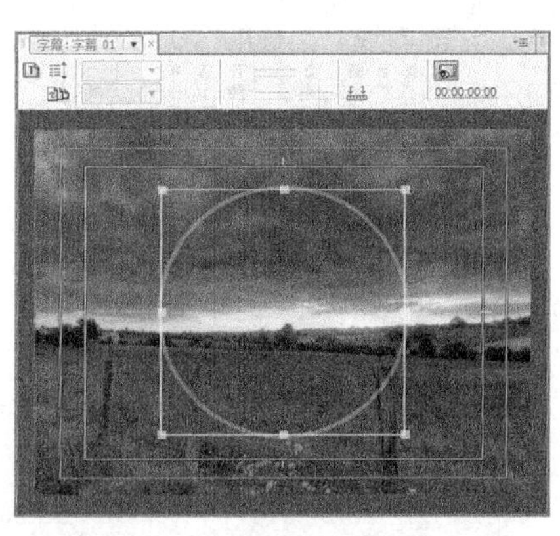

图 4-48　　图 4-49

步骤 7　选择“选择”工具，按 Ctrl+C 组合键，复制圆形，按 Ctrl+V 组合键，粘贴圆形。按住 Alt+Shift 组合键的同时，等比例缩小圆形，如图 4-50 所示。展开“描边”选项，单击“外侧边”右侧的“删除”按钮，删除外侧边。展开“填充”选项，将“颜色”设置为白色，“透明度”选项设置为 30%。字幕工作区中的效果如图 4-51 所示。

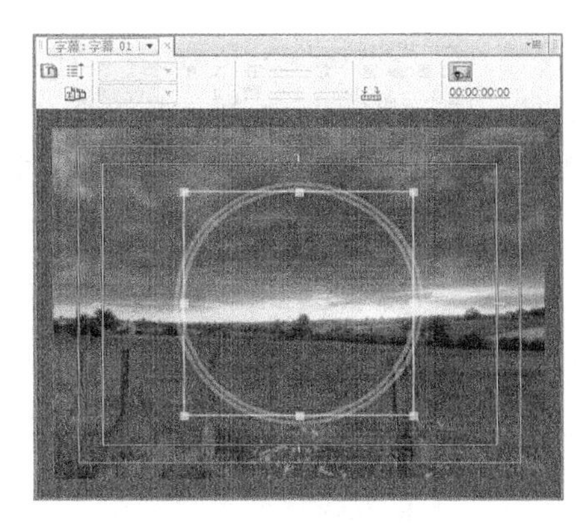

图 4-50

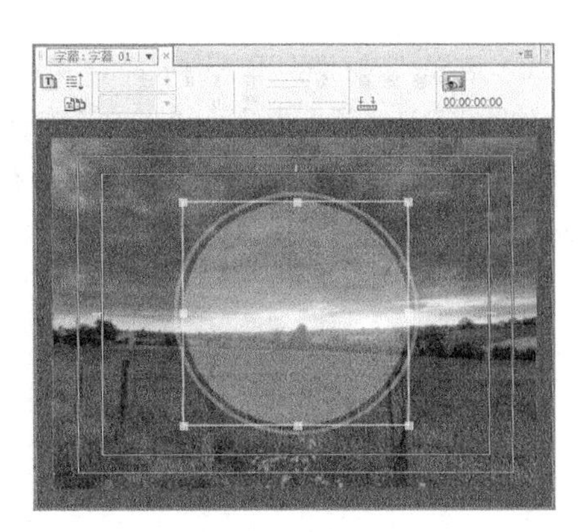

图 4-51

步骤 8 选择“输入”工具[T]，在字幕工作区中输入需要的文字。在“字幕属性”子面板中展开“属性”选项，相关设置如图 4-52 所示；展开“填充”选项，将“颜色”设置为棕红色（其 R、G、B 的值分别为 113、40、11）；展开“阴影”选项，将“颜色”设置为白色，其他选项的设置如图 4-53 所示。字幕工作区中的效果如图 4-54 所示。

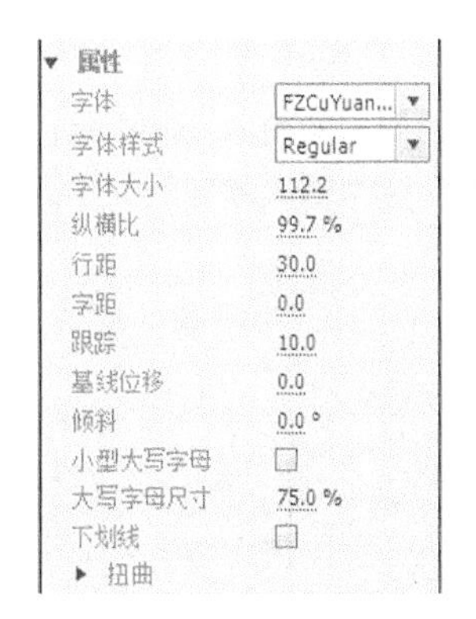

图 4-52

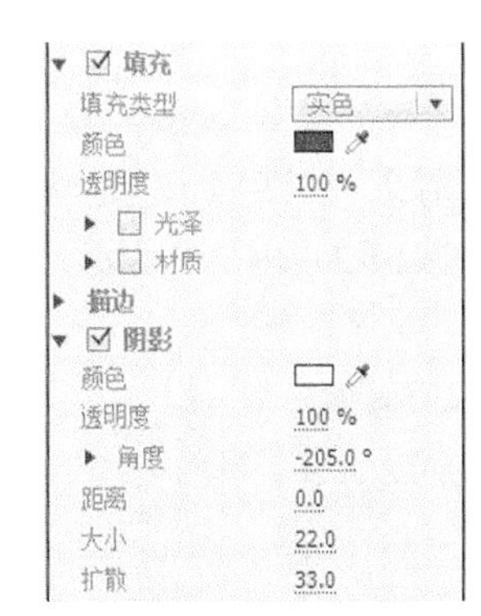

图 4-53

图 4-54

步骤 9 使用相同的方法输入中间的文字，效果如图 4-55 所示。关闭字幕编辑面板，新建的字幕文件会自动保存到“项目”面板中。在“项目”面板中选中“字幕 01”文件并将其拖曳到“时间线”面板的“视频 2”轨道中，如图 4-56 所示。

图 4-55

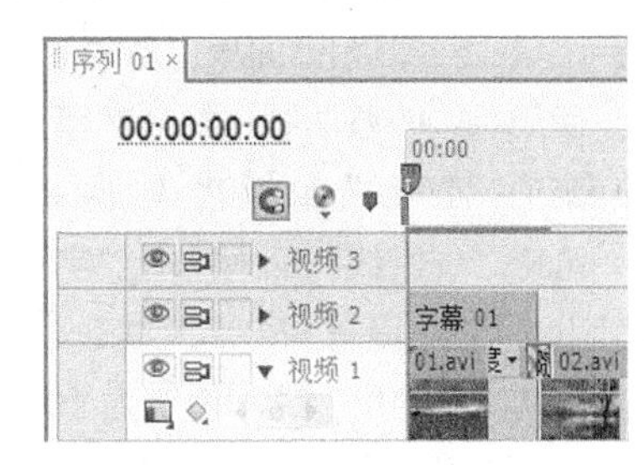

图 4-56

步骤 10　选择“时间线”面板中的“字幕 01”文件。在“特效控制台”面板中展开“运动”选项，将“缩放比例”选项设置为 70，并单击“缩放比例”选项左侧的“切换动画”按钮，如图 4-57 所示，记录第 1 个动画关键帧。将时间标签放置在 4:09s 的位置，将“缩放比例”选项设置为 100，如图 4-58 所示，记录第 2 个动画关键帧。

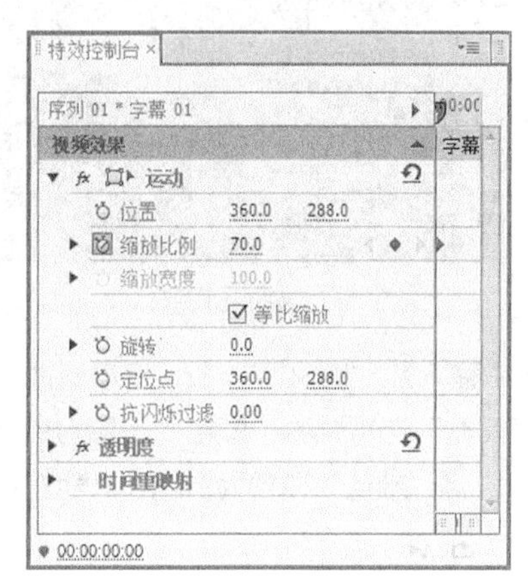

图 4-57

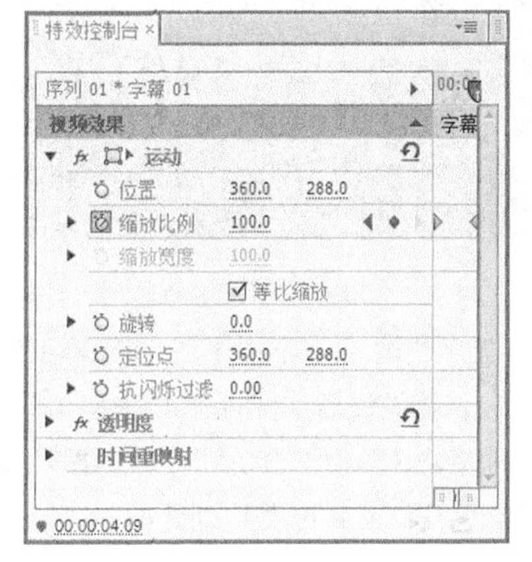

图 4-58

步骤 11　选择“文件 > 新建 > 字幕”命令，弹出“新建字幕”对话框，如图 4-59 所示，单击“确定”按钮，弹出字幕编辑面板，选择“输入”工具T，在字幕工作区中输入需要的文字。在“字幕属性”子面板中展开“属性”选项，相关设置如图 4-60 所示。

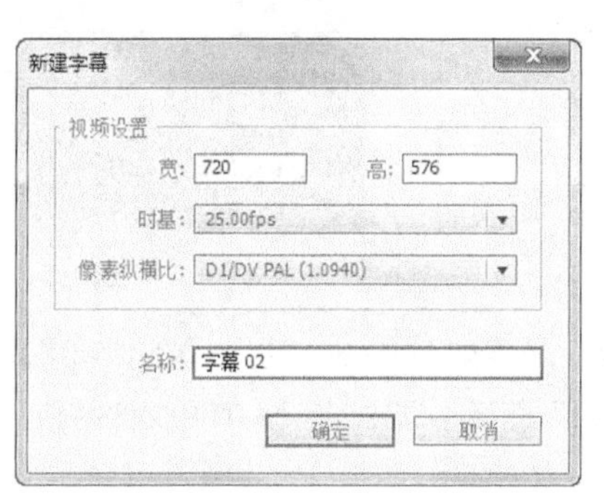

图 4-59

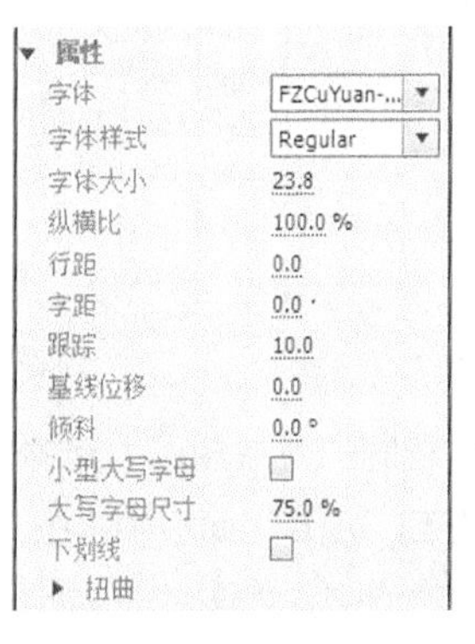

图 4-60

步骤 12　展开“填充”选项，将“颜色”设置为棕红色（其 R、G、B 的值分别为 113、40、11）。展开“阴影”选项，将“颜色”设置为白色，其他选项的设置如图 4-61 所示。字幕工作区中的效果如图 4-62 所示。关闭字幕编辑面板，新建的字幕文件会自动保存到“项目”面板中。

步骤 13　使用相同的方法制作其他字幕，如图 4-63 所示。在“项目”面板中选中“字幕 02”文件并将其拖曳到“时间线”面板的“视频 2”轨道中，如图 4-64 所示。

步骤 14　选择“时间线”面板中的“字幕 02”文件。在“特效控制台”面板中展开“透明度”选项，将“透明度”选项设置为 0%，如图 4-65 所示，记录第 1 个动画关键帧。将时间标签放置在 10:00s 的位置，将“透明度”选项设置为 100%，如图 4-66 所示，记录第 2 个动画关键帧。使用相同的方法添加其他字幕并制作动画关键帧，如图 4-67 所示。至此，日出日落纪录片制作完成。

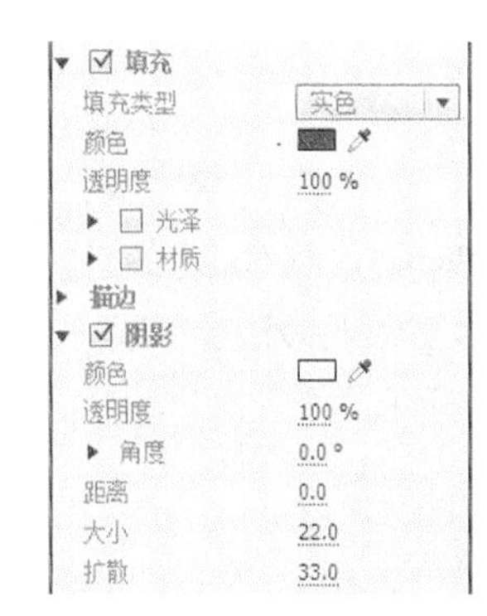

图 4-61

图 4-62

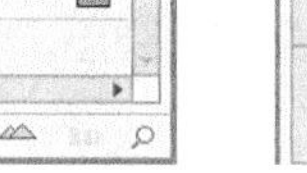

图 4-63

图 4-64

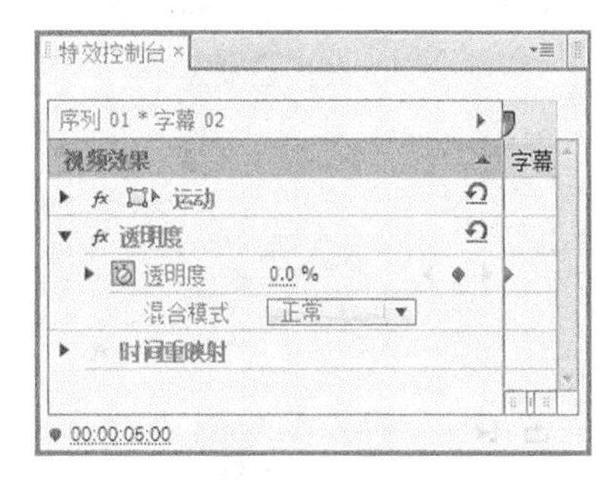

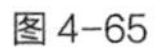

图 4-65

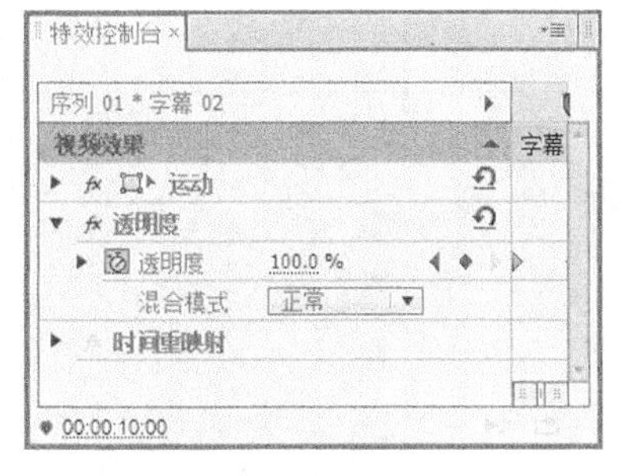

图 4-66

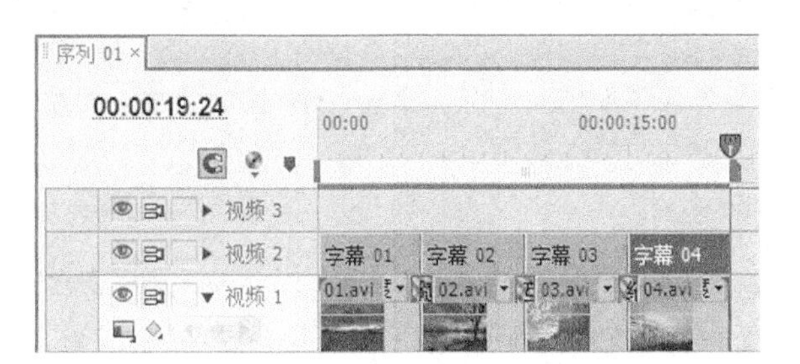

图 4-67

4.2.2 制作趣味玩具城纪录片

【案例知识要点】

使用“特效控制台”面板设置视频的缩放比例、旋转和透明度以制作动画效果，使用“剪辑 > 速度/持续时间”命令调整视频素材的持续时间，使用“视频切换”特效添加视频间的切换效果，使用“颜色键”特效抠出魔方。趣味玩具城纪录片效果如图 4-68 所示。

微课：制作趣味玩具城纪录片

图 4-68

【案例操作步骤】

步骤 1 启动 Premiere Pro CS6 软件，弹出启动对话框，单击“新建项目”按钮，弹出“新建项目”对话框，设置“位置”选项，选择保存文件路径，在“名称”文本框中输入文件名“制作趣味玩具城纪录片”，如图 4-69 所示。单击“确定”按钮，弹出“新建序列”对话框，相关设置如图 4-70 所示，单击“确定”按钮，完成序列的创建。

图 4-69

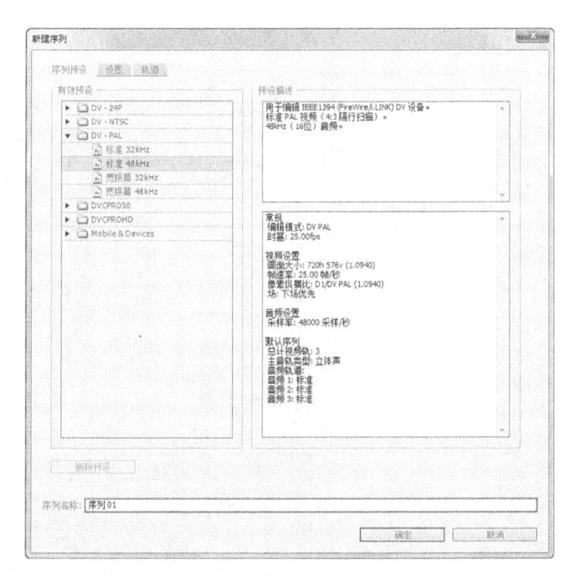

图 4-70

步骤 2 选择“文件 > 导入”命令，弹出“导入”对话框，选择云盘中的“项目四\制作趣味玩具城纪录片\素材”中的所有素材文件，单击“打开”按钮，导入视频文件，如图 4-71 所示。导入后的文件排列在“项目”面板中，如图 4-72 所示。

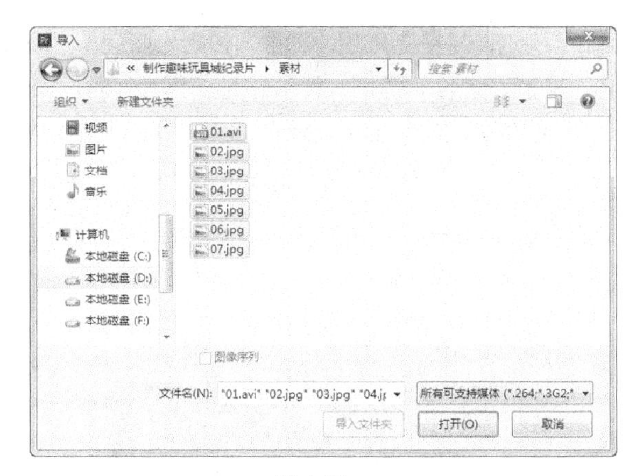

图 4-71

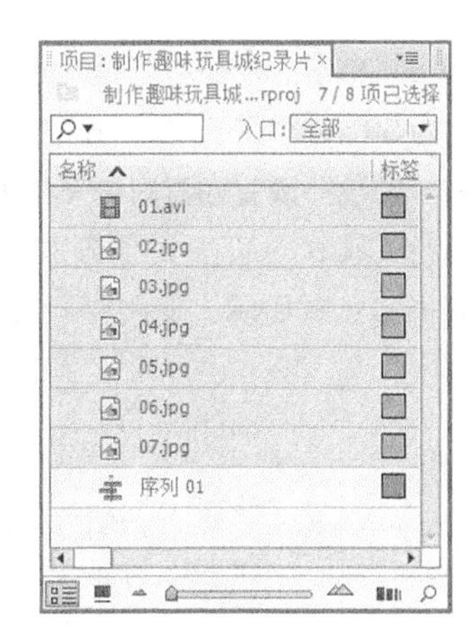

图 4-72

步骤 3　在“项目”面板中选中“01.avi”文件并将其拖曳到“时间线”面板的“视频 1”轨道中，如图 4-73 所示。选择“文件 > 新建 > 字幕”命令，弹出“新建字幕”对话框，如图 4-74 所示，单击“确定”按钮，弹出字幕编辑面板，选择“输入”工具 T ，在字幕工作区中输入需要的文字。在“字幕属性”子面板中展开“属性”选项，相关设置如图 4-75 所示。

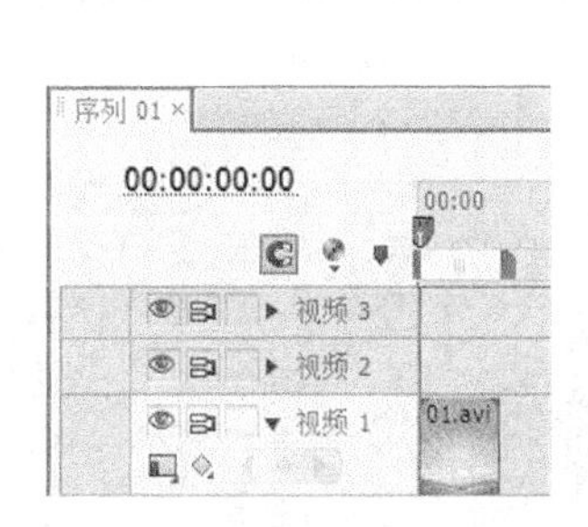

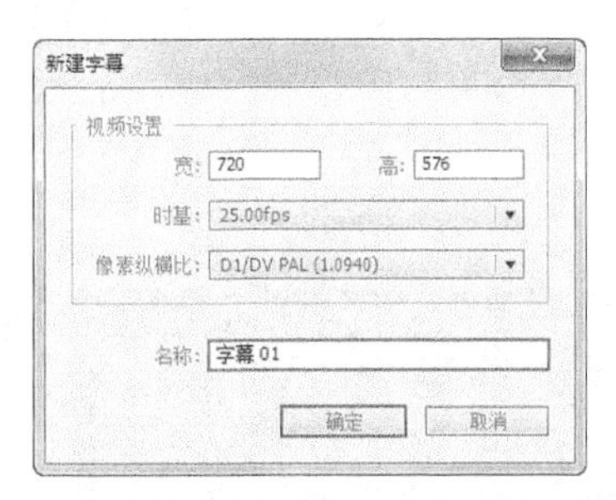

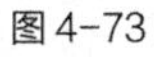

图 4-73　　图 4-74

步骤 4　展开“填充”选项，将“高光色”设置为绿色（其 R、G、B 的值分别为 61、161、0），“阴影色”设置为暗绿色（其 R、G、B 的值分别为 13、69、0），勾选“光泽”复选框，将“颜色”设置为黄色（其 R、G、B 的值分别为 113、40、11），其他选项的设置如图 4-76 所示。

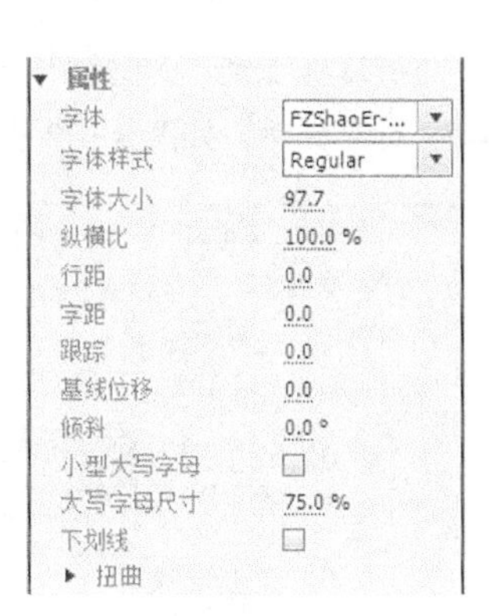

图 4-75

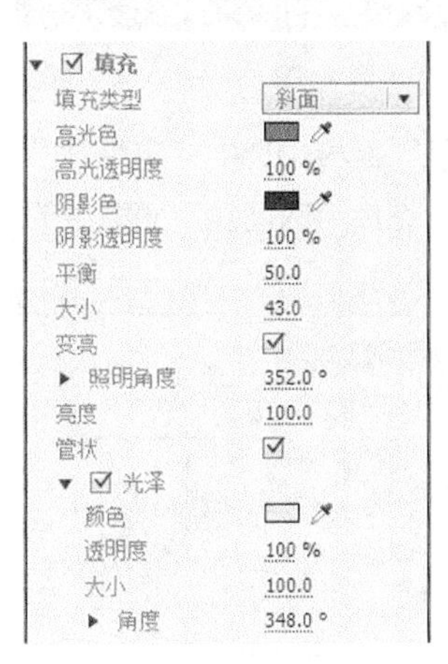

图 4-76

步骤 5　单击“外侧边”右侧的“添加”按钮，将左上角的“颜色”设置为蓝色（其 R、G、B 的值分别为 59、2、165），左下角的“颜色”设置为紫色（其 R、G、B 的值分别为 156、128、239），右上角的“颜色”设置为青白色（其 R、G、B 的值分别为 237、242、244），右下角的“颜色”设置为蓝黑色（其 R、G、B 的值分别为 2、4、98），其他选项的设置如图 4-77 所示。字幕工作区中的效果如图 4-78 所示。使用相同的方法制作下方的文字和字幕 02，效果如图 4-79 和图 4-80 所示。

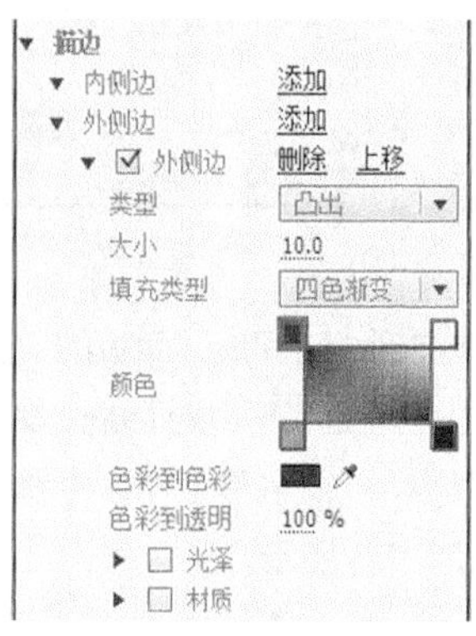

图 4-77

图 4-78

图 4-79

图 4-80

步骤 6　在“项目”面板中选中“字幕 01”文件并将其拖曳到“时间线”面板的“视频 2”轨道中，如图 4-81 所示。选择“时间线”面板中的“字幕 01”文件，如图 4-82 所示。

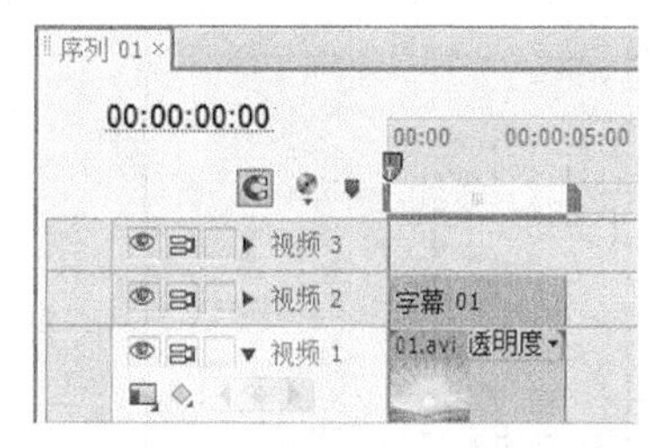

图 4-81

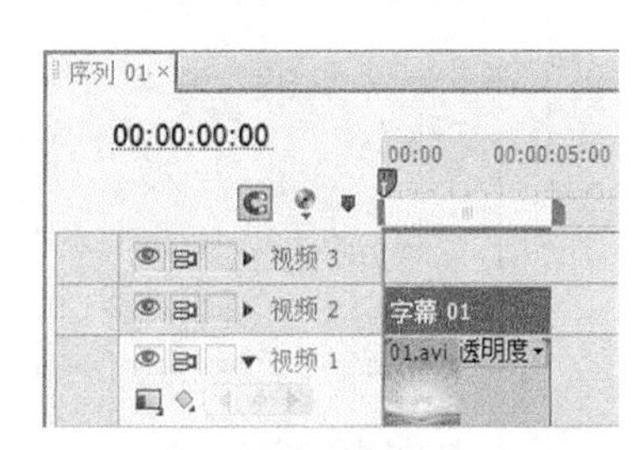

图 4-82

步骤 7　在“特效控制台”面板中展开“运动”选项，将“缩放比例”选项设置为 0，并单击“缩放比例”选项左侧的“切换动画”按钮，如图 4-83 所示，记录第 1 个动画关键帧。将时间标签放置在 3:19s 的位置，将“缩放比例”选项设置为 100，如图 4-84 所示，记录第 2 个动画关键帧。

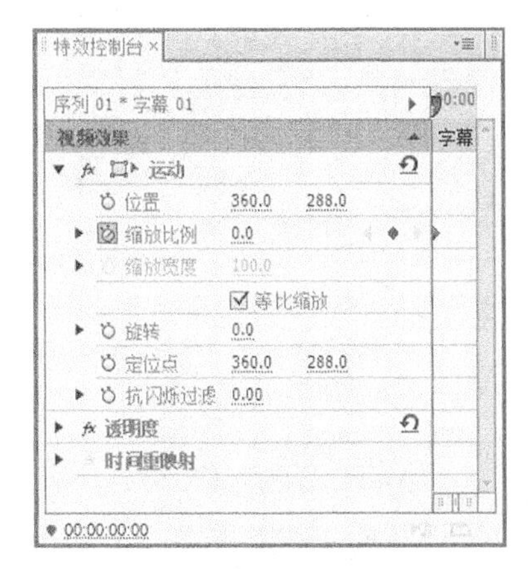

图 4-83

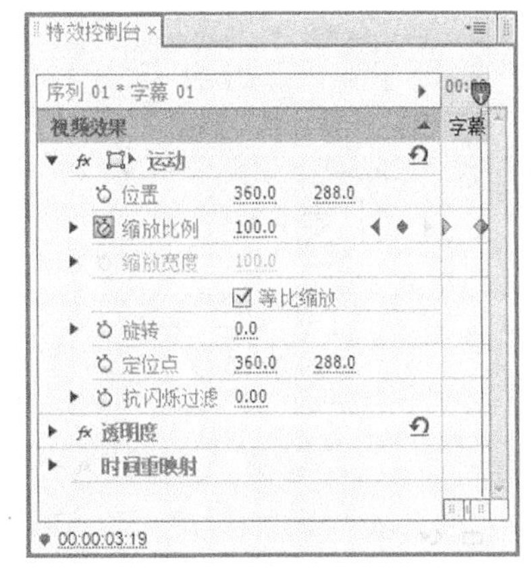

图 4-84

步骤 8　在“项目”面板中选中“02.jpg”文件并将其拖曳到“时间线”面板的“视频 1”轨道中，如图 4-85 所示。选择“时间线”面板中的“02.jpg”文件，在“特效控制台”面板中展开“运动”选项，将“缩放比例”选项设置为 36，如图 4-86 所示。

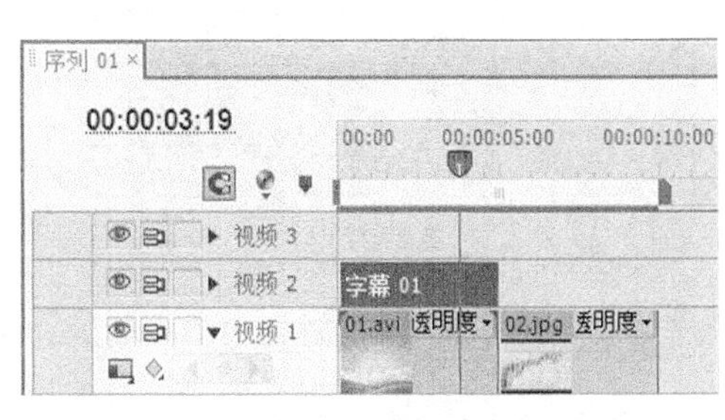

图 4-85

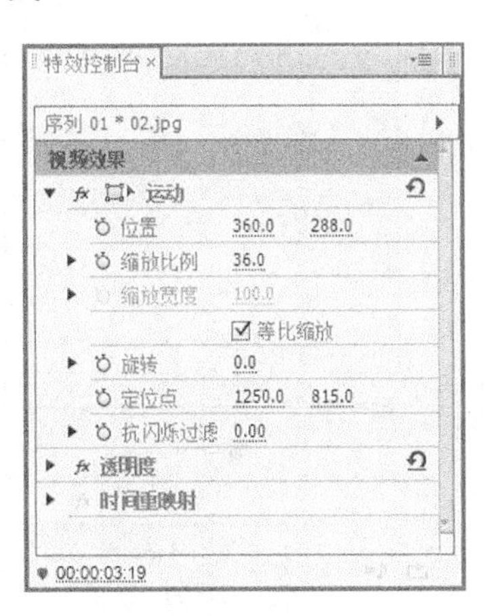

图 4-86

步骤 9　选择“剪辑 > 速度/持续时间”命令，弹出“素材速度/持续时间”对话框，相关设置如图 4-87 所示，单击“确定”按钮，效果如图 4-88 所示。使用相同的方法添加其他素材并调整其速度/持续时间，如图 4-89 所示。

步骤 10　选择“窗口 > 工作区 > 效果”命令，弹出“效果”面板，展开“视频切换”选项，单击“滑动”文件夹前面的三角形按钮 ▸ 将其展开，选中“中心合并”特效，如图 4-90 所示。将“中心合并”特效拖曳到“时间线”面板的“02.jpg”文件的结束位置和“03.jpg”文件的开始位置，如图 4-91 所示。使用相同的方法添加其他视频切换特效，如图 4-92 所示。

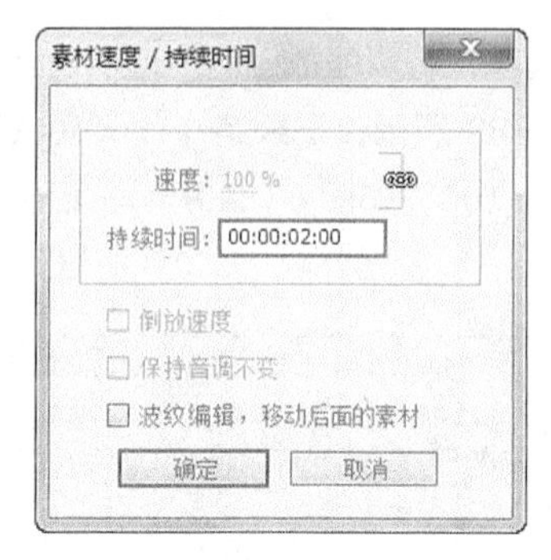

图 4-87

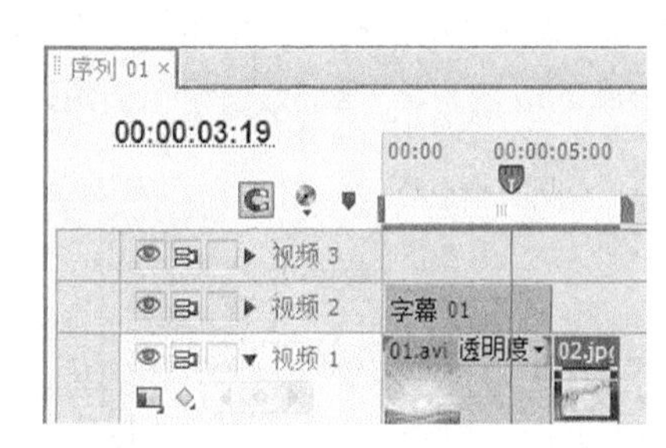

图 4-88

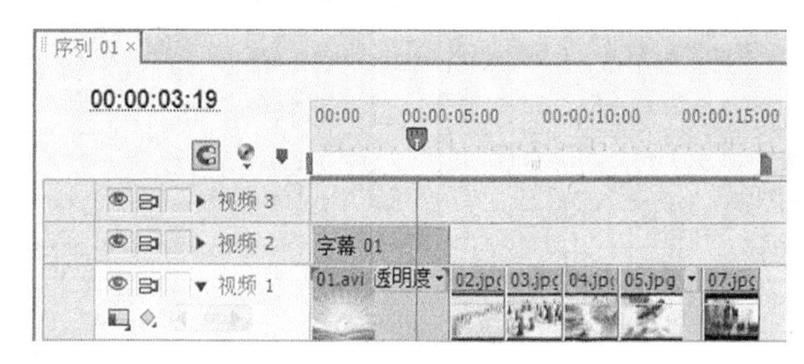

图 4-89

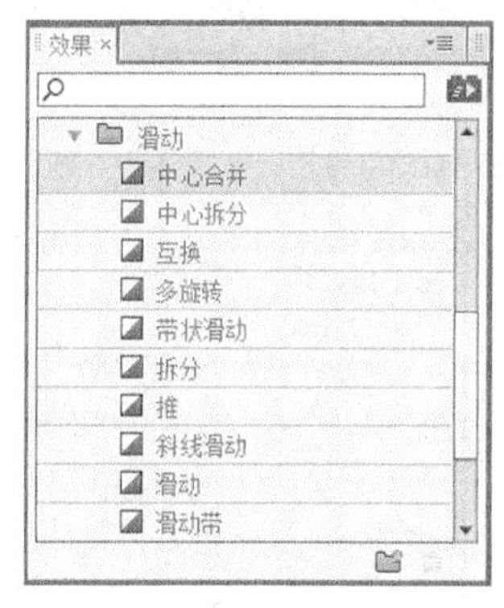

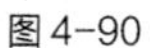
图 4-90

图 4-91

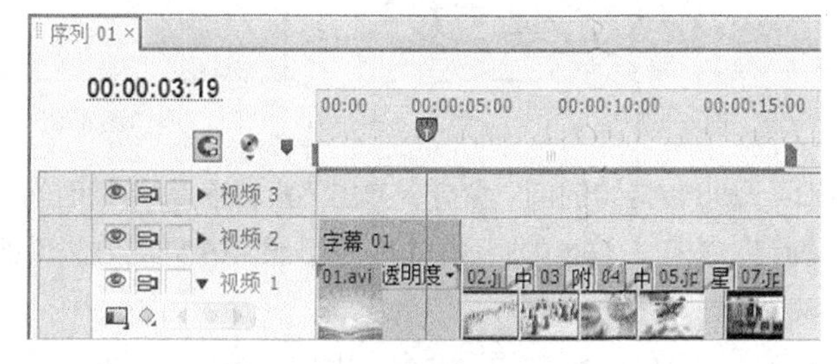

图 4-92

步骤 11　将时间标签放置在 11:12s 的位置。在“项目”面板中选中“06.jpg”文件并将其拖曳到“时间线”面板的“视频 2”轨道中，如图 4-93 所示。选择“剪辑 > 速度/持续时间”命令，弹出“素材速度/持续时间”对话框，相关设置如图 4-94 所示，单击“确定”按钮，效果如图 4-95 所示。

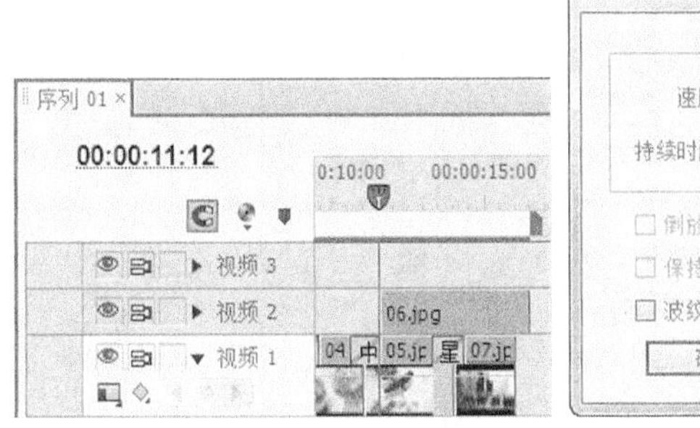

图 4-93

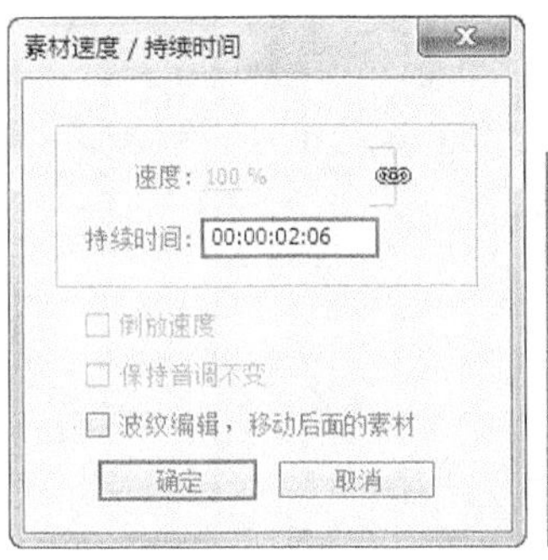

图 4-94

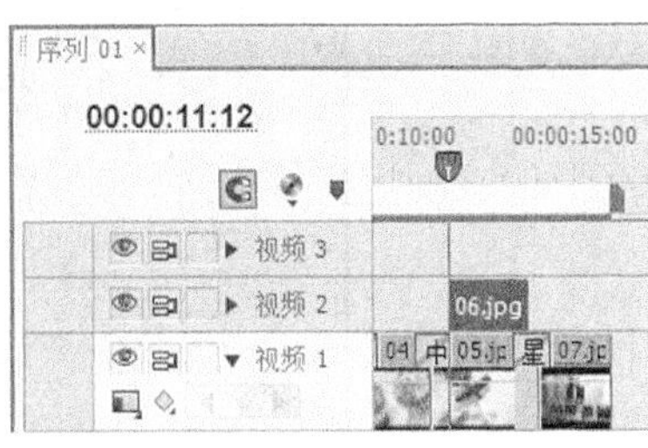

图 4-95

步骤 12　在“效果”面板中展开“视频特效”选项，单击“键控”文件夹前面的三角形按钮 ▶ 将其展开，选中“颜色键”特效，如图 4-96 所示。将“颜色键”特效拖曳到“时间线”面板的“06.jpg”文件上，在“特效控制台”面板中展开“颜色键”选项，单击“主要颜色”右侧的按钮，在图像的底图上单击，其他选项的设置如图 4-97 所示。

步骤 13　将时间标签放置在 11:13s 的位置，在“特效控制台”面板中展开“运动”选项，将“位置”选项设置为 571.9 和 450.6，“缩放比例”选项设置为 3.0，并单击“缩放比例”选项左侧的“切换动画”按钮，展开“透明度”选项，将“透明度”选项设置为 20.0%，如图 4-98 所示，记录第 1 个动画关键帧。

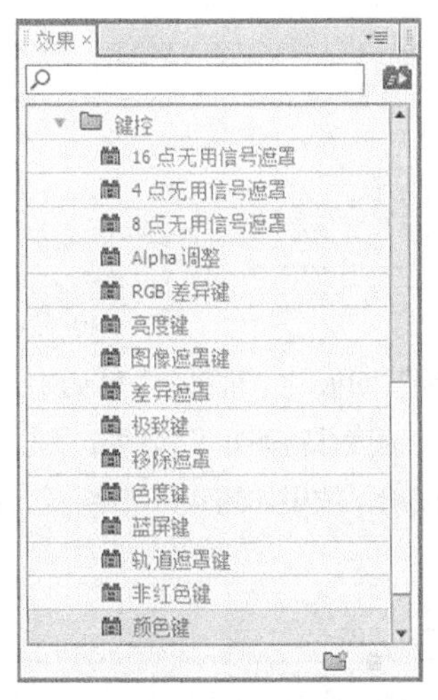

图 4-96

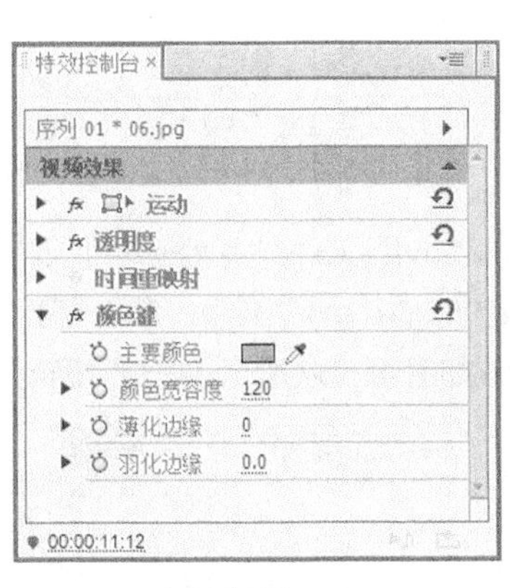

图 4-97

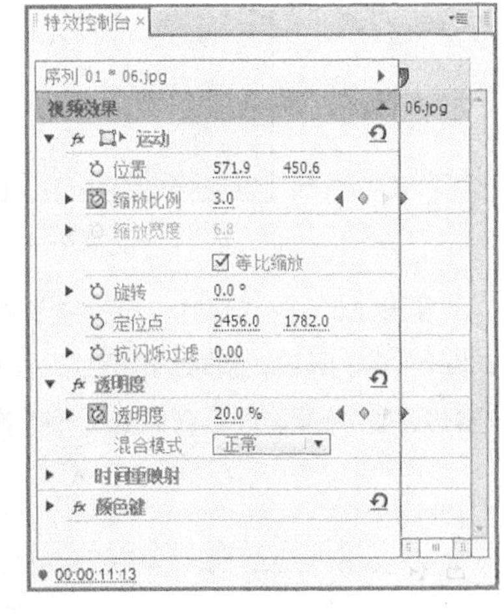

图 4-98

步骤 14　将时间标签放置在 12:02s 的位置，将“缩放比例”选项设置为 6.8，“透明度”选项设置为 100%，并单击“旋转”选项左侧的“切换动画”按钮，记录第 2 个动画关键帧，如图 4-99 所示。将时间标签放置在 12:06s 的位置，将“透明度”选项设置为 50%，并单击“旋转”选项右侧的“添加/移除关键帧”按钮，记录第 3 个动画关键帧，如图 4-100 所示。

步骤 15　将时间标签放置在 12:10s 的位置，将“旋转”选项设置为-15°，“透明度”选项设置为 100%，如图 4-101 所示，记录第 4 个动画关键帧。使用相同的方法添加其他关键帧，如图 4-102 所示。

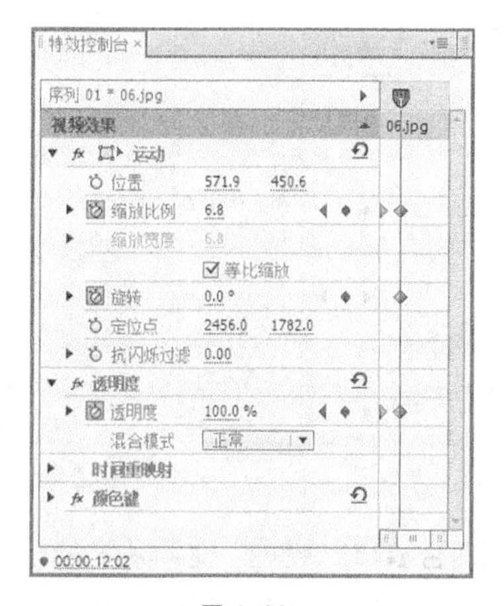

图 4-99

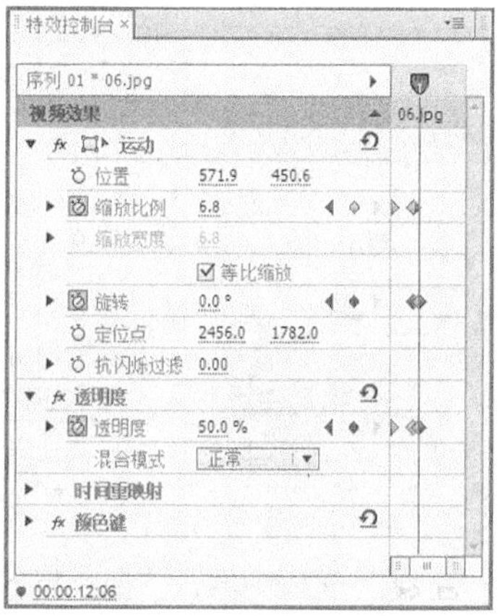

图 4-100

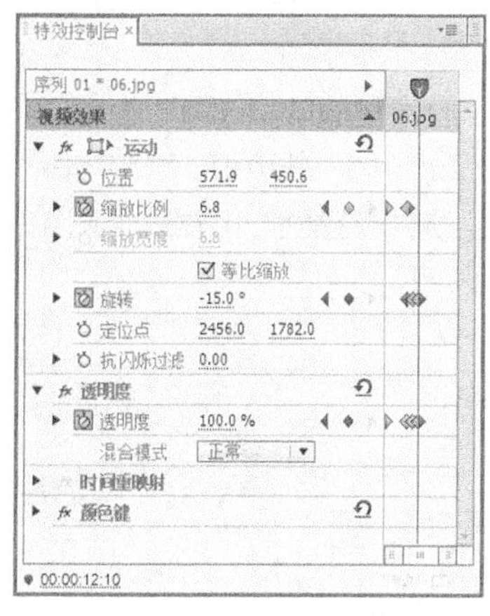

图 4-101

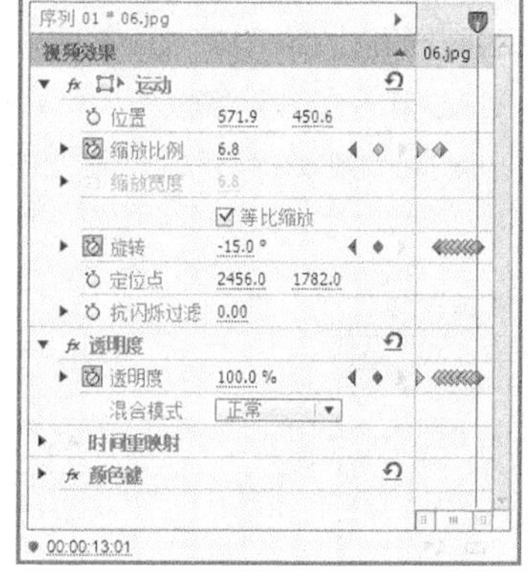

图 4-102

步骤 16　在“项目”面板中选中“01.avi”文件并将其拖曳到“时间线”面板的“视频 1”轨道中，如图 4-103 所示。选择“时间线”面板中的“01.avi”文件，选择“剪辑 > 速度/持续时间”命令，弹出“素材速度/持续时间”对话框，相关设置如图 4-104 所示，单击“确定”按钮，效果如图 4-105 所示。

图 4-103

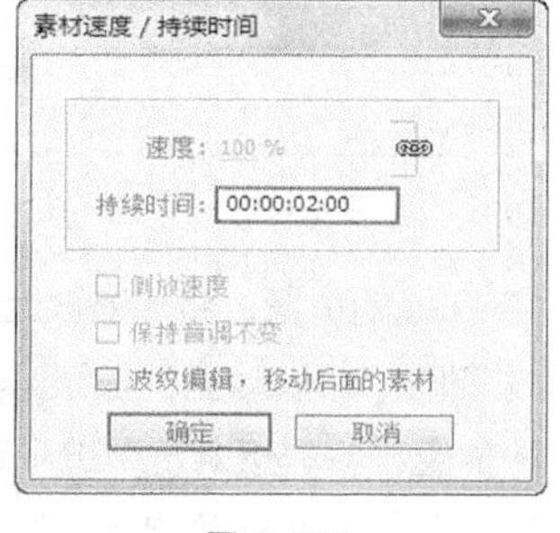

图 4-104

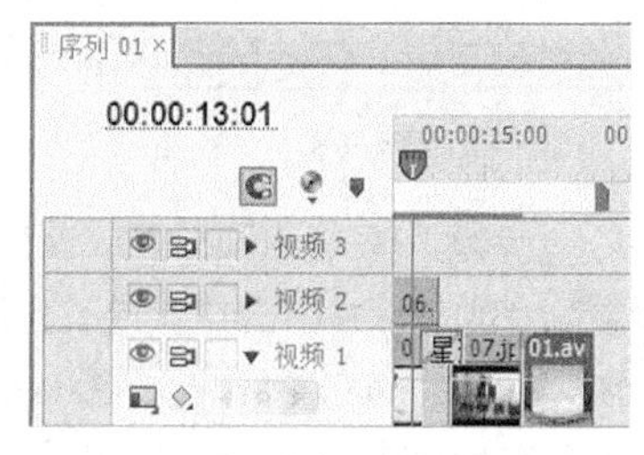

图 4-105

步骤 17　在“项目”面板中选中“字幕 02”文件并将其拖曳到“时间线”面板的“视频 2”轨道中，如图 4-106 所示。将鼠标指针移动到“字幕 02”文件的结束位置，当鼠标指针呈◀]状时，向前拖曳到与“01.avi”文件相同的结束位置上，如图 4-107 所示。

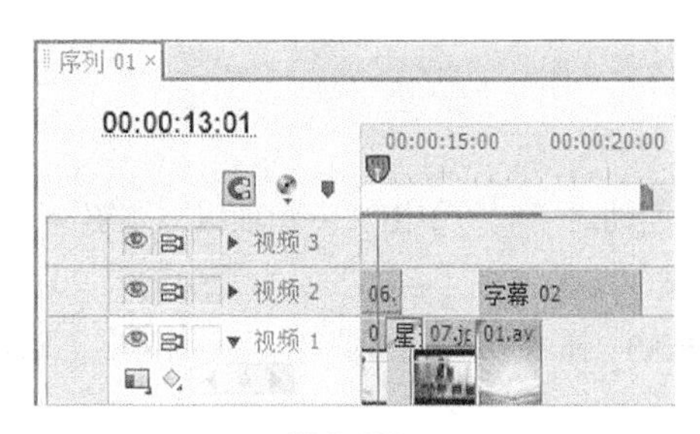

图 4-106

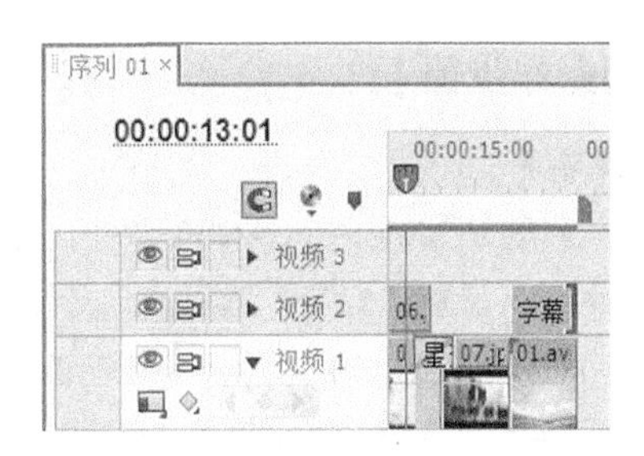

图 4-107

步骤 18　选择“时间线”面板中的“字幕 02”文件。将时间标签放置在 16:00s 的位置，在“特效控制台”面板中展开“运动”选项，将“缩放比例”选项设置为 0，并单击“缩放比例”选项左侧的“切换动画”按钮，如图 4-108 所示，记录第 1 个动画关键帧。将时间标签放置在 17:10s 的位置，将“缩放比例”选项设置为 100，如图 4-109 所示，记录第 2 个动画关键帧。至此，趣味玩具城纪录片制作完成。

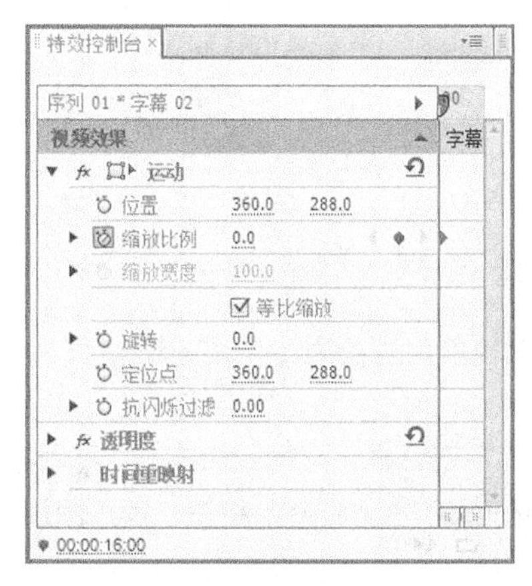

图 4-108

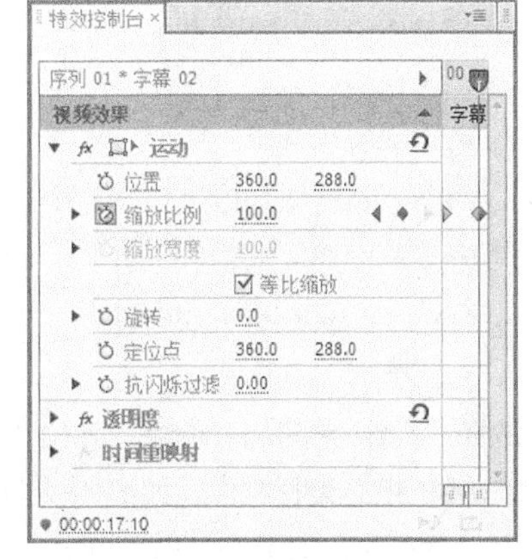

图 4-109

4.2.3　制作科技时代纪录片

【案例知识要点】

使用“字幕”命令添加并编辑文字，使用“特效控制台”面板设置视频的位置以制作动画效果，使用不同的转场特效制作视频之间的转场效果。科技时代纪录片效果如图 4-110 所示。

图 4-110

微课：制作科技时代纪录片

【案例操作步骤】

1. 创建字幕

步骤 1　启动 Premiere Pro CS6 软件，弹出启动对话框，单击“新建项目”按钮 ，弹出“新建项目”对话框，设置“位置”选项，选择保存文件路径，在“名称”文本框中输入文件名“制作科技时代纪录片”，如图 4-111 所示。单击“确定”按钮，弹出“新建序列”对话框，相关设置如图 4-112 所示，单击“确定”按钮，完成序列的创建。

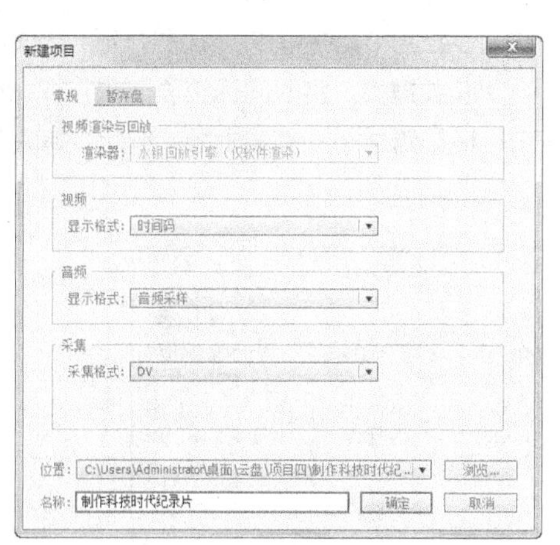

图 4-111

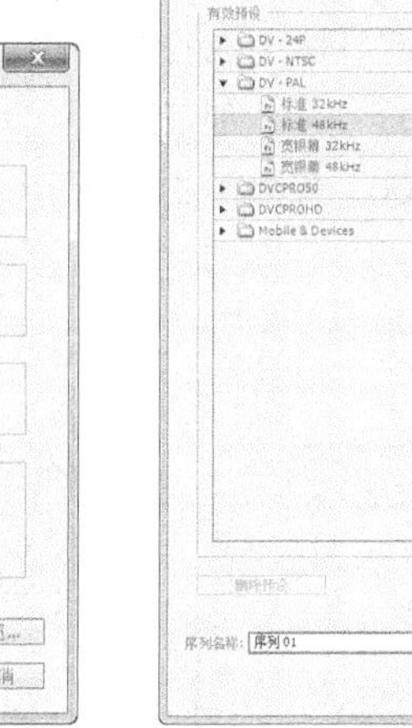

图 4-112

步骤 2　选择“文件 > 导入”命令，弹出“导入”对话框，选择云盘中的“项目四\制作科技时代纪录片\素材”中的所有素材文件，如图 4-113 所示，单击“打开”按钮，导入图片。导入后的文件排列在“项目”面板中，如图 4-114 所示。

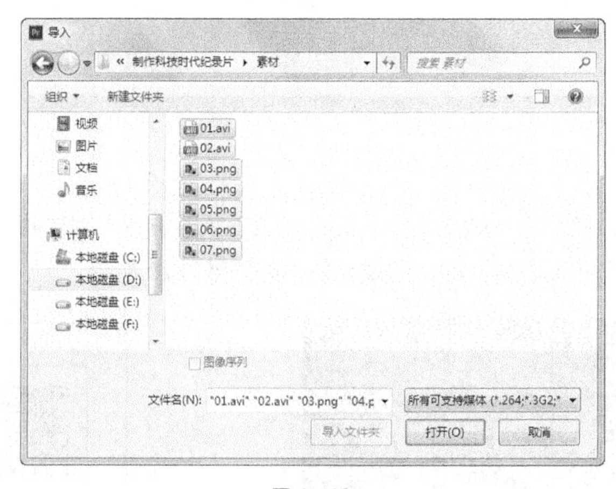

图 4-113

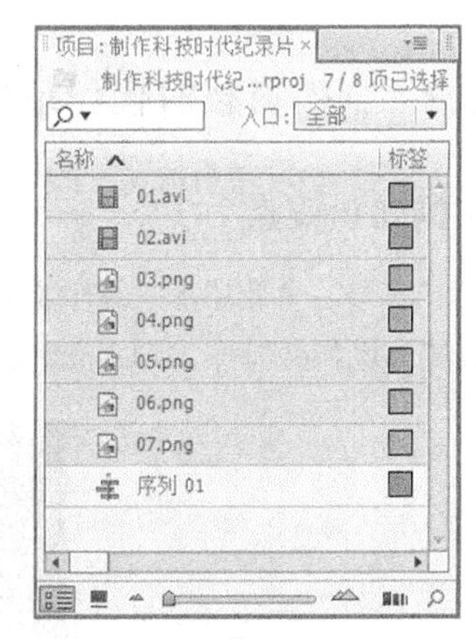

图 4-114

步骤 3　选择“文件 > 新建 > 字幕”命令，弹出“新建字幕”对话框，如图 4-115 所示，单击“确定”按钮，弹出字幕编辑面板，选择“输入”工具 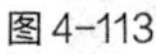，在字幕工作区中输入“科技时代”，在字幕编辑面板的工具栏中，展开“填充”选项，将“填充类型”设置为“线性渐变”，“颜色”设置为

从白色到蓝色（其 R、G、B 的值为 0、77、255）过渡，其他选项的设置如图 4-116 所示，效果如图 4-117 所示。使用相同的方法输入其他文字，效果如图 4-118 所示。

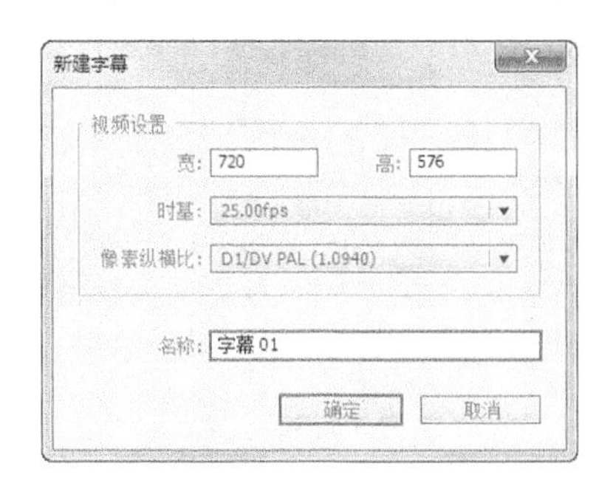

图 4-115

图 4-116

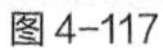

图 4-117

图 4-118

步骤 4　选择“文件 > 新建 > 字幕”命令，弹出“新建字幕”对话框，如图 4-119 所示，单击“确定”按钮，弹出字幕编辑面板，选择“输入”工具T，在字幕工作区中输入“科技的本质是：发现或发明事物之间的联系。”，相关设置如图 4-120 所示。

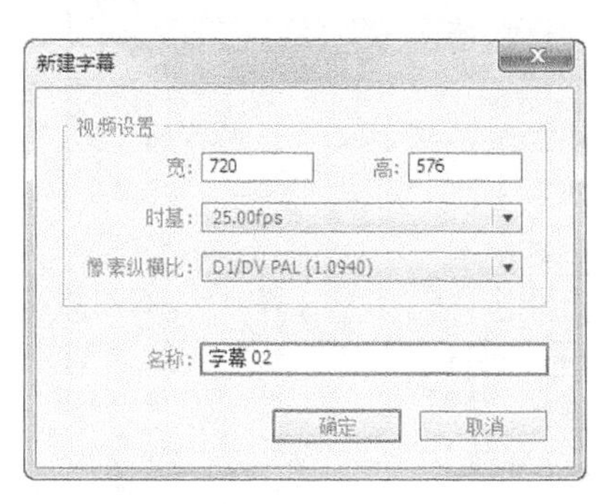

图 4-119

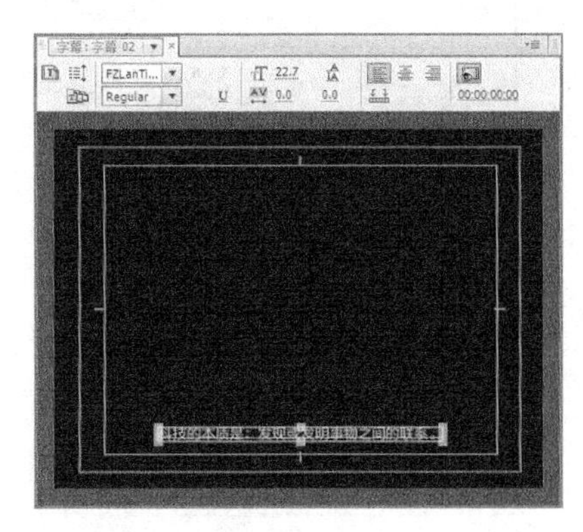

图 4-120

2. 制作场景动画

步骤 1　在“项目”面板中选中“01.avi”文件并将其拖曳到“时间线”面板的“视频 1”轨道中，如图 4-121 所示。将时间标签放置在 3:00s 的位置，将鼠标指针移动到“01.avi”文件的结束位置，当鼠标指针呈状时，向前拖曳到 3:00s 的位置上，如图 4-122 所示。

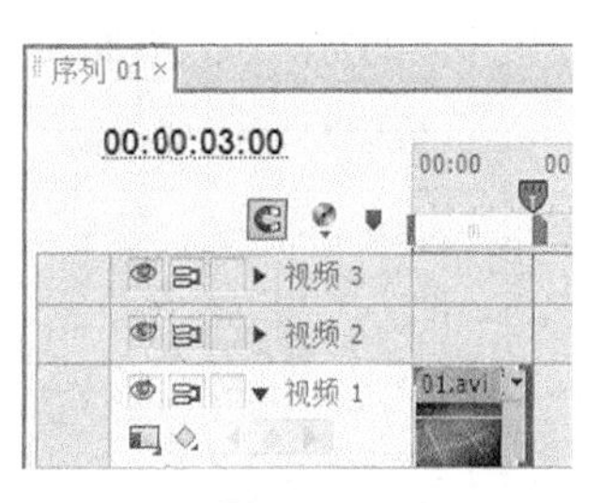

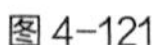
图 4-121　　图 4-122

步骤 2　将时间标签放置在 1:00s 的位置上，在“项目”面板中选中“字幕 01”文件并将其拖曳到“时间线”面板的“视频 2”轨道中，如图 4-123 所示。将鼠标指针移动到“字幕 01”文件的结束位置，当鼠标指针呈状时，向前拖曳到“01.avi”文件的结束位置上，如图 4-124 所示。

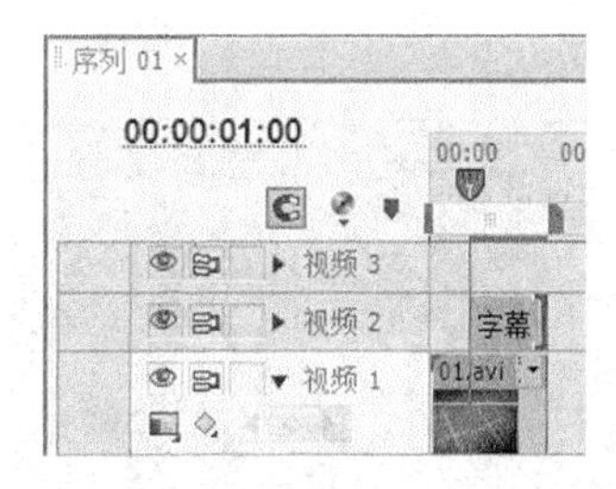

图 4-123　　图 4-124

步骤 3　选择“时间线”面板中的“字幕 01”文件。选择“窗口 > 特效控制台”命令，弹出“特效控制台”面板，展开“运动”选项，将“缩放比例”选项设置为 20，单击“缩放”选项左侧的“切换动画”按钮，如图 4-125 所示，记录第 1 个动画关键帧。将时间标签放置在 2:12s 的位置，在“特效控制台”面板中，将“缩放比例”选项设置为 100，如图 4-126 所示，记录第 2 个动画关键帧。

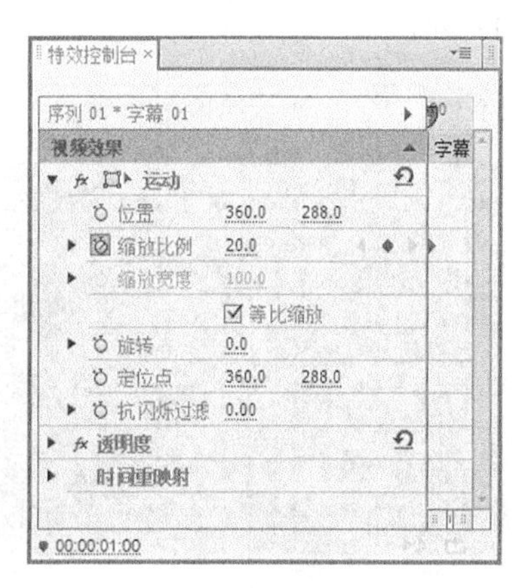

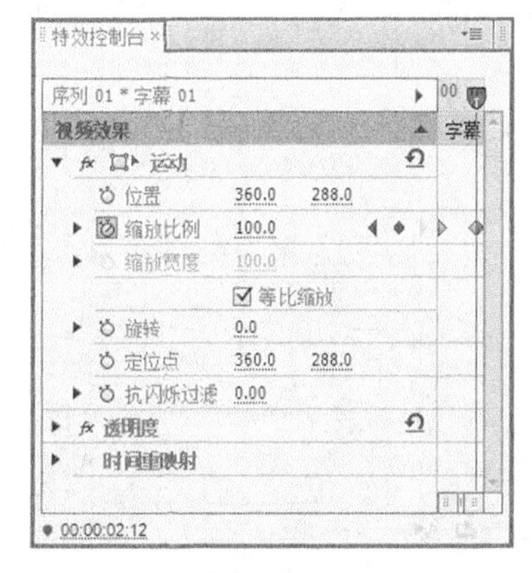

图 4-125　　图 4-126

步骤 4　在“项目”面板中选中“02.avi”文件并将其拖曳到“时间线”面板的“视频 1”轨道中，如图 4-127 所示。在“项目”面板中选中“03.png”文件并将其拖曳到“时间线”面板的“视频 2”轨道中，如图 4-128 所示。

图 4-127

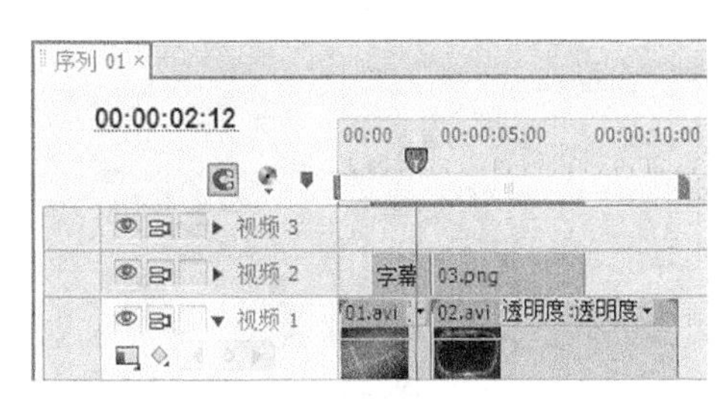

图 4-128

步骤 5　将时间标签放置在 7:15s 的位置，将鼠标指针移动到“03.png”文件的结束位置，当鼠标指针呈◀状时，向前拖曳到 7:15s 的位置上，如图 4-129 所示。在“时间线”面板中选中“视频 2”轨道中的“03.png”文件，如图 4-130 所示。

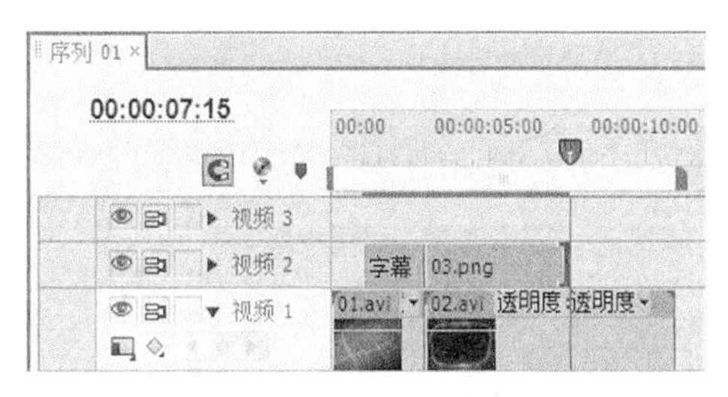

图 4-129

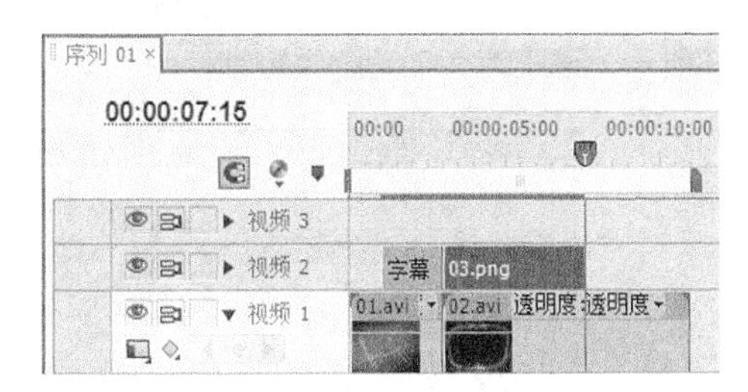

图 4-130

步骤 6　将时间标签放置在 3:14s 的位置，在“特效控制台”面板中展开“运动”选项，将“位置”选项设置为-114.4 和 296.7，“缩放比例”选项设置为 120，“定位点”选项设置为 74.2 和 112.6，单击“位置”选项左侧的“切换动画”按钮⏱，如图 4-131 所示，记录第 1 个动画关键帧。将时间标签放置在 4:10s 的位置，在“特效控制台”面板中，将“位置”选项设置为 156.7 和 298.6，如图 4-132 所示，记录第 2 个动画关键帧。

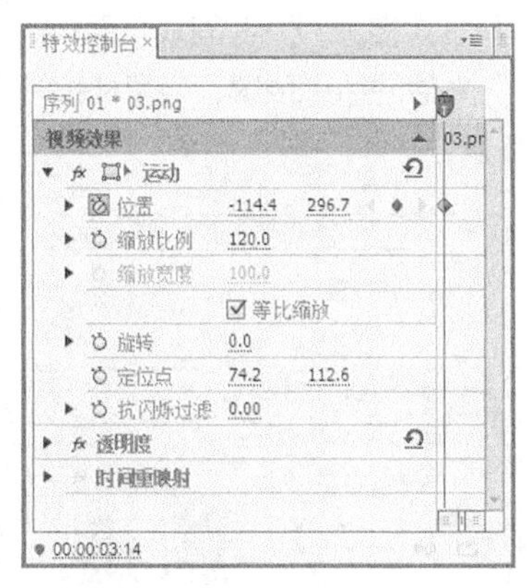

图 4-131

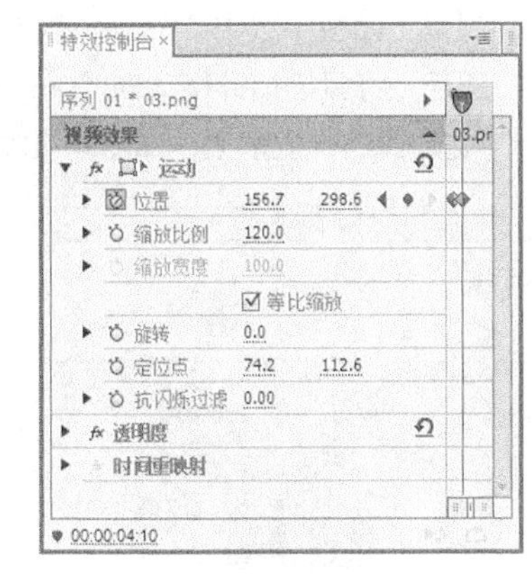

图 4-132

步骤 7　将时间标签放置在 4:11s 的位置。在“项目”面板中选中“04.png”文件并将其拖曳到“时间线”面板的“视频 3”轨道中，如图 4-133 所示。将鼠标指针移动到“04.png”文件的结束位置，当鼠标指针呈◀状时，向前拖曳到“03.png”文件的结束位置上，如图 4-134 所示。

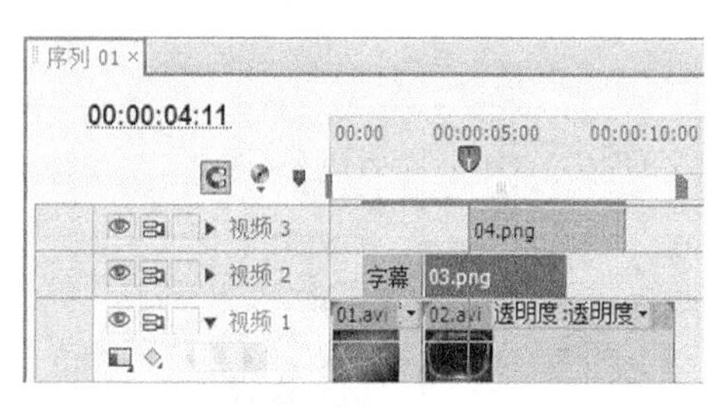

图 4-133

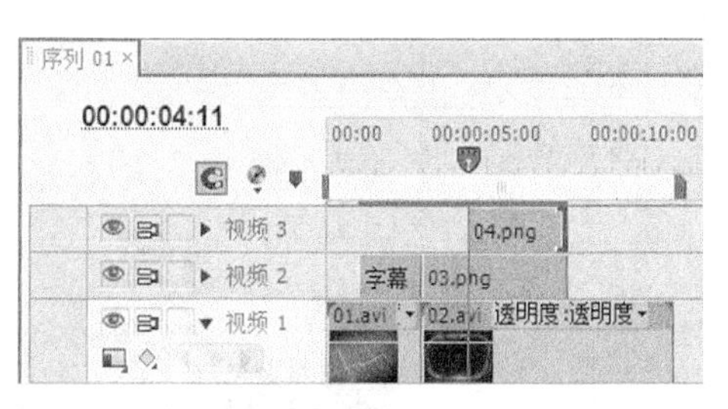

图 4-134

步骤 8　选择“时间线”面板中的“04.png”文件，在“特效控制台”面板中展开“运动”选项，将“位置”选项设置为 86.9 和 308.2，“缩放比例”选项设置为 120，“定位点”选项设置为 84 和 126，单击“位置”选项左侧的“切换动画”按钮，如图 4-135 所示，记录第 1 个动画关键帧。将时间标签放置在 5:15s 的位置，在“特效控制台”面板中，将“位置”选项设置为 362.6 和 308.2，如图 4-136 所示，记录第 2 个动画关键帧。

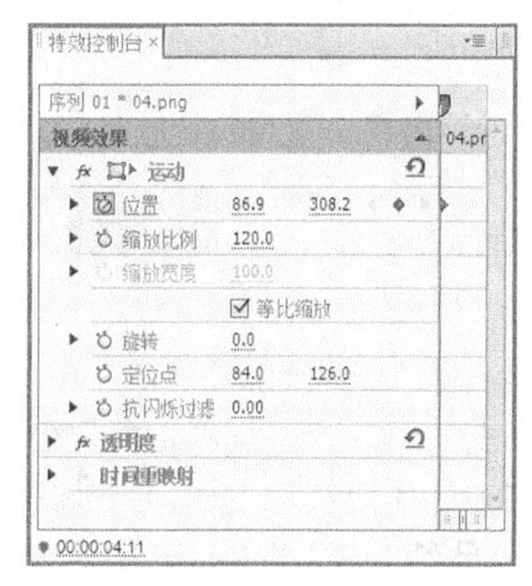

图 4-135

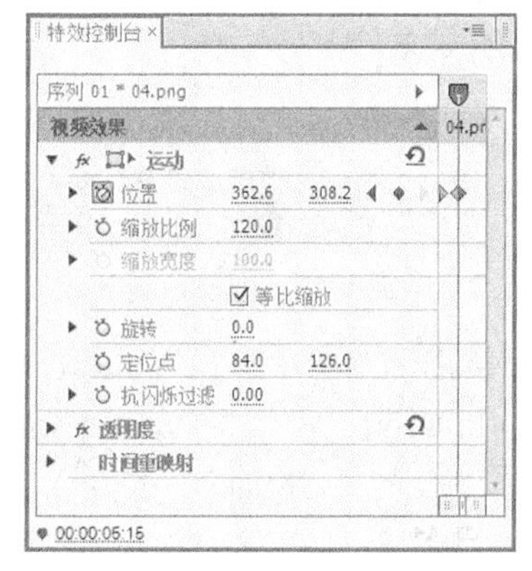

图 4-136

步骤 9　在“项目”面板中选中“05.png”文件并将其拖曳到“时间线”面板的“视频 4”轨道中，如图 4-137 所示。将鼠标指针移动到“05.png”文件的结束位置，当鼠标指针呈状时，向前拖曳到“04.png”文件的结束位置上，如图 4-138 所示。

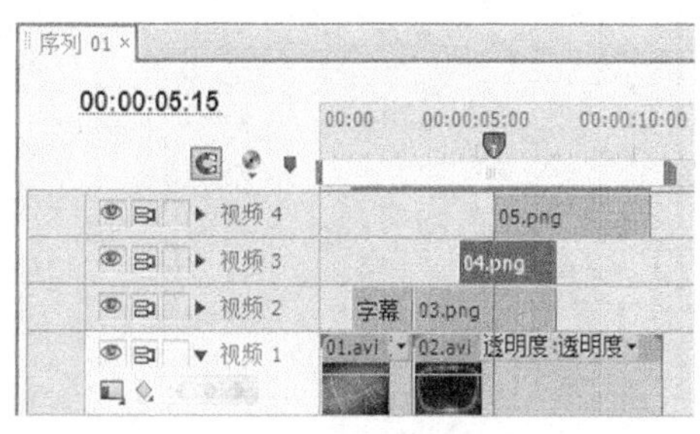

图 4-137

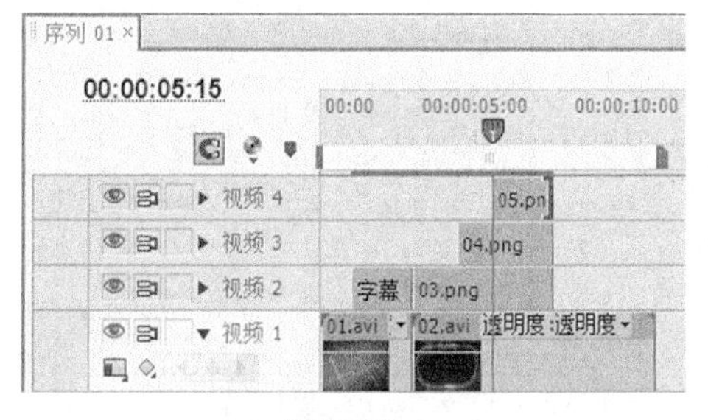

图 4-138

步骤 10　在“时间线”面板中选中“视频 4”轨道中的“05.png”文件，在“特效控制台”面板中展开“运动”选项，将“缩放比例”选项设置为 120，“定位点”选项设置为 76.8 和 120.3，将“位置”选项设置为 804.5 和 304.4，单击“位置”选项左侧的“切换动画”按钮，如图 4-139 所示，记录第 1 个动画关键帧。

步骤 11　将时间标签放置在 7:09s 的位置，在“特效控制台”面板中，将“位置”选项设置为 540.4 和 304.4，如图 4-140 所示，记录第 2 个动画关键帧。

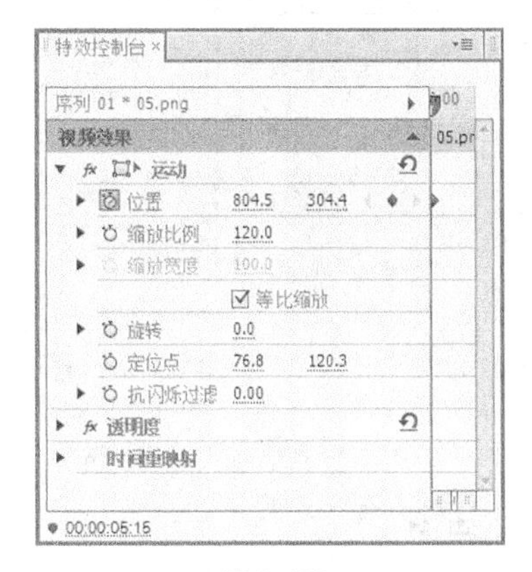

图 4-139

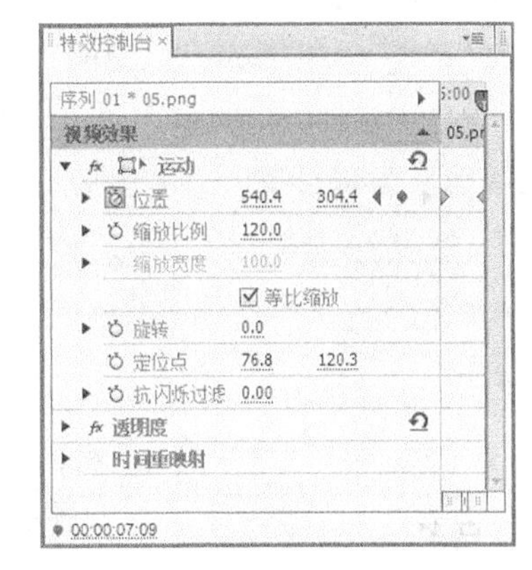

图 4-140

步骤 12　在“项目”面板中选中“06.png”文件并将其拖曳到“时间线”面板的“视频 2”轨道中，如图 4-141 所示。将鼠标指针移动到“06.png”文件的结束位置，当鼠标指针呈![]状时，向前拖曳到“02.avi”文件的结束位置上，如图 4-142 所示。将时间标签放置在 7:20s 的位置，在“时间线”面板中选中“视频 2”轨道中的“06.png”文件。在“特效控制台”面板中，将“位置”选项设置为 231.5 和 288，“缩放比例”选项设置为 120，如图 4-143 所示。

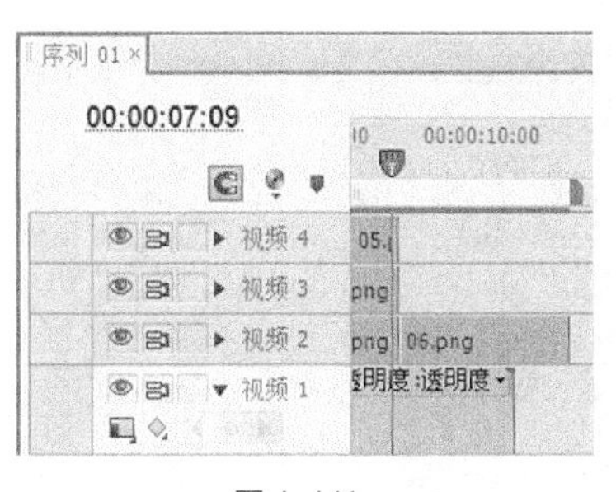

图 4-141

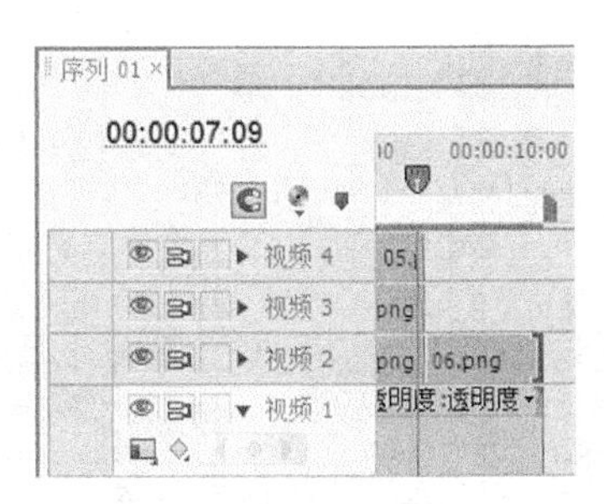

图 4-142

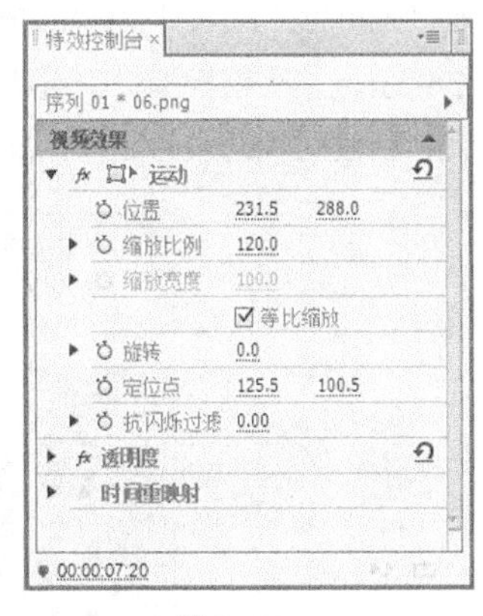

图 4-143

步骤 13　将时间标签放置在 8:18s 的位置。在“项目”面板中选中“07.png”文件并将其拖曳到“时间线”面板的“视频 3”轨道中，如图 4-144 所示。将鼠标指针移动到“07.png”文件的结束位置，当鼠标指针呈![]状时，向前拖曳到“06.png”文件的结束位置上，如图 4-145 所示。

步骤 14　在“时间线”面板中选中“视频 4”轨道中的“07.png”文件。在“特效控制台”面板中展开“运动”选项，将“位置”选项设置为 481.5 和 288，“缩放比例”选项设置为 120，如图 4-146 所示。

步骤 15　选择“窗口 > 效果”命令，弹出“效果”面板，展开“视频切换”选项，单击“卷页”文件夹前面的三角形按钮▶将其展开，选中“翻页”特效，如图 4-147 所示。将“翻页”特效拖曳到“时间线”面板中的“07.png”文件的开始位置，如图 4-148 所示。

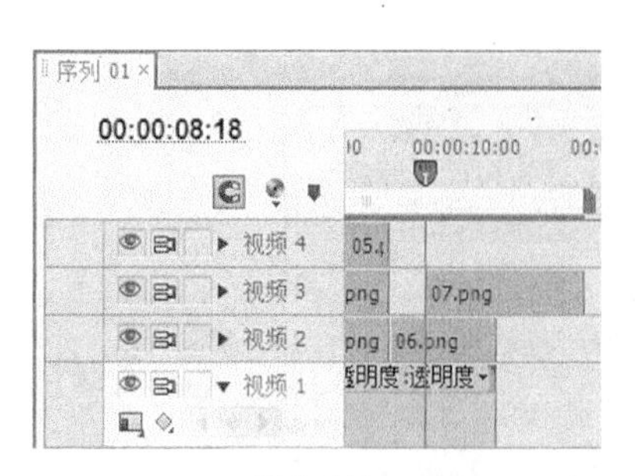

图 4-144

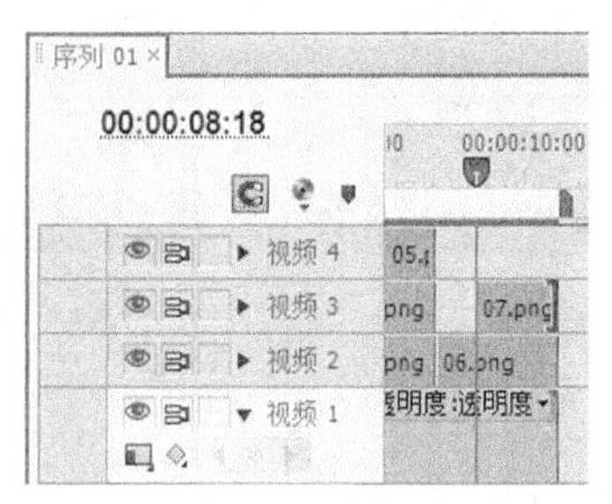

图 4-145

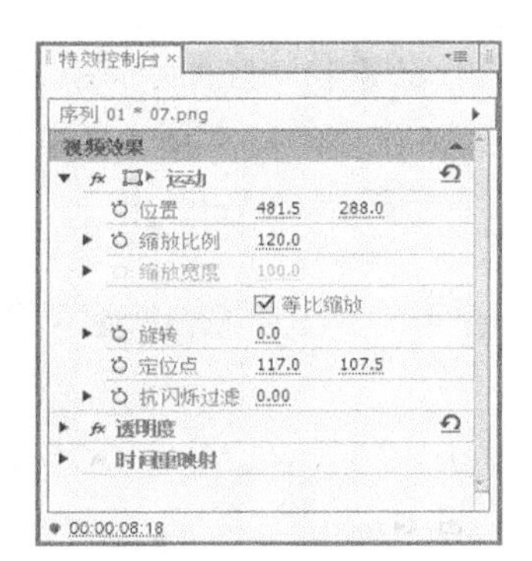

图 4-146

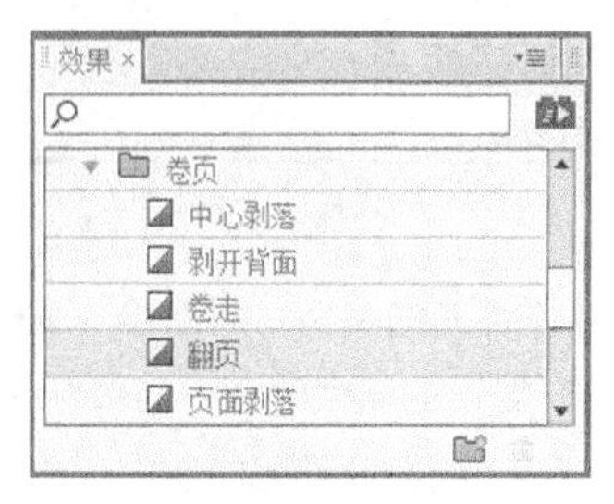

图 4-147

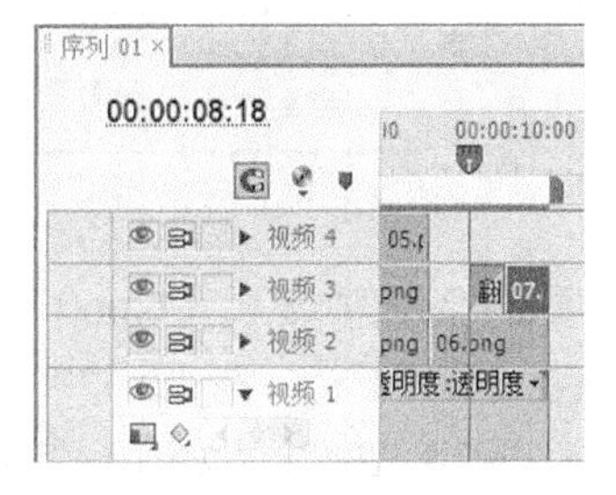

图 4-148

步骤 16　将时间标签放置在 6:09s 的位置。在“项目”面板中选中“字幕 02”文件并将其拖曳到“时间线”面板中的“视频 5”轨道中，如图 4-149 所示。将鼠标指针移动到“字幕 02”文件的结束位置，当鼠标指针呈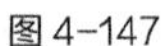状时，向前拖曳到“06.png”文件的结束位置上，如图 4-150 所示。至此，科技时代纪录片制作完成。

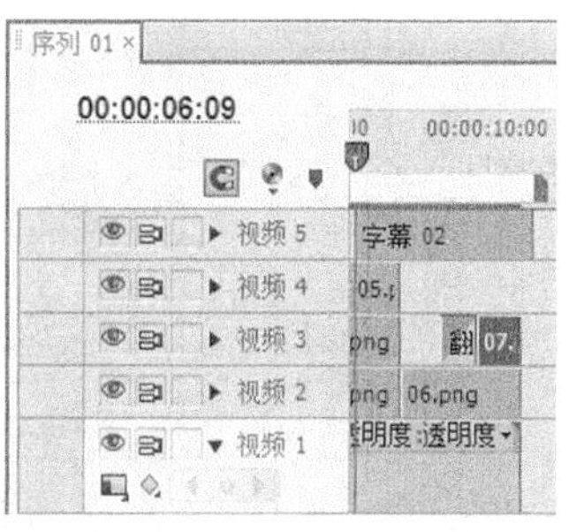

图 4-149

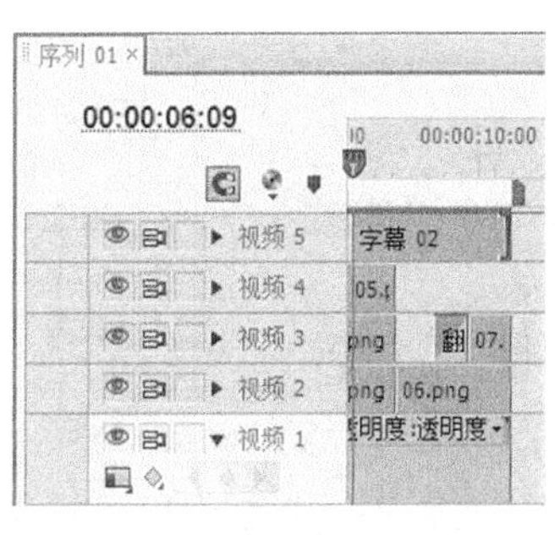

图 4-150

任务三　课后实战演练

4.3.1　石林镜像

【练习知识要点】

使用“缩放比例”选项改变图像的大小，使用“镜像”命令制作图像镜像，使用“剪裁”命令剪切部分图像，使用“透明度”选项改变图像的透明度，使用“照明效果”命令改变图像的灯光亮度。石林镜像效果如图 4-151 所示。

【案例所在位置】

云盘中的“项目四\石林镜像\石林镜像.prproj”。

图 4-151

微课：石林镜像

4.3.2 夕阳美景

【练习知识要点】

使用“筋斗过渡”命令制作图像旋转翻转效果，使用“伸展进入”命令制作图像从中心横向伸展的转场效果，使用“圆划像”命令制作呈圆形展开效果，使用“随机反相”命令制作视频随机反色效果。夕阳美景效果如图 4-152 所示。

【案例所在位置】

云盘中的“项目四\夕阳美景\夕阳美景.prproj”。

图 4-152

微课：夕阳美景

05 项目五 制作电视广告

本项目主要介绍 Premiere Pro CS6 中素材调色、抠像与叠加的基础设置方法。调色、抠像与叠加属于 Premiere Pro CS6 剪辑中较高级的应用，它可以使影片通过剪辑产生完美的画面合成效果。通过对本项目相关知识的学习，可使读者完全掌握 Premiere Pro CS6 的调色、抠像与叠加技术。

课堂学习目标

- 视频调色基础
- 影视合成
- 合成视频

任务一　视频调色基础

在视频编辑过程中，调整画面的色彩是至关重要的，因此经常需要对拍摄的素材进行颜色的调整。抠像后也需要通过校色来使当前对象与背景协调。为此，Premiere Pro CS6 提供了一整套的图像调整工具。

在进行颜色校正前，必须要保证监视器颜色显示准确，否则调整出来的影片颜色不准确。对监视器颜色的校正，除了使用专门的硬件设备之外，也可以凭自己的眼睛来校准。

在 Premiere Pro CS6 中，“节目”面板中提供了多种素材的显示模式，不同的显示模式，对分析影片有着不同的作用。

单击“节目”面板右上方的按钮，在弹出的下拉列表中可选择窗口的不同显示模式，如图 5-1 所示。

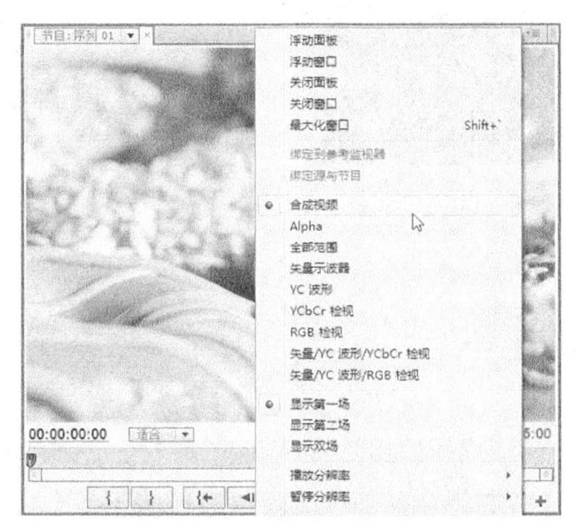

图 5-1

“合成视频”：在该模式下会显示编辑合成后的影片效果。

“Alpha”：在该模式下会显示影片 Alpha 通道。

“全部范围”：在该模式下会显示所有颜色分析模式，包括波形、矢量、YCBCr 和 RGB。

“矢量示波器”：在部分电影制作中，会用到“矢量图”和“YC 波形”两种硬件设备，主要用于检测影片的颜色信号。“矢量图”模式主要用于检测色彩信号。信号的色相饱和度构成一个圆形的图表，饱和度从圆心开始向外扩展，越向外，饱和度越高。

从图表中可以看出，图 5-2 所示上方素材的饱和度较低，绿色的饱和度信号处于中心位置，而下方的素材饱和度被提高，信号开始向外扩展。

“YC 波形”：该模式用于检测亮度信号时。它使用 IRE 标准单位进行检测，水平方向轴表示视频图像，垂直方向轴表示检测的亮度。在绿色的波形图表中，明亮的区域总处于图表上方，而暗淡区域总处于图表下方，如图 5-3 所示。

“YCbCr 检视”：该模式主要用于检测 NTSC 颜色区间。图表中左侧的垂直信号表示影片的亮度，右侧水平线为色相区域，水平线上的波形则表示饱和度的高低，如图 5-4 所示。

“RGB 检视”：该模式主要用于检测 RGB 颜色区间。图表中水平坐标从左到右分别为红、绿和蓝颜色区间，垂直坐标则显示颜色数值，如图 5-5 所示。

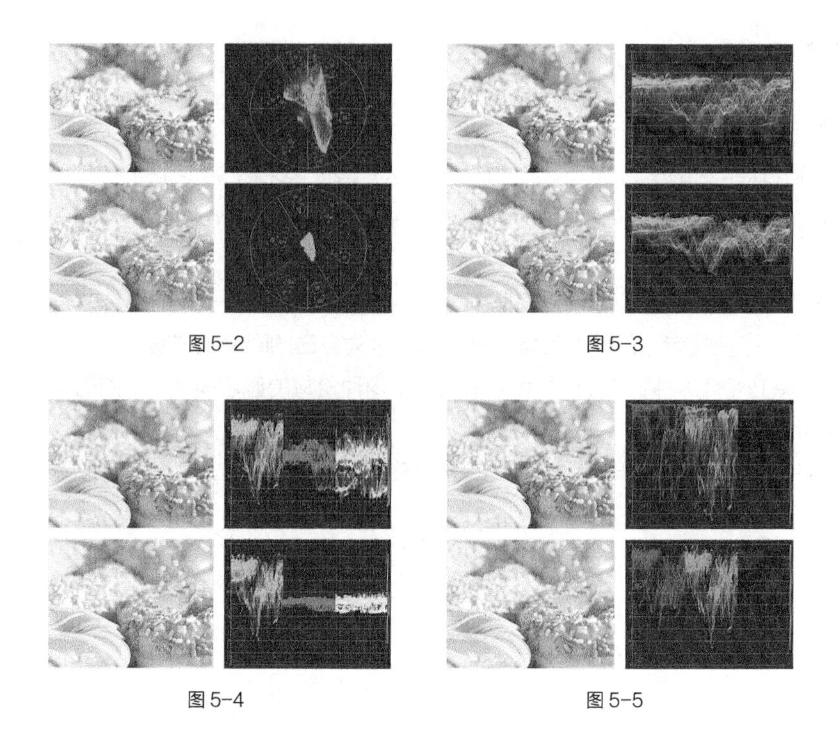

图 5-2　　图 5-3

图 5-4　　图 5-5

任务二　影视合成

在 Premiere Pro CS6 中，用户不仅能够组合和编辑素材，还能够使素材与其他素材相互叠加，从而生成合成效果。一些效果绚丽的复合影视作品就是通过使用多个视频轨道的叠加、透明以及应用各种类型的键控来实现的。虽然 Premiere Pro CS6 不是专用的合成软件，但是它有着强大的合成功能，既可以合成视频素材，又可以合成静止的图像，或者在两者之间相加合成。合成是影视制作过程中一个很常用的重要技术，在 DV 制作过程中也比较常用。

5.2.1　影视合成相关知识

合成一般用于制作效果比较复杂的影视作品，简称复合影视，它主要通过使用多个视频素材的叠加、透明以及应用各种类型的键控来实现。在电视制作上，键控也常被称为“抠像”，而在电影制作中则被称为“遮罩”。Premiere Pro CS6 建立叠加的效果，是在多个视频轨道中的素材实现切换之后，才将叠加轨道上的素材相互叠加的，较高层轨道的素材会叠加在较低层轨道的素材上并在监视器窗口中优先显示出来，这也就意味着它在其他素材上面播放。

1. 透明

使用透明叠加的原理是因为每个素材都有一定的不透明度，在不透明度为 0%时，图像完全透明；在不透明度为 100%时，图像完全不透明；不透明度介于两者之间时，图像呈半透明。在 Premiere Pro CS6 中，将一个素材叠加在另一个素材上之后，位于轨道上面的素材能够显示其下方素材的部分图像，所利用的就是素材的不透明度。因此，通过素材不透明度的设置，可以制作透明叠加的效果，如图 5-6 所示。

图 5-6

用户可以使用 Alpha 通道、蒙版或键控来定义素材透明度区域和不透明区域。用户通过设置素材的不透明度，并结合使用不同的混合模式就可以创建出绚丽多彩的影视视觉效果。

2. Alpha 通道

素材的颜色信息都被保存在 3 个通道中，分别是红色通道、绿色通道和蓝色通道。另外，素材中还包含看不见的第 4 个通道，即 Alpha 通道，它用于存储素材的透明度信息。

当在“After Effects Composition”面板或者 Premiere Pro CS6 的监视器窗口中查看 Alpha 通道时，白色区域是完全不透明的，而黑色区域是完全透明的，两者之间的区域是半透明的。

3. 蒙版

“蒙版”是一个层，用于定义层的透明区域。白色区域定义的是完全不透明的区域，黑色区域定义的是完全透明的区域，两者之间的区域是半透明的，这点类似于 Alpha 通道。通常情况下，Alpha 通道被用作蒙版，但是使用蒙版定义素材的透明区域时要比使用 Alpha 通道更好，因为很多的原始素材中不包含 Alpha 通道。

TGA、TIFF、EPS 和 QuickTime 等素材格式中都包含 Alpha 通道。在使用 Adobe Illustrator EPS 和 PDF 格式的素材时，After Effects 会自动将空白区域转换为 Alpha 通道。

4. 键控

前面已经介绍过，在进行素材合成时，可以使用 Alpha 通道将不同的素材对象合成到一个场景中。但是在实际的工作中，能够使用 Alpha 通道进行合成的原始素材非常少，因为摄像机是无法产生 Alpha 通道的，此时键控（即抠像）技术就非常重要了。

键控使用特定的颜色值（颜色键控或者色度键控）和亮度值（亮度键控）来定义视频素材中的透明区域。当断开颜色值时，颜色值或者亮度值相同的所有像素将变为透明。

使用键控可以很容易地为一幅颜色或者亮度一致的视频素材替换背景。这一技术一般被称为“蓝屏技术”或“绿屏技术”，即背景色完全是蓝色或者绿色的，背景色也可以是其他颜色，如图 5-7、图 5-8 和图 5-9 所示。

图 5-7

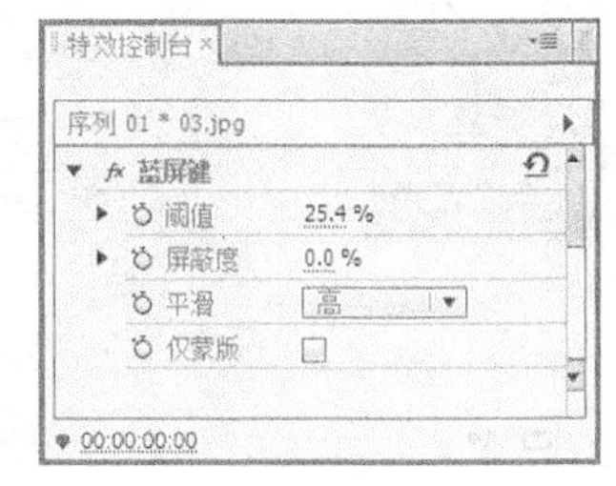

图 5-8

图 5-9

5.2.2 合成视频

在非线性编辑中，每一个视频素材都是一个图层。将这些图层放置在“时间线”面板的不同视频轨道上，以不同的透明度相叠加，即可实现视频的合成效果。

1．关于合成视频的几点说明

在进行合成视频操作之前，对叠加的使用应注意以下几点。

（1）叠加效果的产生必须使用两个或者两个以上的素材。有时候，为了实现效果可以创建一个字幕或者颜色蒙版文件。

（2）只能对重叠轨道上的素材应用透明叠加设置。在默认设置下，每一个新建项目都包含两个可重叠轨道——“视频 2”和“视频 3”轨道。当然，也可以另外增加多个重叠轨道。

（3）在 Premiere Pro CS6 中，要叠加效果，先要合成视频主轨道上的素材（包括过渡转场效果），再将被叠加的素材叠加到背景素材中。在叠加过程中，先叠加较低层轨道的素材，再以叠加后的素材为背景来叠加较高层轨道的素材。在叠加完成后，最高层的素材位于画面的顶层。

（4）透明素材必须放置在其他素材之上，将想要叠加的素材放置于叠加轨道上——“视频 2”或者更高的视频轨道上。

（5）背景素材可以放置在视频主轨道“视频 1”或“视频 2”轨道上，即较低层的叠加轨道上的素材可以作为较高层叠加轨道上素材的背景。

（6）必须对位于最高层轨道上的素材进行透明设置和调整，否则其下方的所有素材均不能显示出来。

（7）叠加有两种方式：一种是混合叠加方式，另一种是淡化叠加方式。

混合叠加方式是将素材的一部分叠加到另一个素材上。因此，作为前景的素材最好具有单一的底色，并且与需要保留的部分对比鲜明。这样可以很容易地将底色变为透明，再叠加到作为背景的素材上，背景就会在前景素材透明处可见，从而使前景色保留的部分看上去属于背景素材中的一部分。

淡化叠加方式通过调整整个前景的透明度而使前景暗淡，使背景素材逐渐显现出来，达到一种梦幻或朦胧的效果。

图 5-10 所示为混合叠加方式的效果，图 5-11 所示为淡化叠加方式的效果。

图 5-10

图 5-11

2. 制作透明叠加合成效果

步骤 1　将文件导入到“项目”面板中，如图 5-12 所示。

步骤 2　分别将素材“03.jpg”和“04.jpg”拖曳到“时间线”面板的“视频 1”和“视频 2”轨道中，如图 5-13 所示。

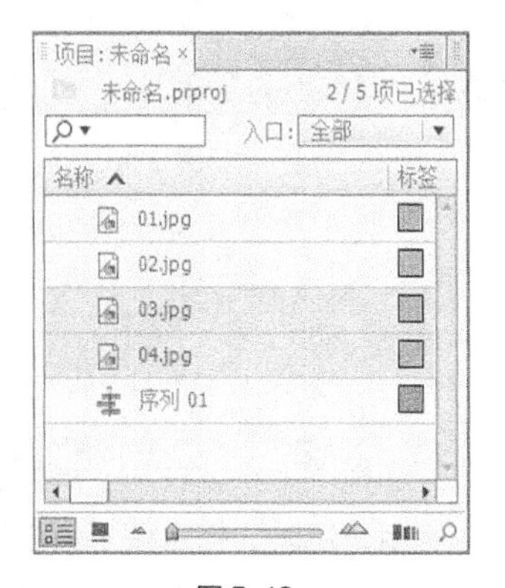

图 5-12

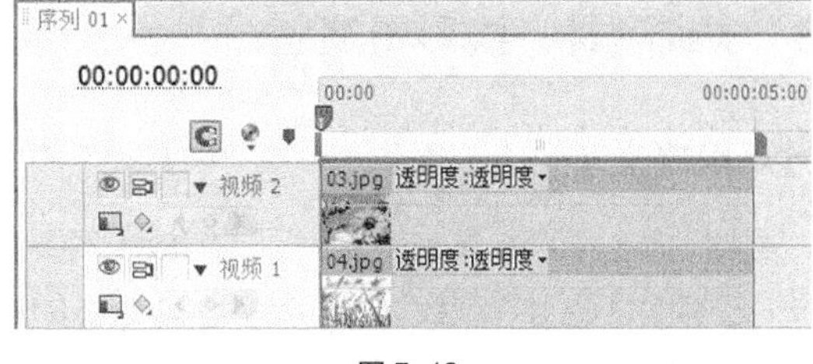

图 5-13

步骤 3　将鼠标指针移动到“视频 2”轨道的“03.jpg”文件的黄色线上，按住 Ctrl 键，当鼠标指针呈状时单击，创建一个关键帧，如图 5-14 所示。

步骤 4　根据步骤 3 的操作方法，在“视频 2”轨道素材上创建第 2 个关键帧，并且向下拖动第 2 个关键帧（即降低不透明度值），如图 5-15 所示。

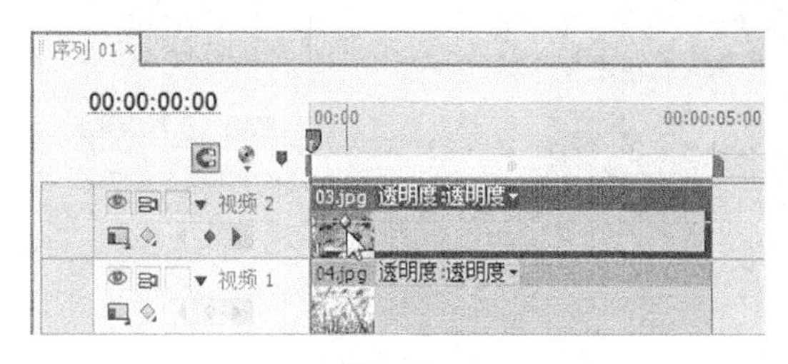

图 5-14

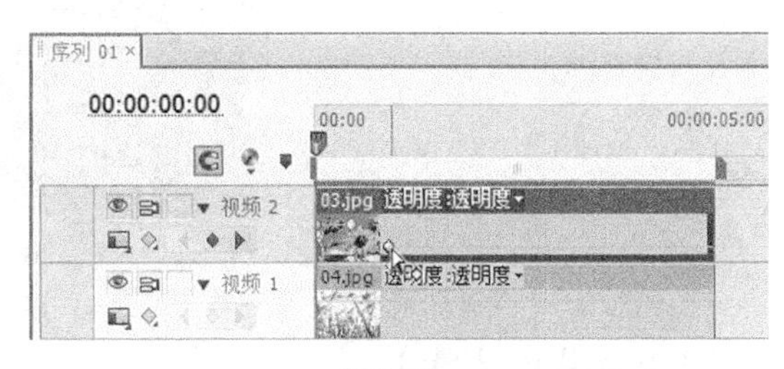

图 5-15

步骤 5　按照上述步骤的操作方法在“视频 2”轨道的素材上再创建 4 个关键帧，并调整第 3 个、第 5 个关键帧的位置，如图 5-16 所示。

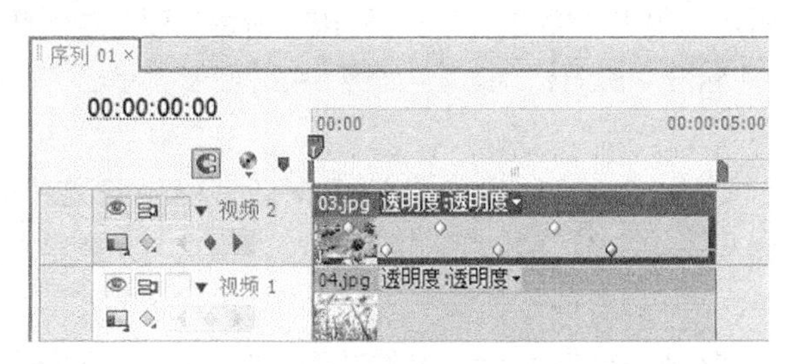

图 5-16

步骤 6　将时间标记移动到轨道开始的位置，在“节目”面板中单击“播放-停止切换”按钮 / ，预览完成效果，如图 5-17、图 5-18 和图 5-19 所示。

图5-17

图5-18

图5-19

5.2.3 实训项目：淡彩铅笔画

【案例知识要点】

使用“导入”命令导入素材文件，使用“缩放比例”选项改变图像的大小，使用“透明度”选项改变图像的不透明度，使用“查找边缘”特效制作图像的边缘，使用“色阶”特效调整图像的亮度和对比度，使用“黑白”特效将彩色图像转换为灰度图像，使用“笔触”特效制作图像的粗糙外观。淡彩铅笔画效果如图5-20所示。

图5-20

微课：淡彩铅笔画

【案例操作步骤】

步骤1 启动Premiere Pro CS6软件，弹出启动对话框，单击“新建项目”按钮，弹出“新建项目”对话框，设置“位置”选项，选择保存文件路径，在“名称”文本框中输入文件名“淡彩铅笔画”，如图5-21所示。单击“确定”按钮，弹出“新建序列”对话框，在左侧的列表中展开“DV-PAL”选项，选中“标准 48kHz”模式，如图5-22所示，单击“确定”按钮，完成序列的创建。

步骤2 选择“文件 > 导入”命令，弹出“导入”对话框，选择云盘中的“项目五\淡彩铅笔画\素材\01.jpg”文件，如图5-23所示，单击“打开”按钮，将素材文件导入到“项目”面板中，如图5-24所示。

步骤3 在“项目”面板中选中“01.jpg”文件并将其拖曳到“时间线”面板的“视频1”轨道中，如图5-25所示。选择“时间线”面板中的“01.jpg”文件，在“特效控制台”面板中展开“运动”选项，将“位置”选项设置为400和282，“缩放比例”选项设置为75，如图5-26所示。

图 5-21

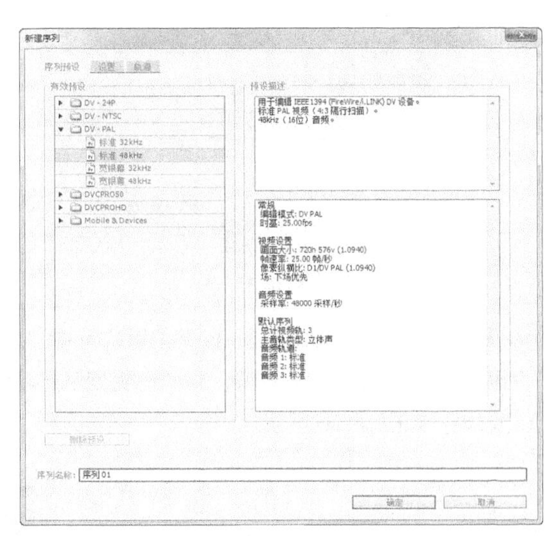

图 5-22

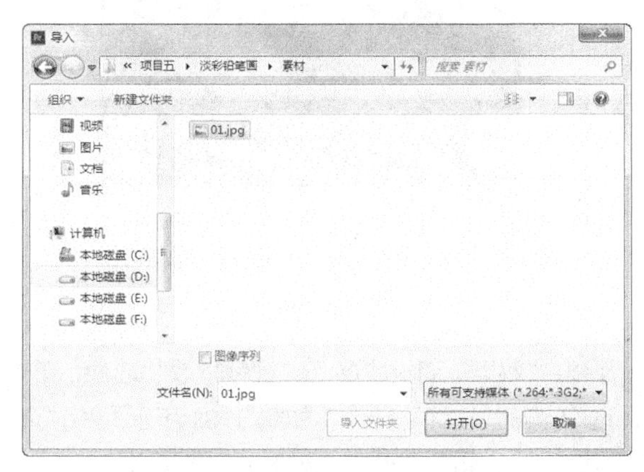

图 5-23

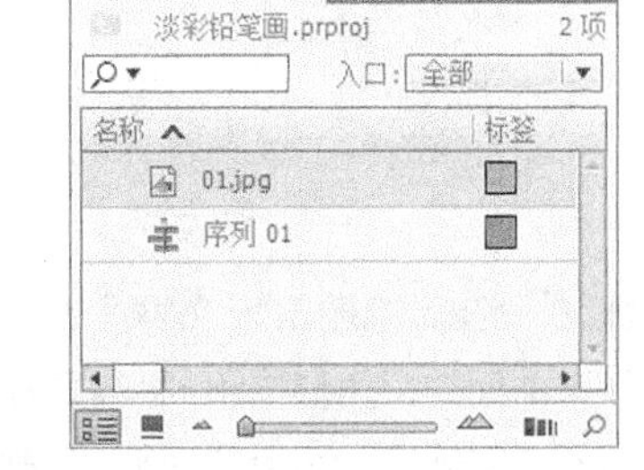

图 5-24

步骤 4　在“时间线”面板中选择“视频 1”轨道中的“01.jpg”文件，按 Ctrl+C 组合键，复制此文件。在“时间线”面板中锁定“视频 1”轨道，如图 5-27 所示。按 Ctrl+V 组合键，将复制的“01.jpg”文件粘贴到“视频 2”轨道中，如图 5-28 所示。

图 5-25

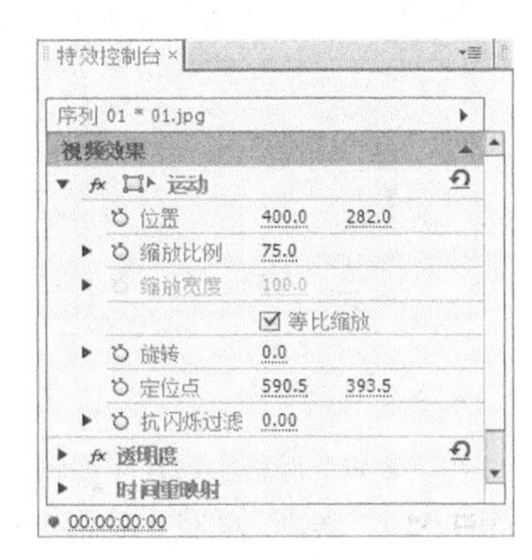

图 5-26

图 5-27

图 5-28

步骤 5　将时间标签放置在 0s 的位置。选中“视频 2”轨道中的“01.jpg”文件，在“特效控制台”面板中展开“透明度”选项，将“透明度”选项设置为 70%，如图 5-29 所示。在“节目”面板中预览效果，如图 5-30 所示。

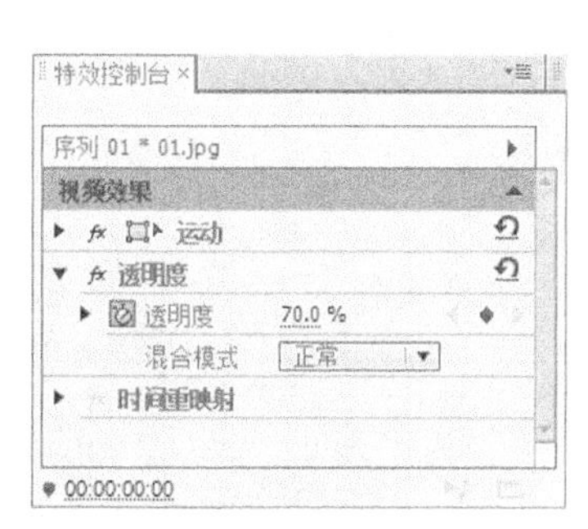

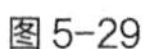

图 5-29

图 5-30

步骤 6　选择“窗口 > 效果”命令，弹出“效果”面板，展开“视频特效”选项，单击“风格化”文件夹前面的三角形按钮▸将其展开，选中“查找边缘”特效，如图 5-31 所示。将“查找边缘”特效拖曳到“时间线”面板“视频 2”轨道中的“01.jpg”文件上，如图 5-32 所示。

步骤 7　在“特效控制台”面板中展开“查找边缘”选项并进行参数设置，如图 5-33 所示。在“节目”面板中预览效果，如图 5-34 所示。

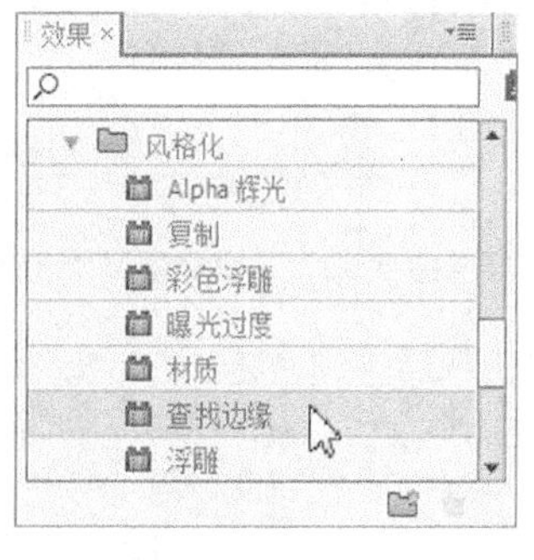

图 5-31

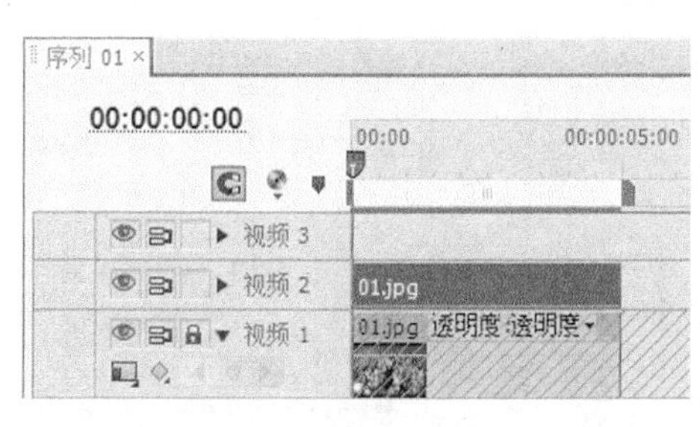

图 5-32

步骤 8　在“效果”面板中展开“视频特效”选项，单击“调整”文件夹前面的三角形按钮▸将其展开，选中“色阶”特效，如图 5-35 所示。将“色阶”特效拖曳到“时间线”面板“视频 2”轨道中的“01.jpg”文件上，如图 5-36 所示。

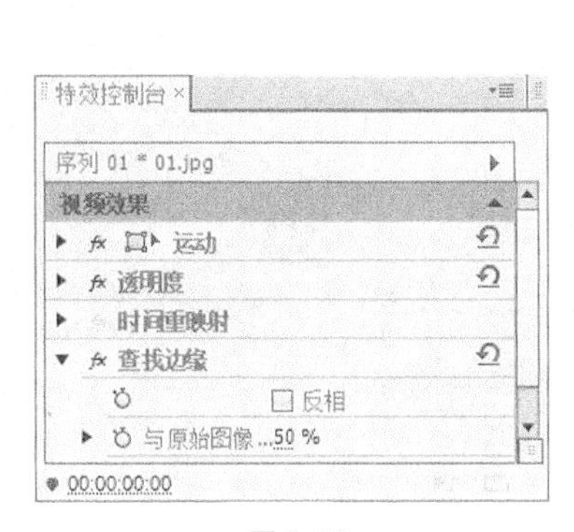

图 5-33

图 5-34

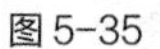
图 5-35

图 5-36

步骤 9　在“特效控制台”面板中展开“色阶”选项并进行参数设置，如图 5-37 所示。在“节目”面板中预览效果，如图 5-38 所示。

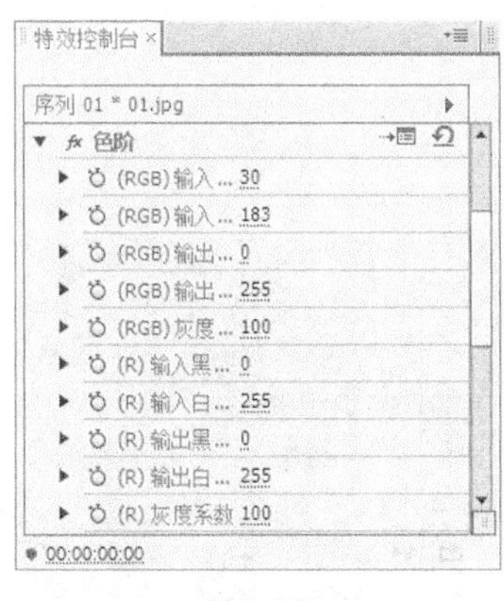

图 5-37

图 5-38

步骤 10　在“效果”面板中展开“视频特效”选项，单击“图像控制”文件夹前面的三角形按钮▸将其展开，选中“黑白”特效，如图 5-39 所示。将“黑白”特效拖曳到“时间线”面板“视频 2”轨道中的“01.jpg”文件上，如图 5-40 所示。在“节目”面板中预览效果，如图 5-41 所示。

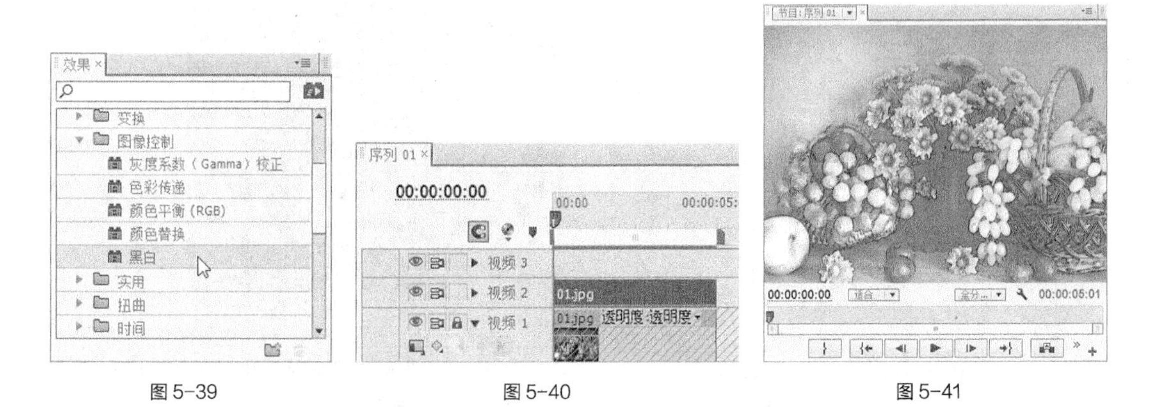

图 5-39　　图 5-40　　图 5-41

步骤 11　在“效果”面板中展开“视频特效”选项，单击“风格化”文件夹前面的三角形按钮▸将其展开，选中“笔触”特效，如图 5-42 所示。将“笔触”特效拖曳到“时间线”面板“视频 2”轨道中的“01.jpg”文件上，如图 5-43 所示。

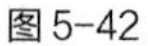
图 5-42

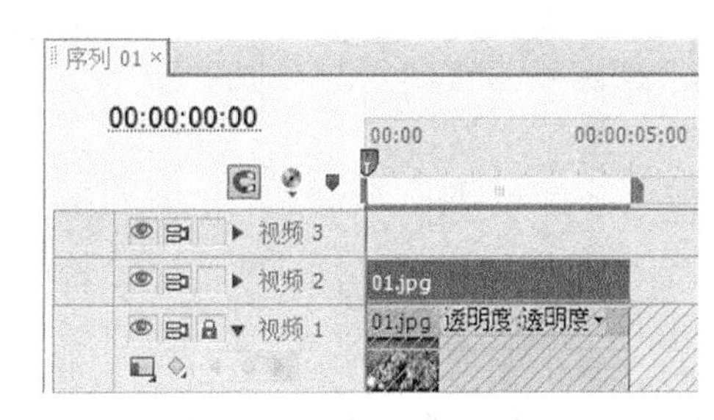

图 5-43

步骤 12　在“特效控制台”面板中展开“笔触”选项并进行参数设置，如图 5-44 所示。至此，淡彩铅笔画制作完成，效果如图 5-45 所示。

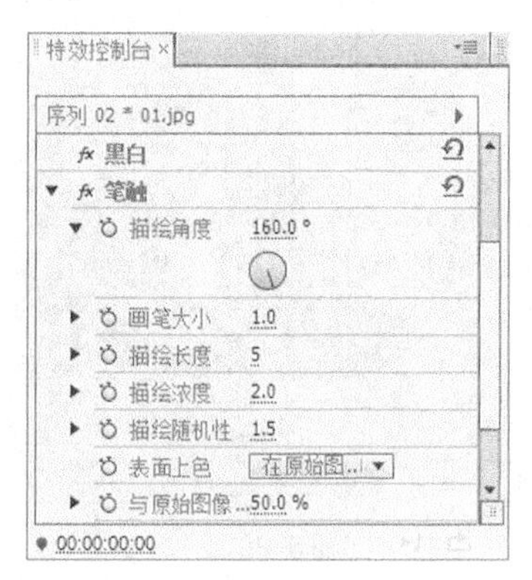

图 5-44　　图 5-45

任务三　综合实训项目

5.3.1　制作化妆品广告

【案例知识要点】

使用“导入”命令导入素材文件，使用“字幕”命令创建字幕，使用“球面化”特效制作文字动画效果。化妆品广告效果如图 5-46 所示。

图 5-46

微课：制作化妆品广告

【案例操作步骤】

1. 导入素材并创建字幕

步骤 1　启动 Premiere Pro CS6 软件，弹出启动对话框，单击“新建项目”按钮，弹出“新建项目”对话框，设置“位置”选项，选择保存文件路径，在“名称”文本框中输入文件名“制作化妆品广告”，如图 5-47 所示。单击“确定”按钮，弹出“新建序列”对话框，在左侧的列表中展开“DV-PAL”选项，选中“标准 48kHz”模式，如图 5-48 所示，单击“确定”按钮，完成序列的创建。

图 5-47

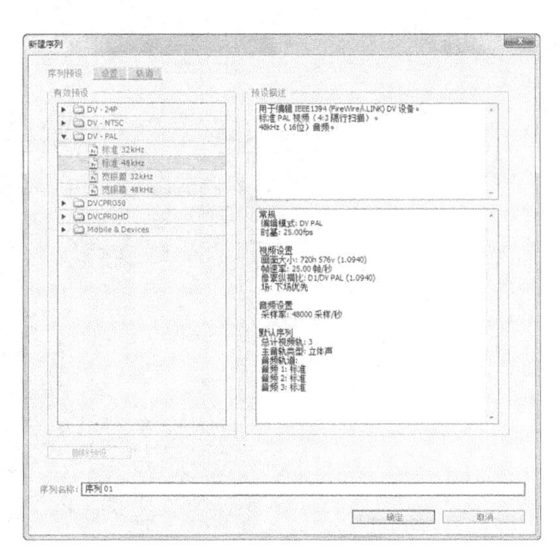

图 5-48

步骤2 选择“文件 > 导入”命令，弹出“导入”对话框，选择云盘中的“项目五\制作化妆品广告\素材\01.jpg”文件，如图5-49所示，单击“打开”按钮，将素材文件导入到“项目”面板中，如图5-50所示。

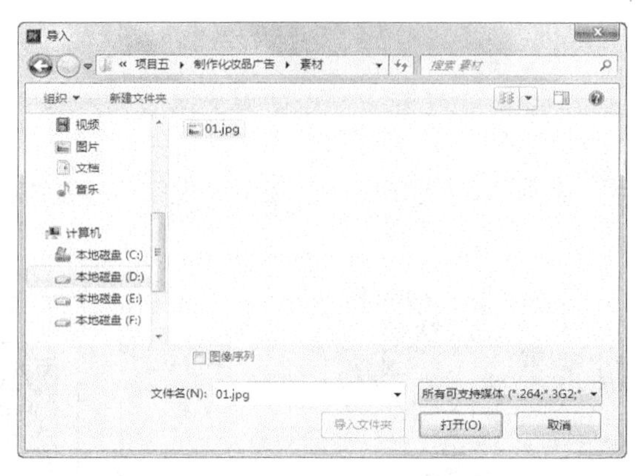

图5-49

图5-50

步骤3 在“项目”面板中选中“01.jpg”文件并将其拖曳到“时间线”面板的“视频1”轨道中，如图5-51所示。选择“文件 > 新建 > 字幕”命令，弹出“新建字幕”对话框，如图5-52所示，单击“确定”按钮，弹出字幕编辑面板，选择“输入”工具T，在字幕工作区中输入“丽雅美白霜”，在“字幕属性”子面板中选择需要的字体并填充需要的颜色，如图5-53所示。关闭字幕编辑面板，新建的字幕文件会自动保存到“项目”面板中。

图5-51

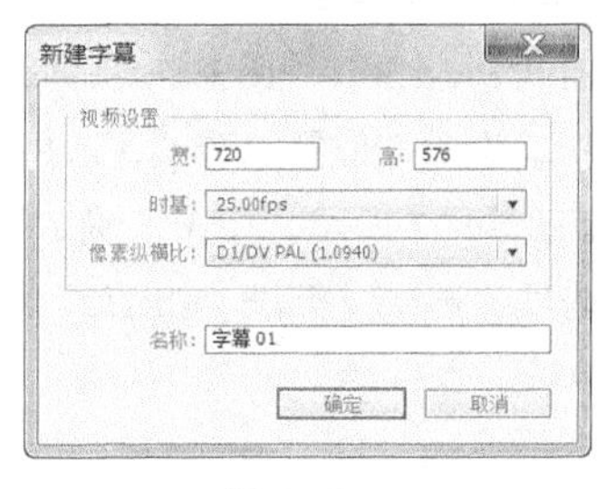

图5-52

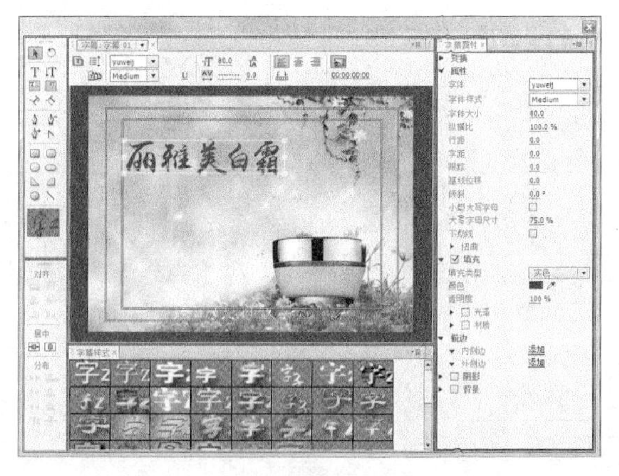

图5-53

步骤 4　按 Ctrl+T 组合键，弹出“新建字幕”对话框，单击“确定”按钮，弹出字幕编辑面板，选择“路径文字”工具，在字幕工作区中绘制一条曲线，如图 5-54 所示，在“字幕属性”子面板中选择需要的字体并填充需要的颜色；选择“路径文字”工具，在路径上单击插入光标，输入需要的文字，如图 5-55 所示。

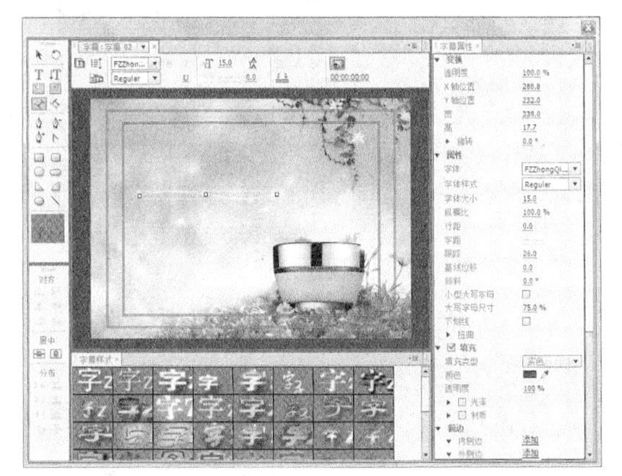

图 5-54

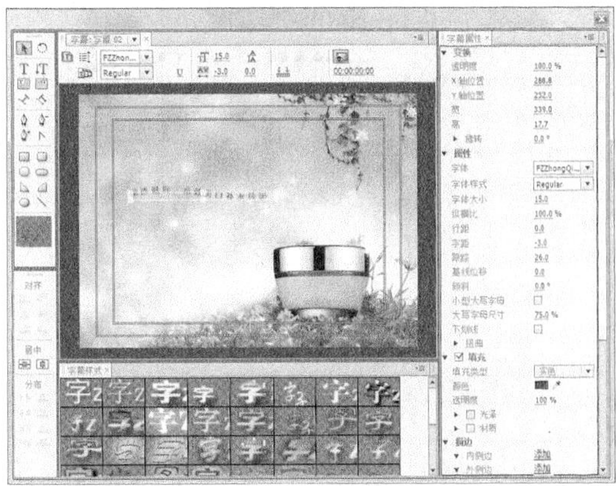

图 5-55

步骤 5　关闭字幕编辑面板，新建的字幕文件会自动保存到“项目”面板中，如图 5-56 所示。使用相同的方法创建其他字幕，如图 5-57 所示。

图 5-56

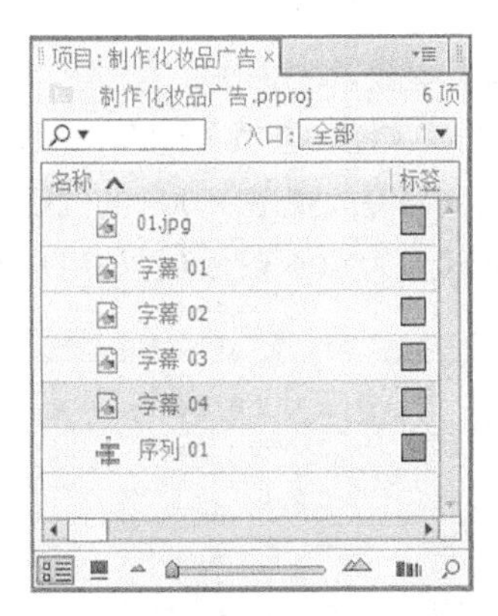

图 5-57

2. 制作文字动画

步骤 1　在“项目”面板中选中“字幕 01”文件并将其拖曳到“时间线”面板的“视频 2”轨道中，如图 5-58 所示。选择“窗口 > 效果”命令，弹出“效果”面板，展开“视频特效”选项，单击“扭曲”文件夹前面的三角形按钮将其展开，选中“球面化”特效，如图 5-59 所示。将“球面化”特效拖曳到“时间线”面板“视频 2”轨道中的“字幕 01”文件上，如图 5-60 所示。

步骤 2　在“特效控制台”面板中展开“球面化”选项，将“球面中心”选项设置为 100 和 288，分别单击“半径”和“球面中心”选项左侧的“切换动画”按钮，如图 5-61 所示，记录第 1 个动画关键帧。将时间标签放置在 1:00s 的位置，在“特效控制台”面板中，将“半径”选项设置为 250，“球面中心”选项设置为 150 和 288，如图 5-62 所示，记录第 2 个动画关键帧。

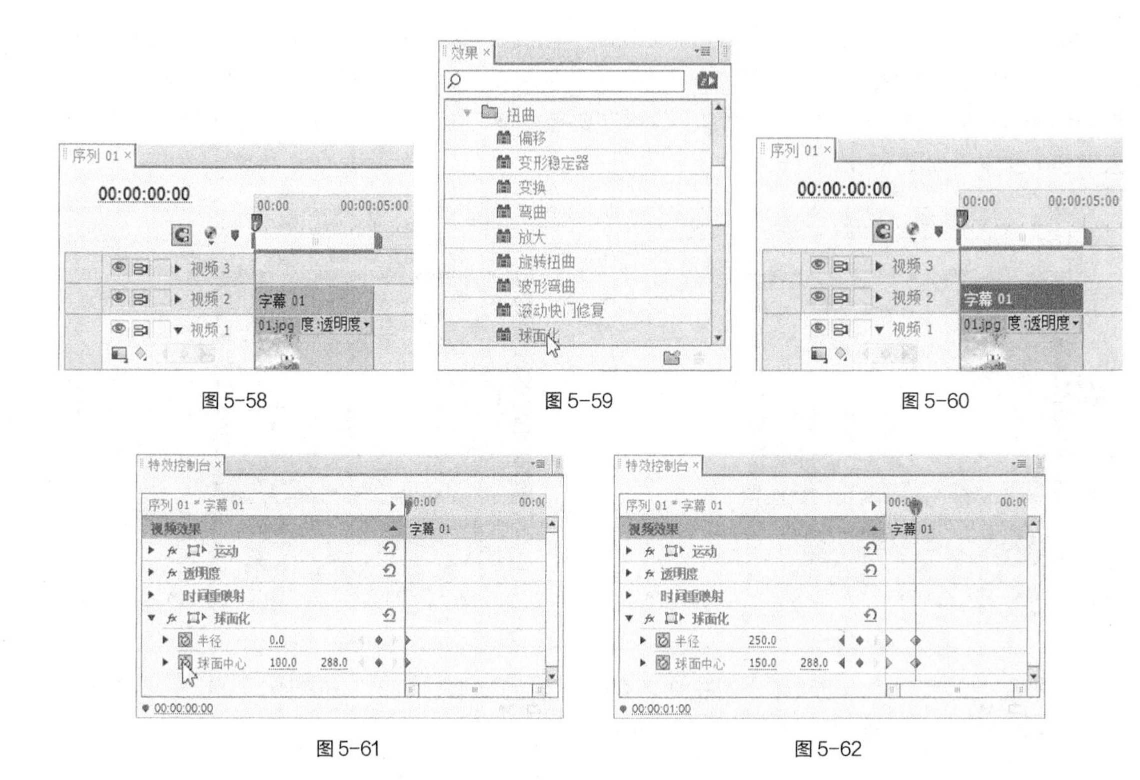

图 5-58 图 5-59 图 5-60

图 5-61 图 5-62

步骤 3 将时间标签放置在 2:00s 的位置，在“特效控制台”面板中，将“球面中心”选项设置为 500 和 288，单击“半径”选项右侧的“添加/移除关键帧”按钮◆，如图 5-63 所示，记录第 3 个动画关键帧。将时间标签放置在 3:00s 的位置，在“特效控制台”面板中，将“半径”选项设置为 0，“球面中心”选项设置为 600 和 288，如图 5-64 所示，记录第 4 个动画关键帧。

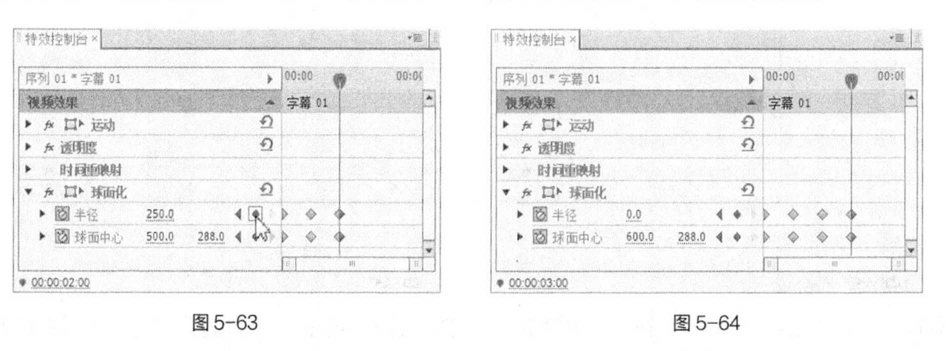

图 5-63 图 5-64

步骤 4 将时间标签放置在 0s 的位置，在“项目”面板中选中“字幕 02”文件并将其拖曳到“时间线”面板的“视频 3”轨道中，如图 5-65 所示。选择“序列 > 添加轨道”命令，弹出“添加视音轨”对话框，相关设置如图 5-66 所示，单击“确定”按钮，在“时间线”面板中添加 2 条视频轨道，如图 5-67 所示。

步骤 5 在“项目”面板中选中“字幕 03”和“字幕 04”文件并分别将其拖曳到“时间线”面板的“视频 4”轨道和“视频 5”轨道中，如图 5-68 所示。至此，化妆品广告制作完成，效果如图 5-69 所示。

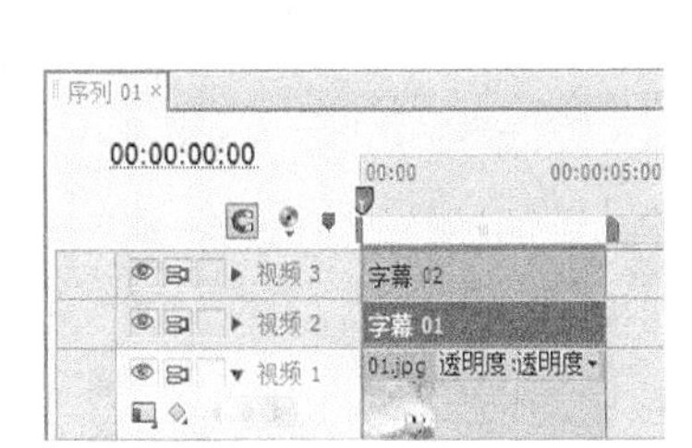

图 5-65

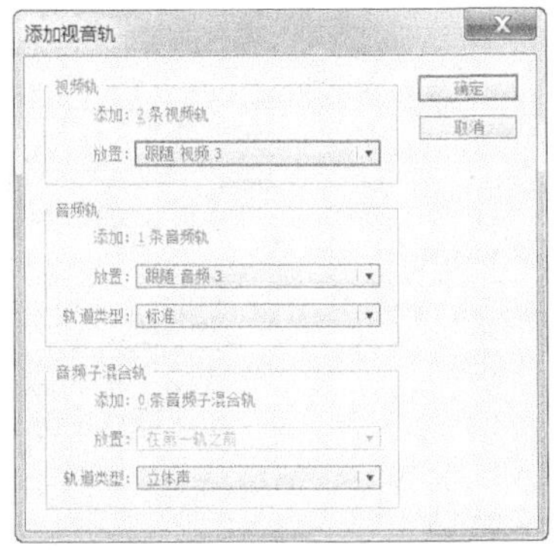

图 5-66

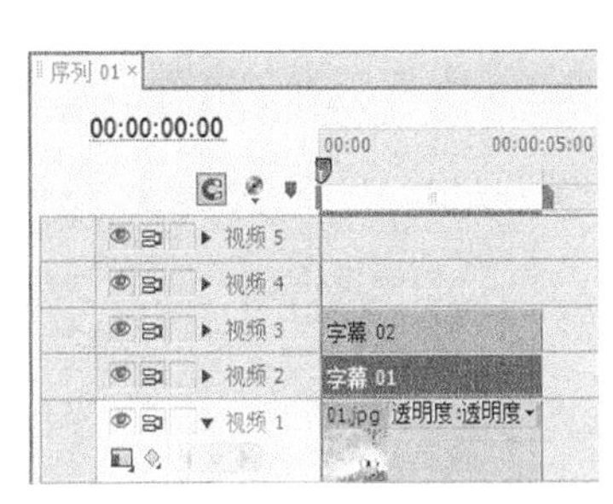

图 5-67

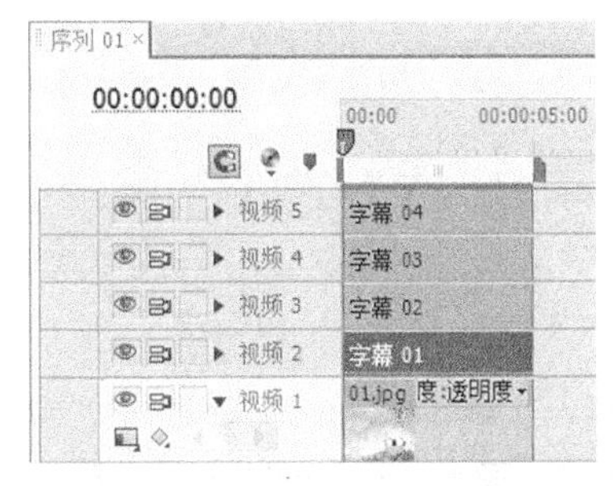

图 5-68

图 5-69

5.3.2 制作摄像机广告

【案例知识要点】

使用“字幕”命令绘制白色背景，使用“特效控制台”面板设置图片的位置和透明度动画，使用“效果”面板制作素材之间的转场效果。摄像机广告效果如图 5-70 所示。

图 5-70

微课：制作摄像机广告

【案例操作步骤】

1. 添加项目文件

步骤 1 启动 Premiere Pro CS6 软件，弹出启动对话框，单击“新建项目”按钮，弹出“新建项目”对话框，设置“位置”选项，选择保存文件路径，在“名称”文本框中输入文件名“制作摄像机广告”，如图 5-71 所示。单击“确定”按钮，弹出“新建序列”对话框，相关设置如图 5-72 所示，单击“确定”按钮，完成序列的创建。

图 5-71

图 5-72

步骤 2　选择“文件 > 导入”命令，弹出“导入”对话框，选择云盘中的“项目五\制作摄像机广告\素材”中的所有素材文件，单击“打开”按钮，导入文件，如图 5-73 所示。导入后的文件排列在“项目”面板中，如图 5-74 所示。

图 5-73

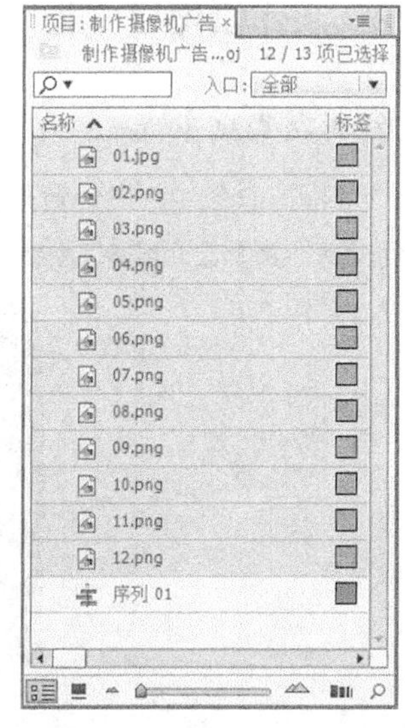

图 5-74

步骤 3　选择“文件 > 新建 > 彩色蒙版”命令，弹出“新建彩色蒙版”对话框，如图 5-75 所示。单击“确定”按钮，弹出“颜色拾取”对话框，设置蒙版颜色为白色，如图 5-76 所示。单击“确定”按钮，弹出“选择名称”对话框，设置名称为“白色”。单击“确定”按钮，在“项目”面板中添加一个“白色”文件。

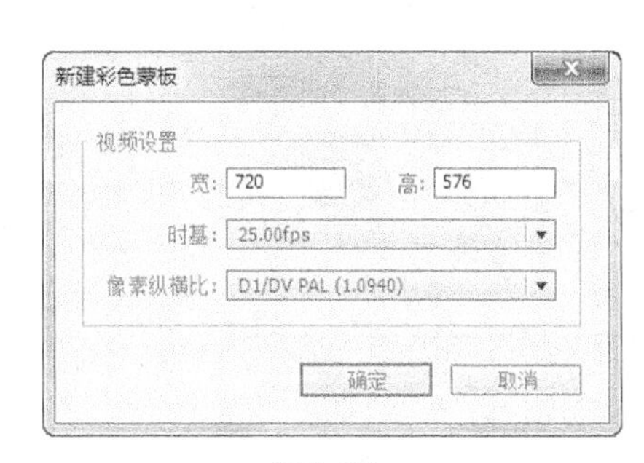

图 5-75

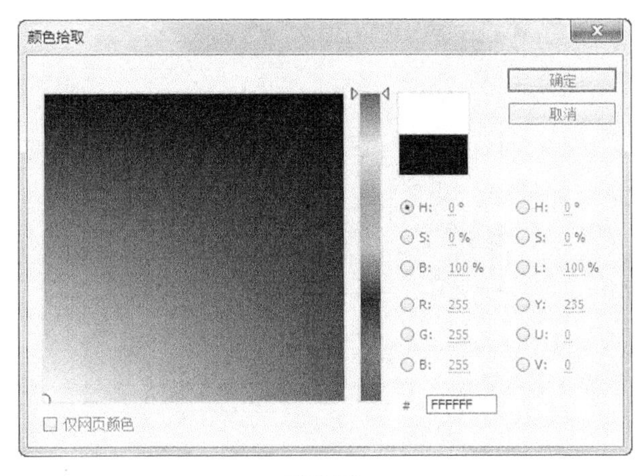

图 5-76

2. 制作文件的透明叠加

步骤 1 选择“文件 > 新建 > 序列”命令，弹出“新建序列”对话框，相关设置如图 5-77 所示，单击“确定”按钮，新建“序列 02”，此时的“时间线”面板如图 5-78 所示。

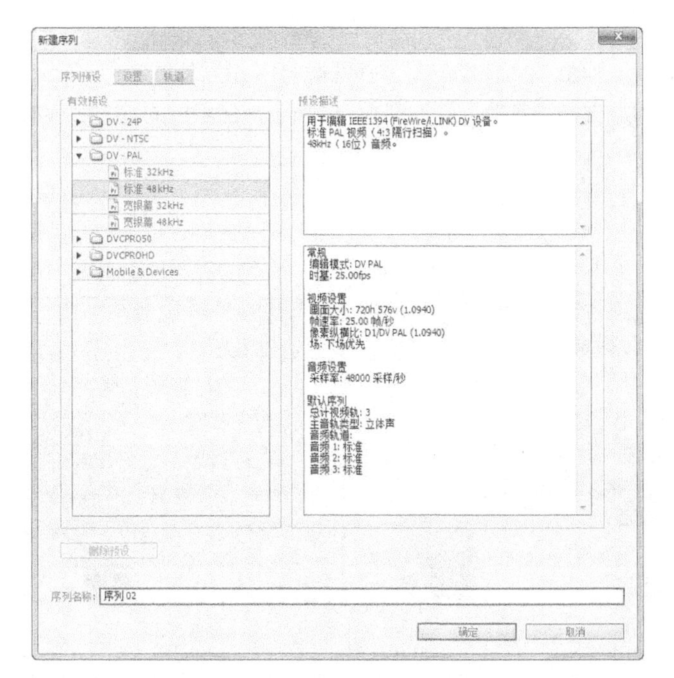

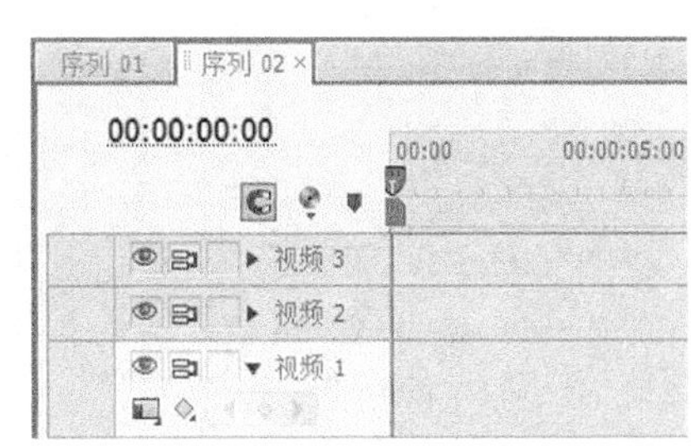

图 5-77

图 5-78

步骤 2 在“项目”面板中选中“07.png”文件并将其拖曳到“时间线”面板的“视频 1”轨道中，如图 5-79 所示。将时间标签放置在 3:00s 的位置，将鼠标指针移动到“07.png”文件的尾部，当鼠标指针呈◀状时，向前拖曳到 3:00s 的位置上，如图 5-80 所示。

步骤 3 将时间标签放置在 0:05s 的位置，在“项目”面板中选中“08.png”文件并将其拖曳到“时间线”面板的“视频 2”轨道中，如图 5-81 所示。将鼠标指针移动到“08.png”文件的尾部，当鼠标指针呈◀状时，向前拖曳到“07.png”文件的结束位置上，如图 5-82 所示。

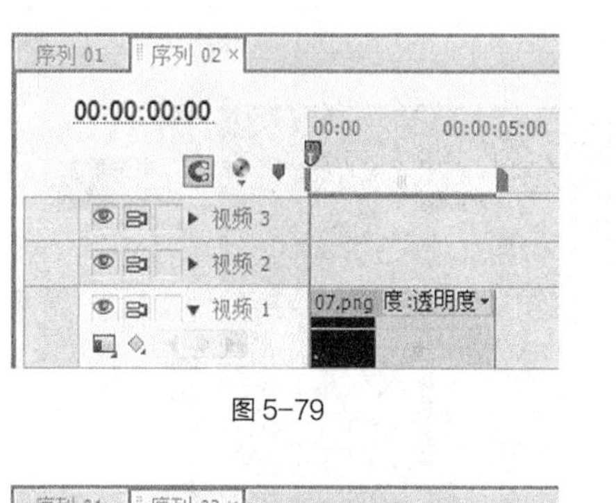

图 5-79

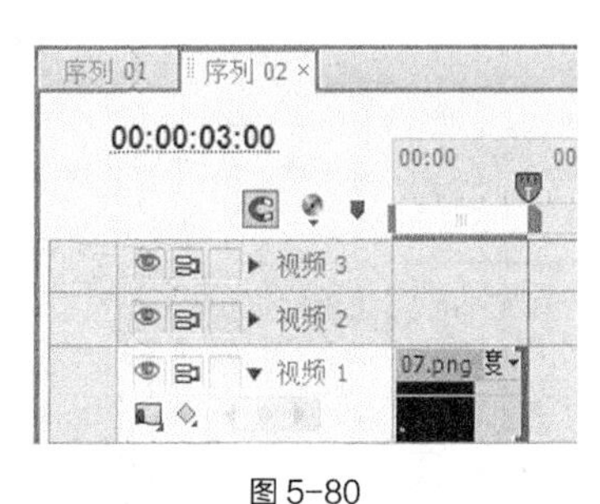

图 5-80

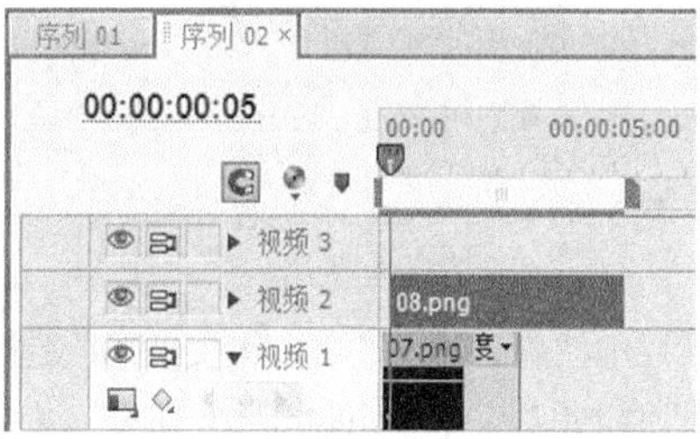

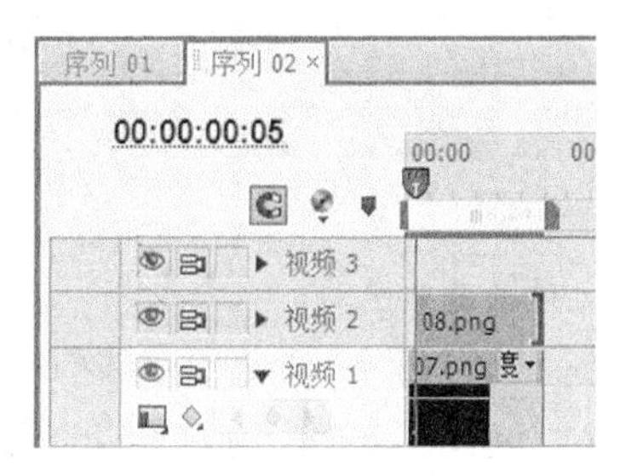

图 5-81

图 5-82

步骤 4　选择“序列 > 添加轨道”命令，弹出“添加视音轨”对话框，相关设置如图 5-83 所示，单击“确定”按钮，在“时间线”面板中添加 2 条视频轨道，如图 5-84 所示。使用相同的方法添加并编辑其他素材文件，如图 5-85 所示。

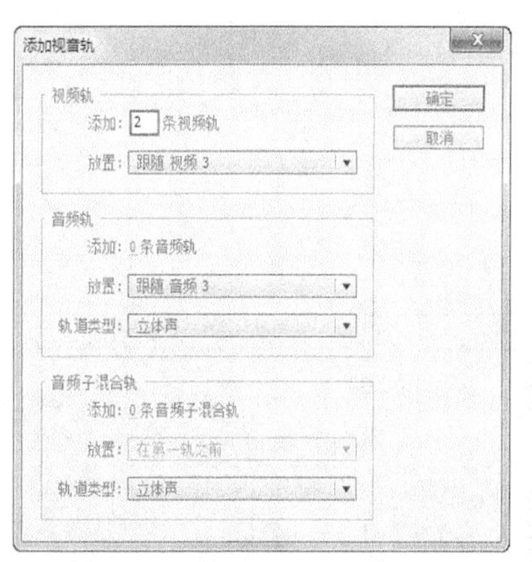

图 5-83

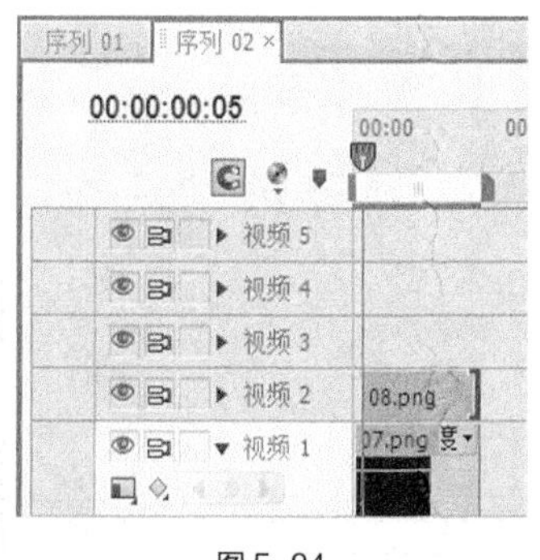

图 5-84

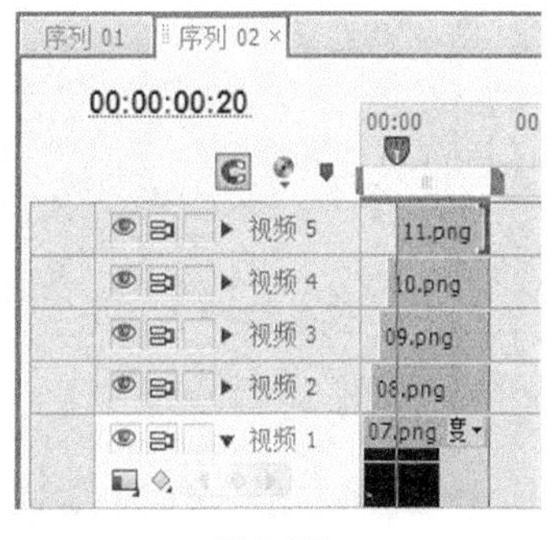

图 5-85

步骤 5　选择“时间线”面板中的“序列 01”。在“项目”面板中选中“01.jpg”文件并将其拖曳到“时间线”面板的“视频 1”轨道中，如图 5-86 所示。将时间标签放置在 4:14s 的位置，将鼠标指针移动到“01.jpg”文件的尾部，当鼠标指针呈◀状时，向前拖曳到 4:14s 的位置上，如图 5-87 所示。

步骤 6　在“项目”面板中选中“03.png”文件并将其拖曳到“时间线”面板的“视频 2”轨道中，如图 5-88 所示。将鼠标指针移动到“03.png”文件的尾部，当鼠标指针呈◀状时，向前拖曳到“01.jpg”文件的结束位置上，如图 5-89 所示。

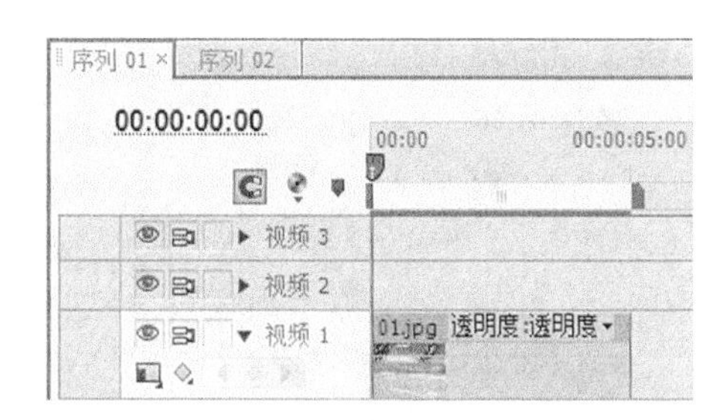

图 5-86

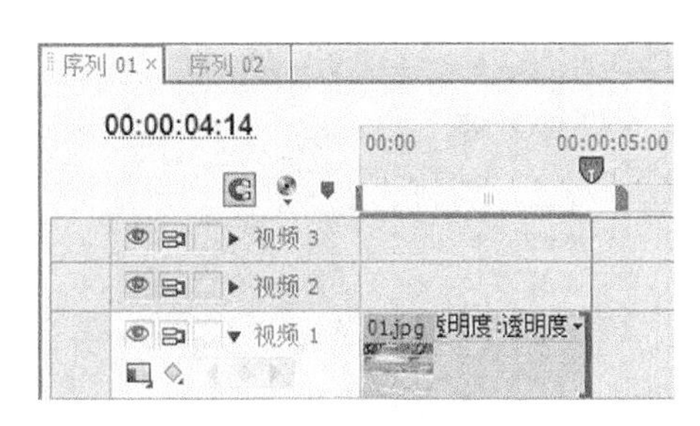

图 5-87

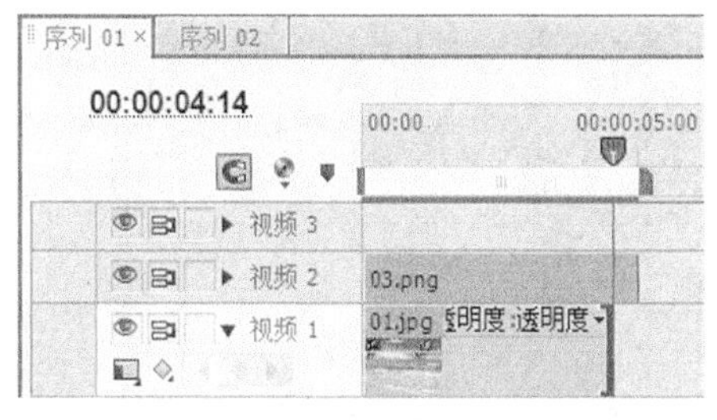

图 5-88

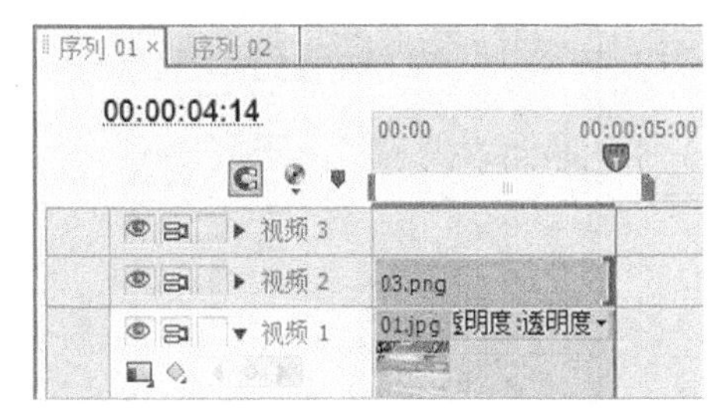

图 5-89

步骤 7　选择“时间线”面板中的“03.png”文件。将时间标签放置在 0s 的位置，在“特效控制台”面板中展开“运动”选项，将“位置”选项设置为 60 和 818，“旋转”选项设置为 17°，单击“位置”选项左侧的“切换动画”按钮，如图 5-90 所示，记录第 1 个动画关键帧。将时间标签放置在 1:05s 的位置，将“位置”选项设置为 250 和 496，如图 5-91 所示，记录第 2 个动画关键帧。

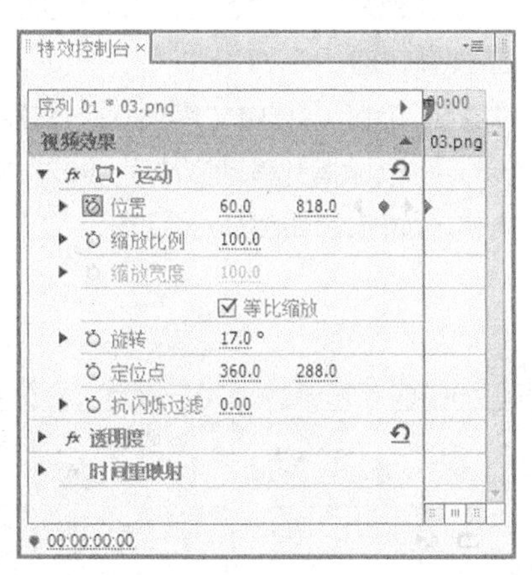

图 5-90

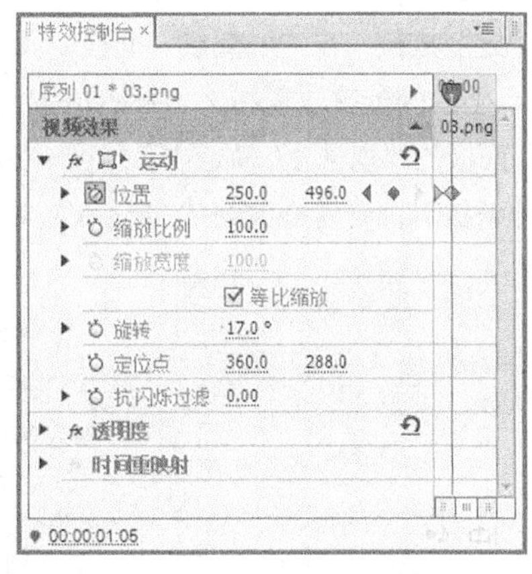

图 5-91

步骤 8　在“项目”面板中选中“04.png”文件并将其拖曳到“时间线”面板的“视频 3”轨道中，如图 5-92 所示。将鼠标指针移动到“04.png”文件的尾部，当鼠标指针呈状时，向前拖曳到“03.png”文件的结束位置上，如图 5-93 所示。

步骤 9　选择“时间线”面板中的“04.png”文件。将时间标签放置在 0s 的位置，在“特效控制台”面板中展开“运动”选项，将“位置”选项设置为-50 和 605，单击“位置”选项左侧的“切换动画”按钮，如图 5-94 所示，记录第 1 个动画关键帧。将时间标签放置在 1:06s 的位置，将“位置”选项设置为 186 和 418，如图 5-95 所示，记录第 2 个动画关键帧。

图 5-92

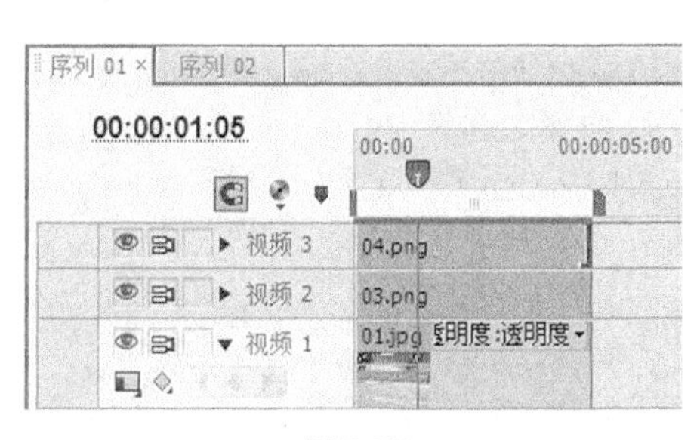

图 5-93

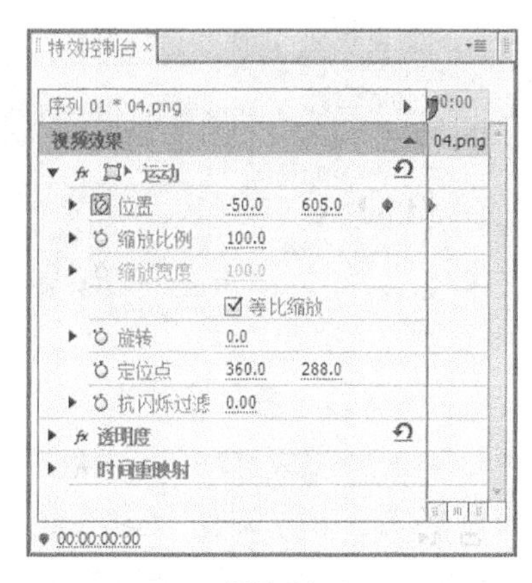

图 5-94

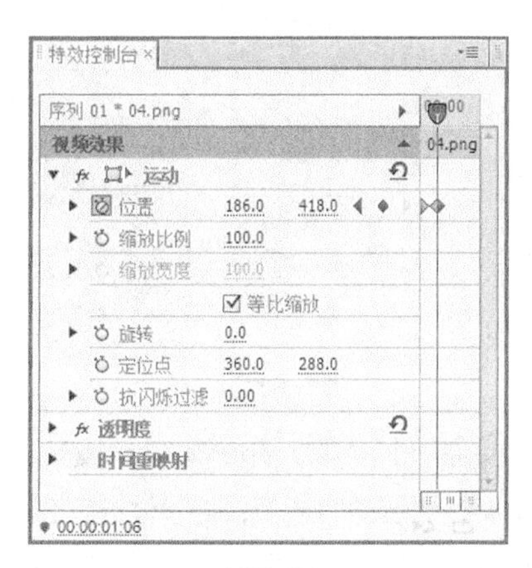

图 5-95

步骤 10　选择“序列 > 添加轨道”命令，弹出“添加视音轨”对话框，相关设置如图 5-96 所示，单击“确定”按钮，在“时间线”面板中添加 4 条视频轨道。

步骤 11　将时间标签放置在 2:19s 的位置，在“项目”面板中选中“序列 02”文件并将其拖曳到“时间线”面板的“视频 4”轨道中，如图 5-97 所示。将鼠标指针移动到“序列 02”文件的尾部，当鼠标指针呈◀状时，向前拖曳到“04.png”文件的结束位置上，如图 5-98 所示。

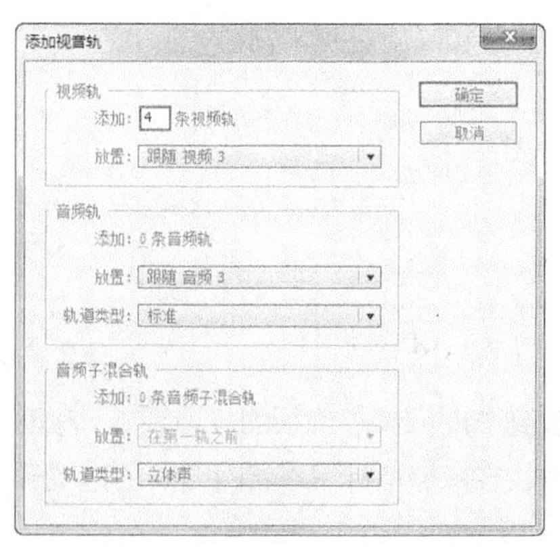

图 5-96

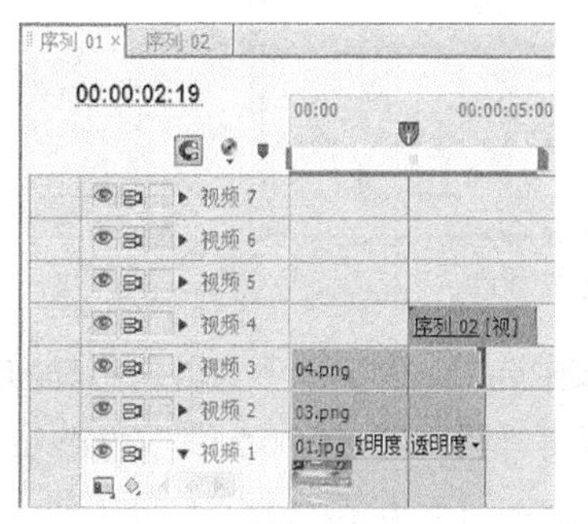

图 5-97

图 5-98

步骤 12　在“项目”面板中选中“06.png”文件并将其拖曳到“时间线”面板的“视频 5”轨道中，如图 5-99 所示。将鼠标指针移动到“06.png”文件的尾部，当鼠标指针呈◀状时，向前拖曳到“04.png”文件的结束位置上，如图 5-100 所示。

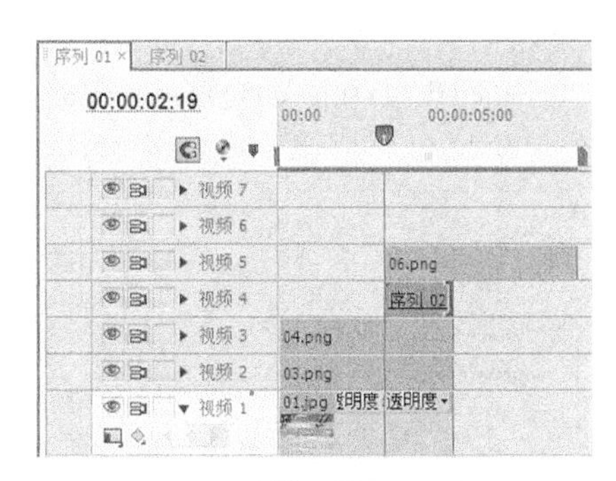

图 5-99

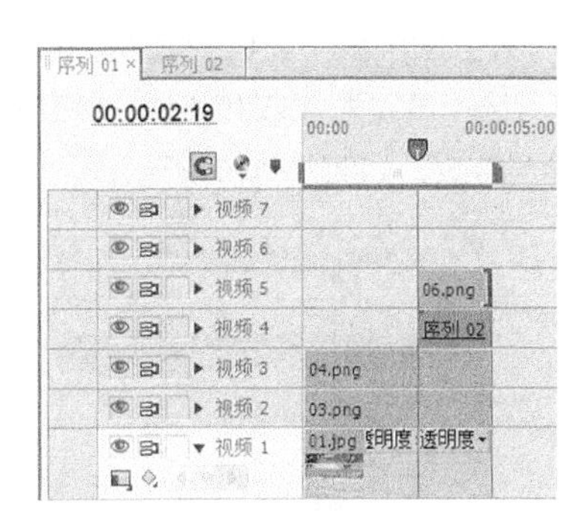

图 5-100

步骤 13　在“时间线”面板中选中“06.png”文件。在“特效控制台”面板中展开“运动”选项，将“位置”选项设置为 410 和 162，“缩放比例”选项设置为 80，如图 5-101 所示。

步骤 14　在“效果”面板中展开“视频切换”选项，单击“擦除”文件夹前面的三角形按钮 ▶ 将其展开，选中“擦除”特效，如图 5-102 所示。将“擦除”特效拖曳到“时间线”面板中的“06.png”文件的开始位置，如图 5-103 所示。

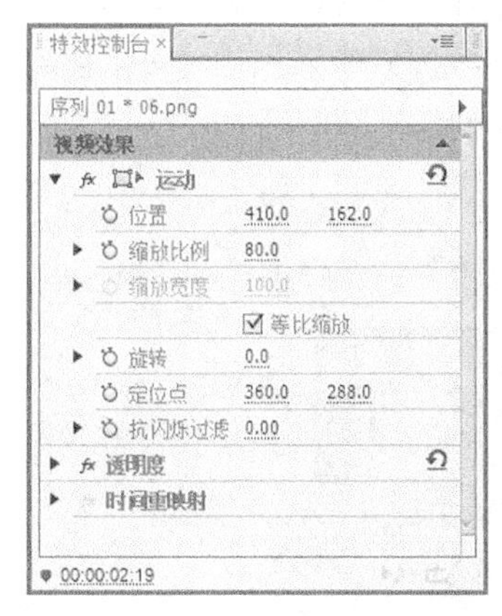

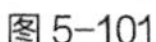

图 5-101

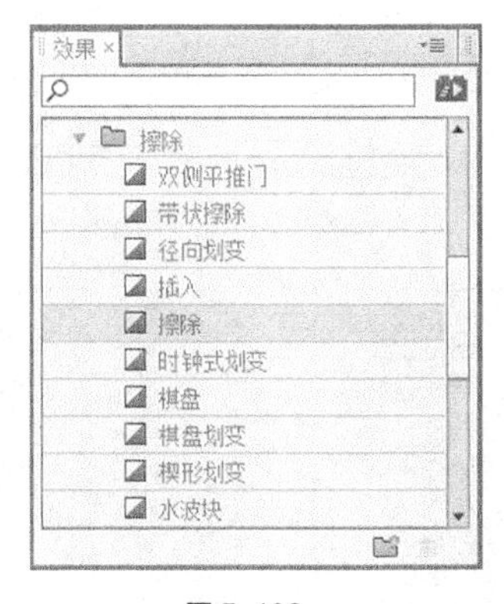

图 5-102

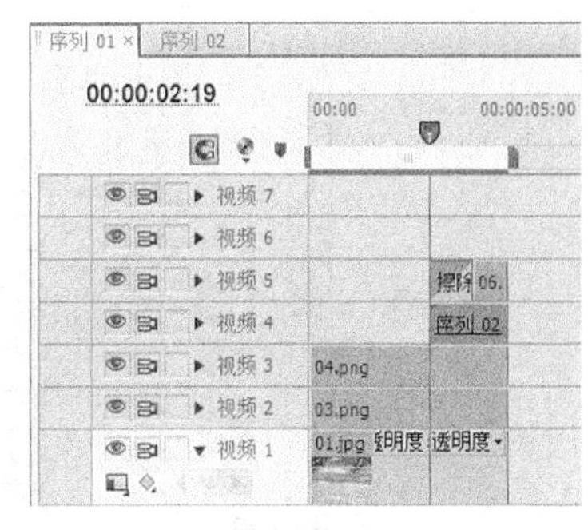

图 5-103

步骤 15　将时间标签放置在 2:04s 的位置，在“项目”面板中选中“05.png”文件并将其拖曳到“时间线”面板的“视频 6”轨道中，如图 5-104 所示。将鼠标指针移动到“05.png”文件的尾部，当鼠标指针呈◀|状时，向前拖曳到“06.png”文件的结束位置上，如图 5-105 所示。

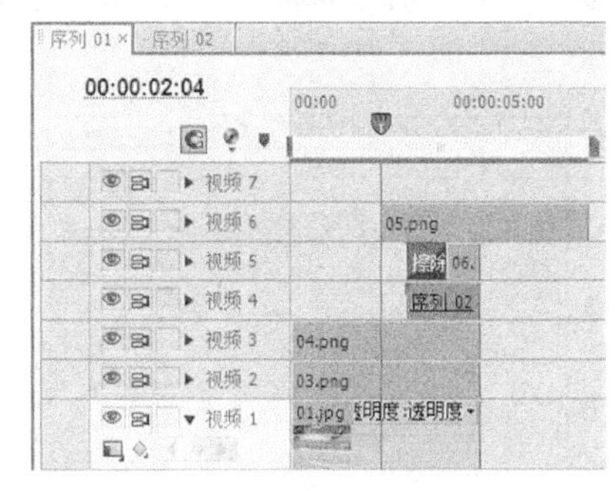

图 5-104

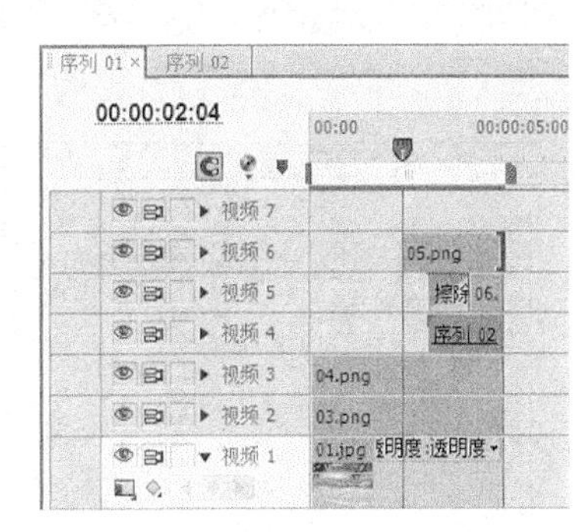

图 5-105

步骤 16 在“时间线”面板中选中“05.png”文件。在“特效控制台”面板中展开“运动”选项，将“位置”选项设置为435和140，“缩放比例”选项设置为90，如图5-106所示。使用上述方法添加“擦除”特效，如图5-107所示。

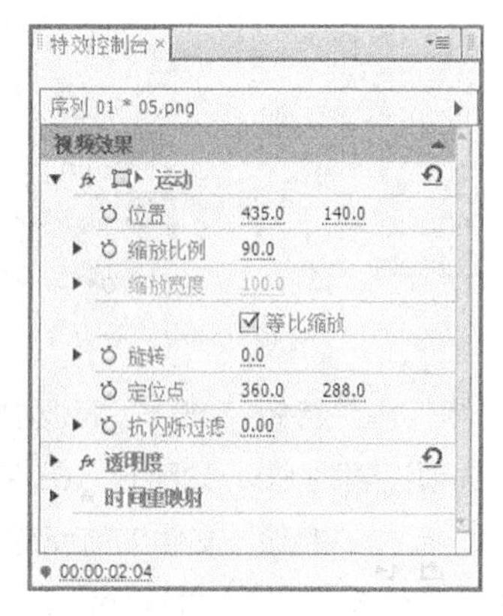

图5-106

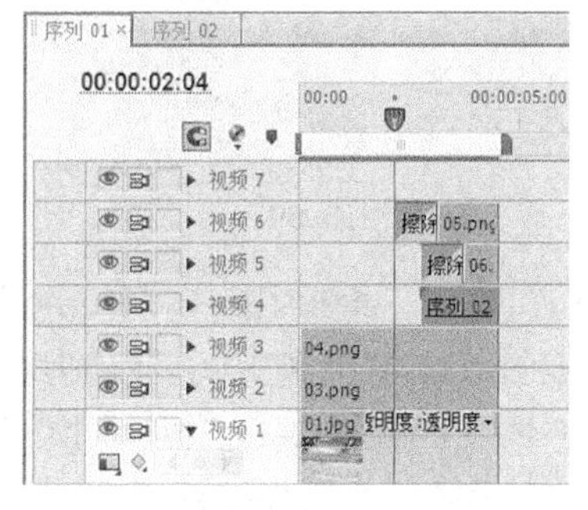

图5-107

步骤 17 将时间标签放置在0:10s的位置，在“项目”面板中选中“02.png”文件并将其拖曳到“时间线”面板的“视频7”轨道中，如图5-108所示。将鼠标指针移动到“02.png”文件的尾部，当鼠标指针呈状时，向前拖曳到“05.png”文件的结束位置上，如图5-109所示。

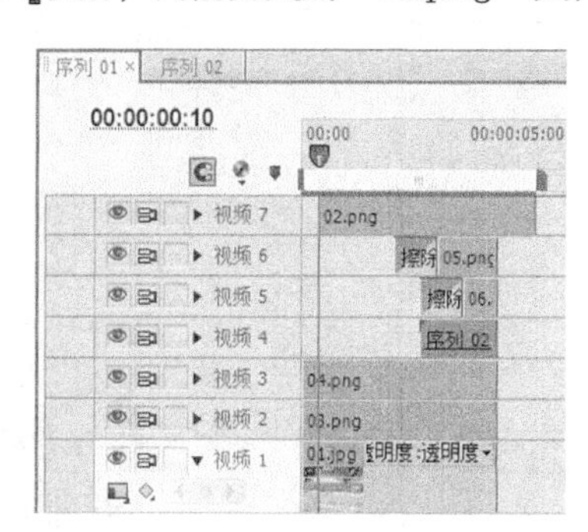

图5-108

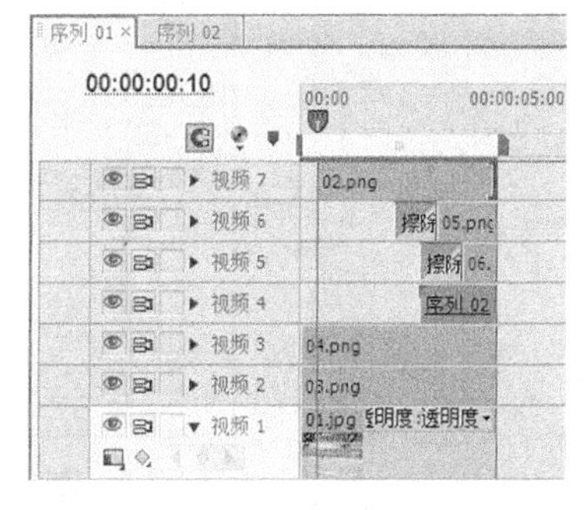

图5-109

步骤 18 将时间标签放置在0:10s的位置，在“特效控制台”面板中展开“透明度”选项，将“透明度”选项设置为0%，如图5-110所示，记录第1个动画关键帧。将时间标签放置在1:10s的位置，在“特效控制台”面板中将“透明度”选项设置为100%，如图5-111所示，记录第2个动画关键帧。

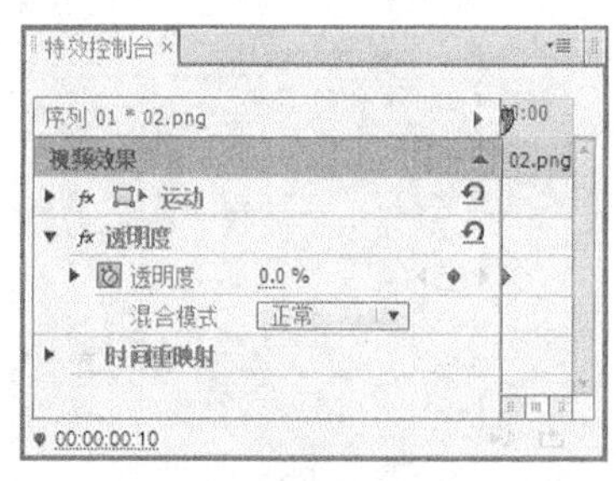

图5-110

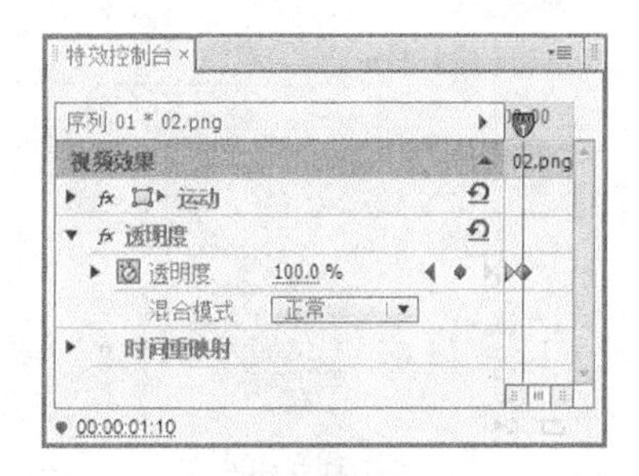

图5-111

步骤 19　在“项目”面板中选中“白色”文件并将其拖曳到“时间线”面板的“视频 1”轨道中，如图 5-112 所示。将时间标签放置在 6:09s 的位置，将鼠标指针移动到“白色”文件的尾部，当鼠标指针呈状时，向前拖曳到 6:09s 的位置上，如图 5-113 所示。

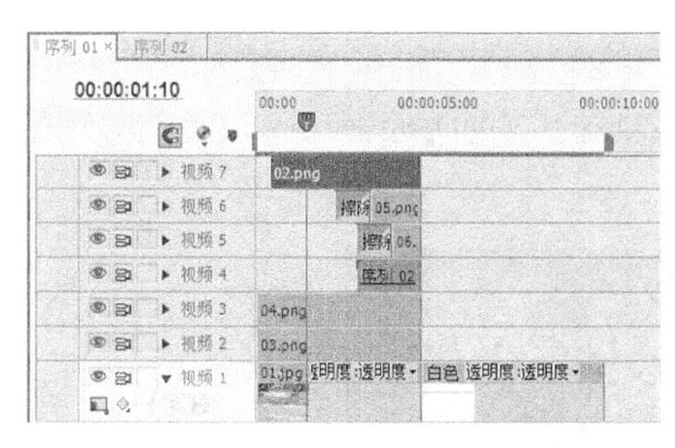

图 5-112

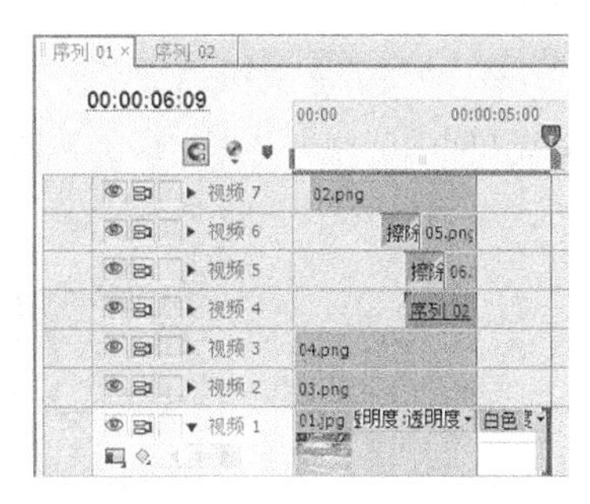

图 5-113

步骤 20　在“项目”面板中选中“12.png”文件并将其拖曳到“时间线”面板的“视频 2”轨道中，如图 5-114 所示。在“时间线”面板中选中“12.png”文件，将鼠标指针移动到“12.png”文件的尾部，当鼠标指针呈状时，向前拖曳到“白色”文件的结束位置上，如图 5-115 所示。

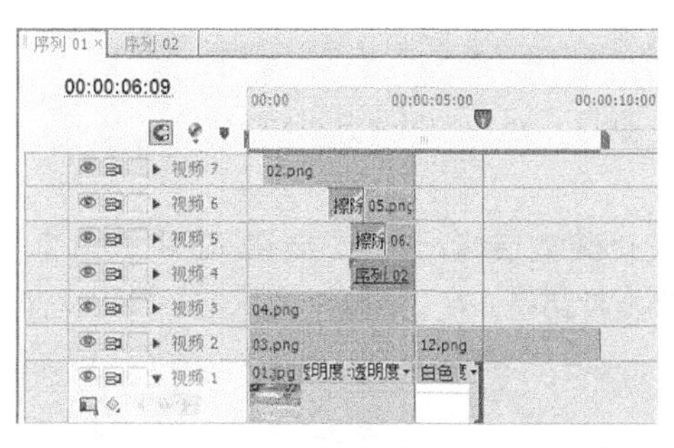

图 5-114

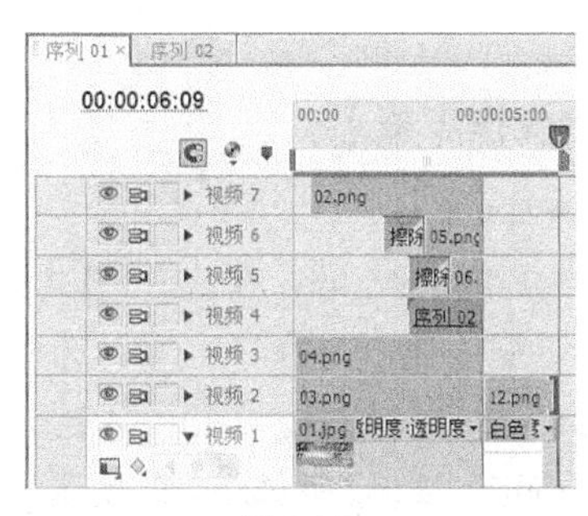

图 5-115

步骤 21　在“特效控制台”面板中展开“运动”选项，将“缩放比例”选项设置为 60，如图 5-116 所示。在“效果”面板中展开“视频切换”选项，单击“擦除”文件夹前面的三角形按钮将其展开，选中“时钟式划变”特效，如图 5-117 所示。将“时钟式划变”特效拖曳到“时间线”面板中的“12.png”文件的开始位置，如图 5-118 所示。至此，摄像机广告制作完成。

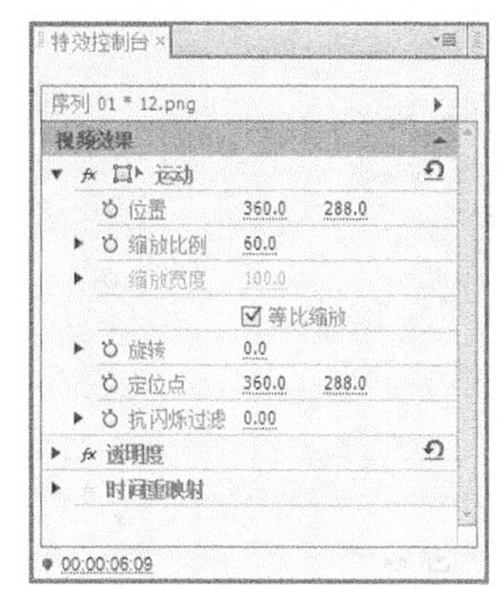

图 5-116

图 5-117

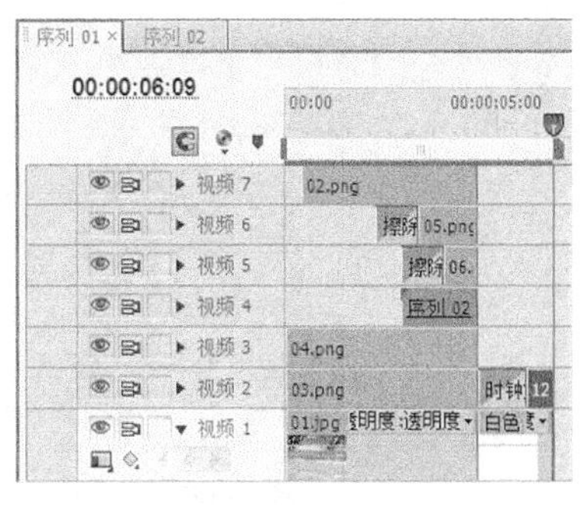

图 5-118

5.3.3 制作汉堡广告

【案例知识要点】

使用“字幕”命令添加并编辑文字，使用“特效控制台”面板设置图像的位置、比例和透明度以制作动画效果，使用“序列”和“添加轨道”命令添加新的序列和轨道。汉堡广告效果如图 5-119 所示。

微课：制作汉堡广告

图 5-119

【案例操作步骤】

1. *添加项目文件*

步骤 1 启动 Premiere Pro CS6 软件，弹出启动对话框，单击“新建项目”按钮，弹出“新建项目”对话框，设置“位置”选项，选择保存文件路径，在“名称”文本框中输入文件名“制作汉堡广告”，如图 5-120 所示。单击“确定”按钮，弹出“新建序列”对话框，相关设置如图 5-121 所示，单击“确定”按钮，完成序列的创建。

图 5-120

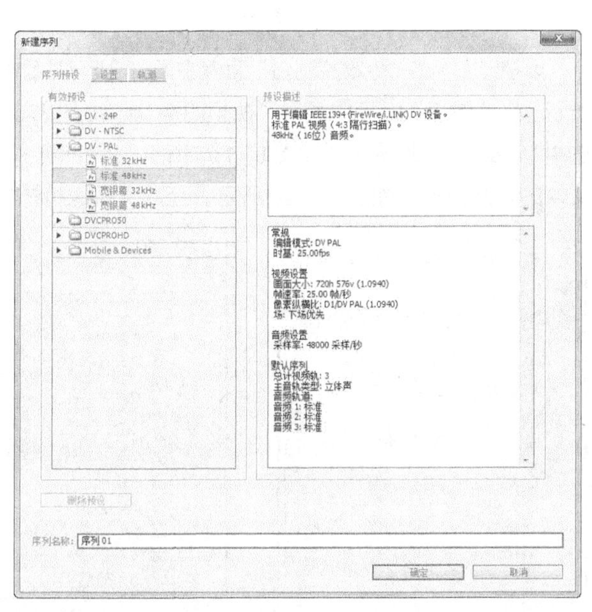

图 5-121

步骤 2　选择“文件 > 导入”命令，弹出“导入”对话框，选择云盘中的“项目五\制作汉堡广告\素材”中的所有素材文件，单击“打开”按钮，导入视频文件，如图 5-122 所示。导入后的文件排列在“项目”面板中，如图 5-123 所示。

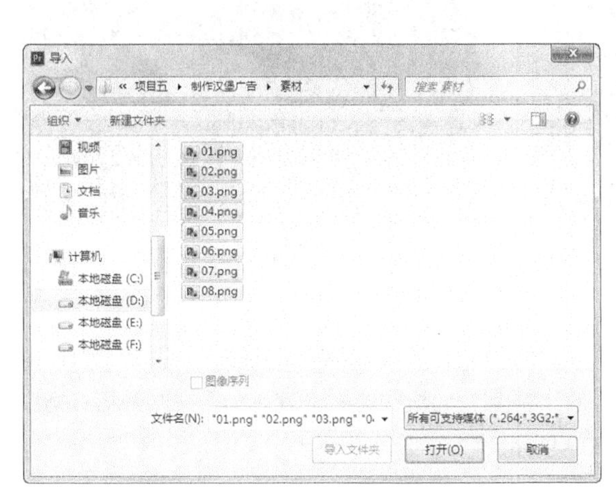

图 5-122

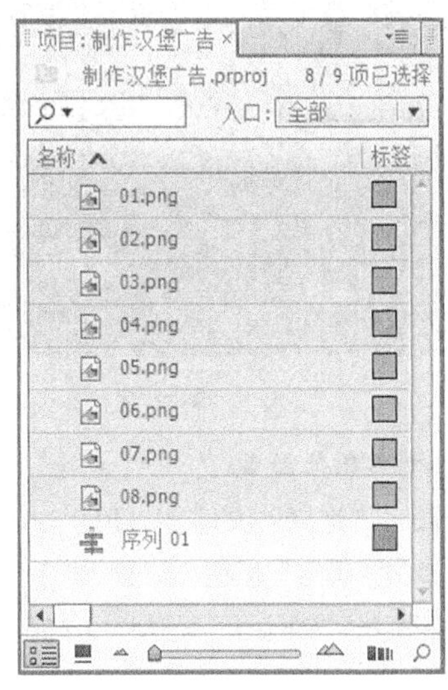

图 5-123

步骤 3　选择“文件 > 新建 > 字幕”命令，弹出“新建字幕”对话框，如图 5-124 所示，单击“确定”按钮，弹出字幕编辑面板，选择“输入”工具 T，在字幕工作区中输入需要的文字。在“字幕属性”子面板中展开“属性”选项，相关设置如图 5-125 所示；展开“填充”选项，将“颜色”选项设置为白色；勾选“阴影”复选框，相关设置如图 5-126 所示。

图 5-124

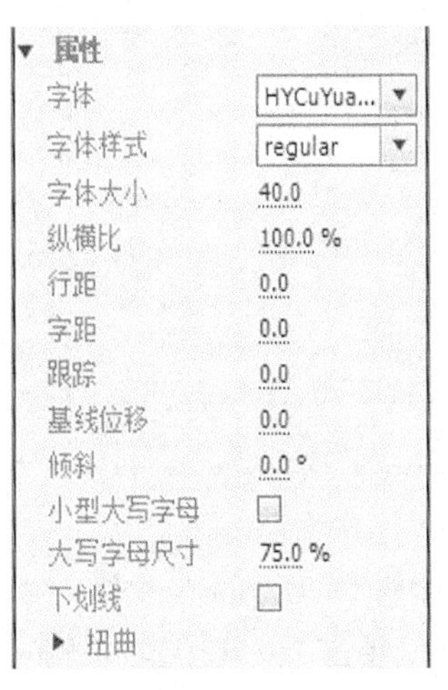

图 5-125

图 5-126

步骤 4　字幕工作区中文字的效果如图 5-127 所示。在“项目”面板中选中“字幕 01”文件，按 Ctrl+C 组合键，复制文件，按 Ctrl+V 组合键，粘贴文件。将其重命名为“字幕 02”并双击，弹出字幕编辑面板，选中并修改需要的文字，效果如图 5-128 所示。

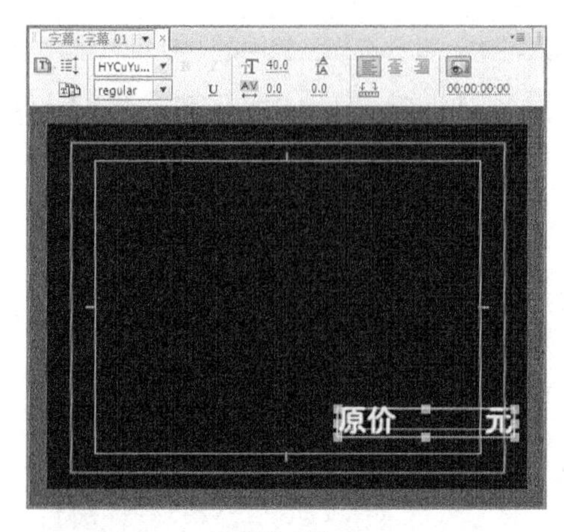

图 5-127

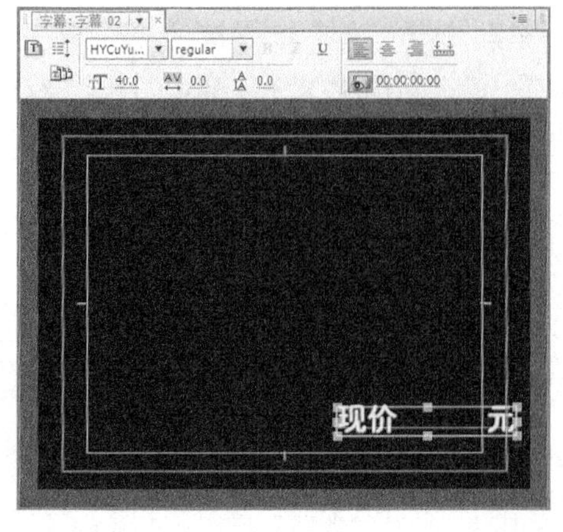

图 5-128

2. 制作图像动画

步骤 1　选择“文件 > 新建 > 序列”命令，弹出“新建序列”对话框，相关设置如图 5-129 所示，单击“确定”按钮，新建“序列 02”。在“项目”面板中选中“07.png”文件并将其拖曳到“时间线”面板的“视频 1”轨道中，如图 5-130 所示。

图 5-129

图 5-130

步骤 2　在“时间线”面板中选中“07.png”文件。在“特效控制台”面板中展开“运动”选项，将“位置”选项设置为 360 和 30，单击“位置”选项左侧的“切换动画”按钮，如图 5-131 所示，记录第 1 个动画关键帧。将时间标签放置在 0:11s 的位置，在“特效控制台”面板中，将“位置”选项设置为 360 和 309.2，如图 5-132 所示，记录第 2 个动画关键帧。

步骤 3　将时间标签放置在 0:15s 的位置，在“特效控制台”面板中将“位置”选项设置为 360 和 260，如图 5-133 所示，记录第 3 个动画关键帧。将时间标签放置在 0:20s 的位置，在“特效控制台”面板中将“位置”选项设置为 360 和 288，如图 5-134 所示，记录第 4 个动画关键帧。

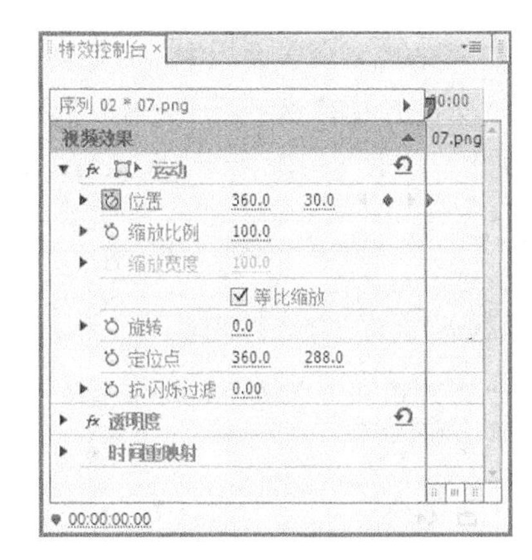

图 5-131

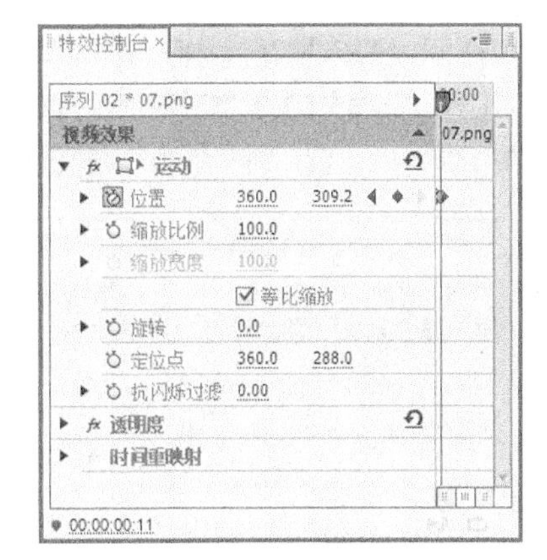

图 5-132

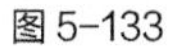
图 5-133

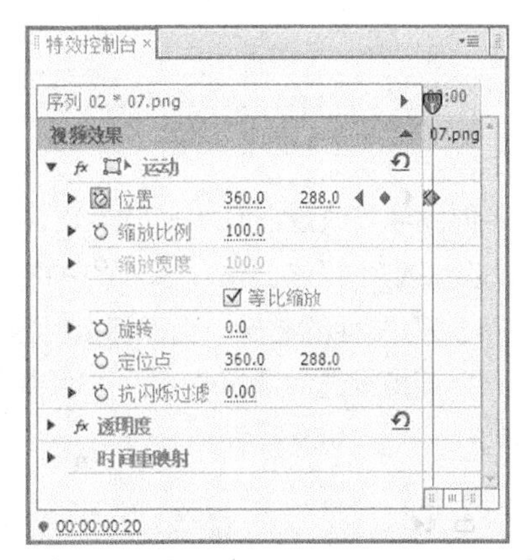

图 5-134

步骤 4　将时间标签放置在 0:10s 的位置。在“项目”面板中选中“08.png”文件并将其拖曳到“时间线”面板的“视频 2”轨道中，如图 5-135 所示。在“时间线”面板中选中“08.png”文件，在“特效控制台”面板中展开“运动”选项，将“位置”选项设置为 593.2 和 453.3，“缩放比例”选项设置为 87，如图 5-136 所示。

图 5-135

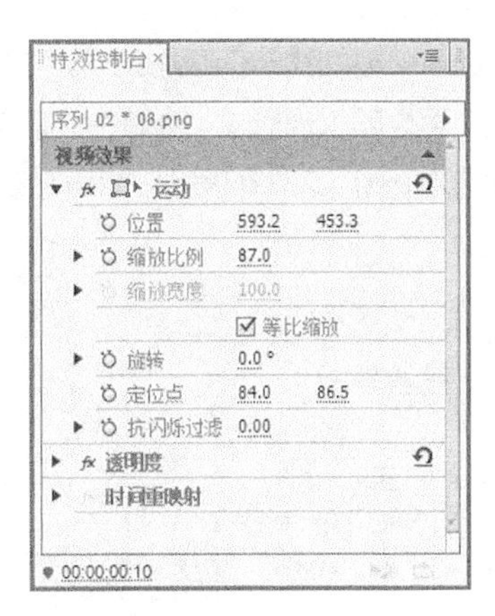

图 5-136

步骤 5　将时间标签放置在 1:00s 的位置，在“特效控制台”面板中将“旋转”选项设置为 180°，单击“旋转”选项左侧的“切换动画”按钮，如图 5-137 所示，记录第 1 个动画关键帧。将时间标签放置在 1:20s 的位置，将“旋转”选项设置为 0°，如图 5-138 所示，记录第 2 个动画关键帧。

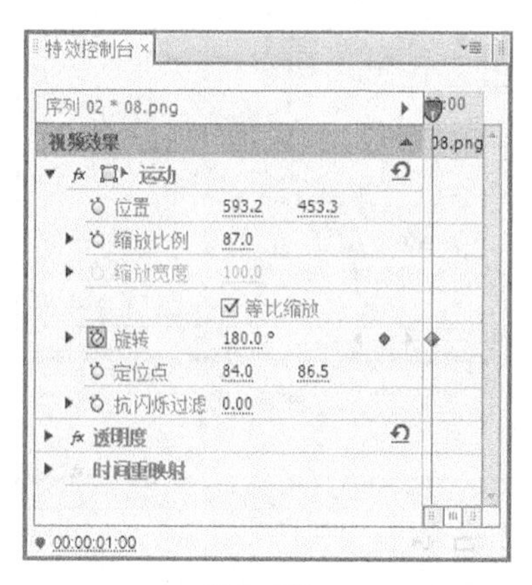

图 5-137

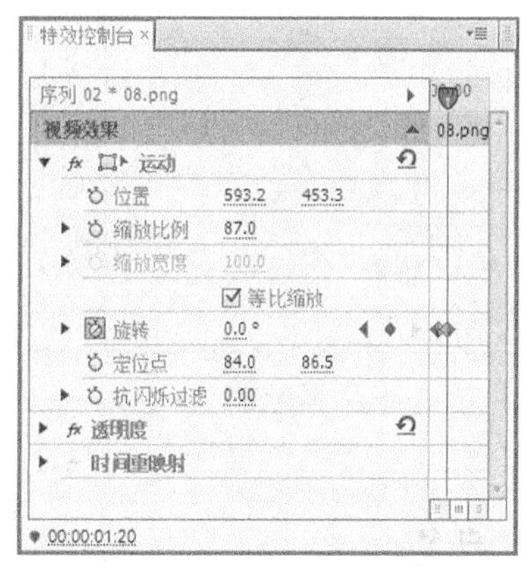

图 5-138

步骤 6　将时间标签放置在 0:10s 的位置，在“项目”面板中选中“字幕 01”文件并将其拖曳到“时间线”面板的“视频 3”轨道中，如图 5-139 所示。将时间标签放置在 1:00s 的位置，将鼠标指针移动到“字幕 01”文件的尾部，当鼠标指针呈状时，向前拖曳到 1:00s 的位置上，如图 5-140 所示。在“项目”面板中选中“字幕 02”文件并将其拖曳到“时间线”面板的“视频 3”轨道中，如图 5-141 所示。

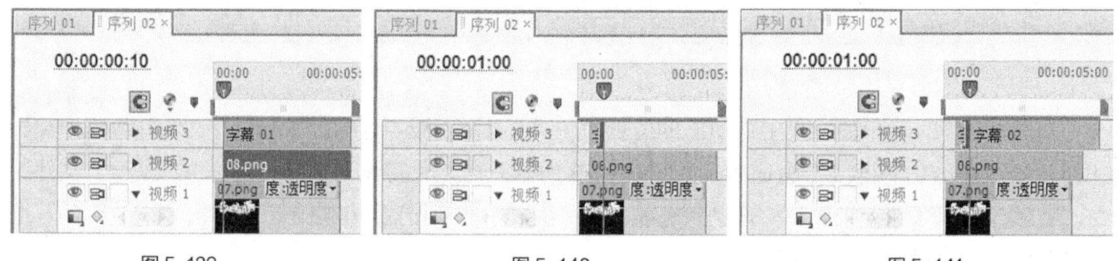

图 5-139　　图 5-140　　图 5-141

步骤 7　选择“时间线”面板中的“序列 01”。在“项目”面板中选中“01.png”文件并将其拖曳到“时间线”面板的“视频 1”轨道中，如图 5-142 所示。将时间标签放置在 4:05s 的位置，将鼠标指针移动到“01.png”文件的尾部，当鼠标指针呈状时，向前拖曳到 4:05s 的位置上，如图 5-143 所示。

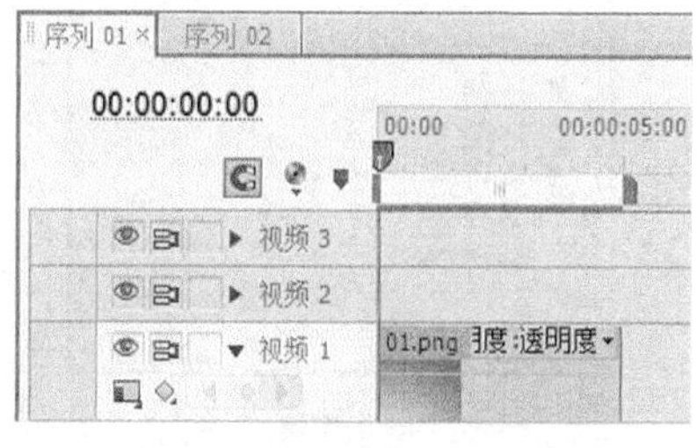

图 5-142

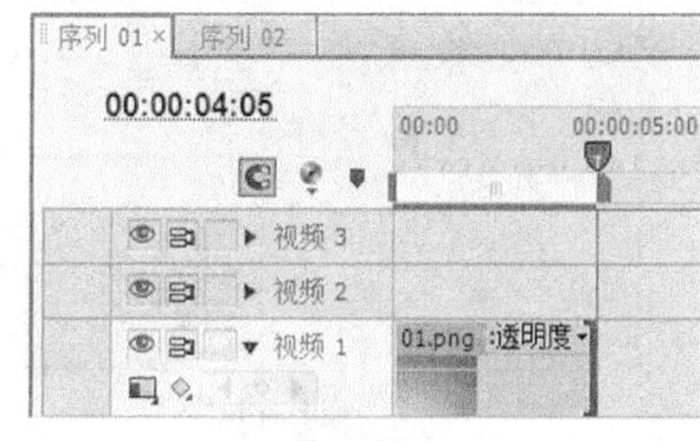

图 5-143

步骤 8　在“项目”面板中选中“02.png”文件并将其拖曳到“时间线”面板的“视频 2”轨道中，如图 5-144 所示。将时间标签放置在 2:00s 的位置，将鼠标指针移动到“02.png”文件的尾部，当鼠标指针呈◀状时，向前拖曳到 2:00s 的位置上，如图 5-145 所示。选择“时间线”面板中的“02.png”文件，将时间标签放置在 0s 的位置，在“特效控制台”面板中展开“运动”选项，将“位置”选项设置为 238 和 183，“缩放比例”选项设置为 66，如图 5-146 所示。

图 5-144　　图 5-145　　图 5-146

步骤 9　在“特效控制台”面板中展开“透明度”选项，将“透明度”选项设置为 0%，如图 5-147 所示，记录第 1 个动画关键帧。将时间标签放置在 0:10s 的位置，将“透明度”选项设置为 100%，如图 5-148 所示，记录第 2 个动画关键帧。将时间标签放置在 0:20s 的位置，将“透明度”选项设置为 0，如图 5-149 所示，记录第 3 个动画关键帧。

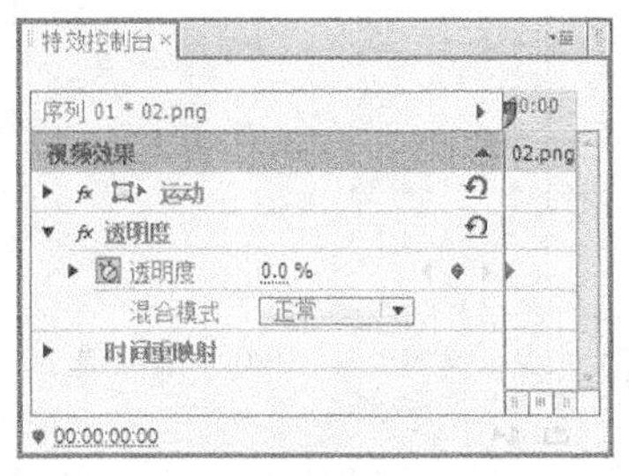

图 5-147

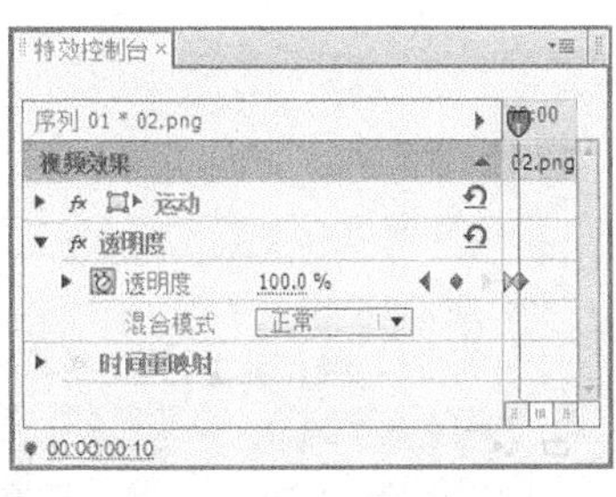

图 5-148

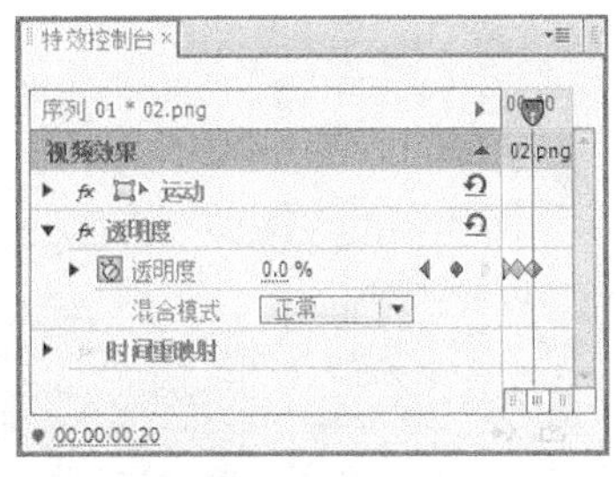

图 5-149

步骤 10　在“项目”面板中选中“06.png”文件并将其拖曳到“时间线”面板的“视频 2”轨道中，如图 5-150 所示。将鼠标指针移动到“06.png”文件的尾部，当鼠标指针呈◀状时，向前拖曳到“01.png”文件的结束位置上，如图 5-151 所示。

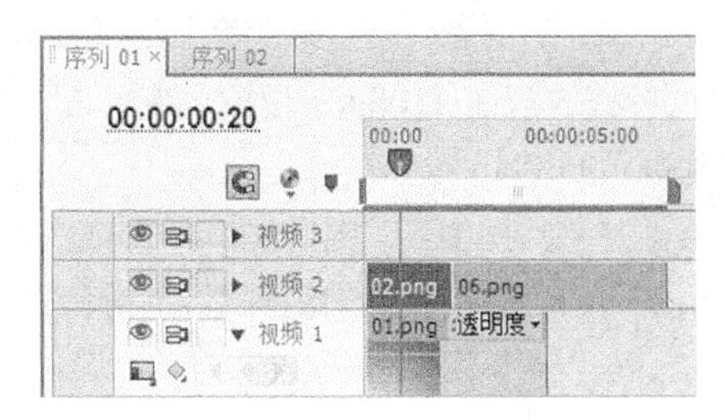

图 5-150

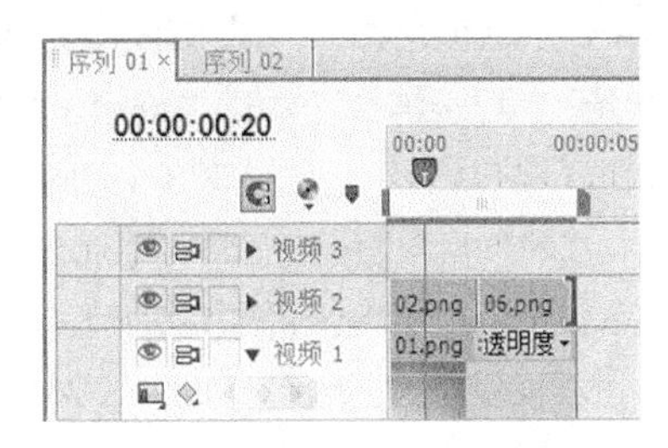

图 5-151

步骤 11　选择“窗口 > 效果”命令，弹出“效果”面板，展开“视频切换”选项，单击“擦除”文件夹前面的三角形按钮将其展开，选中“擦除”特效，如图 5-152 所示。将“擦除”特效拖曳到“时间线”面板中“06.png”文件的开始位置，如图 5-153 所示。

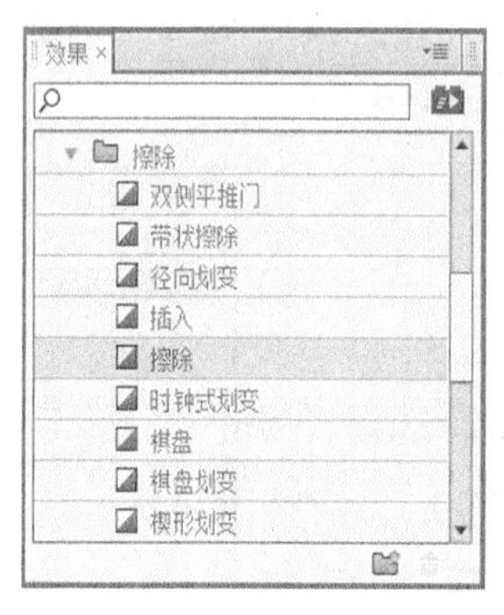

图 5-152

图 5-153

步骤 12　将时间标签放置在 0:10s 的位置。在“项目”面板中选中“03.png”文件并将其拖曳到“时间线”面板的“视频 3”轨道中，如图 5-154 所示。将鼠标指针移动到“03.png”文件的尾部，当鼠标指针呈状时，向前拖曳到“02.png”文件的结束位置上，如图 5-155 所示。在“特效控制台”面板中展开“运动”选项，将“位置”选项设置为 484 和 220，“缩放比例”选项设置为 98，如图 5-156 所示。

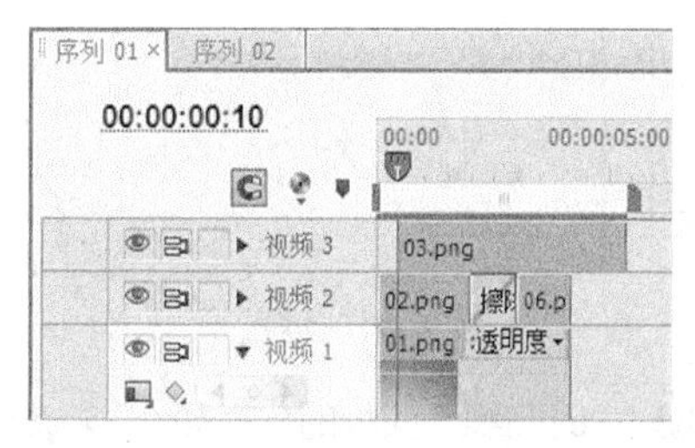

图 5-154

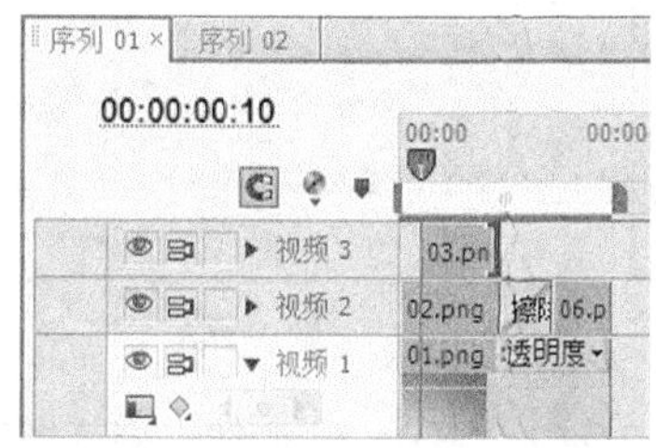

图 5-155

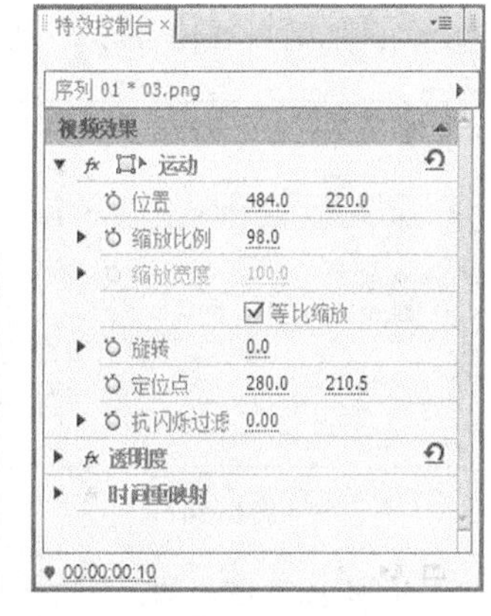

图 5-156

步骤 13　在“特效控制台”面板中展开“透明度”选项，将“透明度”选项设置为 0%，如图 5-157 所示，记录第 1 个动画关键帧。将时间标签放置在 0:20s 的位置，将“透明度”选项设置为 100%，如图 5-158 所示，记录第 2 个动画关键帧。将时间标签放置在 1:05s 的位置，将“透明度”选项设置为 0%，如图 5-159 所示，记录第 3 个动画关键帧。

步骤 14　在“项目”面板中选中“05.png”文件并将其拖曳到“时间线”面板的“视频 3”轨道中，如图 5-160 所示。将鼠标指针移动到“05.png”文件的尾部，当鼠标指针呈状时，向前拖曳到“06.png”文件的结束位置上，如图 5-161 所示。

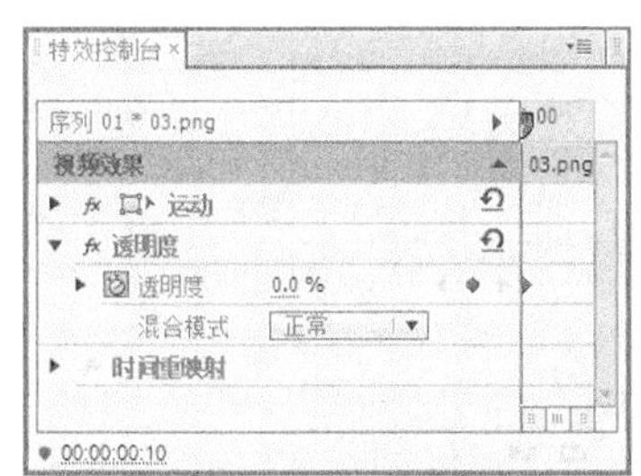

图 5-157

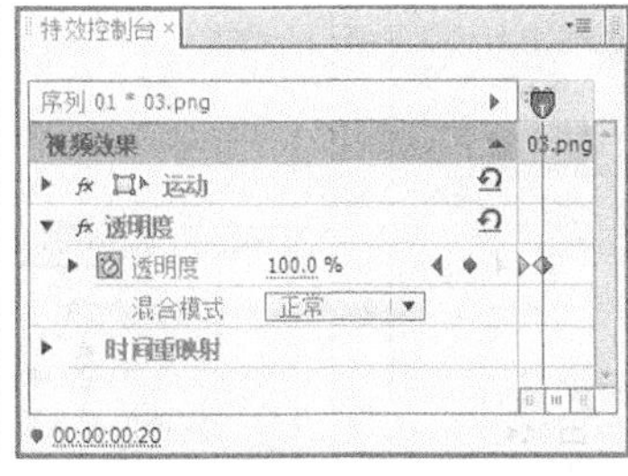

图 5-158

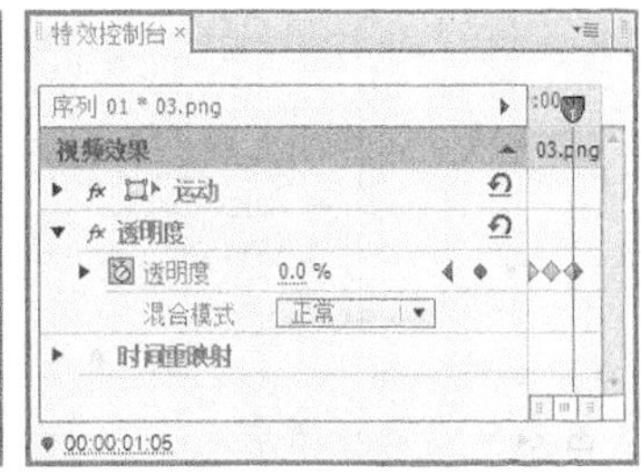

图 5-159

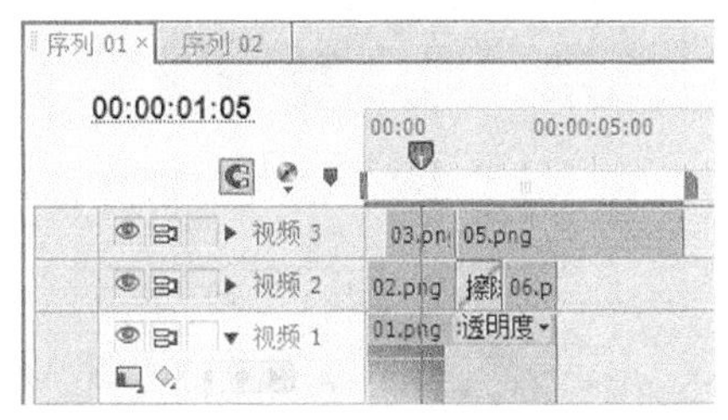

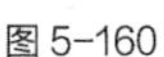
图 5-160

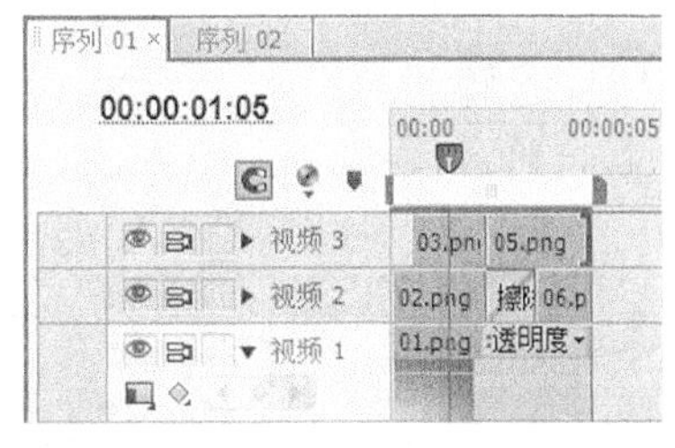

图 5-161

步骤 15　选择“序列 > 添加轨道”命令，弹出“添加视音轨”对话框，相关设置如图 5-162 所示，单击“确定”按钮，在“时间线”面板中添加 2 条视频轨道。将时间标签放置在 0:20s 的位置，在“项目”面板中选中“04.png”文件并将其拖曳到“时间线”面板的“视频 4”轨道中，如图 5-163 所示。

图 5-162

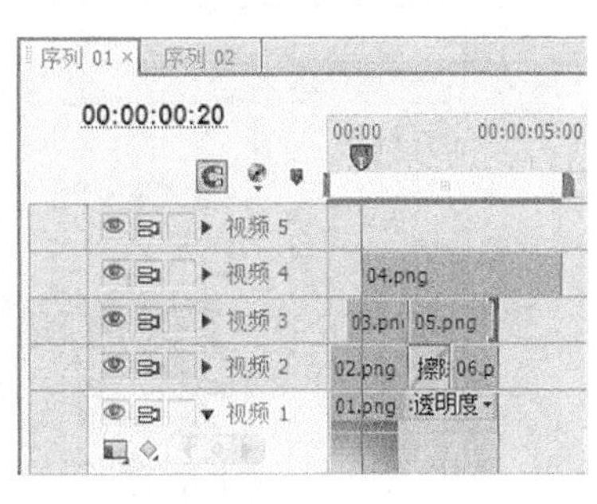

图 5-163

步骤 16　在“时间线”面板的“视频 4”轨道中选中“04.png”文件，在“特效控制台”面板中展开“运动”选项，将“位置”选项设置为 400 和 416，“缩放比例”选项设置为 113，如图 5-164 所示。将鼠标指针移动到“04.png”文件的尾部，当鼠标指针呈 状时，向前拖曳到“03.png”文件的结束位置上，如图 5-165 所示。

步骤 17　将时间标签放置在 0:20s 的位置，在“特效控制台”面板中展开“透明度”选项，将“透明度”选项设置为 0%，如图 5-166 所示，记录第 1 个动画关键帧。将时间标签放置在 1:05s 的位置，将“透明度”选项设置为 100%，如图 5-167 所示，记录第 2 个动画关键帧。将时间标签放置在 1:15s 的位置，将“透明度”选项设置为 0%，如图 5-168 所示，记录第 3 个动画关键帧。

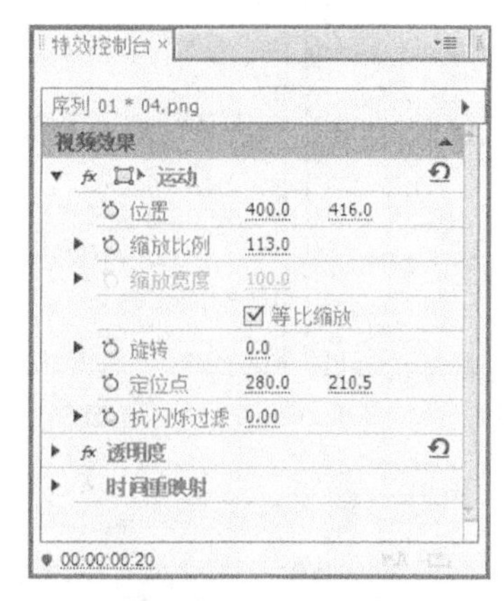

图 5-164

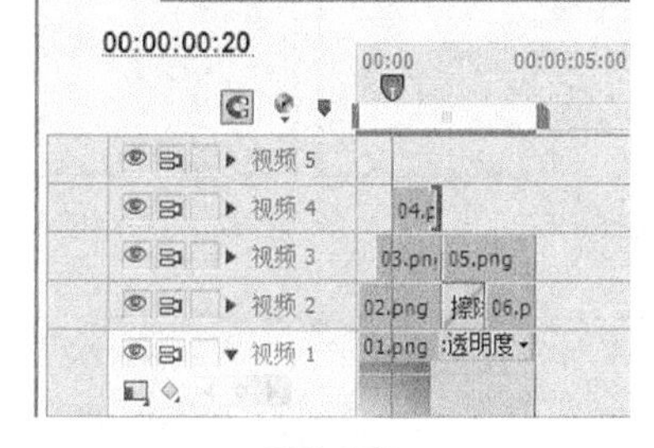

图 5-165

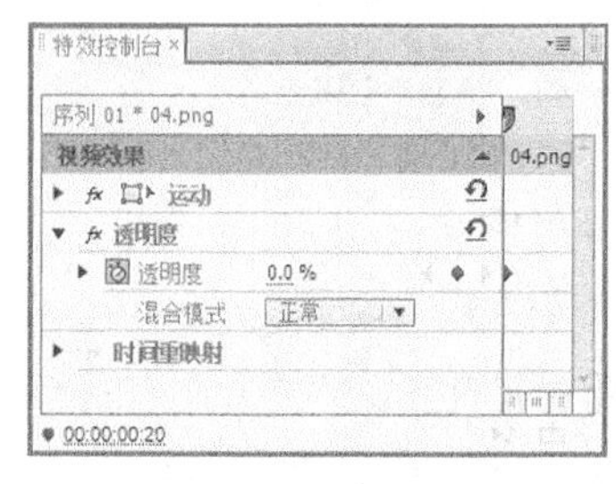

图 5-166

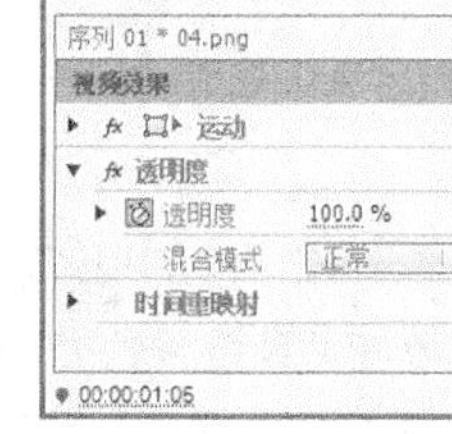

图 5-167

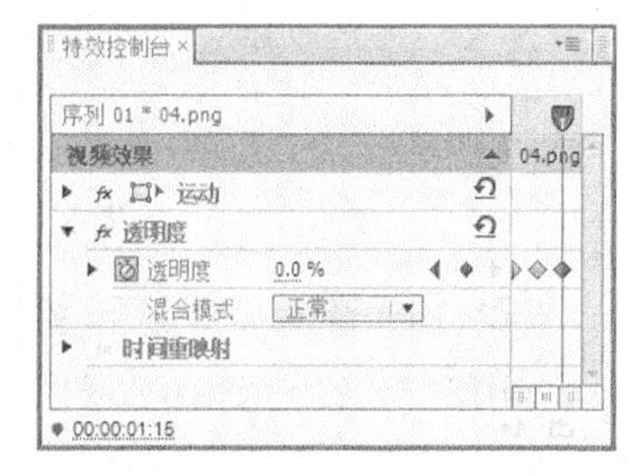

图 5-168

步骤 18　在“项目”面板中选中“序列 02”文件并将其拖曳到“时间线”面板的“视频 4”轨道中，如图 5-169 所示。将鼠标指针移动到“序列 02”文件的尾部，当鼠标指针呈状时，向前拖曳到“05.png”文件的结束位置上，如图 5-170 所示。

图 5-169

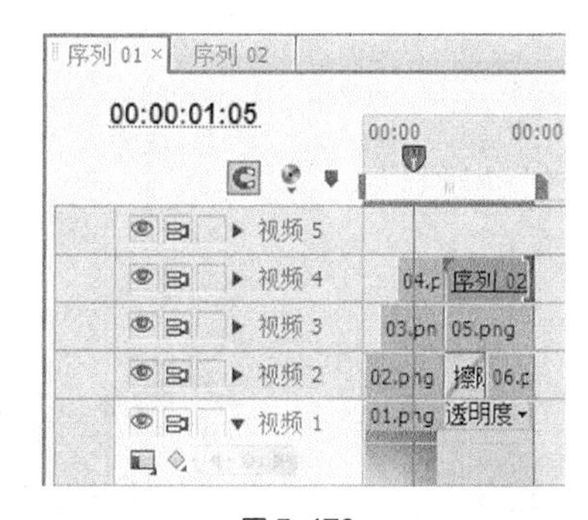

图 5-170

步骤 19　将时间标签放置在 1:05s 的位置。在“项目”面板中选中“05.png”文件并将其拖曳到“时间线”面板的“视频 5”轨道中，如图 5-171 所示。将鼠标指针移动到“05.png”文件的尾部，当鼠标指针呈状时，向前拖曳到“04.png”文件的结束位置上，如图 5-172 所示。

步骤 20　将时间标签放置在 1:05s 的位置，在“特效控制台”面板中展开“透明度”选项，将“透明度”选项设置为 0%，如图 5-173 所示，记录第 1 个动画关键帧。将时间标签放置在 1:15s 的位置，将“透明度”选项设置为 100%，如图 5-174 所示，记录第 2 个动画关键帧。至此，汉堡广告制作完成。

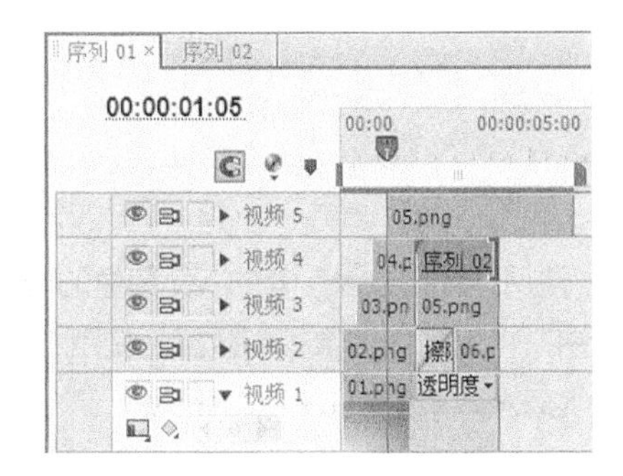

图 5-171

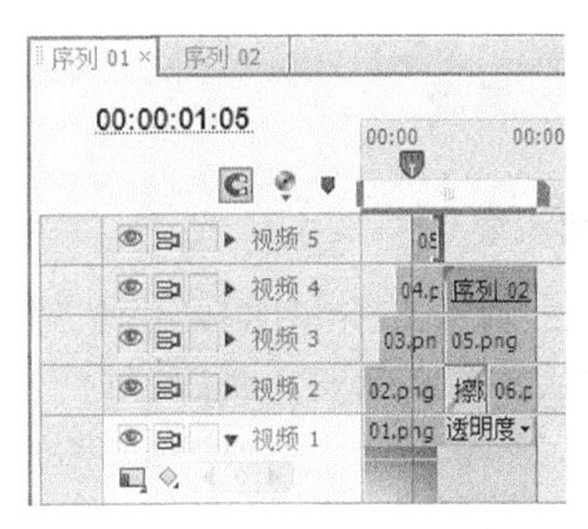

图 5-172

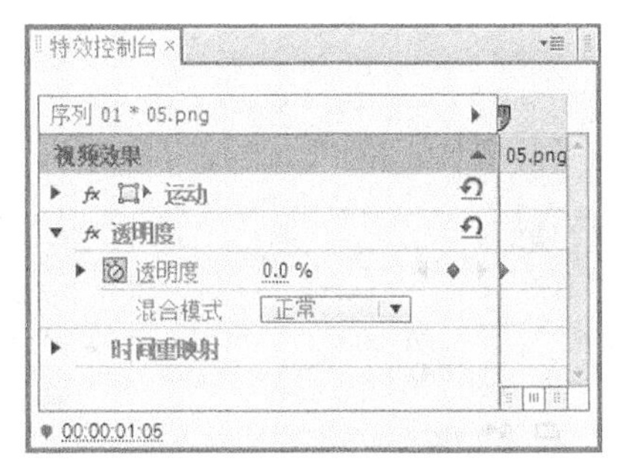

图 5-173

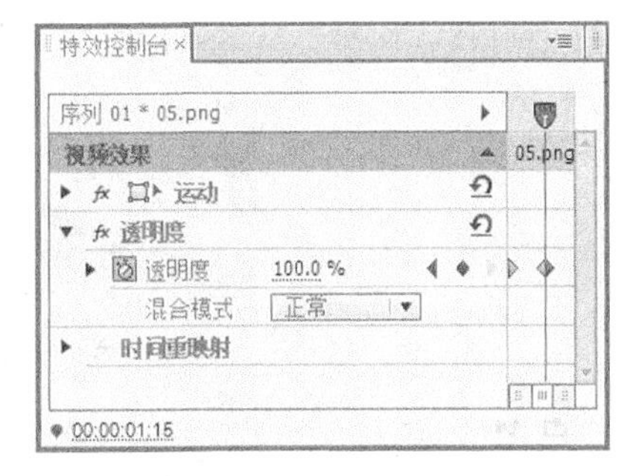

图 5-174

任务四 课后实战演练

5.4.1 单色保留

【练习知识要点】

使用“分色”命令制作图片去色和动画效果。单色保留效果如图 5-175 所示。

【案例所在位置】

云盘中的“项目五\单色保留\单色保留 prproj”。

图 5-175

微课：单色保留

5.4.2 水墨画

【练习知识要点】

使用“黑白”命令将彩色图像转换为灰度图像，使用“查找边缘”命令制作图像的边缘，使用“色阶”特效调整图像的亮度和对比度，使用“高斯模糊”特效制作图像模糊效果，使用“字幕”命令输入与编辑文字，使用“运动”选项调整文字位置。水墨画效果如图 5-176 所示。

【案例所在位置】

云盘中的“项目五\水墨画\水墨画 prproj”。

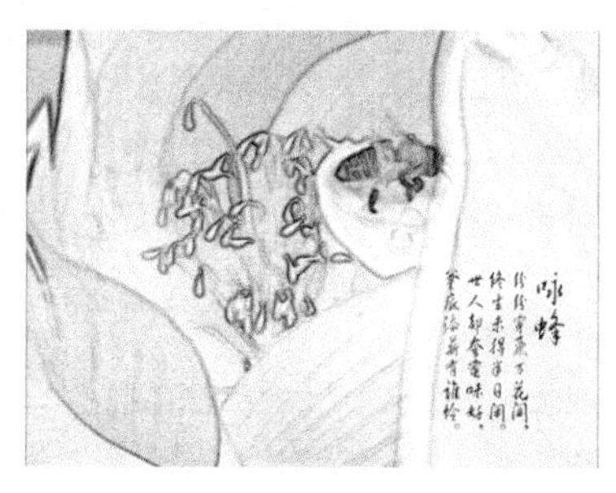

图 5-176

微课：水墨画

06 项目六 制作电视节目

本项目主要介绍字幕的制作方法，并对字幕的创建、保存、字幕编辑面板中的各项功能及使用方法进行详细介绍。通过对本项目的学习，读者应能掌握编辑字幕的操作技巧。

课堂学习目标

- 了解字幕编辑面板
- 创建字幕文字对象
- 创建运动字幕

任务一 了解字幕编辑面板

Premiere Pro CS6 提供了一个专门用来创建及编辑字幕的字幕编辑面板，如图 6-1 所示，所有文字编辑及处理都是在该面板中完成的。其功能非常强大，不仅可以创建各种各样的文字效果，还能够绘制各种图形，这为用户的文字编辑工作提供了很大的方便。

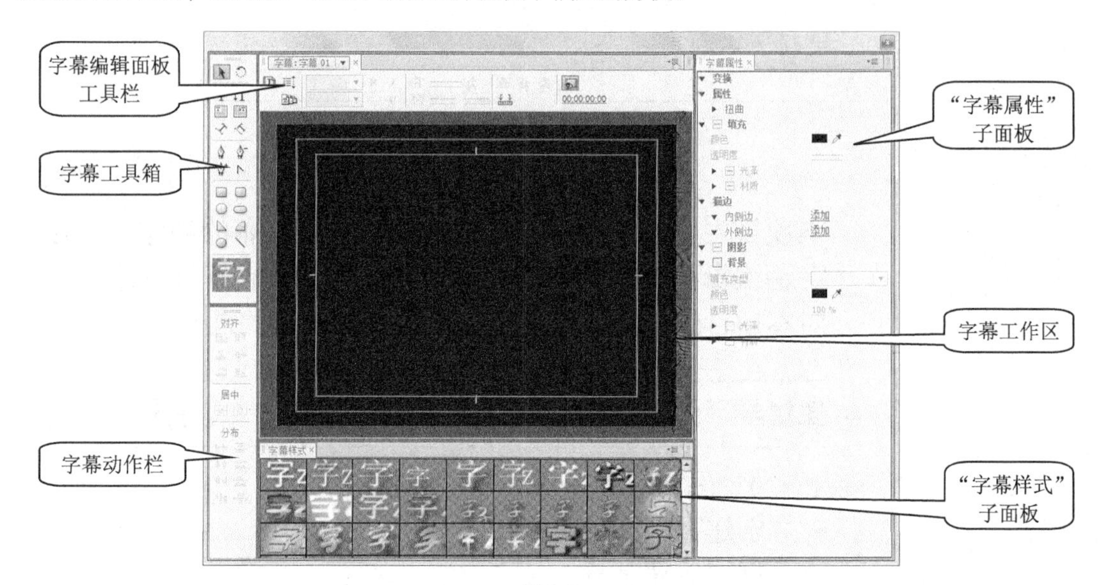

图 6-1

任务二 创建字幕文字对象

利用字幕工具箱中的各种文字工具，用户可以非常方便地创建出水平排列或垂直排列的文字，也可以创建出沿路径行走的文字，还可以创建出水平或者垂直段落文字。

6.2.1 创建水平排列或垂直排列的文字

打开字幕编辑面板后，可以根据需要利用字幕工具箱中的"输入"工具T和"垂直文字"工具↓T创建水平排列或者垂直排列的字幕文字，具体操作步骤如下。

步骤 1 在字幕工具箱中选择"输入"工具T或"垂直文字"工具↓T。

步骤 2 在字幕编辑面板的字幕工作区中单击并输入文字即可，如图 6-2 和图 6-3 所示。

6.2.2 创建路径文字

利用字幕工具箱中的平行或者垂直路径工具可以创建路径文字，具体操作步骤如下。

步骤 1 在字幕工具箱中选择"路径输入"工具或"垂直路径输入"工具。

步骤 2 将鼠标指针移动到字幕编辑面板的字幕工作区中，此时，鼠标指针变为钢笔状，在需要输入的位置单击。

图 6-2

图 6-3

步骤 3　将鼠标指针移动到另一个位置再次单击，此时会出现一条曲线，即文本路径。

步骤 4　选择文字输入工具（任何一种工具即可），在路径上单击并输入文字即可，如图 6-4 和图 6-5 所示。

图 6-4

图 6-5

6.2.3　创建段落字幕文字

利用字幕工具箱中的“文本框”工具或“垂直文本框”工具可以创建段落文本，具体操作步骤如下。

步骤 1　在字幕工具箱中选择“文本框”工具或“垂直文本框”工具。

步骤 2　将鼠标指针移动到字幕编辑面板的字幕工作区中，单击并按住鼠标左键不放，从左上角向右下角拖曳出一个矩形框并输入文字，效果如图 6-6 和图 6-7 所示。

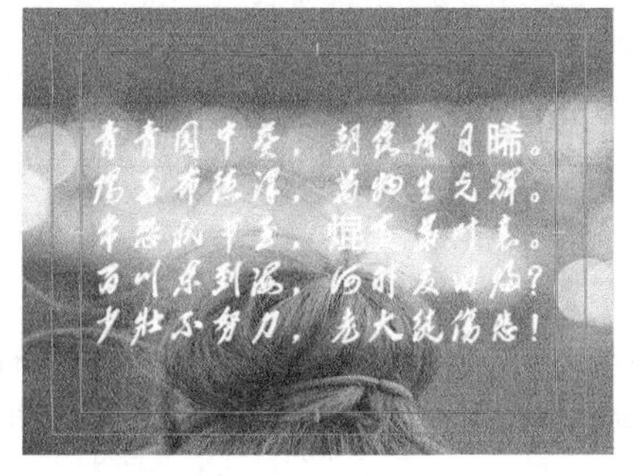

图 6-6

图 6-7

6.2.4 实训项目：球面化文字

【案例知识要点】

使用“字幕”命令添加标题文字，使用“彩色浮雕”特效制作文字突出效果，使用“球面化”特效制作文字球面效果。球面化文字效果如图 6-8 所示。

微课：球面化文字

图 6-8

【案例操作步骤】

步骤 1 启动 Premiere Pro CS6 软件，弹出启动对话框，单击“新建项目”按钮 ，弹出“新建项目”对话框，设置“位置”选项，选择保存文件路径，在“名称”文本框中输入文件名“球面化文字”，如图 6-9 所示。单击“确定”按钮，弹出“新建序列”对话框，在左侧的列表中展开“DV-PAL”选项，选中“标准 48kHz”模式，如图 6-10 所示，单击“确定”按钮，完成序列的创建。

图 6-9

图 6-10

步骤 2 选择“文件 > 导入”命令，弹出“导入”对话框，选择云盘中的“项目六\球面化文字\素材\01.avi”文件，单击“打开”按钮，导入视频文件，如图 6-11 所示。导入后的文件排列在“项目”面板中，如图 6-12 所示。

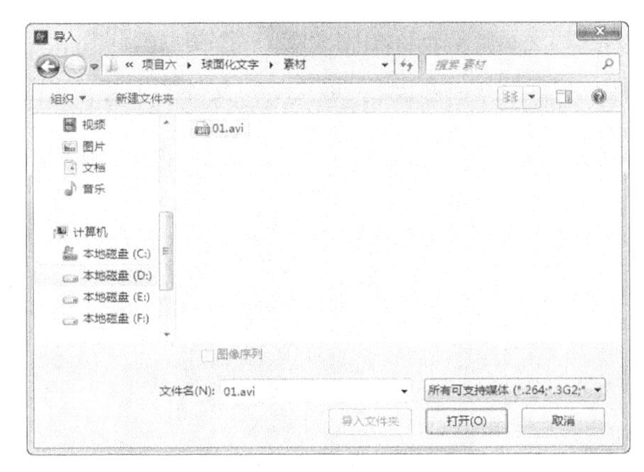

图 6-11

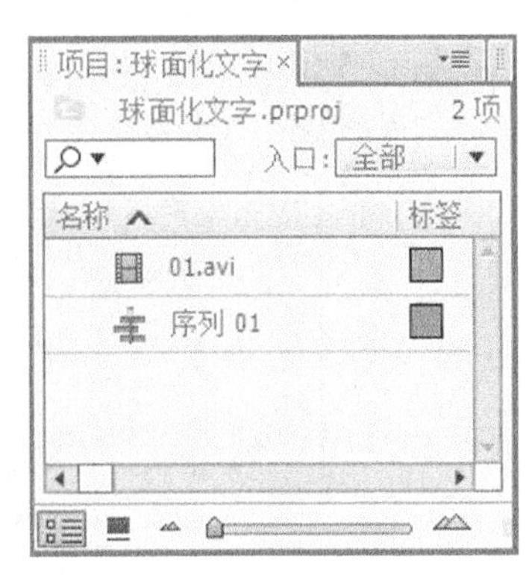

图 6-12

步骤 3　在“项目”面板中选中“01.avi”文件并将其拖曳到“时间线”面板的“视频 1”轨道中，如图 6-13 所示。选择“文件 > 新建 > 字幕”命令，弹出“新建字幕”对话框，如图 6-14 所示，单击“确定”按钮，弹出字幕编辑面板，选择“输入”工具T，在字幕工作区中输入“春光明媚”，在“字幕属性”子面板中将“颜色”选项设置为草绿色（其 R、G、B 的值分别为 138、255、0），其他选项的设置如图 6-15 所示。关闭字幕编辑面板，新建的字幕文件会自动保存到“项目”面板中。

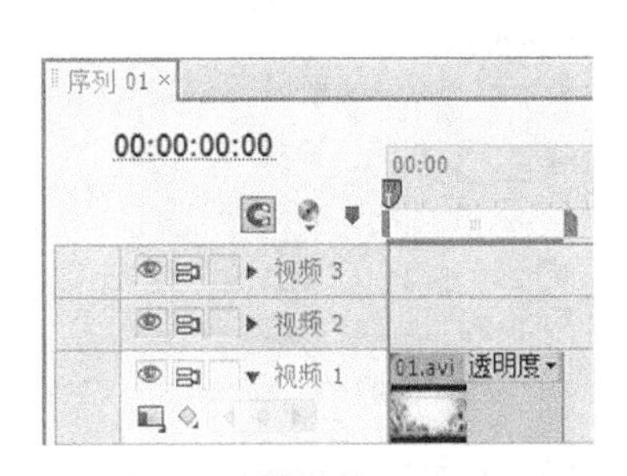

图 6-13

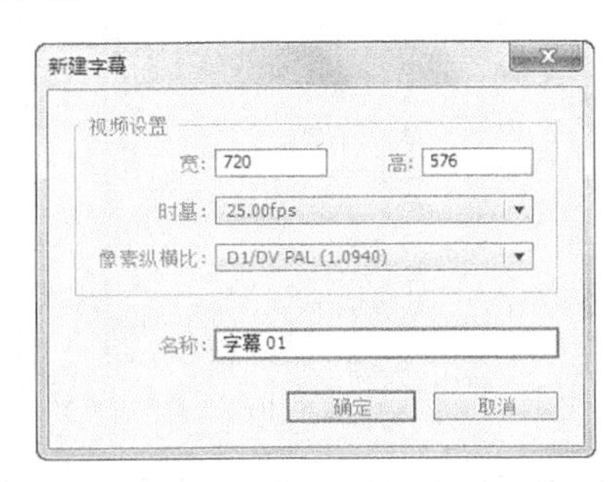

图 6-14

图 6-15

步骤 4　在“项目”面板中选中“字幕 01”文件并将其拖曳到“视频 2”轨道中，如图 6-16 所示。在“视频 1”轨道中选中“01.avi”文件，将鼠标指针移动到“01.avi”文件的尾部，当鼠标指针呈状时，向后拖曳到“01.avi”文件的结束位置上，如图 6-17 所示。

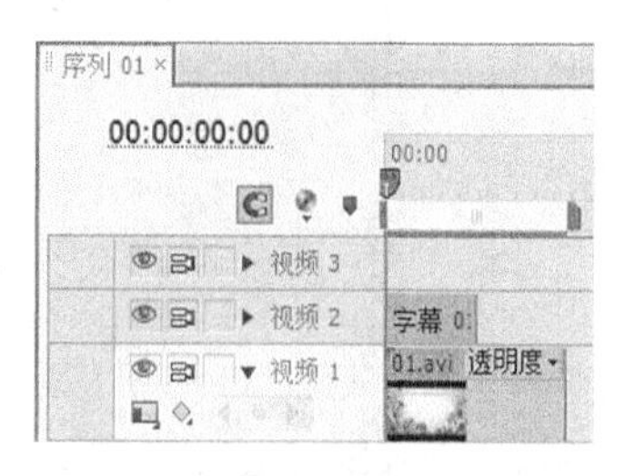

图 6-16

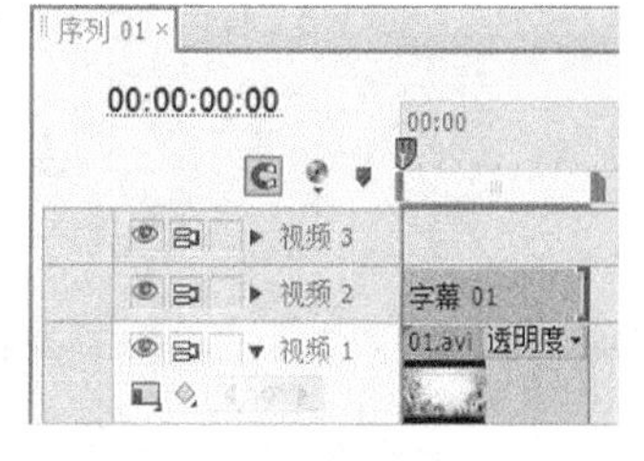

图 6-17

步骤 5　选择“窗口 > 效果”命令，弹出“效果”面板，展开“视频特效”选项。单击“风格化”文件夹前面的三角形按钮将其展开，选中“彩色浮雕”特效，如图 6-18 所示。将“彩色浮雕”特效拖曳到“时间线”面板的“字幕 01”文件上，如图 6-19 所示。

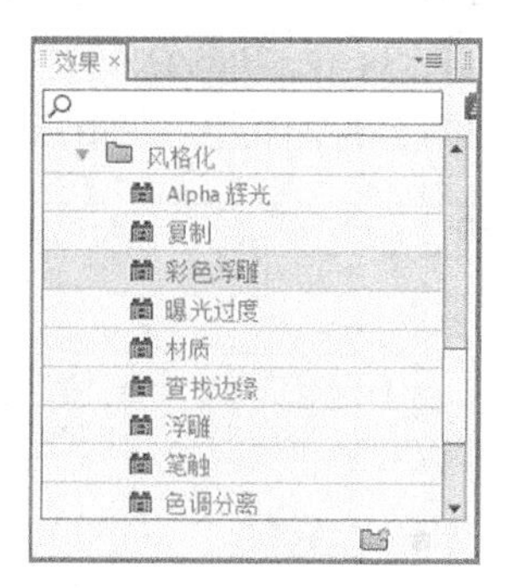

图 6-18

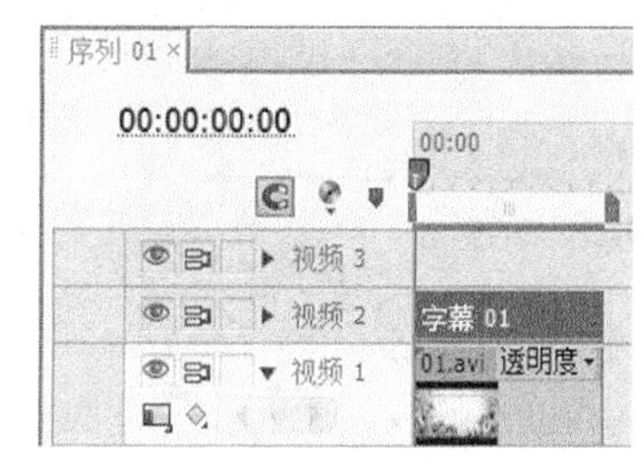

图 6-19

步骤 6　在“特效控制台”面板中展开“彩色浮雕”选项进行参数设置，如图 6-20 所示。在“节目”面板中预览效果，如图 6-21 所示。

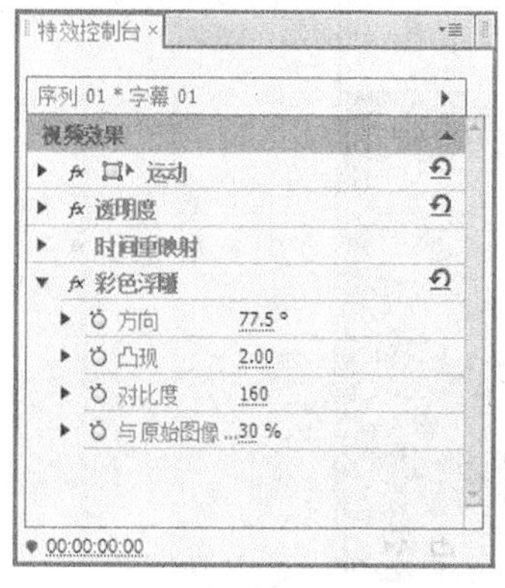

图 6-20

图 6-21

步骤 7　选择“窗口 > 效果”命令，弹出“效果”面板，展开“视频特效”选项，单击“扭曲”文件夹前面的三角形按钮将其展开，选中“球面化”特效，如图 6-22 所示。将“球面化”特效拖曳到“时间线”面板的“字幕 01”文件上，如图 6-23 所示。

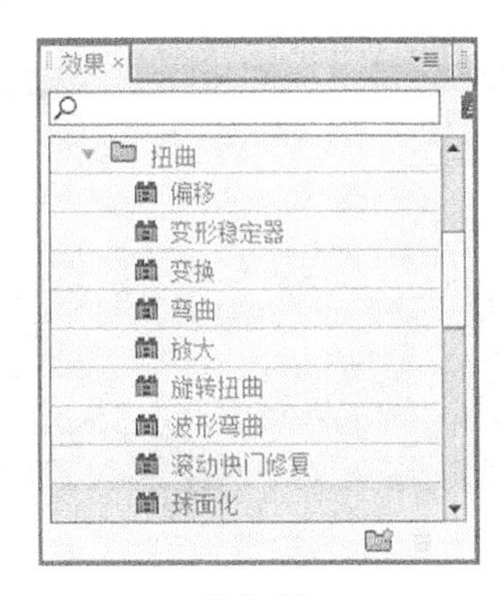

图 6-22

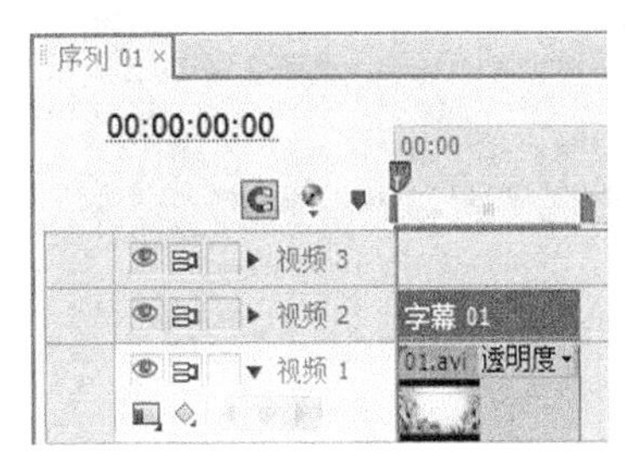

图 6-23

步骤 8　将时间标签放置在 0s 的位置，在“特效控制台”面板中展开“球面化”选项，将“球面中心”选项设置为 100 和 288，单击“半径”和“球面中心”选项前面的“切换动画”按钮，如图 6-24 所示。将时间标签放置在 1:00s 的位置，将“半径”选项设置为 250，“球面中心”选项设置为 150 和 288，如图 6-25 所示。

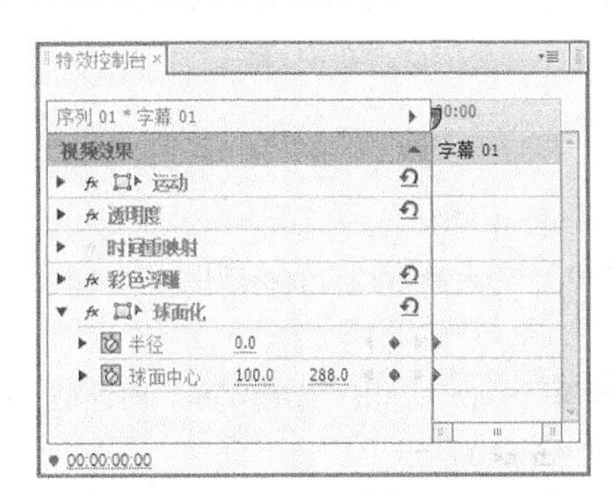

图 6-24

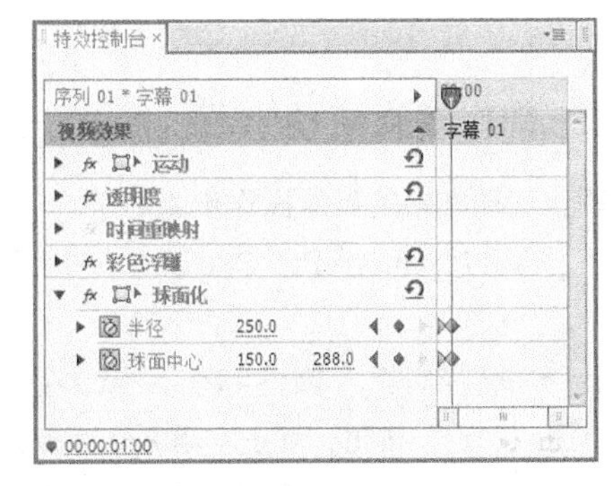

图 6-25

步骤 9　将时间标签放置在 4:00s 的位置，将“半径”选项设置为 250，“球面中心”选项设置为 500 和 288，如图 6-26 所示。将时间标签放置在 5:00s 的位置，将“半径”选项设置为 0，“球面中心”选项设置为 600 和 288，如图 6-27 所示。在“节目”面板中预览效果，如图 6-28 所示。至此，球面化文字制作完成，效果如图 6-29 所示。

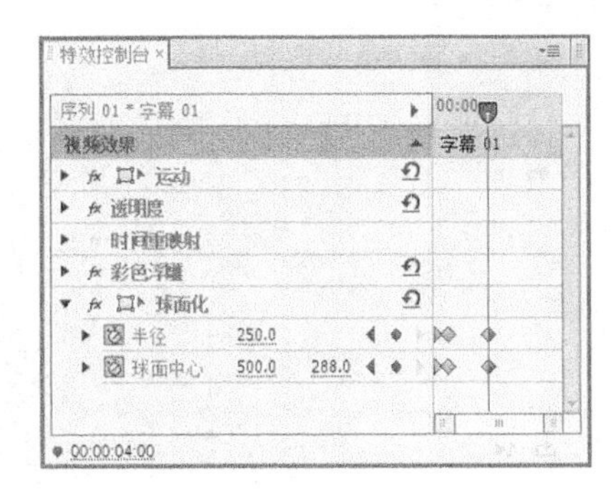

图 6-26

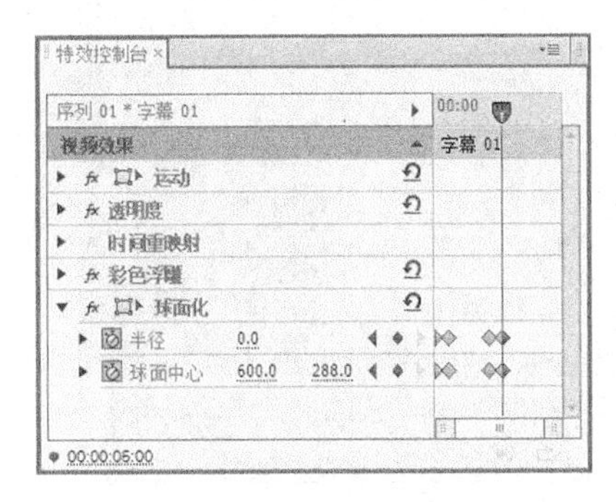

图 6-27

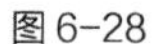

图 6-28

图 6-29

任务三 创建运动字幕

在观看电影时，经常会看到影片的开头和结尾有滚动文字，显示导演与演员的姓名等，或者影片中出现了人物对白的文字。这些文字可以通过使用视频编辑软件添加到视频画面中。Premiere Pro CS6 中提供了垂直滚动和水平滚动字幕效果。

6.3.1 制作垂直滚动字幕

制作垂直滚动字幕的具体操作步骤如下。

步骤 1 启动 Premiere Pro CS6，在“项目”面板中导入素材并将素材添加到“时间线”面板的视频轨道中。

步骤 2 选择“字幕 > 新建字幕 > 默认静态字幕”命令，弹出“新建字幕”对话框，设置字幕的名称，单击“确定”按钮，弹出字幕编辑面板，如图 6-30 所示。

步骤 3 选择“输入”工具[T]，在字幕工作区中单击并按住鼠标拖曳出一个文字输入的范围框，输入文字内容并对文字属性进行相应设置，效果如图 6-31 所示。

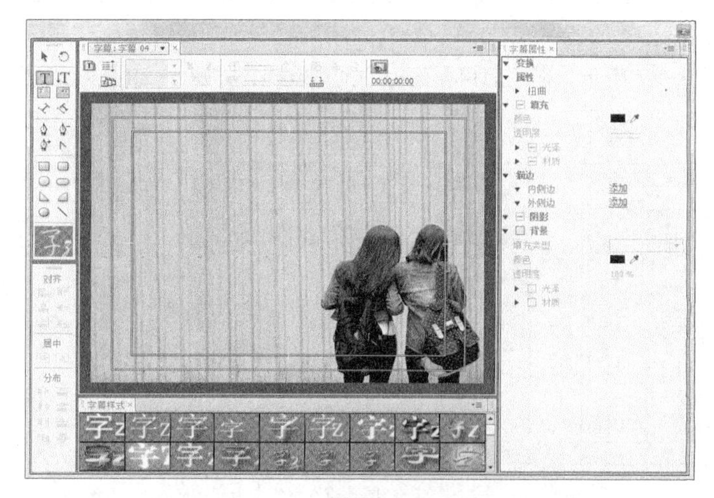

图 6-30

图 6-31

步骤 4　单击“滚动/游动选项”按钮，弹出“滚动/游动选项”对话框，选中“滚动”单选按钮，在“时间（帧）”选项区域中勾选“开始于屏幕外”和“结束于屏幕外”复选框，其他选项的设置如图 6-32 所示。

步骤 5　单击“确定”按钮，单击字幕编辑面板右上角的“关闭”按钮，关闭字幕编辑面板，返回到 Premiere Pro CS6 的工作界面，此时制作的字符将会自动保存到“项目”面板中。从“项目”面板中将新建的字幕添加到“时间线”面板的“视频 2”轨道中，并将其调整为与“视频 1”轨道中的素材等长，如图 6-33 所示。

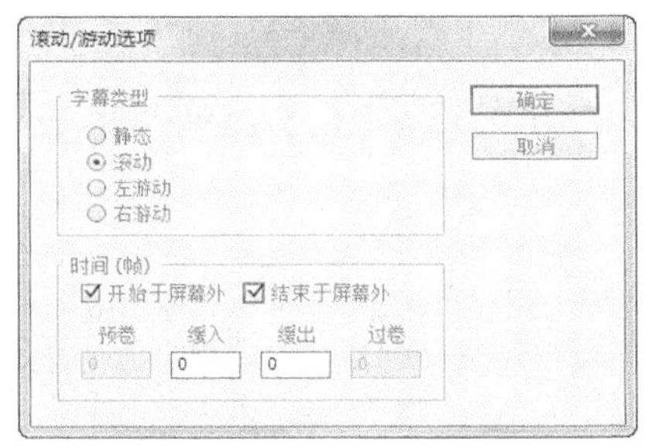

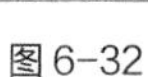
图 6-32

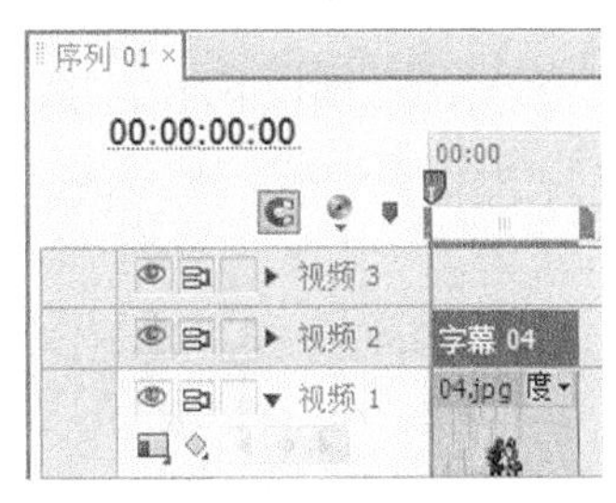

图 6-33

步骤 6　单击“节目”面板下方的“播放-停止切换”按钮▶/■，即可预览字幕的垂直滚动效果，如图 6-34 和图 6-35 所示。

图 6-34

图 6-35

6.3.2　制作水平滚动字幕

制作水平滚动字幕与制作垂直滚动字幕的操作基本相同，具体操作步骤如下。

步骤 1　启动 Premiere Pro CS6，在“项目”面板中导入素材并将素材添加到“时间线”面板的视频轨道中，创建一个字幕文件。

步骤 2　选择“输入”工具T，在字幕工作区中输入文字并对文字属性进行相应设置，效果如图 6-36 所示。

步骤 3　单击“滚动/游动选项”按钮，弹出“滚动/游动选项”对话框，选中“右游动”单选按钮，在“时间（帧）”选项区域中勾选“开始于屏幕外”和“结束于屏幕外”复选框，其他选项的设置如图 6-37 所示。

步骤 4　单击“确定”按钮，单击字幕编辑面板右上角的“关闭”按钮，关闭字幕编辑面板，返回到 Premiere Pro CS6 的工作界面，此时制作的字符将会自动保存到“项目”面板中。从“项目”面板中将新建的字幕添加到“时间线”面板的“视频 2”轨道中，如图 6-38 所示。

图 6-36

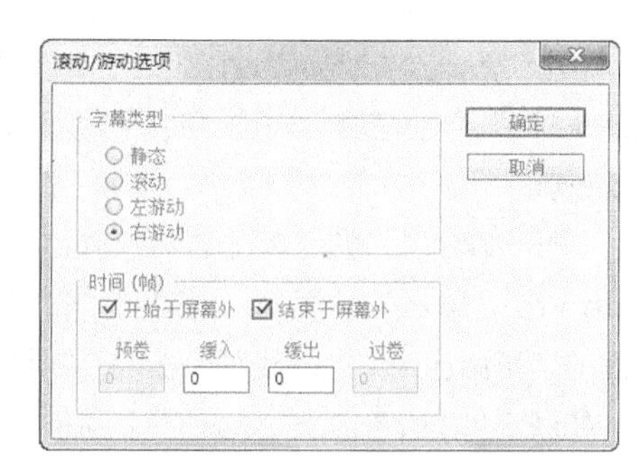

图 6-37

步骤 5　单击“节目”面板下方的“播放-停止切换”按钮▶/■，即可预览字幕的水平滚动效果，如图 6-39 和图 6-40 所示。

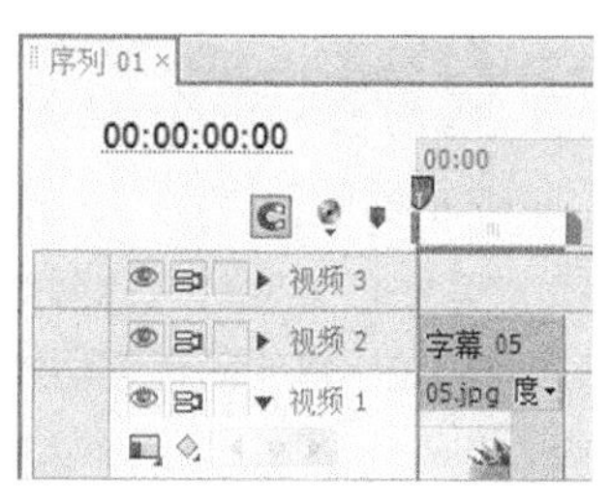

图 6-38

图 6-39

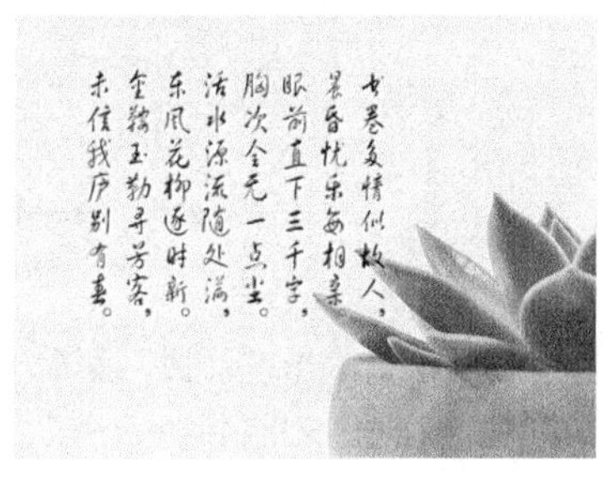

图 6-40

任务四　综合实训项目

6.4.1　制作花卉赏析节目

【案例知识要点】

使用“导入”命令将影片导入到“时间线”面板中，使用“字幕”命令添加并编辑文字，使用“特效控制台”面板设置视频的位置、缩放比例和透明度以制作动画效果，使用不同的转场特效制作视频之间的转场效果，使用“高斯模糊”特效为 06 视频添加高斯模糊效果并制作高斯模糊动画，使用“RGB 曲线”特效调整 03 视频的色彩。花卉赏析节目效果如图 6-41 所示。

图 6-41

微课：制作花卉赏析节目

【案例操作步骤】

1. 添加项目文件

步骤 1　启动 Premiere Pro CS6 软件，弹出启动对话框。单击“新建项目”按钮 ，弹出“新建项目”对话框，设置“位置”选项，选择保存文件路径，在“名称”文本框中输入文件名“制作花卉赏析节目”，如图 6-42 所示。单击“确定”按钮，弹出“新建序列”对话框，在左侧的列表中展开“DV-PAL”选项，选中“标准 48kHz”模式，如图 6-43 所示，单击“确定”按钮，完成序列的创建。

图 6-42

图 6-43

步骤 2　选择“文件 > 导入”命令，弹出“导入”对话框，选择云盘中的“项目六\制作花卉赏析节目\素材”中的所有素材文件，单击“打开”按钮，导入视频文件，如图 6-44 所示。导入后的文件排列在“项目”面板中，如图 6-45 所示。

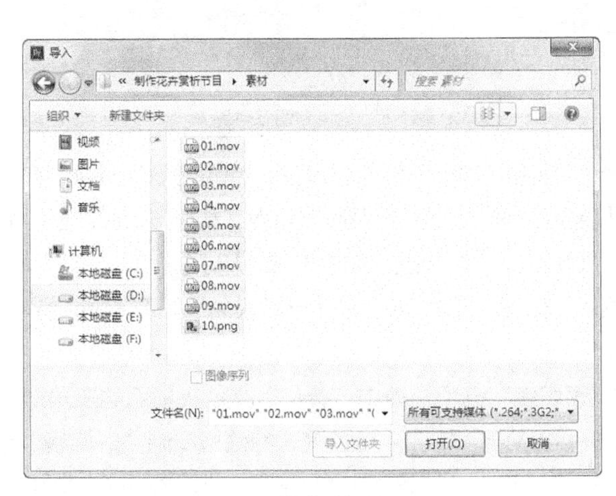

图 6-44

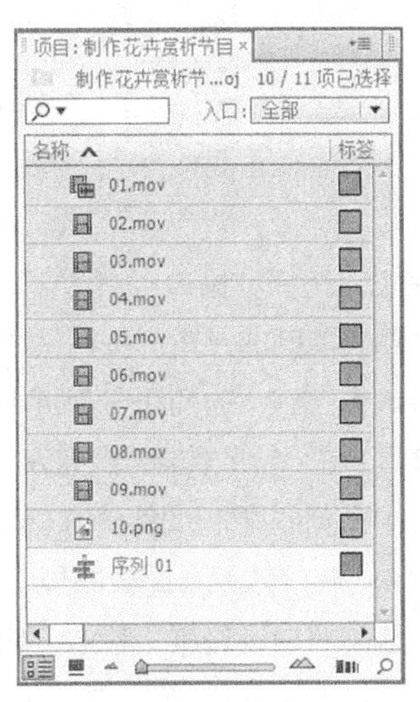

图 6-45

步骤3　选择“文件 > 新建 > 字幕”命令，弹出“新建字幕”对话框，在“名称”文本框中输入“百花斗艳”，如图6-46所示，单击“确定”按钮，弹出字幕编辑面板，选择“输入”工具T，在字幕工作区中输入文字“百花斗艳”，在“字幕样式”子面板中选择需要的样式，并在字幕编辑面板工具栏中设置字体和字距，字幕工作区中的效果如图6-47所示。关闭字幕编辑面板，新建的字幕文件会自动保存到“项目”面板中。

图6-46

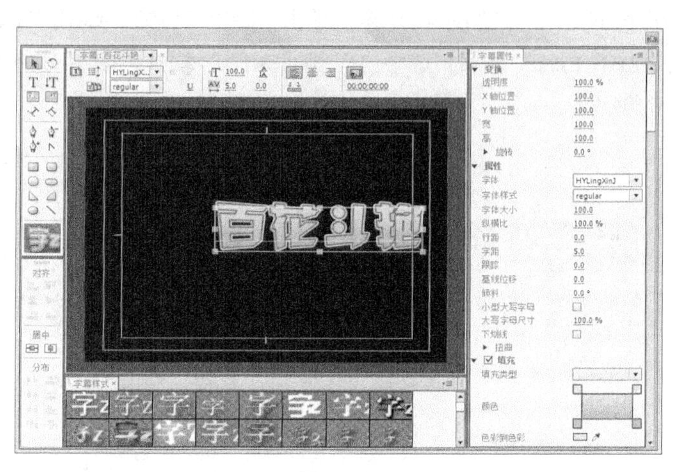

图6-47

2. 制作图像动画

步骤1　在“项目”面板中选中“01.mov”文件并将其拖曳到“时间线”面板的“视频1”轨道中，如图6-48所示。将时间标签放置在5:24s的位置，在“项目”面板中选中“03.mov”文件并将其拖曳到“时间线”面板的“视频1”轨道中，如图6-49所示。

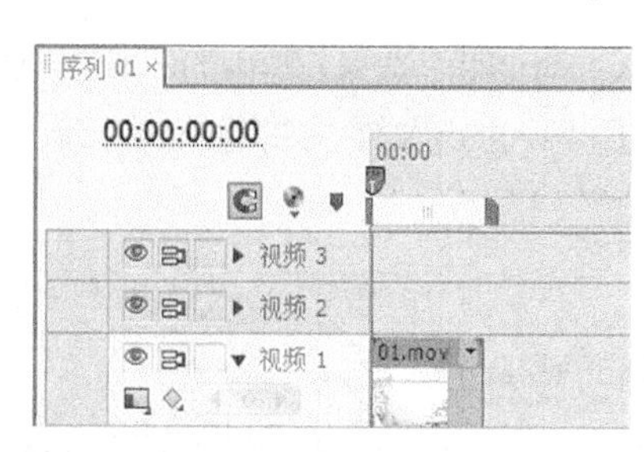

图6-48

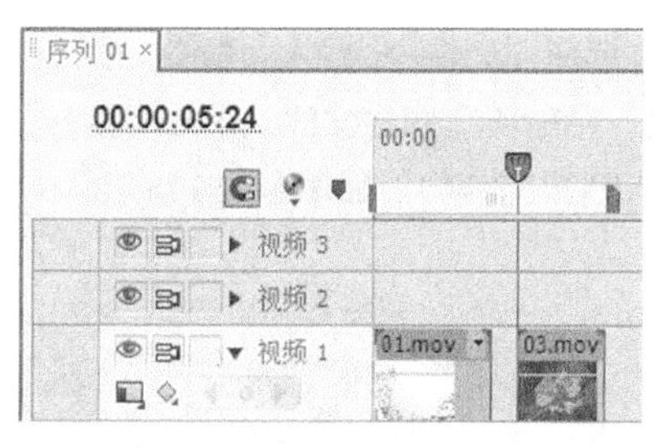

图6-49

步骤2　选择“窗口 > 效果”命令，弹出“效果”面板，展开“视频特效”选项，单击“色彩校正”文件夹前面的三角形按钮▶并将其展开，选中“RGB曲线”特效，如图6-50所示。将“RGB曲线”特效拖曳到“时间线”面板中的“03.mov”文件上，如图6-51所示。

步骤3　在“特效控制台”面板中展开“RGB曲线”选项进行参数设置，如图6-52所示，在“节目”面板中预览效果，如图6-53所示。

步骤4　在“效果”面板中展开“视频切换”选项，单击“叠化”文件夹前面的三角形按钮▶将其展开，选中“白场过渡”特效，如图6-54所示。将“白场过渡”特效拖曳到“时间线”面板中的“03.mov”文件的开始位置，如图6-55所示。将时间标签放置在11:08s的位置，在“项目”面板中选中“05.mov”文件并将其拖曳到“时间线”面板的“视频1”轨道中，如图6-56所示。

图 6-50

图 6-51

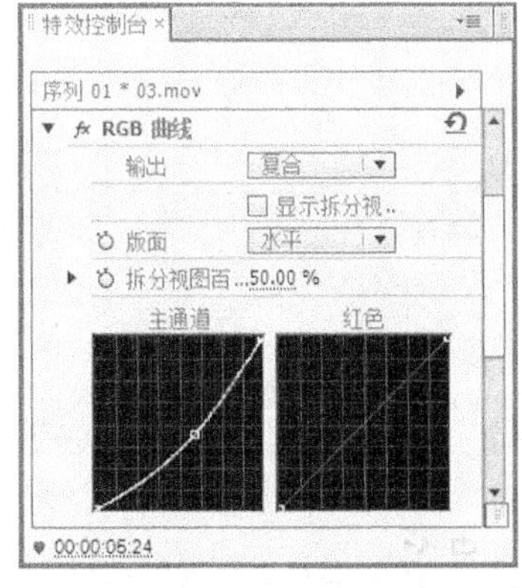

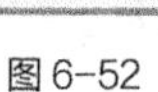
图 6-52

图 6-53

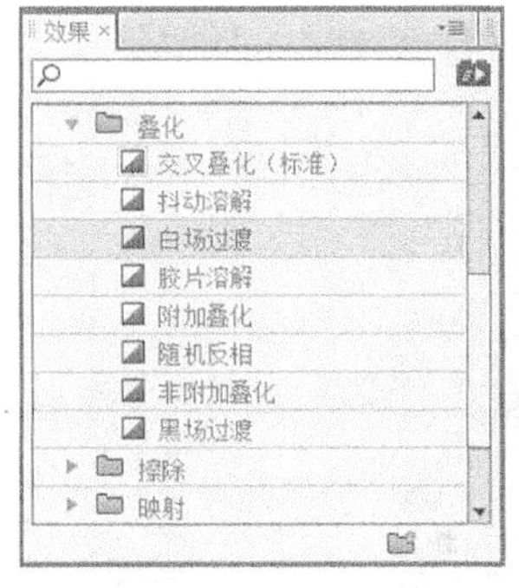

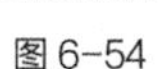
图 6-54

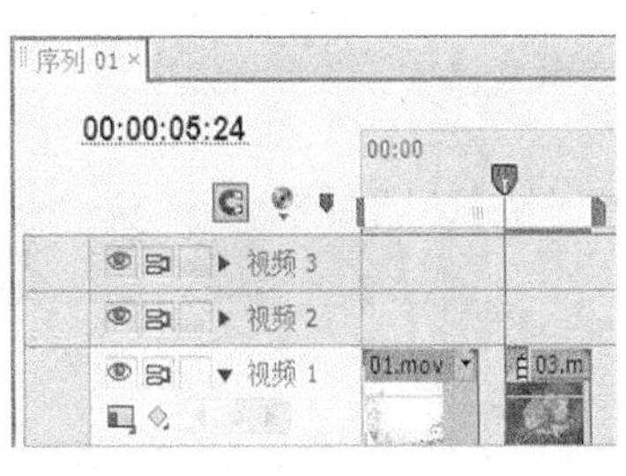

图 6-55

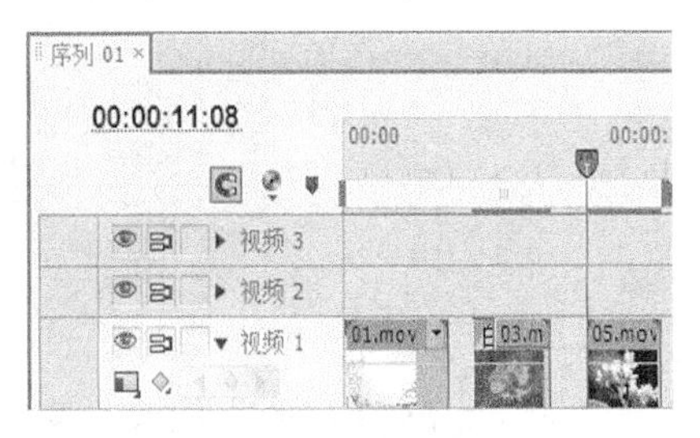

图 6-56

步骤 5　在“时间线”面板中选中“05.mov”文件，在“特效控制台”面板中展开“运动”选项，将“缩放比例”选项设置为 160，并单击“缩放比例”选项左侧的“切换动画”按钮，如图 6-57 所示，记录第 1 个动画关键帧。将时间标签放置在 13:06s 的位置，将“缩放比例”选项设置为 100，如图 6-58 所示，记录第 2 个动画关键帧。

步骤 6　在“项目”面板中分别选中“07.mov”和“09.mov”文件并将其拖曳到“时间线”面板的“视频 1”轨道中，如图 6-59 所示。将时间标签放置在 24:02s 的位置，在“视频 1”轨道中选中“09.mov”文件，将鼠标指针移动到“09.mov”文件的尾部，当鼠标指针呈状时，向前拖曳到 24:02s 的位置上，如图 6-60 所示。

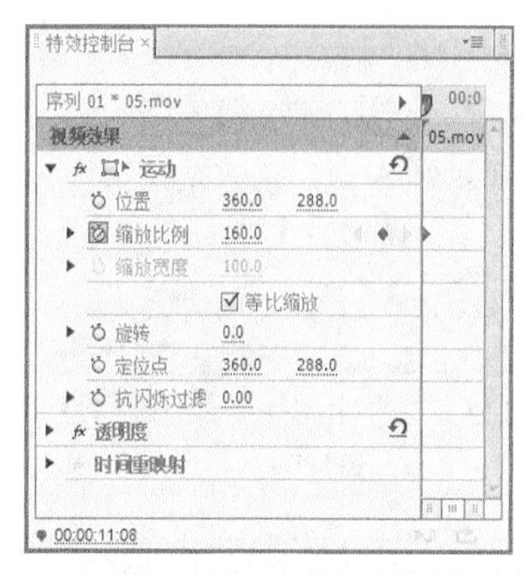

图 6-57

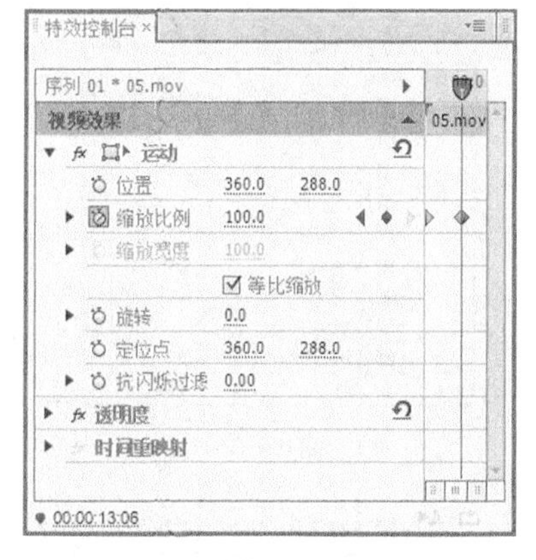

图 6-58

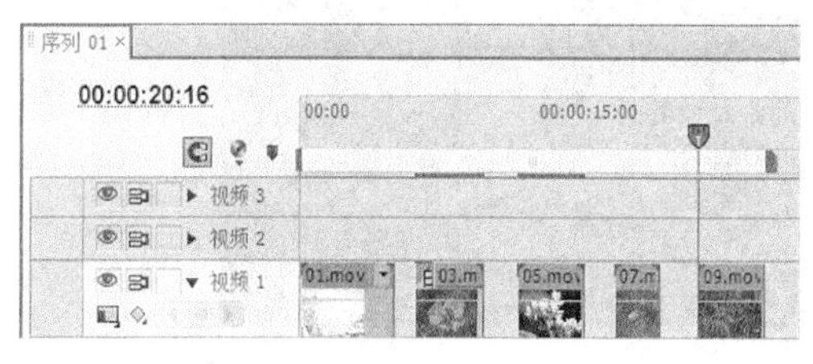

图 6-59

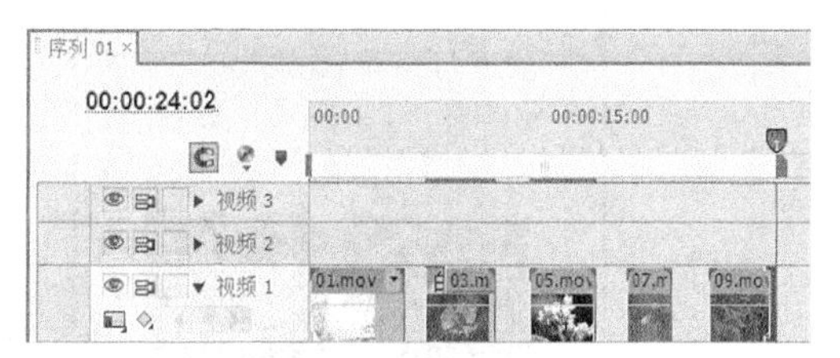

图 6-60

步骤 7　将时间标签放置在 0:16s 的位置，在“项目”面板中选中“百花斗艳”文件并将其拖曳到“时间线”面板的“视频 2”轨道中，如图 6-61 所示。

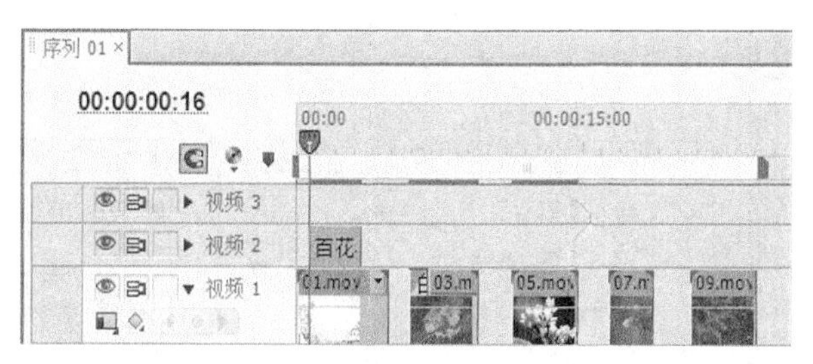

图 6-61

步骤 8　在“时间线”面板中选中“百花斗艳”文件，在“特效控制台”面板中展开“运动”选项，将“位置”选项设置为 497 和 196，将“缩放比例”选项设置为 0，并单击“位置”和“缩放比例”选项左侧的“切换动画”按钮，如图 6-62 所示，记录第 1 个动画关键帧。将时间标签放置在 1:13s 的位置，将“位置”选项设置为 361.2 和 287.2，将“缩放比例”选项设置为 99.1，如图 6-63 所示，记录第 2 个动画关键帧。

步骤 9　在“项目”面板中选中“02.mov”文件并将其拖曳到“时间线”面板的“视频 2”轨道中，如图 6-64 所示。选中“02.mov”文件，按 Ctrl+R 组合键，弹出“素材速度/持续时间”对话框，将“速度”选项设置为 150%，如图 6-65 所示，单击“确定”按钮，此时，“时间线”面板如图 6-66 所示。

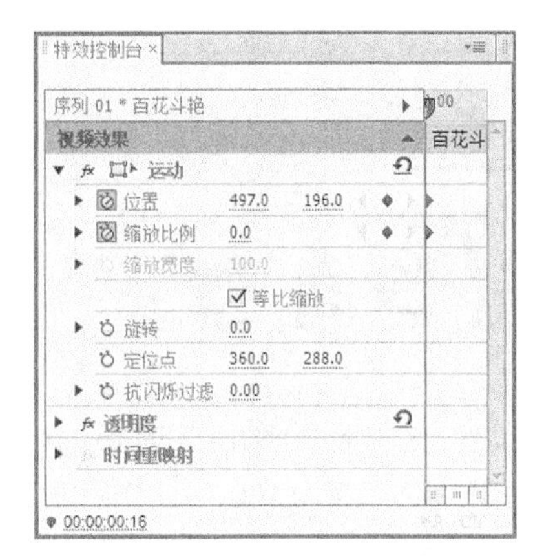

图 6-62

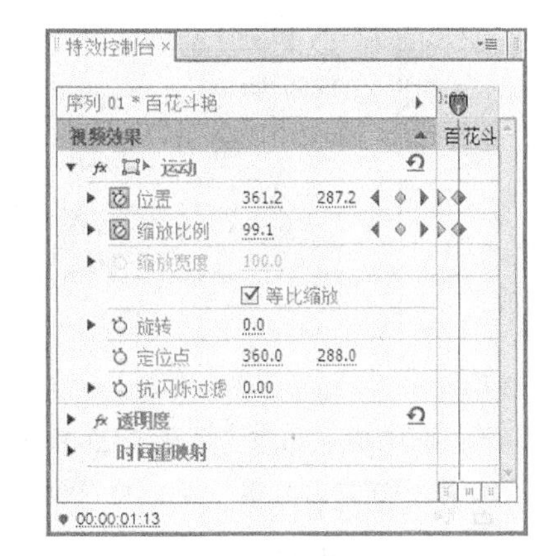

图 6-63

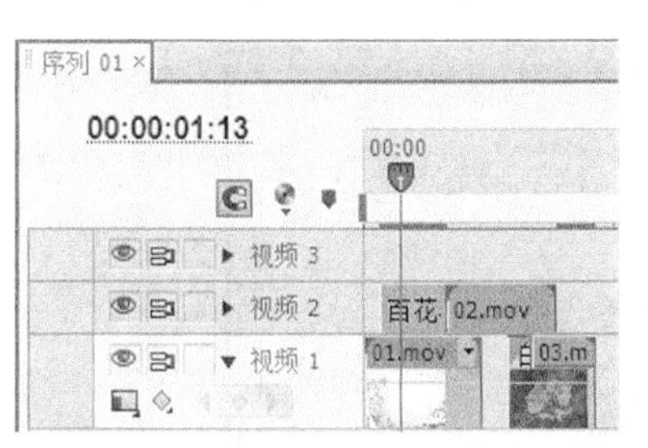

图 6-64

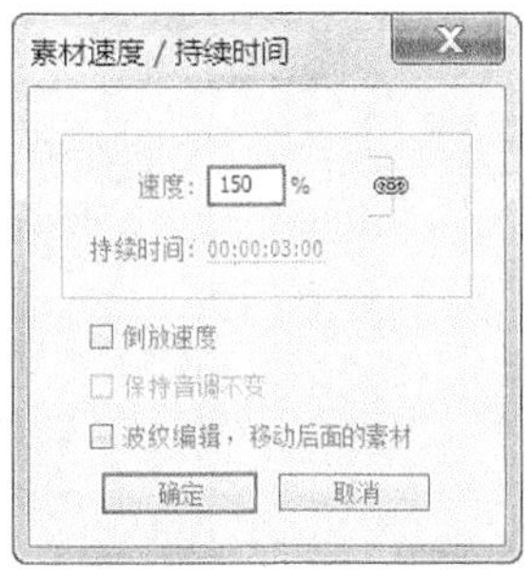

图 6-65

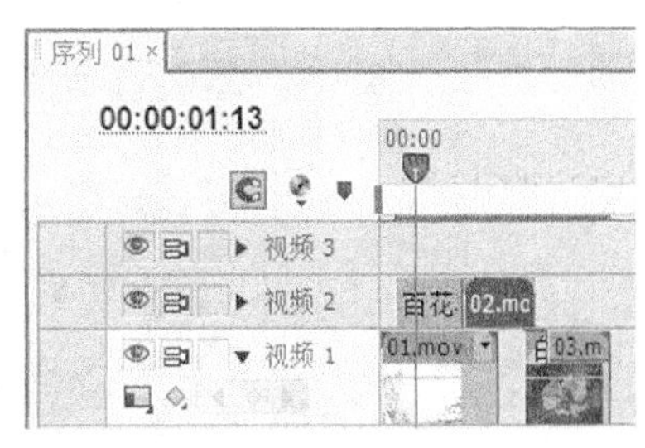

图 6-66

步骤 10　在“效果”面板中展开“视频切换”选项，单击“叠化”文件夹前面的三角形按钮 ▶ 将其展开，选中“交叉叠化（标准）”特效，如图 6-67 所示。将“交叉叠化（标准）”特效拖曳到“时间线”面板中的“02.mov”文件的开始位置上，如图 6-68 所示。

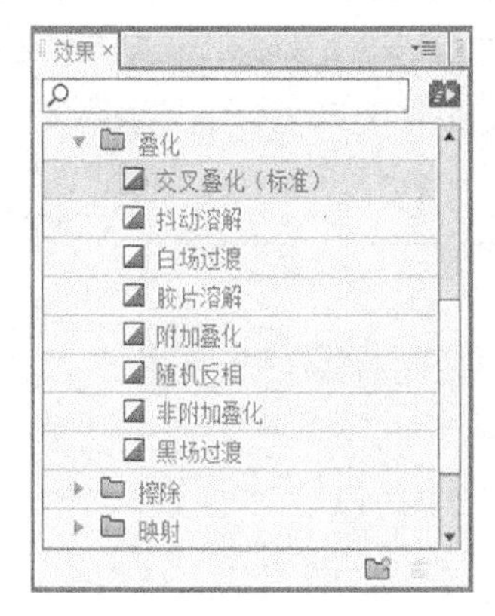

图 6-67

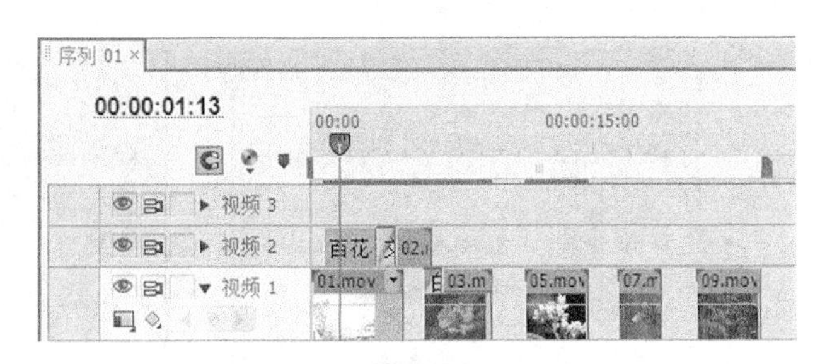

图 6-68

步骤 11　将时间标签放置在 8:19s 的位置，在“项目”面板中选中“04.mov”文件并将其拖曳到“时间线”面板的“视频 2”轨道中，如图 6-69 所示。

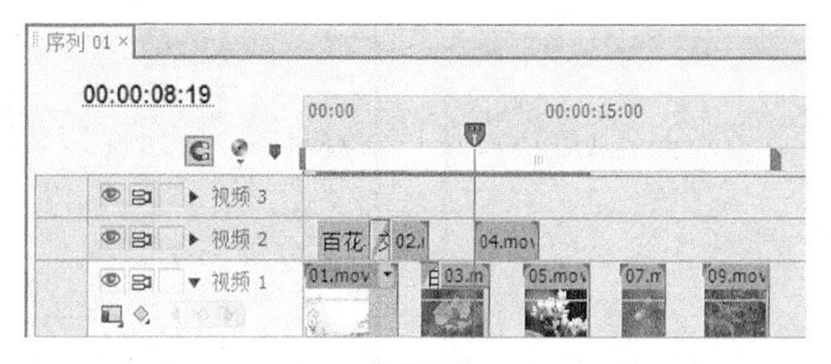

图 6-69

步骤 12　在“时间线”面板中选中“04.mov”文件，在“特效控制台”面板中展开“运动”选项，将“位置”选项设置为 291 和 288，将“缩放比例”选项设置为 120，并单击“位置”选项左侧的“切换动画”按钮，如图 6-70 所示，记录第 1 个动画关键帧。将时间标签放置在 10:21s 的位置，将“位置”选项设置为 430 和 288，如图 6-71 所示，记录第 2 个动画关键帧。

图 6-70

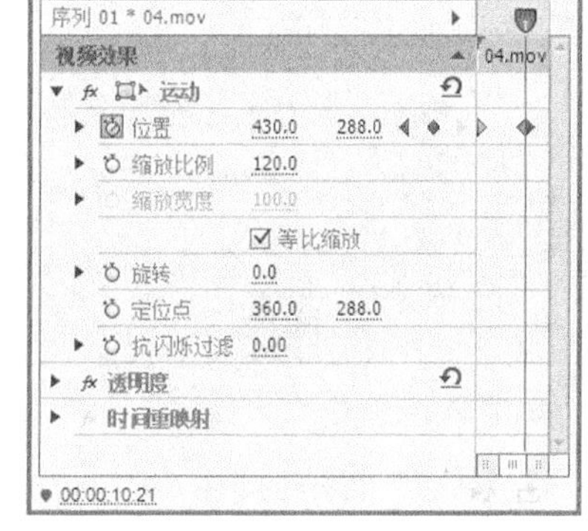

图 6-71

步骤 13　将时间标签放置在 11:08s 的位置，在“特效控制台”面板中展开“透明度”选项，单击“透明度”选项右侧的“添加/移除关键帧”按钮，如图 6-72 所示，记录第 1 个动画关键帧。将时间标签放置在 12:02s 的位置，将“透明度”选项设置为 0%，如图 6-73 所示，记录第 2 个动画关键帧。

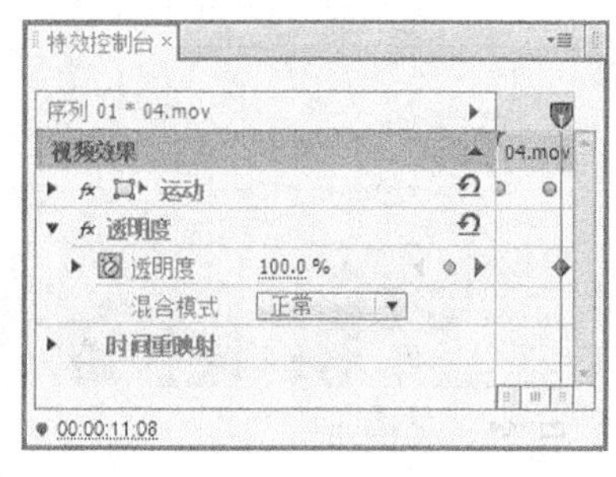

图 6-72

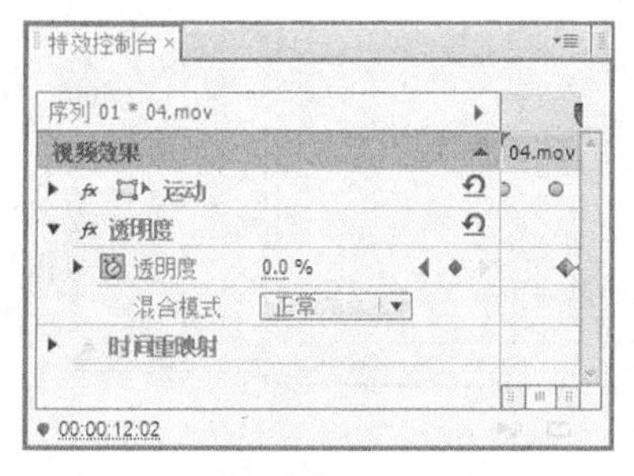

图 6-73

步骤 14　将时间标签放置在 14:03s 的位置，在“项目”面板中选中“06.mov”文件并将其拖曳到“时间线”面板的“视频 2”轨道中，如图 6-74 所示。

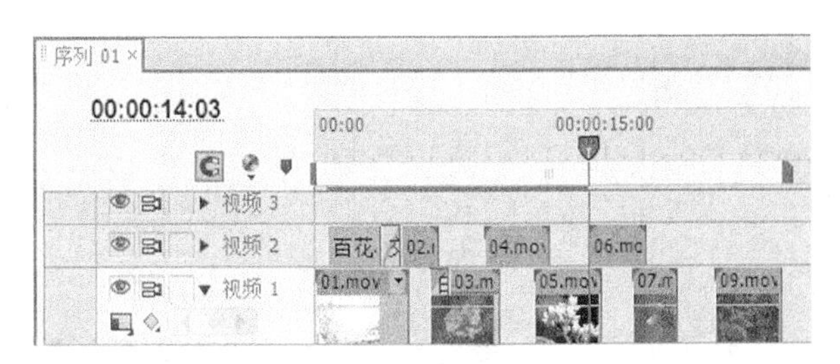

图 6-74

步骤 15　在“效果”面板中展开“视频特效”选项，单击“模糊与锐化”文件夹前面的三角形按钮▶将其展开，选中“高斯模糊”特效，如图 6-75 所示。将“高斯模糊”特效拖曳到“时间线”面板中的“06.mov”文件上，如图 6-76 所示。

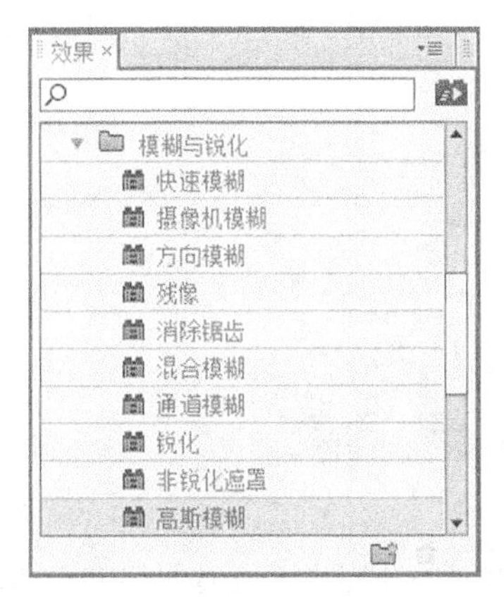

图 6-75

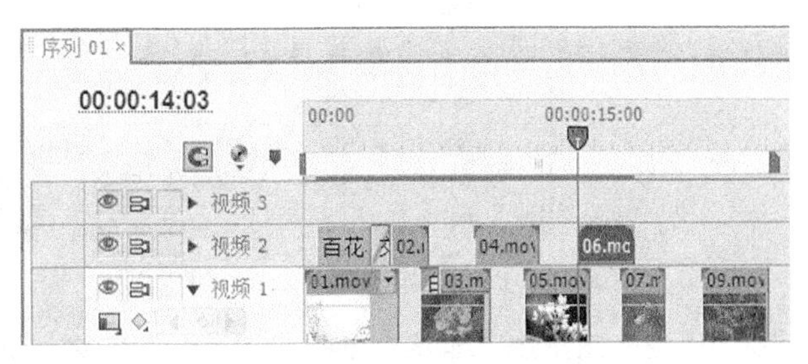

图 6-76

步骤 16　在“特效控制台”面板中展开“高斯模糊”选项，将“模糊度”选项设置为 60，单击“模糊度”选项左侧的“切换动画”按钮，如图 6-77 所示，记录第 1 个动画关键帧。将时间标签放置在 15:02s 的位置，在“特效控制台”面板中，将“模糊度”选项设置为 0，其他选项的设置如图 6-78 所示，记录第 2 个动画关键帧。

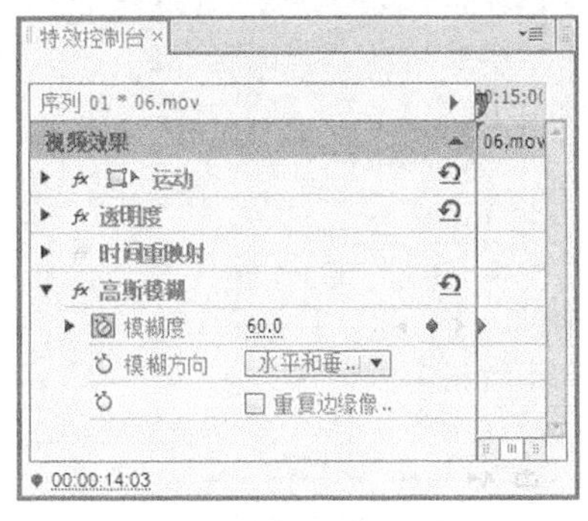

图 6-77

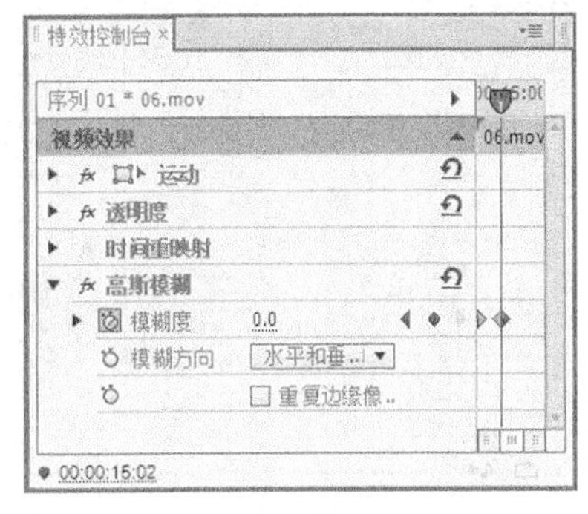

图 6-78

步骤 17　在“效果”面板中展开“视频切换”选项，单击“叠化”文件夹前面的三角形按钮▶将其展开，选中“交叉叠化（标准）”特效，如图 6-79 所示。将“交叉叠化（标准）”特效拖曳到“时间线”面板中的“06.mov”文件的尾部，如图 6-80 所示。

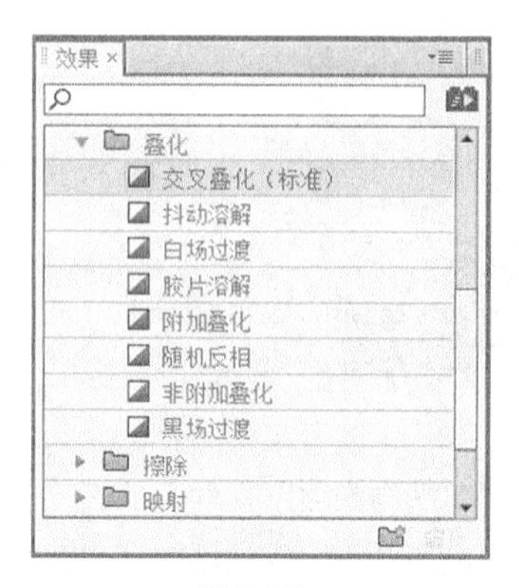

图6-79

图6-80

步骤 18　将时间标签放置在 18:07s 的位置，在“项目”面板中选中“08.mov”文件并将其拖曳到“时间线”面板的“视频 2”轨道中，如图 6-81 所示。

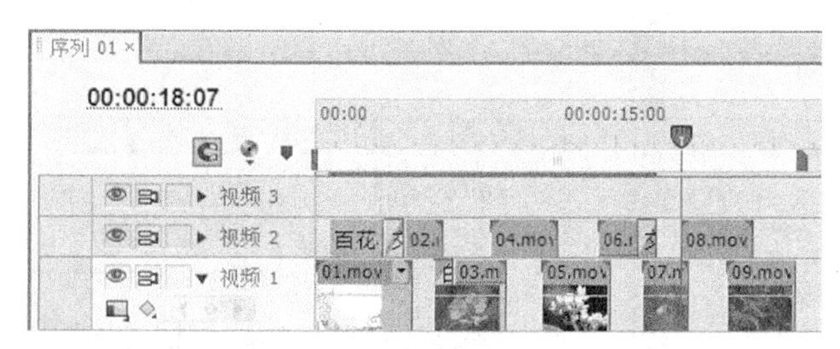

图6-81

步骤 19　在“时间线”面板中选中“08.mov”文件，在“特效控制台”面板中展开“运动”选项，单击“缩放比例”选项左侧的“切换动画”按钮，如图 6-82 所示，记录第 1 个动画关键帧。将时间标签放置在 19:21s 的位置，将“缩放比例”选项设置为 150，如图 6-83 所示，记录第 2 个动画关键帧。

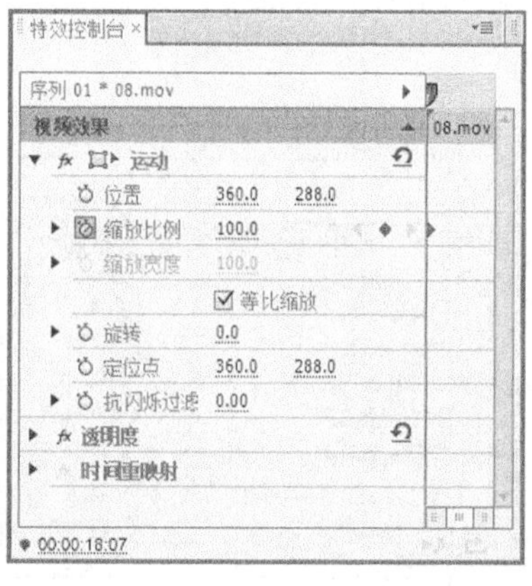

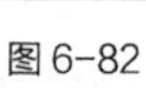

图6-82　　　　图6-83

步骤 20　将时间标签放置在 18:07s 的位置，在“特效控制台”面板中展开“透明度”选项，将“透明度”选项设置为 0%，如图 6-84 所示，记录第 1 个动画关键帧。将时间标签放置在 18:18s 的位置，将“透明度”选项设置为 100%，如图 6-85 所示，记录第 2 个动画关键帧。

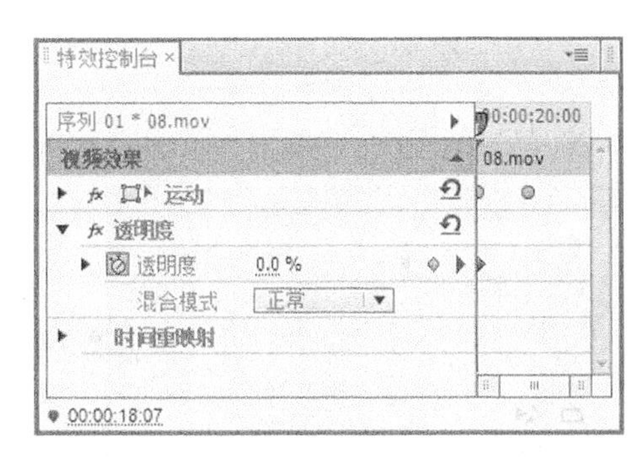

图 6-84

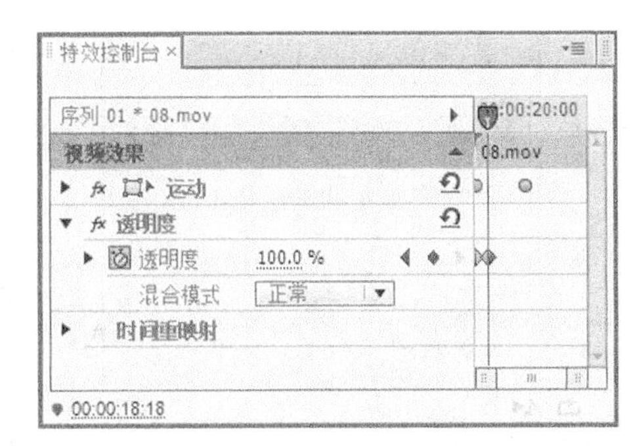

图 6-85

步骤 21　将时间标签放置在 20:18s 的位置，单击“透明度”选项右侧的“添加/移除关键帧”按钮◆，如图 6-86 所示，记录第 3 个动画关键帧。将时间标签放置在 21:20s 的位置，将“透明度”选项设置为 0%，如图 6-87 所示，记录第 4 个动画关键帧。

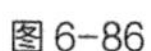

图 6-86

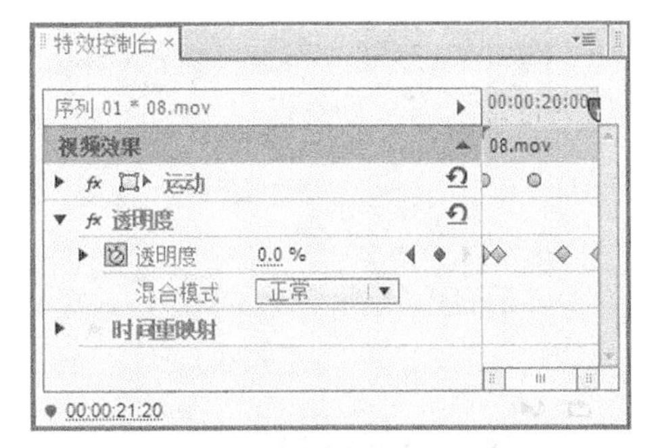

图 6-87

步骤 22　将时间标签放置在 5:24s 的位置，在“项目”面板中选中“10.png”文件并将其拖曳到“时间线”面板的“视频 3”轨道中，如图 6-88 所示。将时间标签放置在 24:02s 的位置，在“视频 3”轨道中选中“10.png”文件，将鼠标指针移动到“10.png”文件的尾部，当鼠标指针呈◀]状时，向后拖曳到 24:02s 的位置上，如图 6-89 所示。

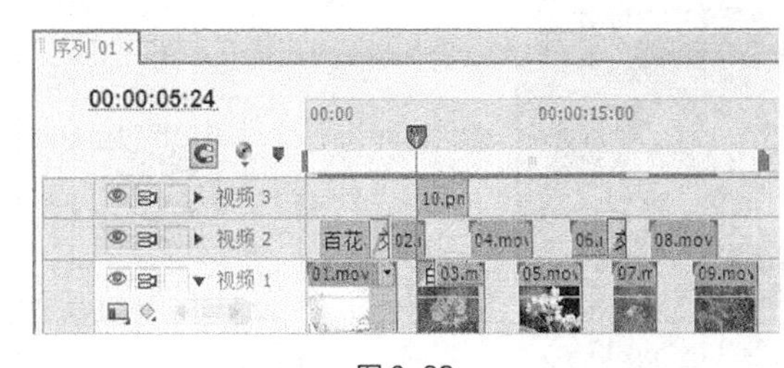

图 6-88

图 6-89

步骤 23　将时间标签放置在 6:03s 的位置，在“特效控制台”面板中展开“运动”选项，将“缩放比例”选项设置为 120，其他选项的设置如图 6-90 所示。

步骤 24　在“特效控制台”面板中展开“透明度”选项，将“透明度”选项设置为 0%，如图 6-91 所示，记录第 1 个动画关键帧。将时间标签放置在 7:01s 的位置，将“透明度”选项设置为 100%，如图 6-92 所示，记录第 2 个动画关键帧。至此，花卉赏析节目制作完成，效果如图 6-93 所示。

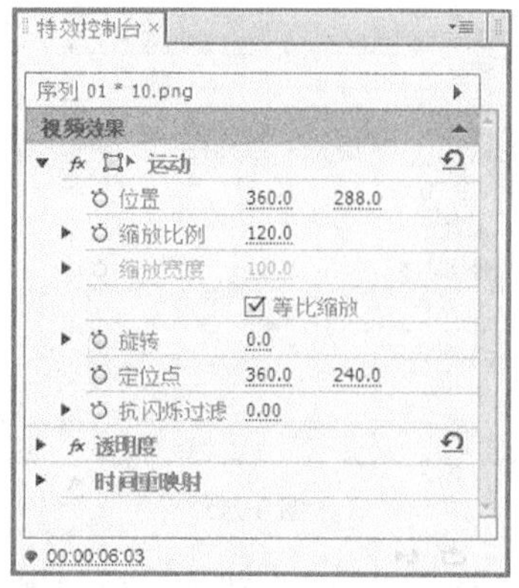

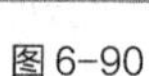

图6-90

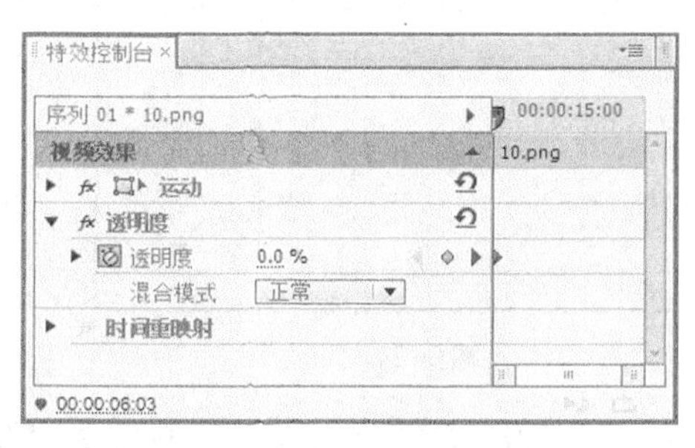

图6-91

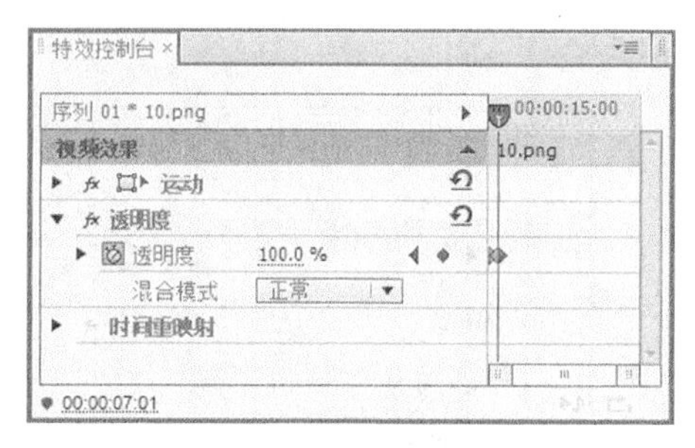

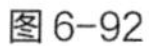

图6-92

图6-93

6.4.2 制作烹饪节目

【案例知识要点】

使用“字幕”命令添加标题及介绍文字，使用“特效控制台”面板设置图像的位置、比例和透明度以制作动画效果，使用“添加轨道”命令添加新轨道。烹饪节目效果如图 6-94 所示。

图6-94

微课：制作烹饪节目

【案例操作步骤】

1. 添加项目文件

步骤 1 启动 Premiere Pro CS6 软件，弹出启动对话框，单击“新建项目”按钮，弹出“新建项目”对话框，设置“位置”选项，选择保存文件路径，在“名称”文本框中输入文件名“制作烹饪节目”，如图 6-95 所示。单击“确定”按钮，弹出“新建序列”对话框，相关设置如图 6-96 所示，单击“确定”按钮，完成序列的创建。

图 6-95

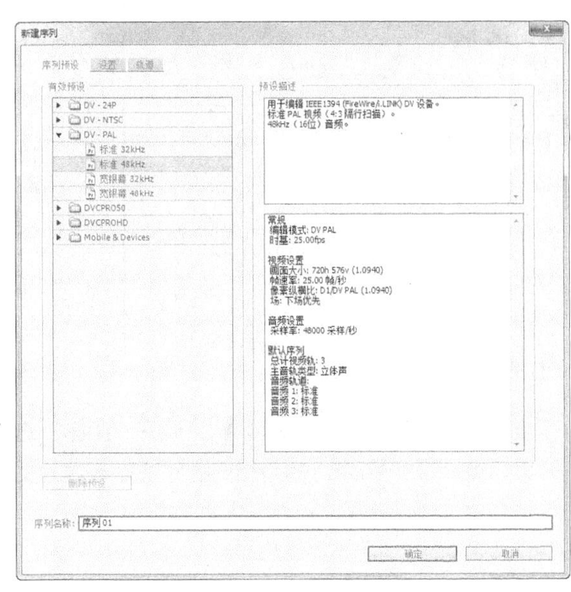

图 6-96

步骤 2　选择“文件 > 导入”命令，弹出“导入”对话框，选择云盘中的“项目六\制作烹饪节目\素材”中的所有素材文件，单击“打开”按钮，导入视频文件，如图 6-97 所示。导入后的文件排列在“项目”面板中，如图 6-98 所示。

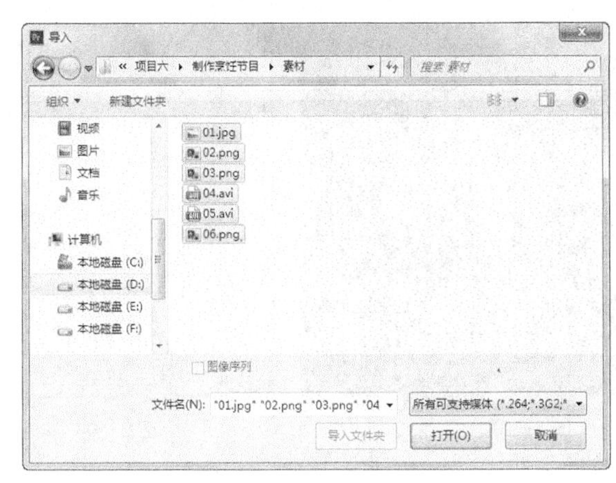

图 6-97

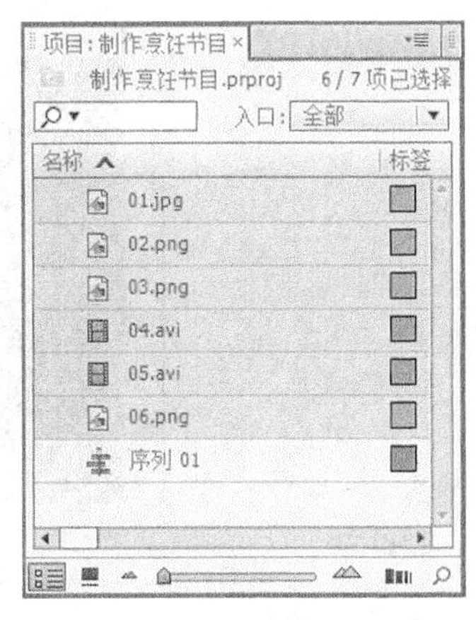

图 6-98

步骤 3　选择“文件 > 新建 > 字幕”命令，弹出“新建字幕”对话框，如图 6-99 所示，单击“确定”按钮，弹出字幕编辑面板，选择“垂直文字”工具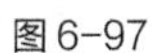，在字幕工作区中拖曳文本框输入需要的文字。选中文字“爆炒大虾”，在“字幕属性”子面板中展开“属性”选项，相关设置如图 6-100 所示。选中文字“广式”，在“字幕属性”子面板中展开“属性”选项，相关设置如图 6-101 所示。

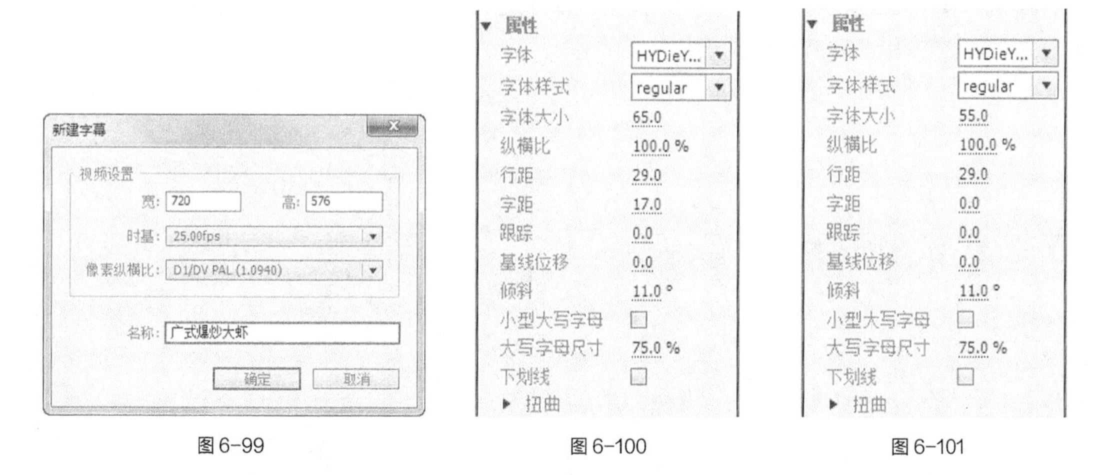

图 6-99　　图 6-100　　图 6-101

步骤 4　选择“选择”工具，展开“阴影”选项，相关设置如图 6-102 所示。字幕工作区中的效果如图 6-103 所示。使用相同的方法输入其他文字，如图 6-104 所示。

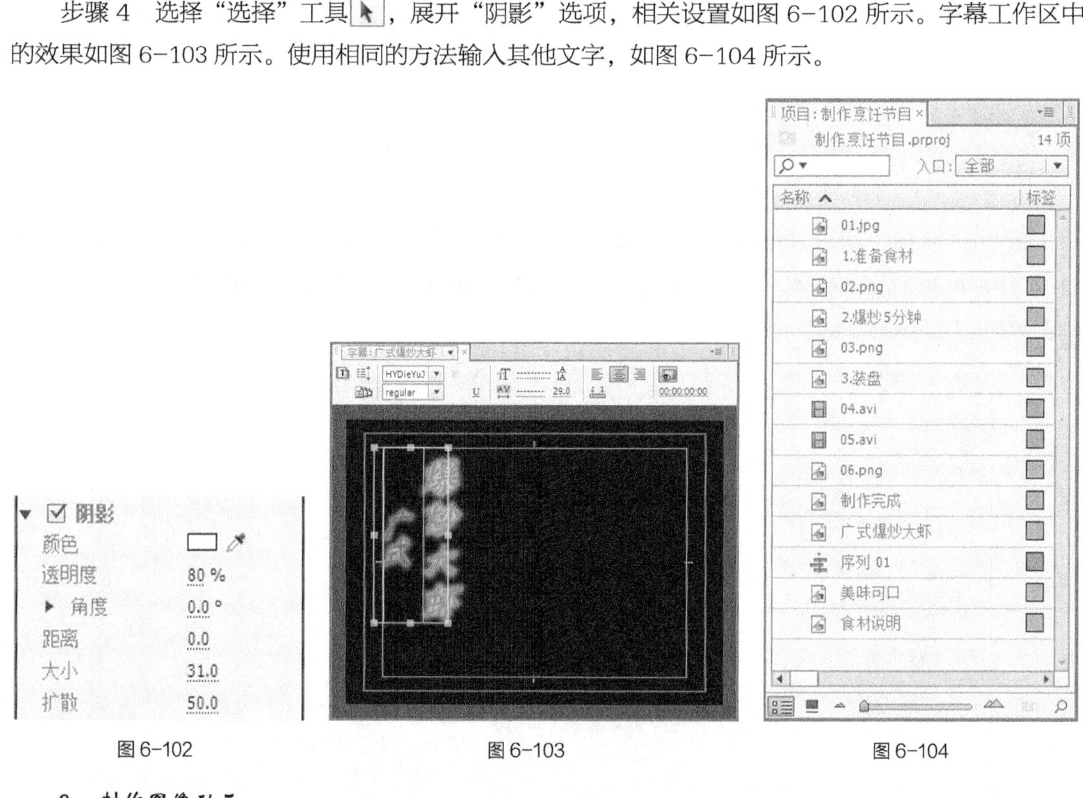

图 6-102　　图 6-103　　图 6-104

2. 制作图像动画

步骤 1　在“项目”面板中选中“01.jpg”文件并将其拖曳到“时间线”面板的“视频 1”轨道中，如图 6-105 所示。将时间标签放置在 6:15s 的位置，将鼠标指针移动到“01.jpg”文件的尾部，当鼠标指针呈状时，向后拖曳到 6:15s 的位置上，如图 6-106 所示。

步骤 2　在“项目”面板中选中“04.avi”“05.avi”“01.jpg”文件并分别将其拖曳到“时间线”面板的“视频 1”轨道中，如图 6-107 所示。将时间标签放置在 19:10s 的位置，将鼠标指针移动到“01.jpg”文件的尾部，当鼠标指针呈状时，向前拖曳到 19:10s 的位置上，如图 6-108 所示。

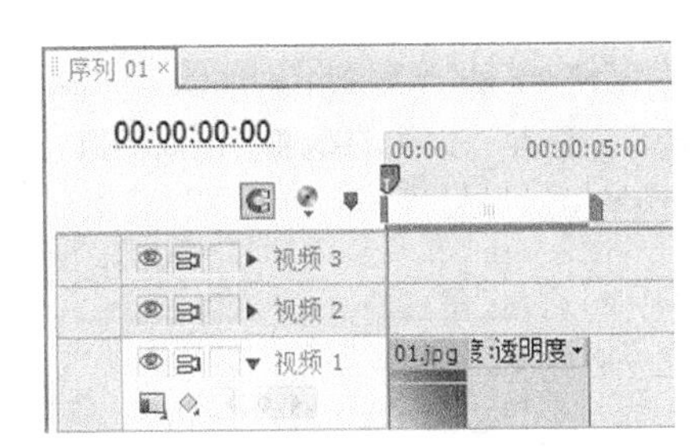

图 6-105

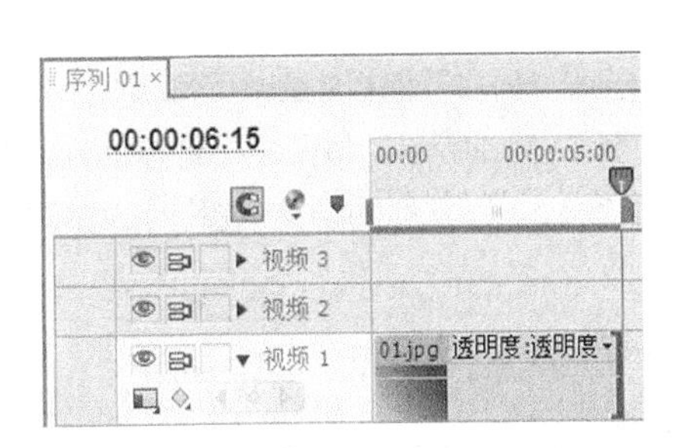

图 6-106

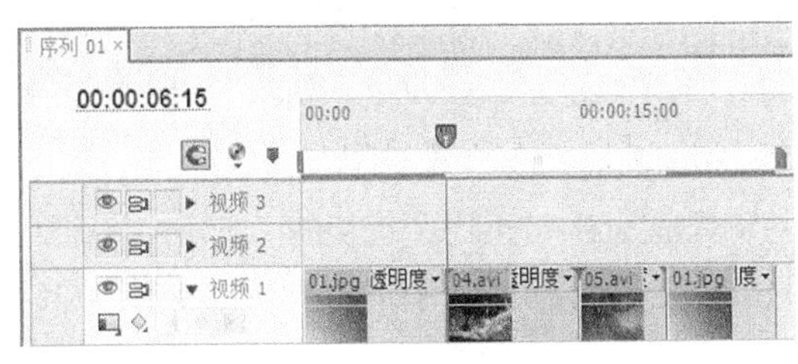

图 6-107

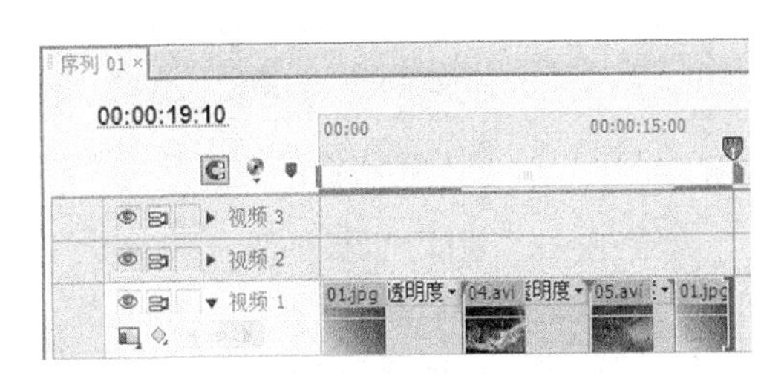

图 6-108

步骤 3　选择“窗口 > 效果”命令，弹出“效果”面板，展开“视频切换”选项，单击“滑动”文件夹前面的三角形按钮 ▶ 将其展开，选中“推”特效，如图 6-109 所示。将“推”特效拖曳到“时间线”面板中“04.avi”文件的结束位置和“05.avi”文件的开始位置之间，如图 6-110 所示。

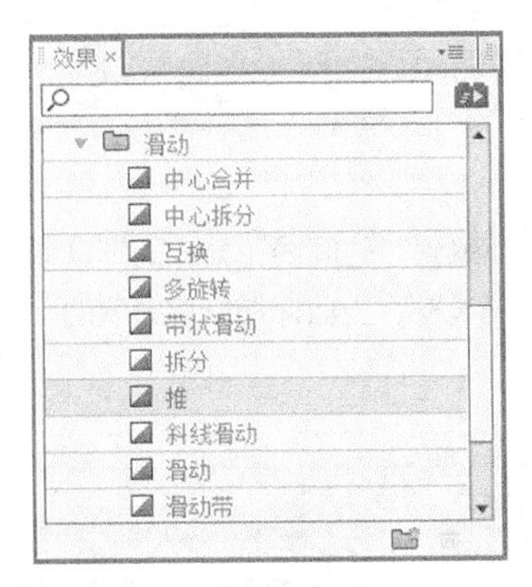

图 6-109

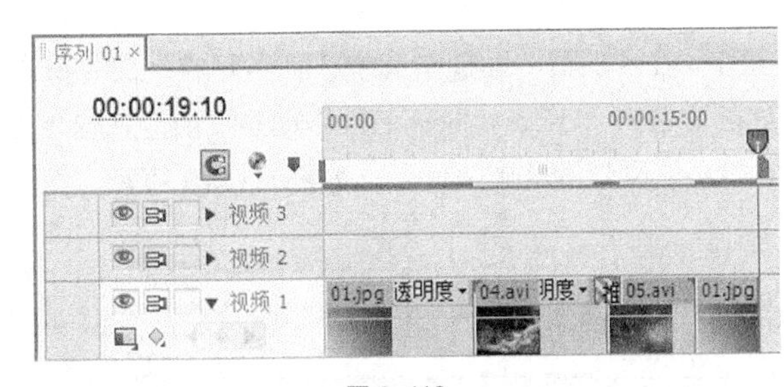

图 6-110

步骤 4　将时间标签放置在 3:15s 的位置。在“项目”面板中选中“1.准备食材”文件并将其拖曳到“时间线”面板的“视频 2”轨道中，如图 6-111 所示。将鼠标指针移动到“1.准备食材”文件的尾部，当鼠标指针呈◀状时，向后拖曳到“01.jpg”文件的结束位置上，如图 6-112 所示。

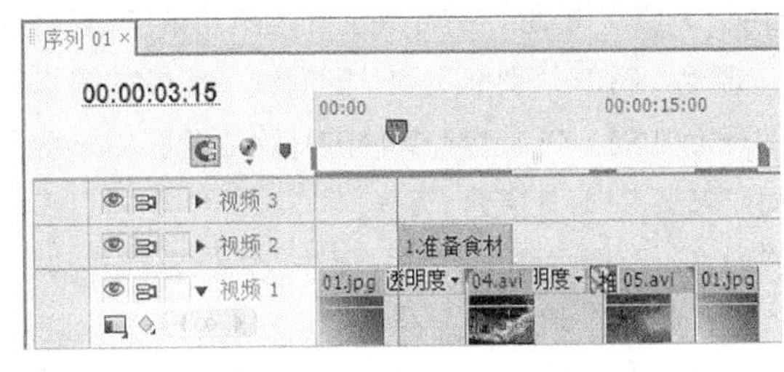

图 6-111

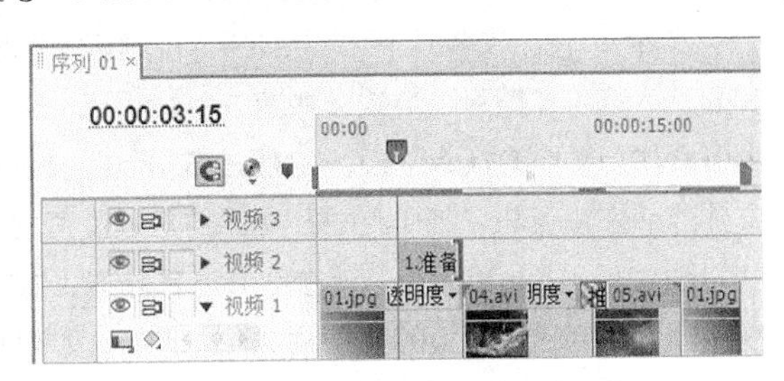

图 6-112

步骤5 在“项目”面板中选中“2.爆炒5分钟”文件并将其拖曳到“时间线”面板的“视频2”轨道中，如图6-113所示。将鼠标指针移动到“2.爆炒5分钟”文件的尾部，当鼠标指针呈◀状时，向后拖曳到“04.avi”文件的结束位置上，如图6-114所示。

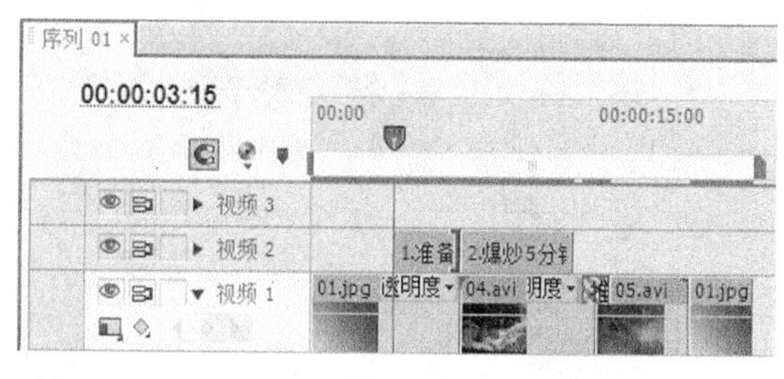

图6-113

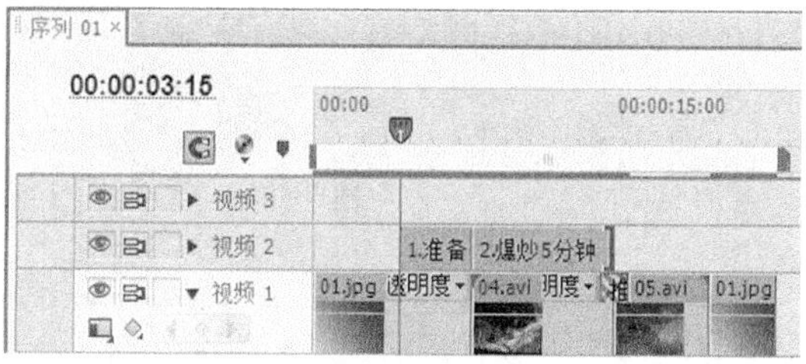

图6-114

步骤6 在“项目”面板中选中“3.装盘”文件并将其拖曳到“时间线”面板的“视频2”轨道中，如图6-115所示。将鼠标指针移动到“3.装盘”文件的尾部，当鼠标指针呈◀状时，向后拖曳到“05.avi”文件的结束位置上，如图6-116所示。

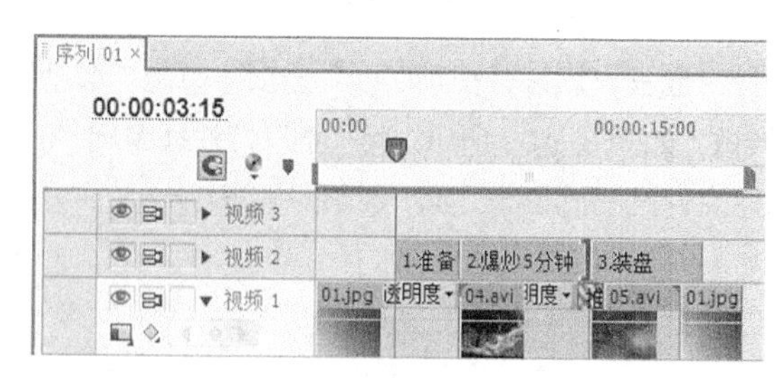

图6-115

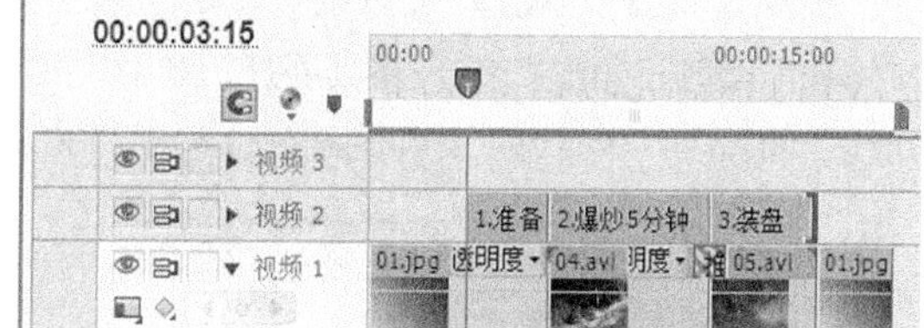

图6-116

步骤7 在“项目”面板中选中“制作完成”文件并将其拖曳到“时间线”面板的“视频2”轨道中，如图6-117所示。将鼠标指针移动到“制作完成”文件的尾部，当鼠标指针呈◀状时，向后拖曳到“01.jpg”文件的结束位置上，如图6-118所示。

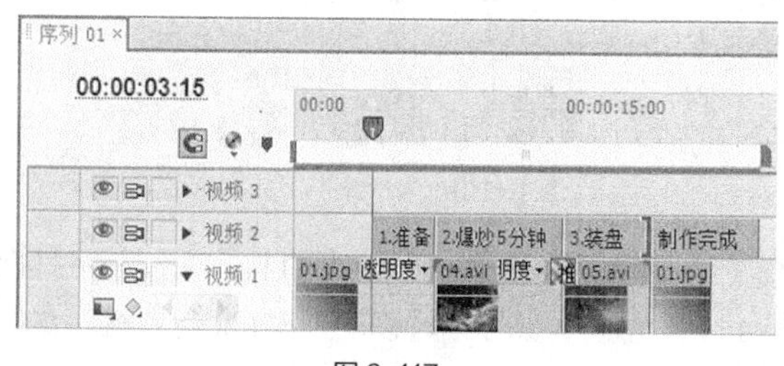

图6-117

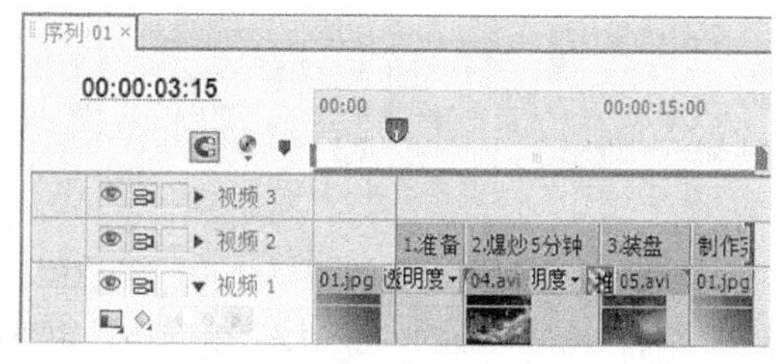

图6-118

步骤8 在“效果”面板中展开“视频切换”选项，单击“擦除”文件夹前面的三角形按钮▶将其展开，选中“擦除”特效，如图6-119所示。将“擦除”特效分别拖曳到“时间线”面板中的“1.准备食材”文件的开始位置、“2.爆炒5分钟”文件的开始位置、“3.装盘”文件的开始位置、“3.装盘”文件的结束位置与“制作完成”文件的开始位置之间，如图6-120所示。

步骤9 将时间标签放置在2:01s的位置。在“项目”面板中选中“广式爆炒大虾”文件并将其拖曳到“时间线”面板的“视频3”轨道中，如图6-121所示。将鼠标指针移动到“广式爆炒大虾”文件的尾部，当鼠标指针呈◀状时，向前拖曳到文字的开始位置上，如图6-122所示。

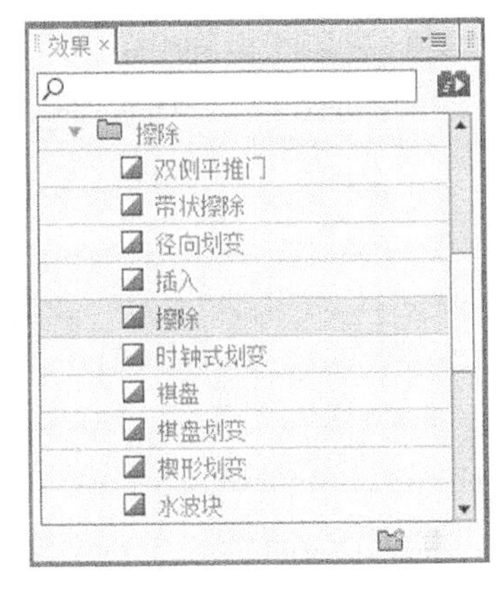

图 6-119

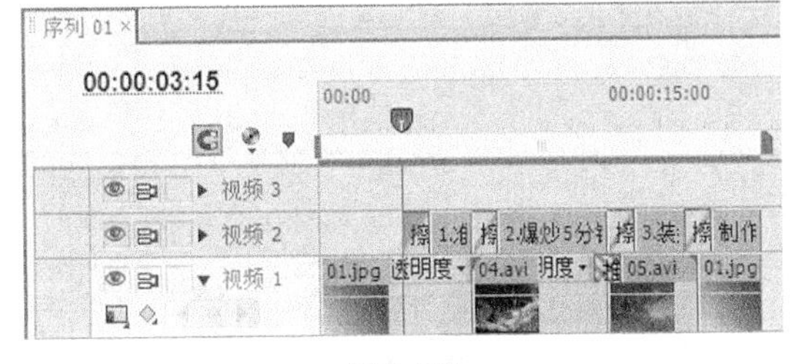

图 6-120

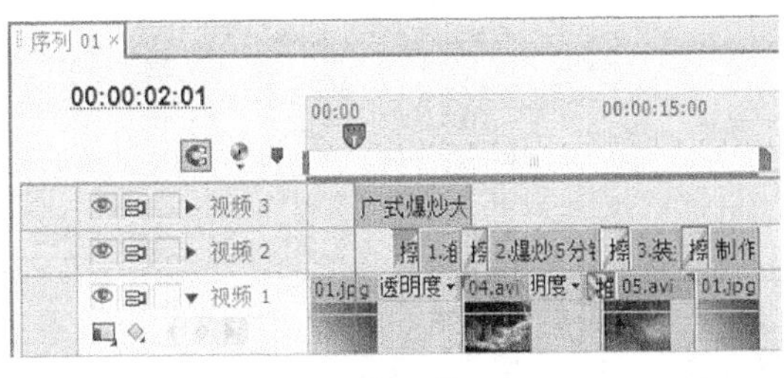

图 6-121

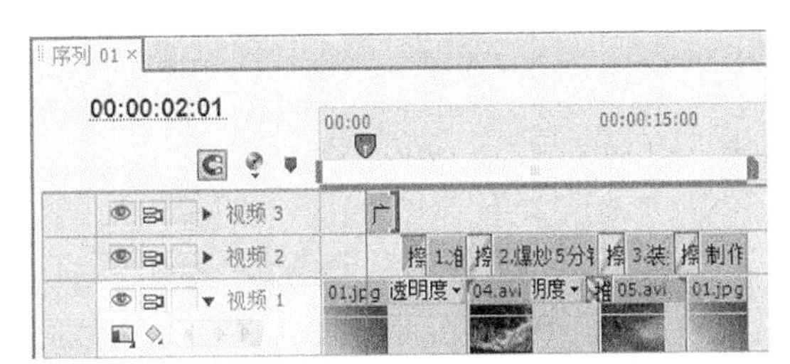

图 6-122

步骤 10　将时间标签放置在 4:14s 的位置。在“项目”面板中选中“食材说明”文件并将其拖曳到“时间线”面板的“视频 3”轨道中，如图 6-123 所示。将鼠标指针移动到“食材说明”文件的尾部，当鼠标指针呈状时，向前拖曳到与下方文字相同的结束位置上，如图 6-124 所示。

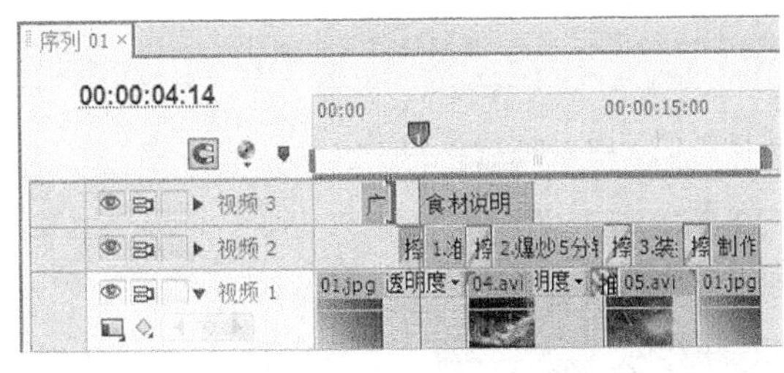

图 6-123

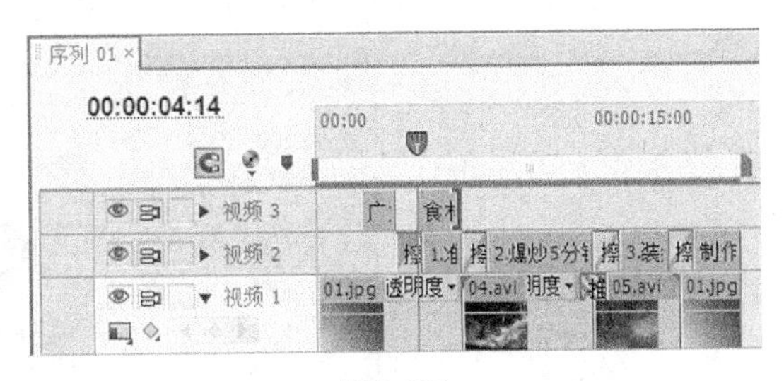

图 6-124

步骤 11　将时间标签放置在 17:01s 的位置。在“项目”面板中选中“02.png”文件并将其拖曳到“时间线”面板的“视频 3”轨道中，如图 6-125 所示。在“时间线”面板中选中“02.png”文件，在“特效控制台”面板中展开“运动”选项，将“位置”选项设置为 421 和 256，如图 6-126 所示。将鼠标指针移动到“02.png”文件的尾部，当鼠标指针呈状时，向前拖曳到文字的结束位置上，如图 6-127 所示。

步骤 12　在“效果”面板中展开“视频切换”选项，单击“擦除”文件夹前面的三角形按钮将其展开，选中“插入”特效，如图 6-128 所示。将“插入”特效拖曳到“时间线”面板中“广式爆炒大虾”文件的开始位置上，如图 6-129 所示。

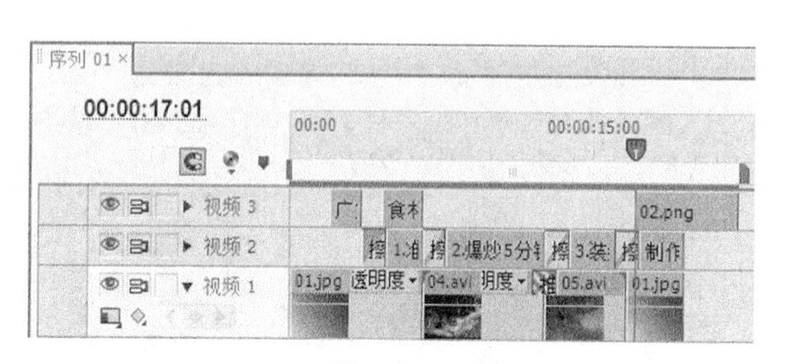

图 6-125

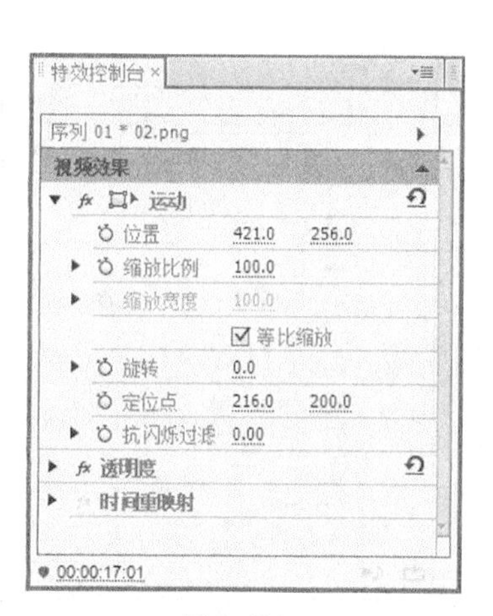

图 6-126

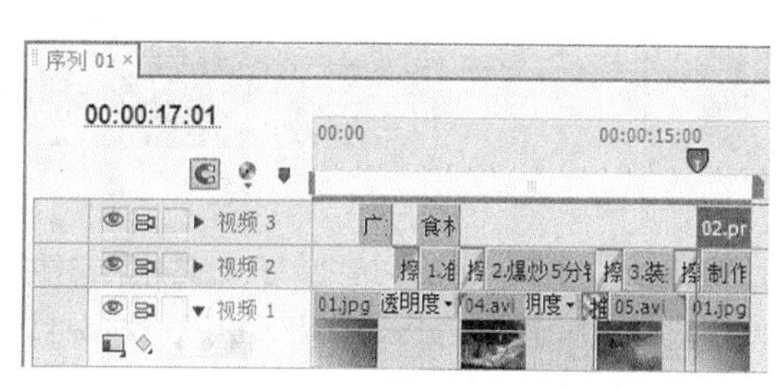

图 6-127

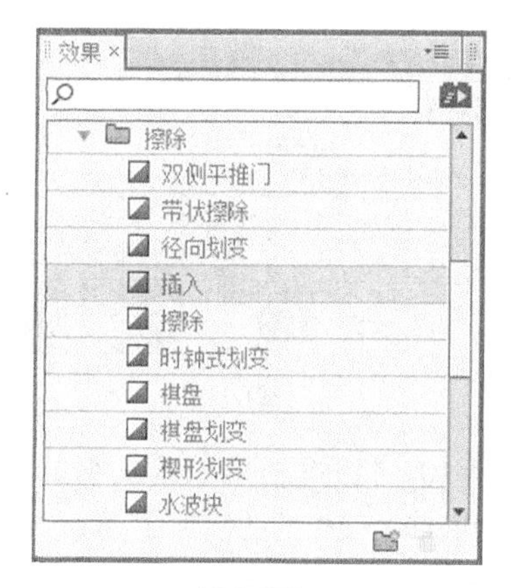

图 6-128

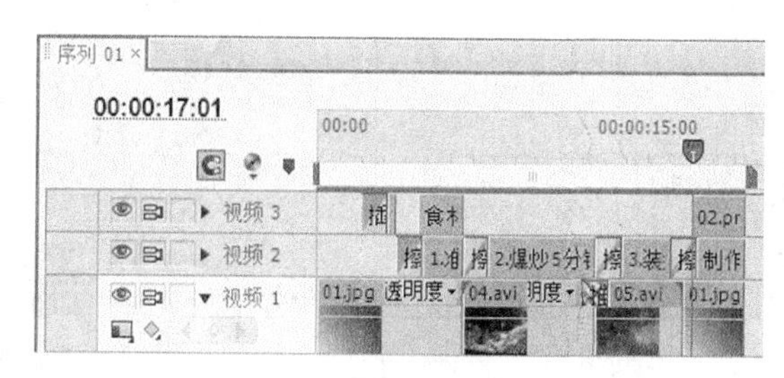

图 6-129

步骤 13　在“效果”面板中展开“视频切换”选项，单击“缩放”文件夹前面的三角形按钮▶将其展开，选中“缩放”特效，如图 6-130 所示。将“缩放”特效拖曳到“时间线”面板中“02.png”文件的开始位置上，如图 6-131 所示。

步骤 14　选择“序列 > 添加轨道”命令，弹出“添加视音轨”对话框，相关设置如图 6-132 所示，单击“确定”按钮，在“时间线”面板中添加 2 条视频轨道，如图 6-133 所示。

步骤 15　在“项目”面板中选中“02.png”文件并将其拖曳到“时间线”面板的“视频 4”轨道中，如图 6-134 所示。将鼠标指针移动到“02.png”文件的尾部，当鼠标指针呈◀状时，向前拖曳到文字的结束位置上，如图 6-135 所示。

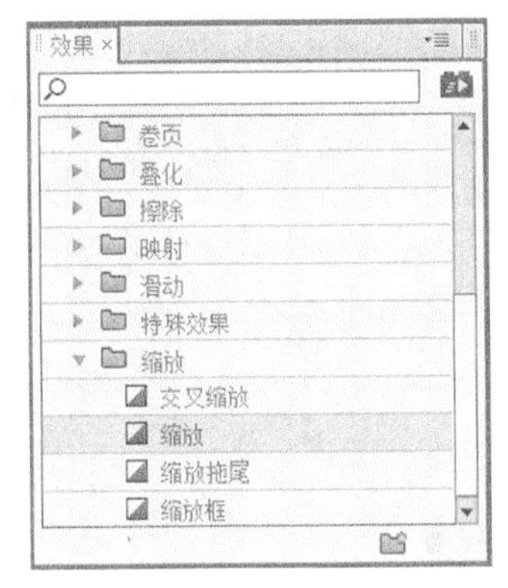

图 6-130

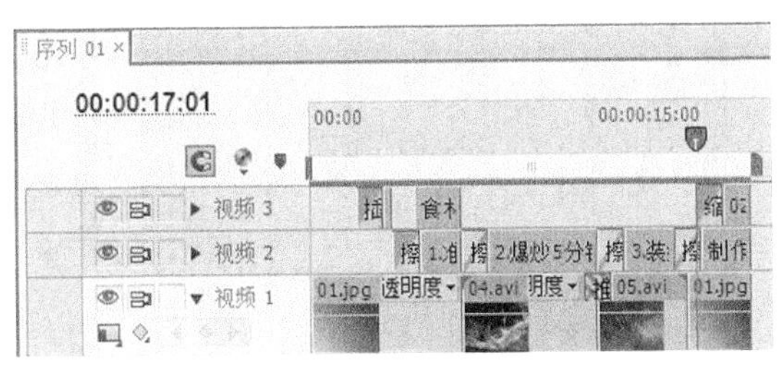

图 6-131

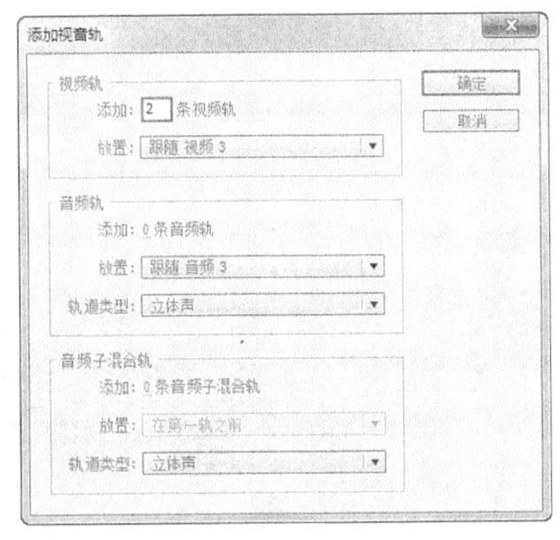

图 6-132

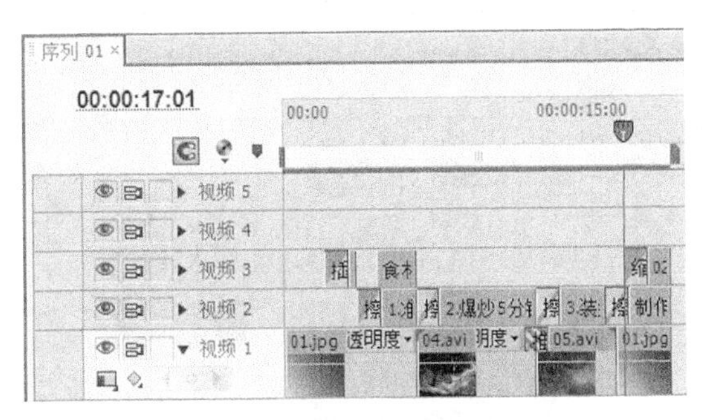

图 6-133

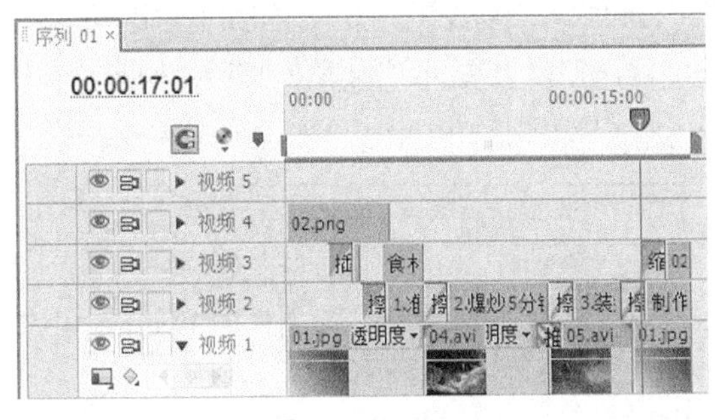

图 6-134

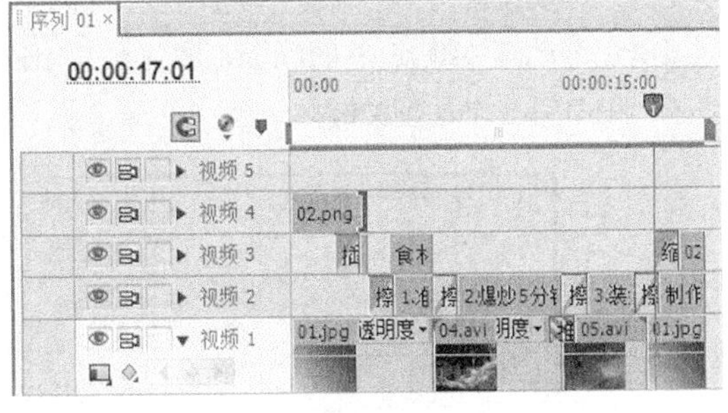

图 6-135

步骤 16　将时间标签放置在 0s 的位置，在“特效控制台”面板中展开“运动”选项，将“位置”选项设置为-165.2 和 286.8，“缩放比例”选项设置为 90，单击“位置”选项左侧的“切换动画”按钮，如图 6-136 所示，记录第 1 个动画关键帧。将时间标签放置在 2:00s 的位置，将“位置”选项设置为 410 和 250.8，如图 6-137 所示，记录第 2 个动画关键帧。

步骤 17　将时间标签放置在 4:14s 的位置。在“项目”面板中选中“03.png”文件并将其拖曳到“时间线”面板的“视频 4”轨道中，如图 6-138 所示。将鼠标指针移动到“03.png”文件的尾部，当鼠标指针呈状时，向前拖曳到文字的结束位置上，如图 6-139 所示。

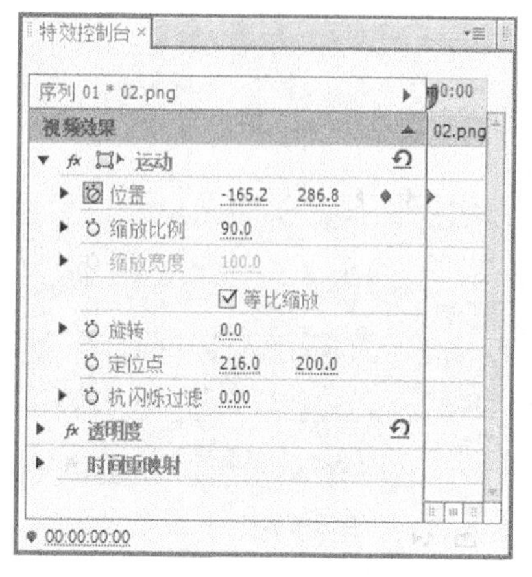

图 6-136

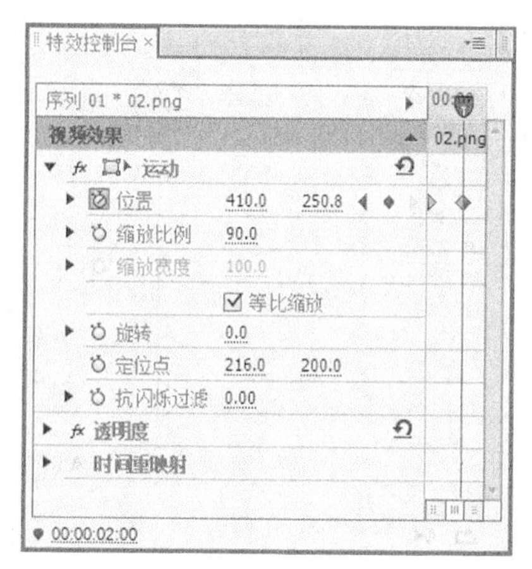

图 6-137

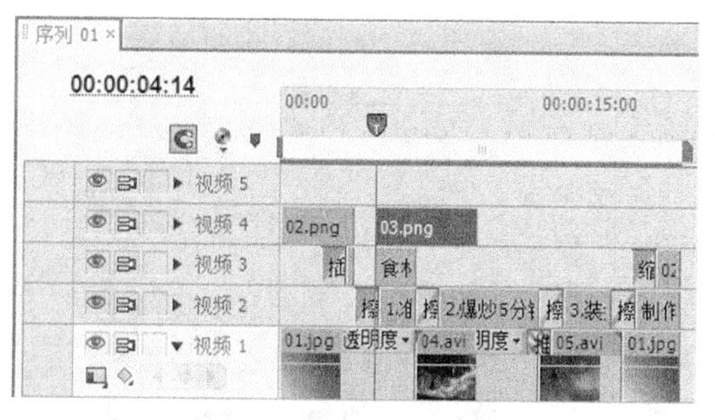

图 6-138

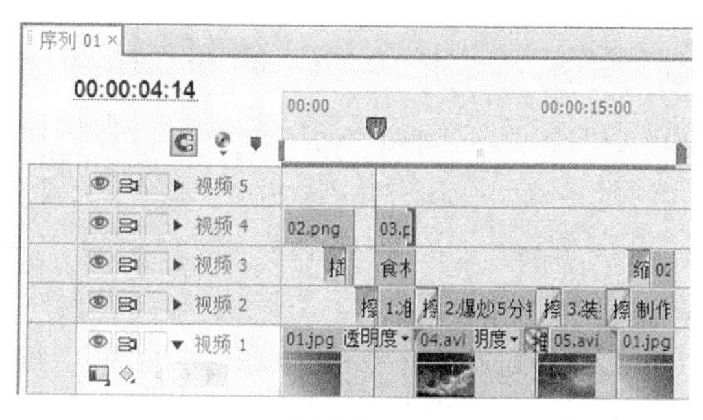

图 6-139

步骤 18 在“特效控制台”面板中展开“运动”选项，将“位置”选项设置为 481 和 245，“缩放比例”选项设置为 50，展开“透明度”选项，将“透明度”选项设置为 0%，如图 6-140 所示，记录第 1 个动画关键帧。将时间标签放置在 5:15s 的位置，将“透明度”选项设置为 100%，如图 6-141 所示，记录第 2 个动画关键帧。

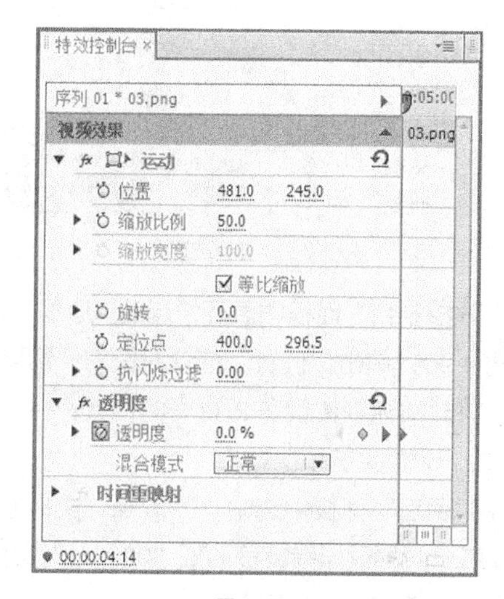

图 6-140

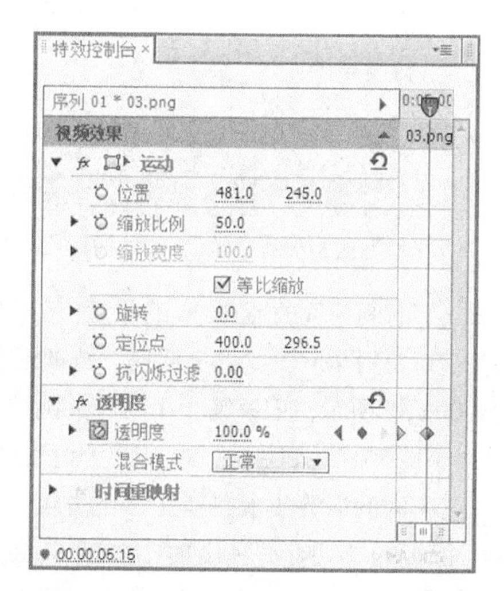

图 6-141

步骤 19　将时间标签放置在 18:05s 的位置。在“项目”面板中选中“美味可口”文件并将其拖曳到“时间线”面板的“视频 4”轨道中，如图 6-142 所示。将鼠标指针移动到“美味可口”文件的尾部，当鼠标指针呈⇹状时，向前拖曳到“02.png”文件的结束位置上，如图 6-143 所示。

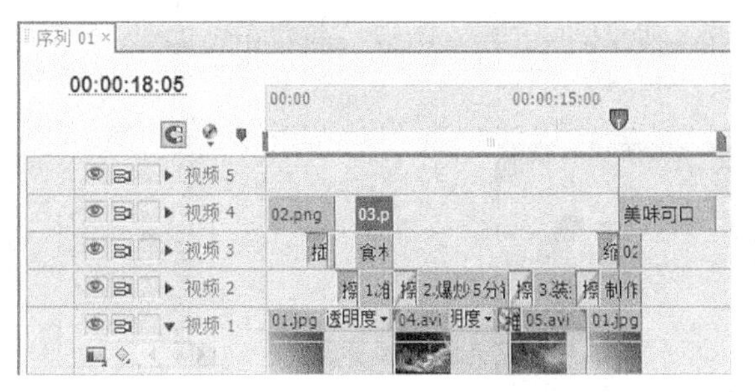

图 6-142

图 6-143

步骤 20　在“项目”面板中选中“06.png”文件并将其拖曳到“时间线”面板的“视频 5”轨道中，如图 6-144 所示。将鼠标指针移动到“06.png”文件的尾部，当鼠标指针呈⇹状时，向后拖曳到与下方文字相同的结束位置上，如图 6-145 所示。

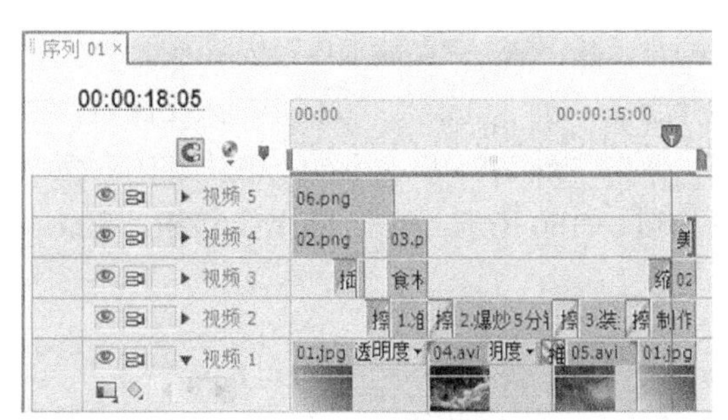

图 6-144

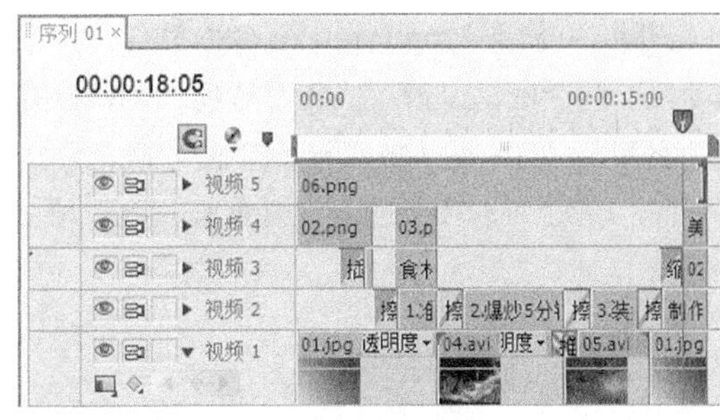

图 6-145

步骤 21　在“时间线”面板中选中“06.png”文件。在“特效控制台”面板中展开“运动”选项，取消勾选“等比缩放”复选框，将“缩放宽度”选项设置为 109.4，如图 6-146 所示。至此，烹饪节目制作完成，效果如图 6-147 所示。

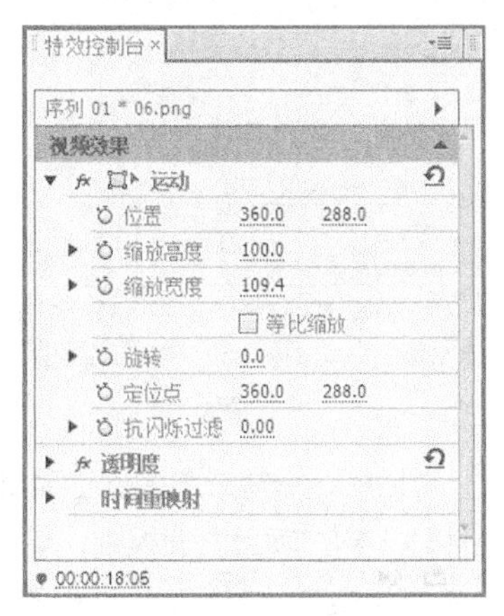

图 6-146

图 6-147

6.4.3 制作滚动字幕

【案例知识要点】

使用“导入”命令导入素材文件，使用“字幕”命令创建字幕，使用“滚动/游动选项”按钮制作滚动文字效果。滚动字幕效果如图 6-148 所示。

图 6-148

【案例操作步骤】

步骤 1 启动 Premiere Pro CS6 软件，弹出启动对话框，单击“新建项目”按钮 ，弹出“新建项目”对话框，设置“位置”选项，选择保存文件路径，在“名称”文本框中输入文件名“制作滚动字幕”，如图 6-149 所示。单击“确定”按钮，弹出“新建序列”对话框，在左侧的列表中展开“DV-PAL”选项，选中“标准 48kHz”模式，如图 6-150 所示，单击“确定”按钮，完成序列的创建。

图 6-149

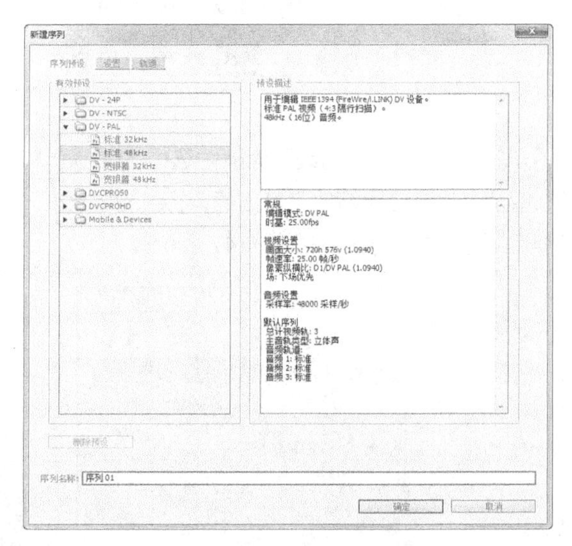

图 6-150

步骤 2 选择“文件 > 导入”命令，弹出“导入”对话框，选择云盘中的“项目六\制作滚动字幕\素材\01.jpg”文件，单击“打开”按钮，将素材文件导入到“项目”面板中，如图 6-151 所示。

步骤 3 在“项目”面板中选中“01.jpg”文件并将其拖曳到“时间线”面板的“视频 1”轨道中，如图 6-152 所示。

图 6-151

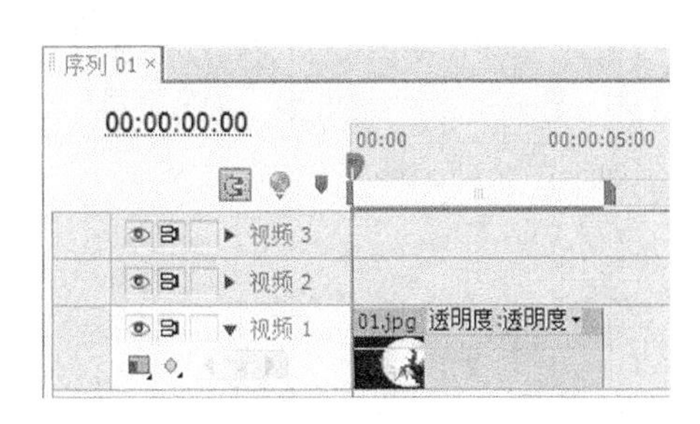

图 6-152

步骤 4　将时间标签放置在 11:04s 的位置，如图 6-153 所示，在“视频 1”轨道中选中“01.jpg”文件，将鼠标指针移动到“01.jpg”文件的结束位置，当鼠标指针呈状时，向后拖曳到 11:04s 的位置上，如图 6-154 所示。

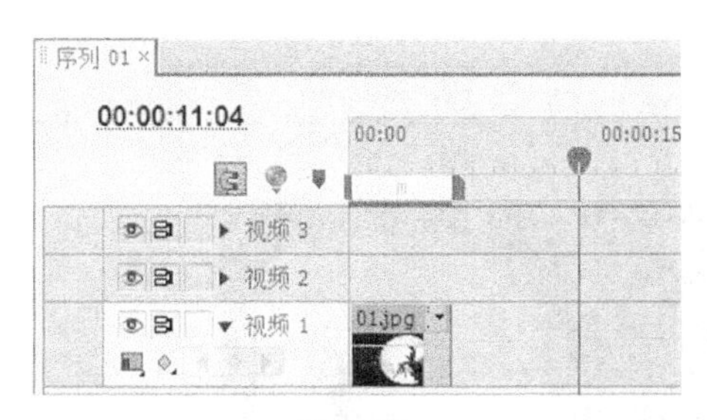

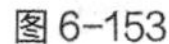
图 6-153

图 6-154

步骤 5　将时间标签放置在 0s 的位置，选择“文件 > 新建 > 字幕”命令，弹出“新建字幕”对话框，如图 6-155 所示，单击“确定”按钮，弹出字幕编辑面板，选择“输入”工具T，在字幕工作区中输入文字，在“字幕属性”子面板中选择需要的字体并填充需要的颜色，如图 6-156 所示。

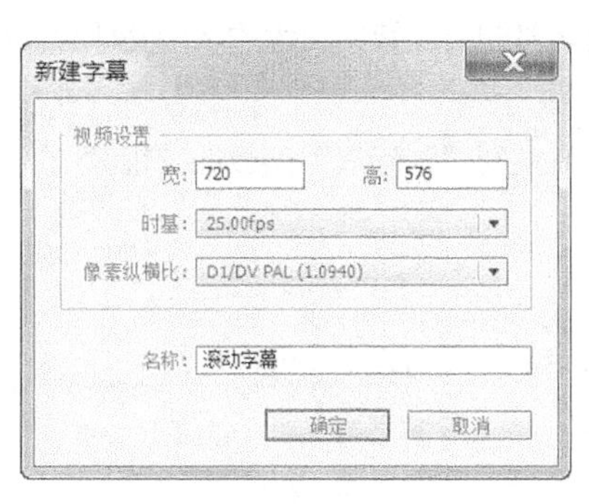

图 6-155

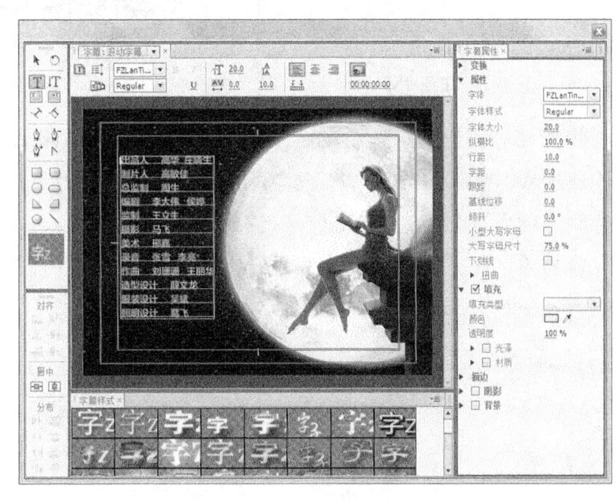

图 6-156

步骤 6　单击“滚动/游动选项”按钮，弹出“滚动/游动选项”对话框，进行相关设置，如图 6-157 所示，单击“确定”按钮，完成滚动字幕的设置。关闭字幕编辑面板，新建的字幕文件会自动保存到“项目”面板中，如图 6-158 所示。

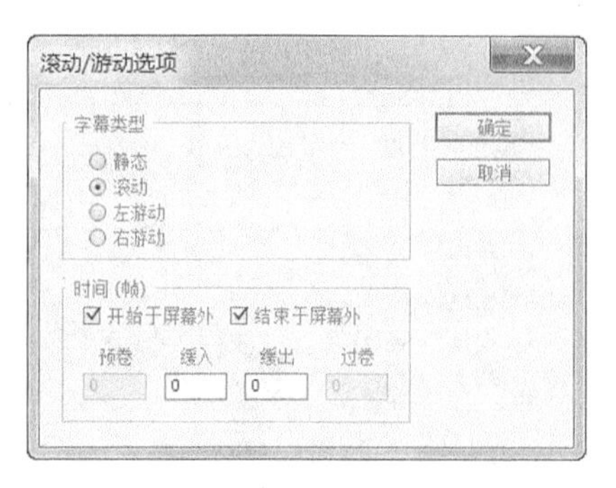

图 6-157

图 6-158

步骤 7　按 Ctrl+T 组合键，弹出“新建字幕”对话框，如图 6-159 所示，单击“确定”按钮，弹出字幕编辑面板，选择“输入”工具T，在字幕工作区中输入文字，在“字幕属性”子面板中选择需要的字体并填充需要的颜色，如图 6-160 所示。

图 6-159

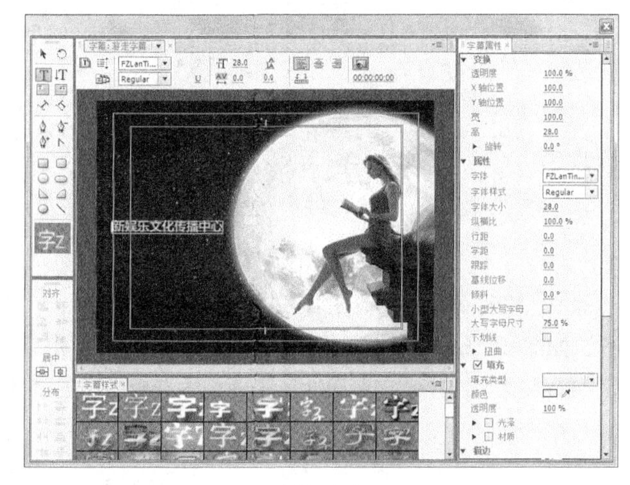

图 6-160

步骤 8　单击“滚动/游动选项”按钮，弹出“滚动/游动选项”对话框，进行相关设置，如图 6-161 所示，单击“确定”按钮，完成游走字幕的设置。关闭字幕编辑面板，新建的字幕文件会自动保存到“项目”面板中，如图 6-162 所示。

步骤 9　在“项目”面板中选中“滚动字幕”文件并将其拖曳到“时间线”面板的“视频 2”轨道中，如图 6-163 所示。

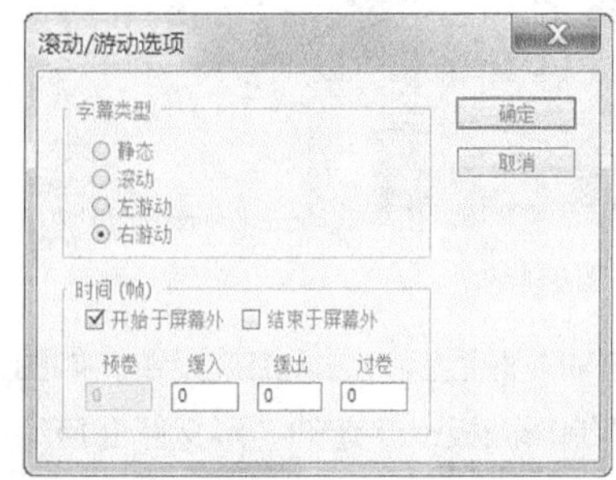

图 6-161

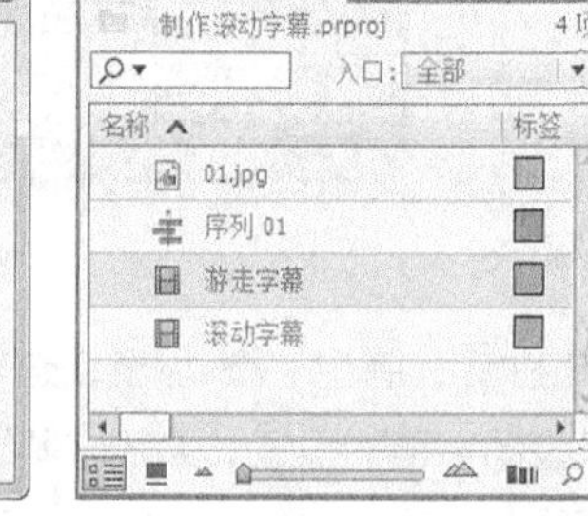

图 6-162

图 6-163

步骤 10　将时间标签放置在 7:00s 的位置，将鼠标指针移动到“滚动字幕”文件的结束位置，当鼠标指针呈状时，向后拖曳到 7:00s 的位置上，如图 6-164 所示。

步骤 11　将时间标签放置在 4:04s 的位置，在“项目”面板中选中“游走字幕”文件并将其拖曳到“时间线”面板的“视频 3”轨道中，如图 6-165 所示。将时间标签放置在 11:04s 的位置，将鼠标指针移动到“游走字幕”文件的结束位置，当鼠标指针呈状时，向后拖曳到 11:04s 的位置上，如图 6-166 所示。

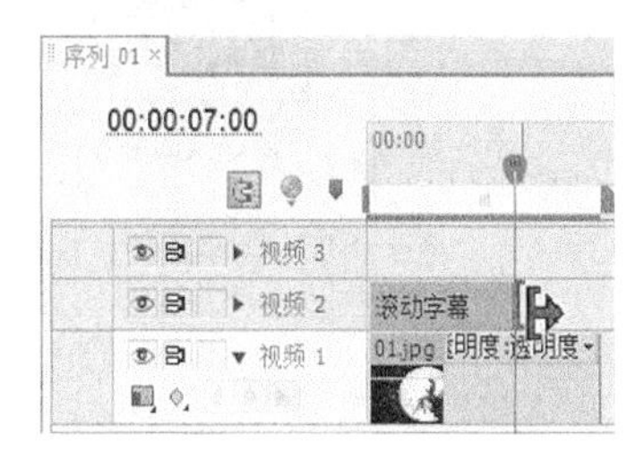

图 6-164

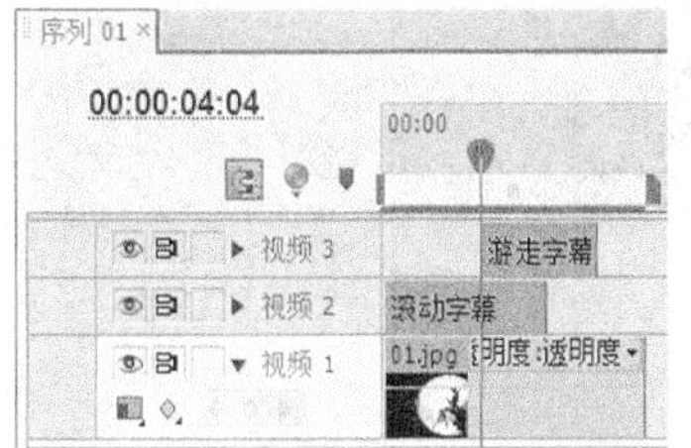

图 6-165

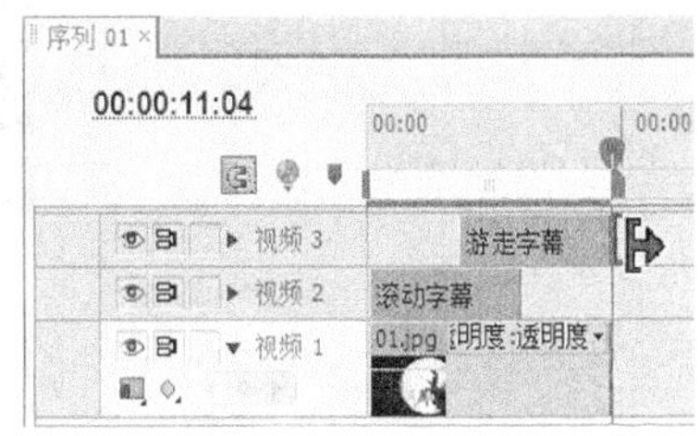

图 6-166

任务五　课后实战演练

6.5.1　影视快车

【练习知识要点】

使用“轨道遮罩键”命令制作文字蒙版，使用“缩放”选项制作文字大小动画，使用“透明度”选项制作文字透明动画效果。影视快车效果如图 6-167 所示。

【案例所在位置】

云盘中的“项目六\影视快车\影视快车.prproj”。

图 6-167

微课：影视快车

6.5.2　童话世界

【练习知识要点】

使用“字幕”命令和字幕编辑面板创建和编辑文字。童话世界效果如图 6-168 所示。

【案例所在位置】

云盘中的“项目六\童话世界\童话世界.prproj”。

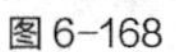
图 6-168

微课：童话世界

07 项目七 制作音乐 MV

本项目对音频及音频特效的应用与编辑进行介绍，重点讲解调音台及添加音频特效等操作。通过对本项目内容的学习，读者应该可以完全掌握 Premiere Pro CS6 的声音特效的制作方法。

课堂学习目标

- 认识“调音台”面板
- 为音频添加声音特效
- 调整声音特效

任务一 认识“调音台”面板

“调音台”面板可以实时混合“时间线”面板中各轨道的音频对象。用户可以在“调音台”面板中选择相应的音频控制器进行调节，该控制器可调节其在“时间线”面板中对应的音频对象，如图 7-1 所示。“调音台”面板由若干个轨道音频控制器、主音频控制器和播放控制器组成，每个控制器使用控制按钮和调节滑杆调节音频。

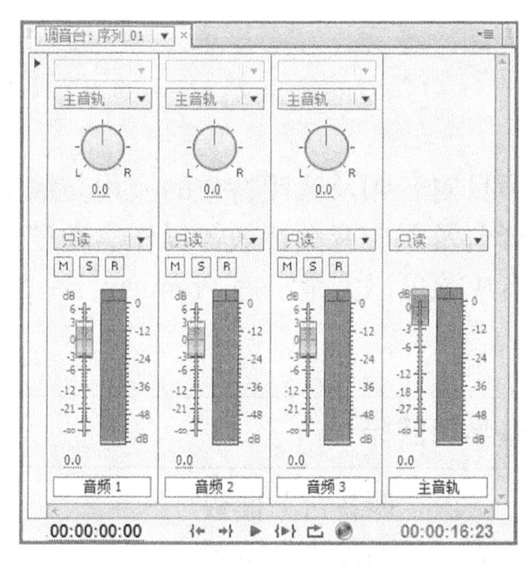

图 7-1

1. 轨道音频控制器

“调音台”面板中的轨道音频控制器用于调节其相对轨道上的音频对象，控制器 1 对应“音频 1”、控制器 2 对应“音频 2”，以此类推。轨道音频控制器的数目由“时间线”面板中的音频轨道数目决定，当在“时间线”面板中添加音频时，“调音台”面板中将自动添加一个轨道音频控制器与其对应。

轨道音频控制器由控制按钮、声音调节滑轮及音量调节滑杆组成。

控制按钮：轨道音频控制器中的控制按钮可以设置音频调节时的调节状态，如图 7-2 所示。单击“静音轨道”按钮M，即可将该轨道音频设置为静音状态。单击“独奏轨”按钮S，其他未选中独奏按钮的轨道音频会自动设置为静音状态。单击“激活录制轨”按钮R，可以利用输入设备将声音录制到目标轨道上。

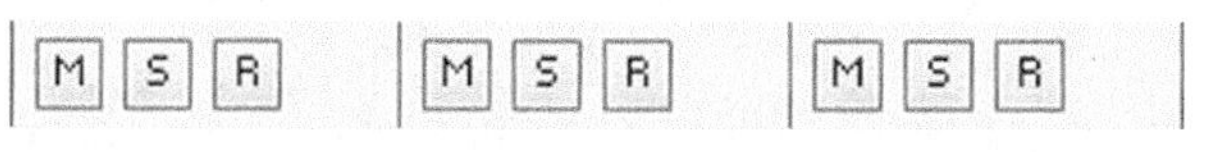

图 7-2

声音调节滑轮：如果对象为双声道音频，则可以使用声道调节滑轮调节播放声道。向左拖曳滑轮，输出到左声道（L）并使音量增大；向右拖曳滑轮，输出到右声道（R）并使音量增大。声道调节滑轮如图 7-3 所示。

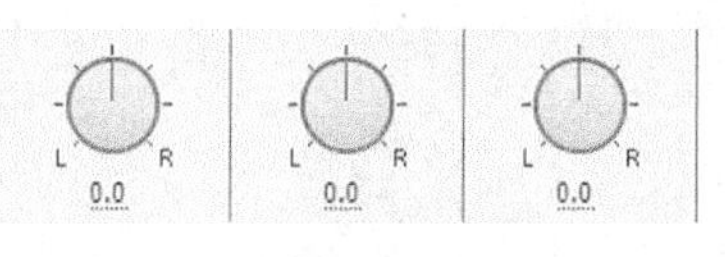

图 7-3

音量调节滑杆：通过音量调节滑杆可以控制当前轨道音频对象的音量，Premiere Pro CS6 以分贝数显示音量。向上拖曳滑杆，可以增加音量；向下拖曳滑杆，可以减小音量。下方数值栏中会显示当前音量，用户也可直接在数值栏中输入声音分贝数。播放音频时，面板左侧为音量表，显示音频播放时的音量大小；音量表顶部的小方块显示系统所能处理的音量极限，当方块显示为红色时，表示该音频量超过极限，音量过大。音量调节滑杆如图 7-4 所示。

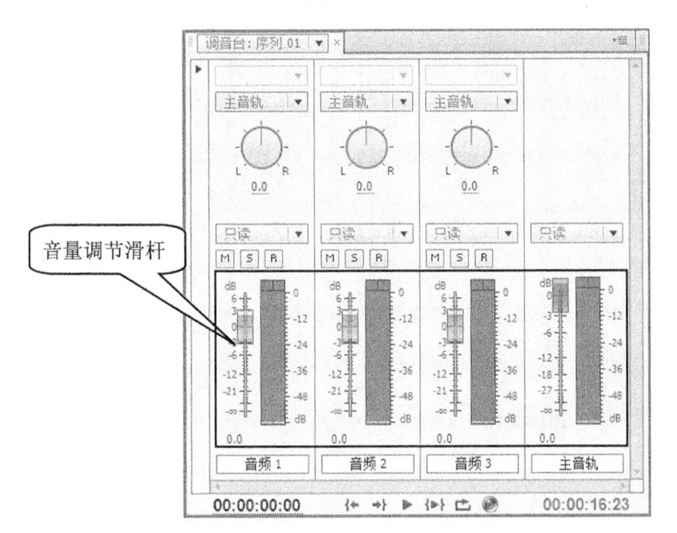

图 7-4

使用主音频控制器可以调节“时间线”面板中所有轨道上的音频对象。主音频控制器的使用方法与轨道音频控制器相同。

2. 播放控制器

播放控制器用于音频播放，使用方法与监视器窗口中的播放控制栏相同，如图 7-5 所示。

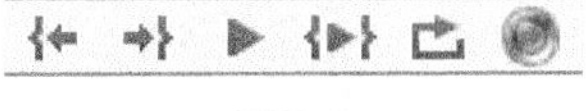

图 7-5

任务二　添加音频特效

Premiere Pro CS6 提供了 20 种以上的音频特效，可以通过特效产生回声、合声及去除噪声的效果，还可以使用扩展的插件得到更多的音频特效。

7.2.1　为素材添加特效

音频素材的特效添加方法与视频素材的特效添加方法相同，这里不再赘述。可以在“效果”面板中展开“音频特效”选项，分别在不同的音频模式文件夹中选择音频特效进行设置即可，如图 7-6 所示。

在“音频过渡”文件夹中，Premiere Pro CS6 为音频素材提供了简单的切换方式，如图 7-7 所示。为音频素材添加切换的方法与为视频素材添加切换的方法相同。

图 7-6

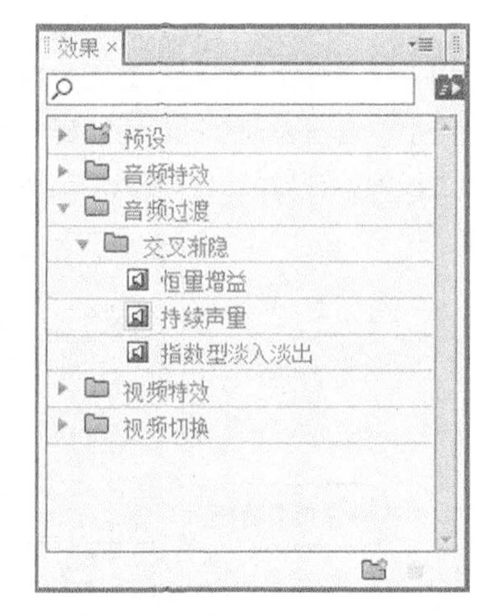

图 7-7

7.2.2 实训项目：摇滚音乐

【案例知识要点】

使用“导入”命令导入素材文件，使用“低音”和“参数均衡”特效调整音频的效果。摇滚音乐效果如图 7-8 所示。

图 7-8

【案例操作步骤】

步骤 1　启动 Premiere Pro CS6 软件，弹出启动对话框，单击“新建项目”按钮，弹出“新建项目”对话框，设置“位置”选项，选择保存文件路径，在“名称”文本框中输入文件名“摇滚音乐”，如图 7-9 所示。单击“确定”按钮，弹出“新建序列”对话框，在左侧的列表中展开“DV-PAL”选项，选中“标准 48kHz”模式，如图 7-10 所示，单击“确定”按钮，完成序列的创建。

步骤 2　选择“文件 > 导入”命令，弹出“导入”对话框，选择云盘中的“项目七\摇滚音乐\素材”中的所有素材文件，如图 7-11 所示，单击“打开”按钮，将素材文件导入到“项目”面板中，如图 7-12 所示。

图 7-9

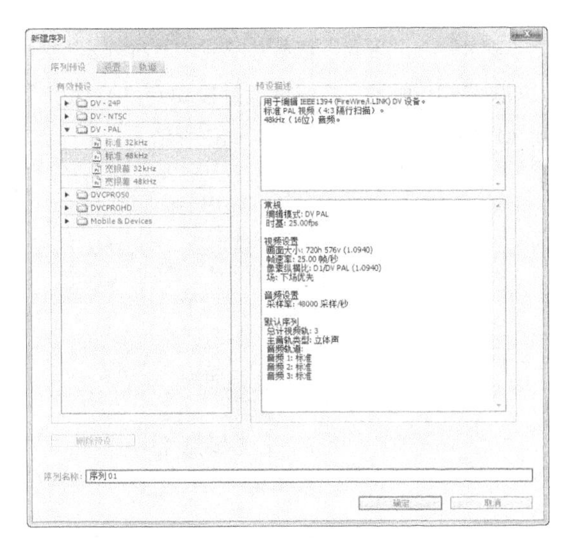

图 7-10

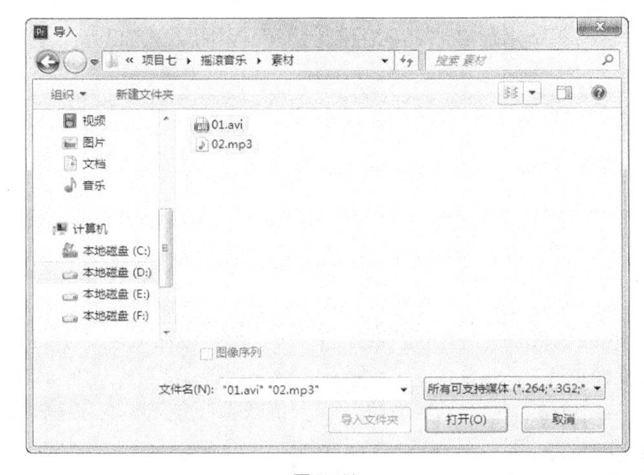

图 7-11

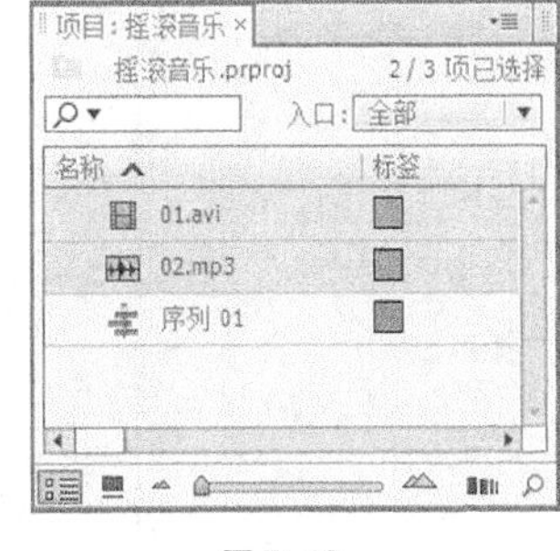

图 7-12

步骤 3　在“项目”面板中选中“01.avi”文件并将其拖曳到“时间线”面板的“视频 1”轨道中，弹出“素材不匹配警告”对话框，单击“保持现有设置”按钮，效果如图 7-13 所示。将时间标签放置在 20:00s 的位置，在“视频 1”轨道中选中“01.avi”文件，将鼠标指针移动到“01.avi”文件的结束位置，当鼠标指针呈◀状时，向前拖曳到 20:00s 的位置上，如图 7-14 所示。

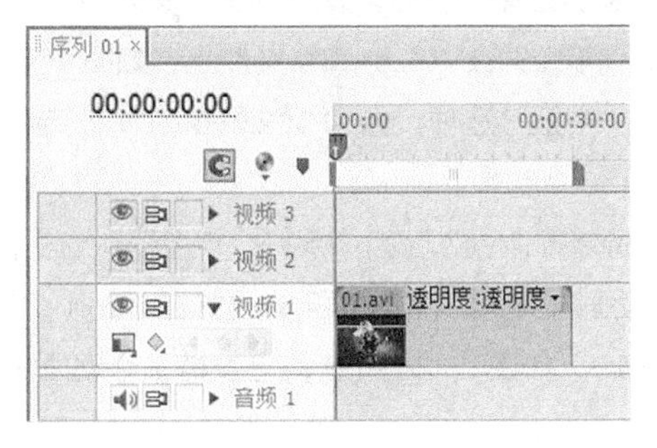

图 7-13

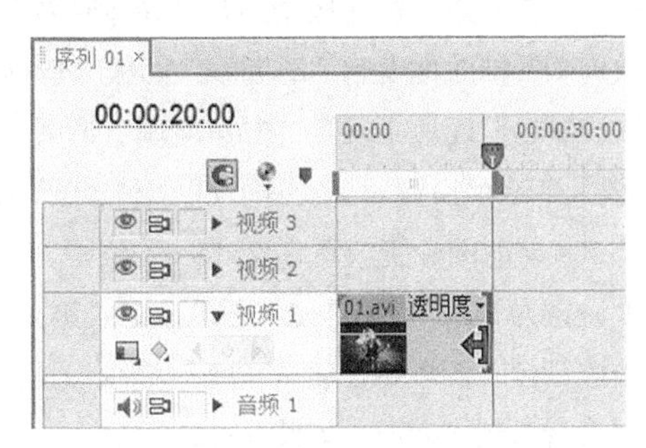

图 7-14

步骤4　在“项目”面板中选中“02.mp3”文件并将其拖曳到“时间线”面板的“音频1”轨道中，如图7-15所示。将鼠标指针移动到“02.mp3”文件的结束位置，当鼠标指针呈状时，向前拖曳到20:00s的位置上，如图7-16所示。

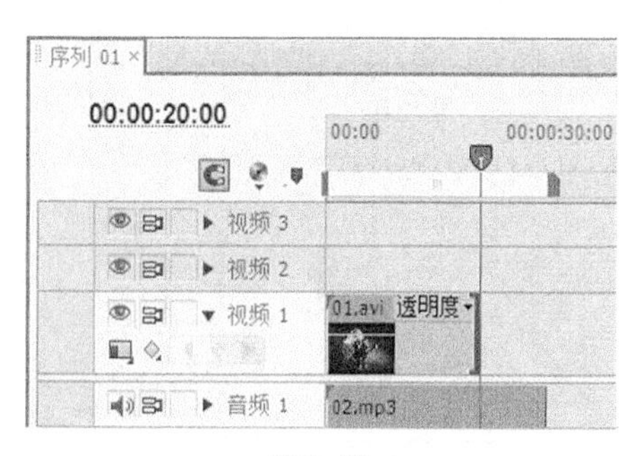

图7-15

图7-16

步骤5　将时间标签放置在0s的位置，选择“窗口 > 效果”命令，弹出“效果”面板，展开“音频特效”选项，选中“低音”特效，如图7-17所示。将“低音”特效拖曳到“时间线”面板“音频1”轨道中的“02.mp3”文件上，如图7-18所示。在“特效控制台”面板中展开“低音”选项，将“放大”选项设置为6dB，如图7-19所示。

图7-17

图7-18

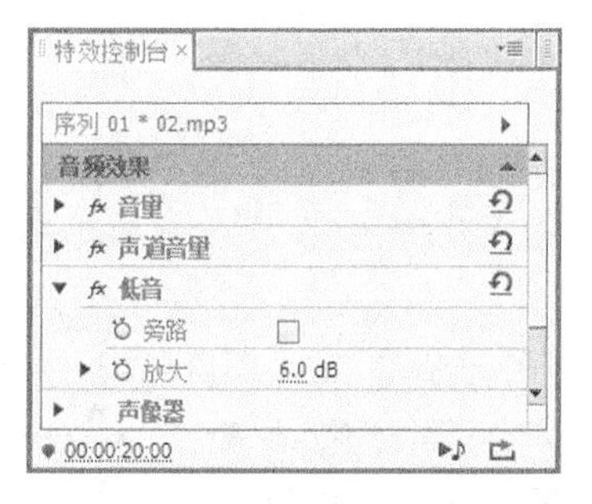

图7-19

步骤6　在“效果”面板中展开“音频特效”选项，选中“参数均衡”特效，如图7-20所示。将“参数均衡”特效拖曳到“时间线”面板“音频1”轨道中的“02.mp3”文件上，如图7-21所示。在“特效控制台”面板中展开“参数均衡”选项，将“中置”选项设置为502.5Hz，“Q”选项设置为14.8，“放大”选项设置为2.2dB，如图7-22所示。

步骤7　将时间标签放置在2:13s的位置，在“特效控制台”面板中展开“声像器”选项，将“平衡”选项设置为0.8，如图7-23所示，记录第1个动画关键帧。将时间标签放置在20:00s的位置，在“特效控制台”面板中，将“平衡”选项设置为-0.9，如图7-24所示，记录第2个动画关键帧。至此，摇滚音乐制作完成，如图7-25所示。

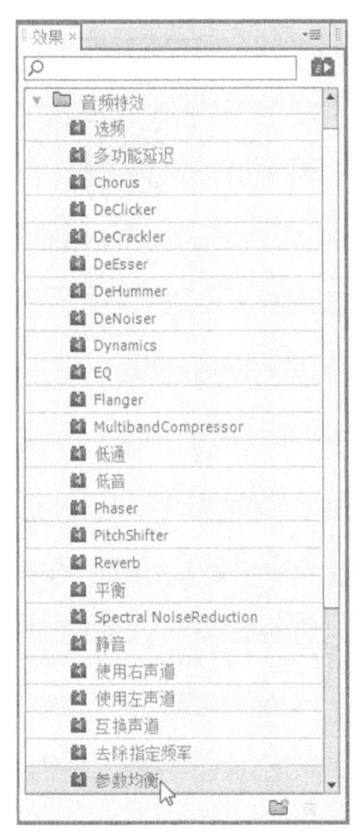

图 7-20

图 7-21

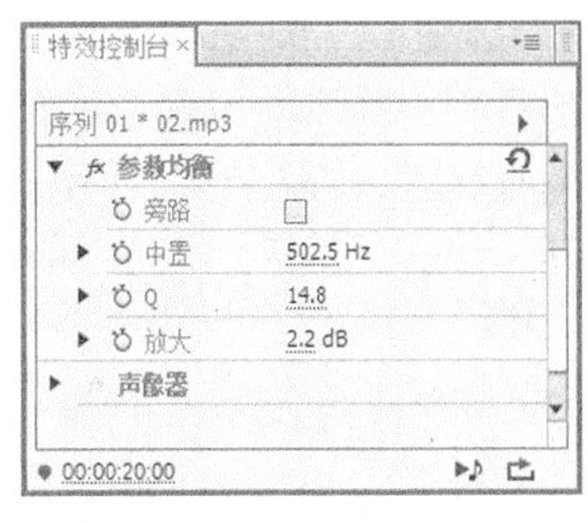

图 7-22

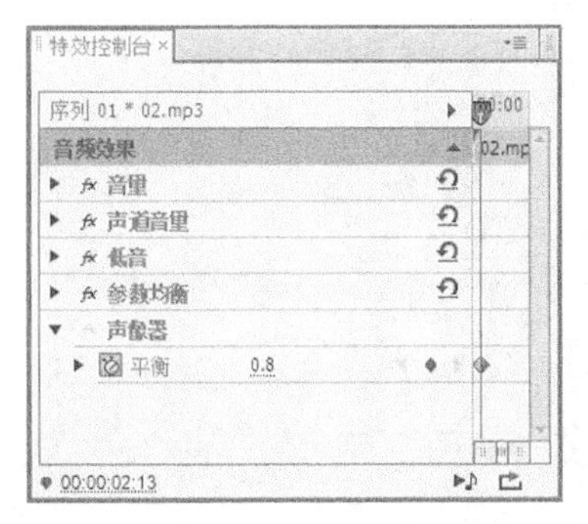

图 7-23

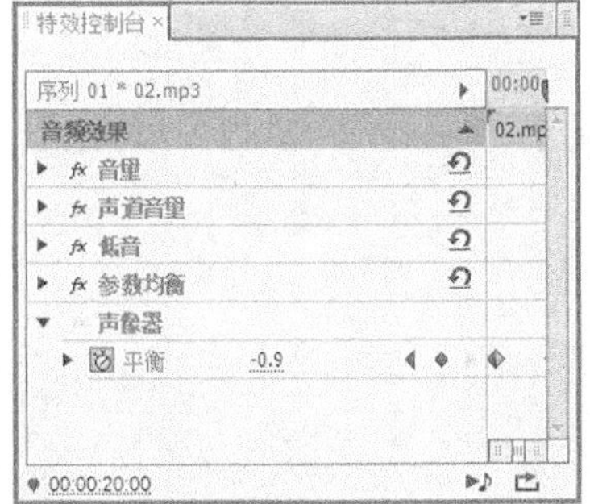

图 7-24

图 7-25

任务三 综合实训项目

7.3.1 制作歌曲 MV

【案例知识要点】

使用“导入”命令导入素材图片，使用“特效控制台”面板设置图片的位置、缩放比例和透明度动画，使用“效果”面板添加视频特效。歌曲 MV 如图 7-26 所示。

图 7-26

微课：制作歌曲 MV

【案例操作步骤】

1. 导入素材图片

步骤 1　启动 Premiere Pro CS6 软件，弹出启动对话框，单击“新建项目”按钮，弹出“新建项目”对话框，设置“位置”选项，选择保存文件路径，在“名称”文本框中输入文件名“制作歌曲 MV”，如图 7-27 所示。单击“确定”按钮，弹出“新建序列”对话框，在左侧的列表中展开“DV-PAL”选项，选中“标准 48kHz”模式，如图 7-28 所示，单击“确定”按钮，完成序列的创建。

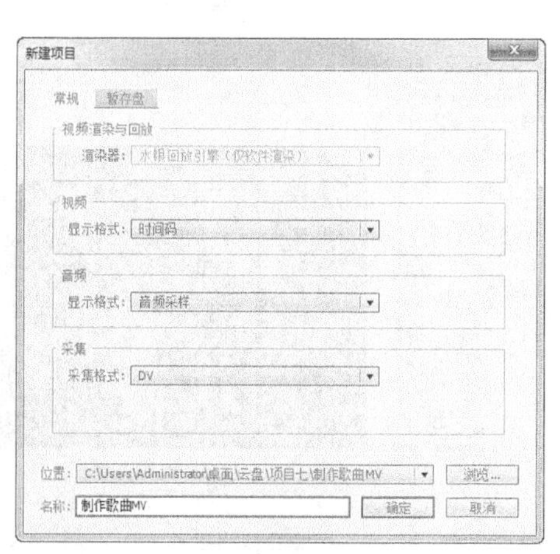
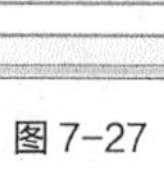

图 7-27

图 7-28

步骤 2　选择“文件 > 导入”命令，弹出“导入”对话框，选择云盘中的“项目七\制作歌曲 MV\素材”中的所有素材文件，单击“打开”按钮，导入文件，如图 7-29 所示。导入后的文件排列在“项目”面板中，如图 7-30 所示。

步骤 3　选择“文件 > 新建 > 字幕”命令，弹出“新建字幕”对话框，在“名称”文本框中输入“新年好”，如图 7-31 所示，单击“确定”按钮，弹出字幕编辑面板，选择“输入”工具 T，在字幕工作区中输入需要的文字，在“字幕样式”子面板中选择适当的文字样式，在“字幕属性”子面板中展开“属性”选项并进行参数设置，字幕工作区中的效果如图 7-32 所示。

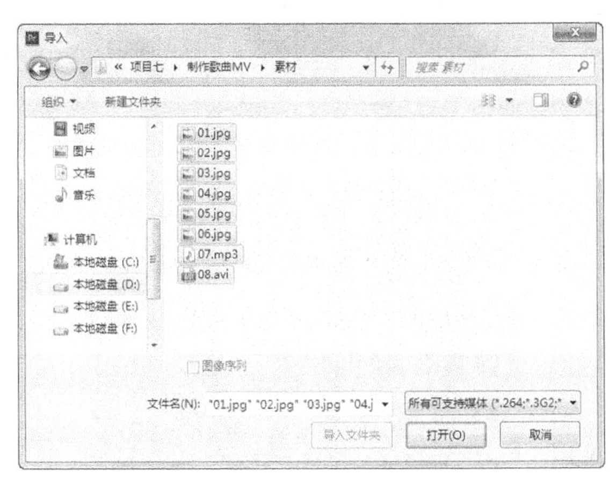
图 7-29

图 7-30

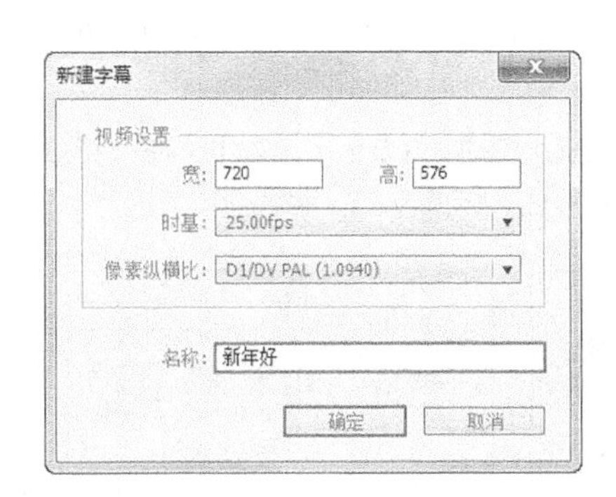
图 7-31

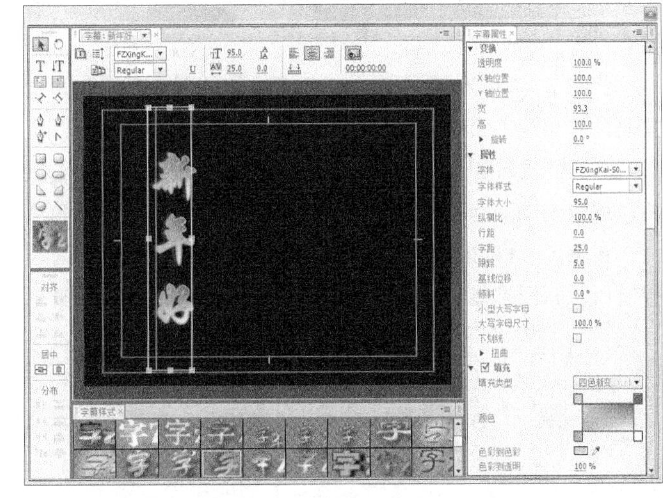
图 7-32

2. 制作叠加动画

步骤 1　在“项目”面板中选中“01.jpg”文件并将其拖曳到“时间线”面板的“视频 1”轨道中，如图 7-33 所示。将时间标签放置在 6:07s 的位置，将鼠标指针移动到“01.jpg”文件的尾部，当鼠标指针呈⊣状时，向后拖曳到 6:07s 的位置上，如图 7-34 所示。使用相同的方法添加其他文件到“时间线”面板中，并将其调整到适当的位置上，效果如图 7-35 所示。

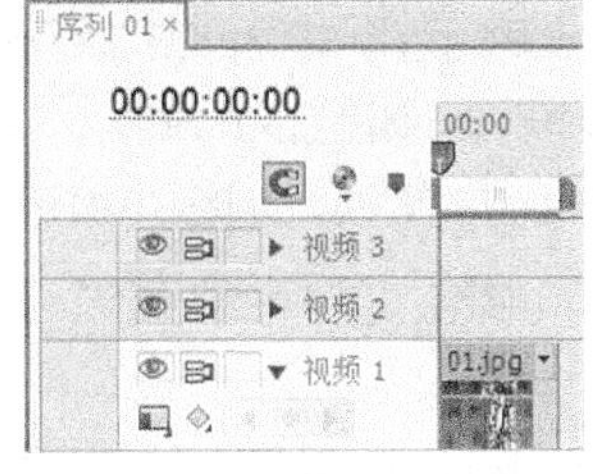
图 7-33

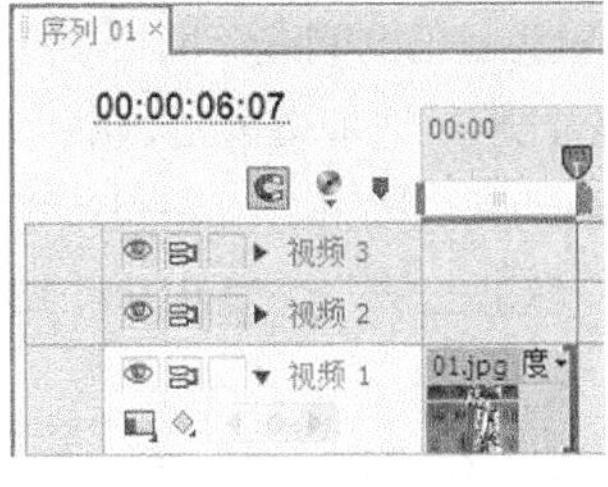
图 7-34

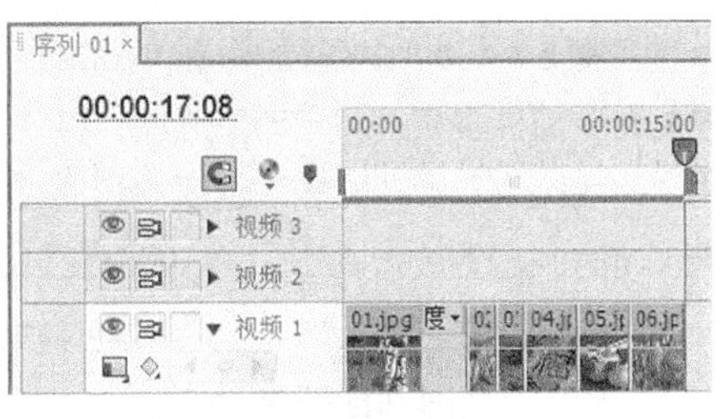
图 7-35

步骤 2　将时间标签放置在 0s 的位置，在“时间线”面板中选中“01.jpg”文件，在“特效控制台”面板中展开“运动”选项，将“位置”选项设置为 373 和 288，“缩放比例”选项设置为 120，如图 7-36 所示。在“节目”面板中预览效果，如图 7-37 所示。

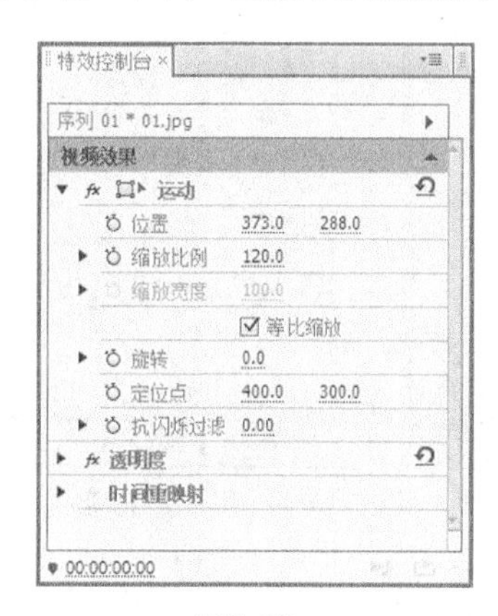

图 7-36

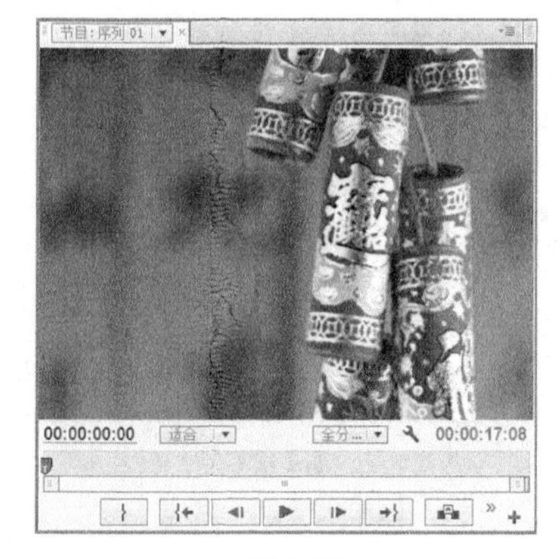

图 7-37

步骤 3　将时间标签放置在 6:07s 的位置，在“时间线”面板中选中“02.jpg”文件，在“特效控制台”面板中展开“运动”选项，将“缩放比例”选项设置为 69.1，单击“缩放比例”选项左侧的“切换动画”按钮，如图 7-38 所示，记录第 1 个动画关键帧。将时间标签放置在 6:20s 的位置，将“缩放比例”选项设置为 50，如图 7-39 所示，记录第 2 个动画关键帧。

步骤 4　将时间标签放置在 7:18s 的位置，在“时间线”面板中选中“03.jpg”文件，在“特效控制台”面板中展开“运动”选项，将“缩放比例”选项设置为 101，如图 7-40 所示。

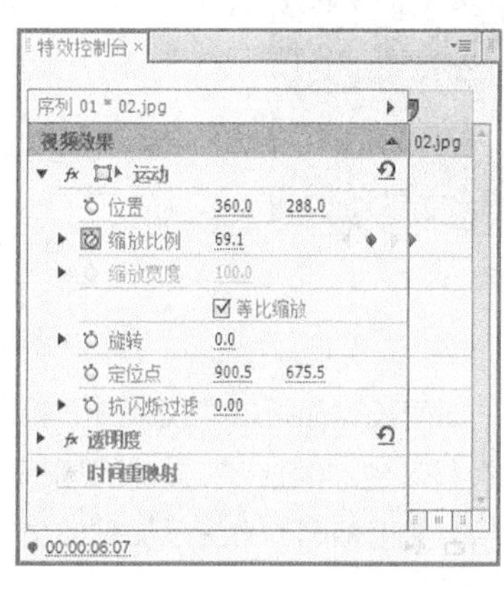

图 7-38

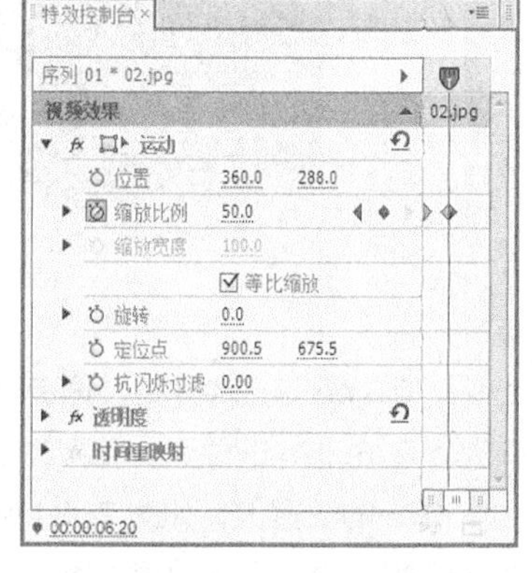

图 7-39

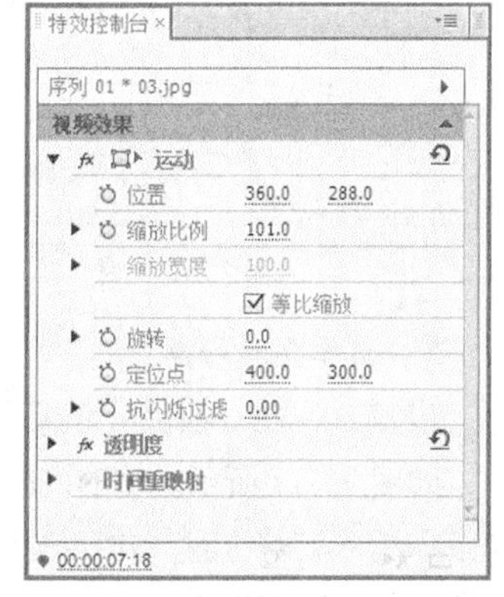

图 7-40

步骤 5　将时间标签放置在 9:03s 的位置，在“时间线”面板中选中“04.jpg”文件，在“特效控制台”面板中展开“运动”选项，将“缩放比例”选项设置为 300，“旋转”选项设置为-60°，单击“缩放比例”和“旋转”选项左侧的“切换动画”按钮，记录第 1 个动画关键帧，如图 7-41 所示。将时间标签放置在 11:00s 的位置，将“缩放比例”选项设置为 100，“旋转”选项设置为 0°，如图 7-42 所示，记录第 2 个动画关键帧。

步骤 6　将时间标签放置在 14:12s 的位置，在“时间线”面板中选中“06.jpg”文件，在“特效控制台”面板中展开“运动”选项，将“缩放比例”选项设置为 90，单击“缩放比例”选项左侧的“切换动画”按钮⏱，如图 7-43 所示，记录第 1 个动画关键帧。将时间标签放置在 17:08s 的位置，将“缩放比例”选项设置为 30，如图 7-44 所示，记录第 2 个动画关键帧。

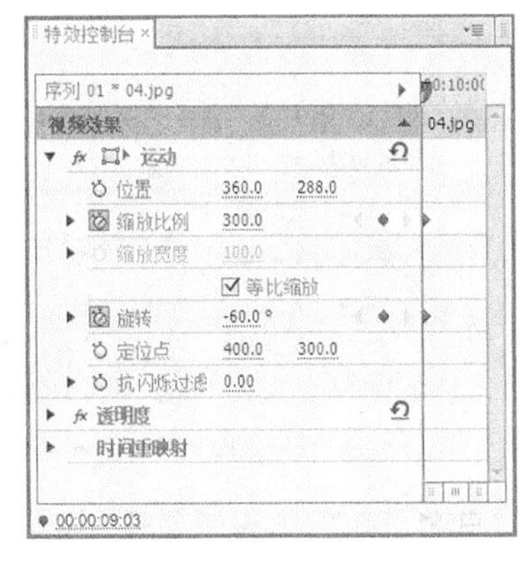

图 7-41

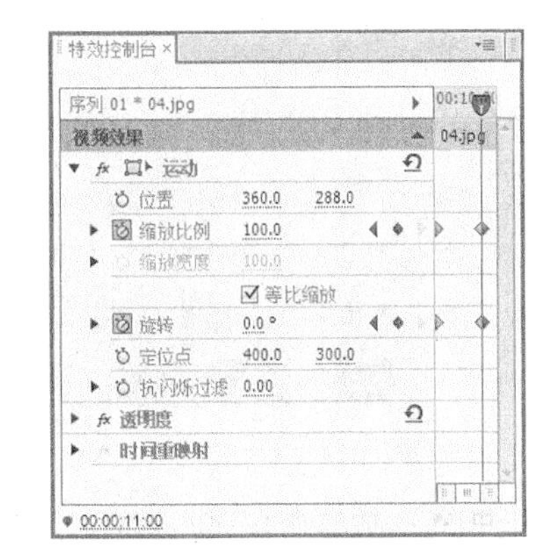

图 7-42

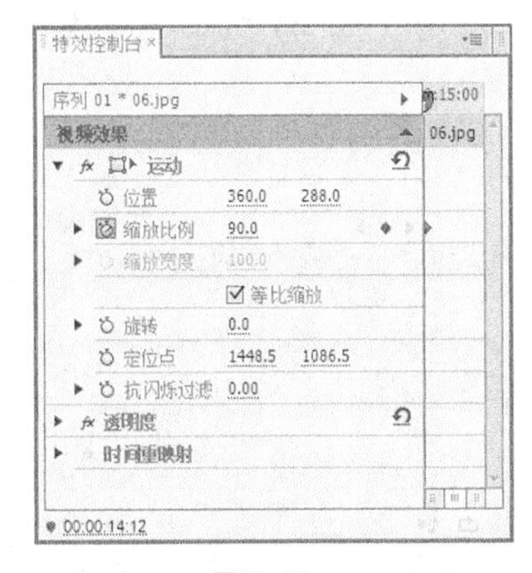

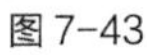

图 7-43

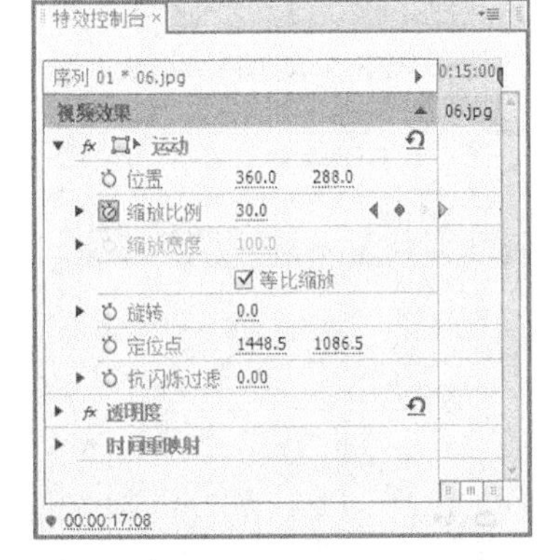

图 7-44

步骤 7　选择“窗口 > 效果”命令，弹出“效果”面板，展开“视频切换”选项，单击“擦除”文件夹前面的三角形按钮▶将其展开，选中“百叶窗”特效，如图 7-45 所示。将“百叶窗”特效拖曳到“时间线”面板中的“02.jpg”文件的结束位置和“03.jpg”文件的开始位置，如图 7-46 所示。使用相同的方法在其他位置添加视频切换，如图 7-47 所示。

图 7-45

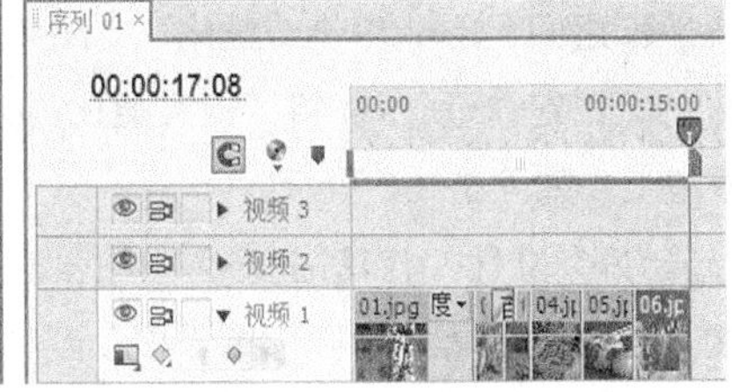

图 7-46

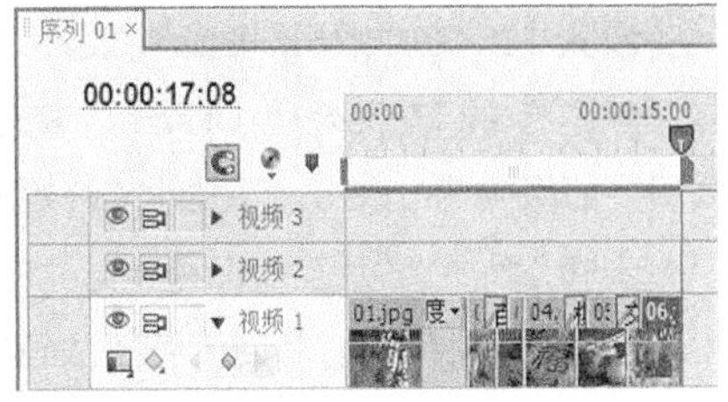

图 7-47

步骤 8　在“项目”面板中选中“08.avi”文件并将其拖曳到“时间线”面板的“视频 2”轨道中，如图 7-48 所示。将鼠标指针移动到“08.avi”文件的尾部，当鼠标指针呈状时，向前拖曳到 17:08s 的位置上，如图 7-49 所示。

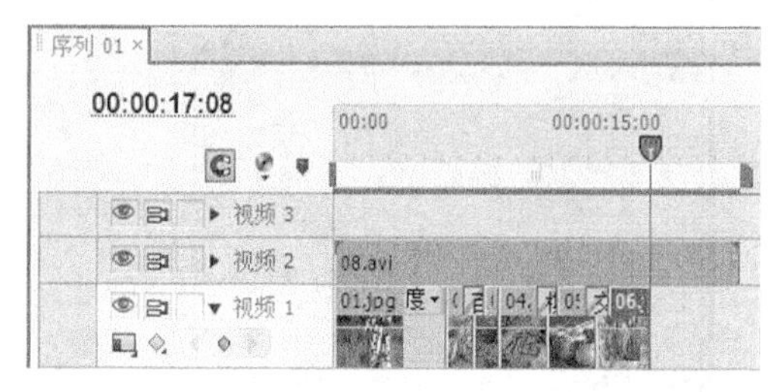

图 7-48

图 7-49

步骤 9　将时间标签放置在 5:00s 的位置，在“特效控制台”面板中展开“运动”选项，将“位置”选项设置为 360 和 500，展开“透明度”选项，将“透明度”选项设置为 0%，如图 7-50 所示，记录第 1 个动画关键帧。将时间标签放置在 6:07s 的位置，将“透明度”选项设置为 100%，如图 7-51 所示，记录第 2 个动画关键帧。

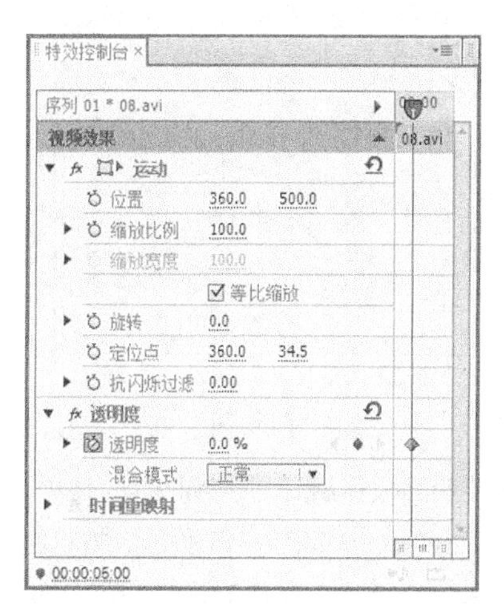

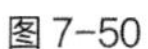

图 7-50

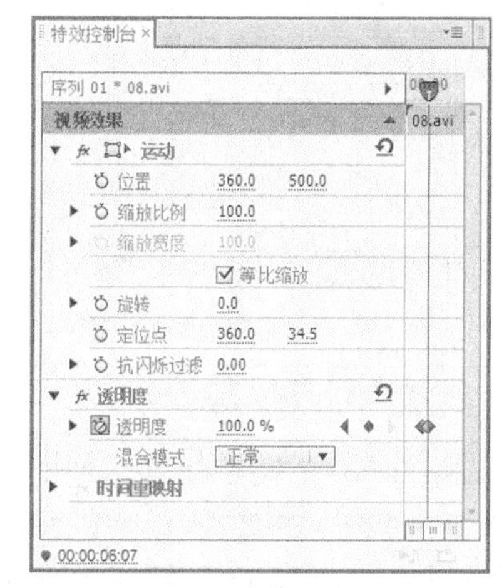

图 7-51

步骤 10　在“效果”面板中展开“视频特效”选项，单击“键控”文件夹前面的三角形按钮 ▶ 将其展开，选中“蓝屏键”特效，如图 7-52 所示。将“蓝屏键”特效拖曳到“时间线”面板中的“08.avi”文件上。在“特效控制台”面板中展开“蓝屏键”选项，相关设置如图 7-53 所示，在“节目”面板中预览效果，如图 7-54 所示。

步骤 11　在“效果”面板中展开“视频切换”选项，单击“叠化”文件夹前面的三角形按钮 ▶ 将其展开，选中“交叉叠化（标准）”特效，如图 7-55 所示。将“交叉叠化（标准）”特效拖曳到“时间线”面板中的“08.avi”文件的开始位置上，如图 7-56 所示。

步骤 12　在“项目”面板中选中“新年好”文件并将其拖曳到“时间线”面板的“视频 3”轨道中，如图 7-57 所示。将时间标签放置在 6:11s 的位置，将鼠标指针移动到“新年好”文件的尾部，当鼠标指针呈状时，向后拖曳到 6:11s 的位置上，如图 7-58 所示。

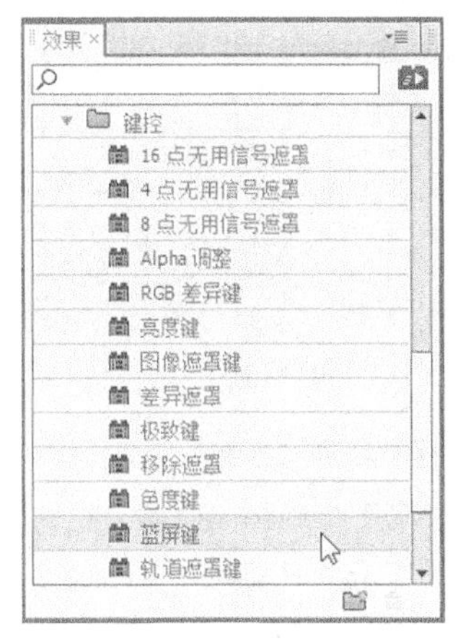

图 7-52

图 7-53

图 7-54

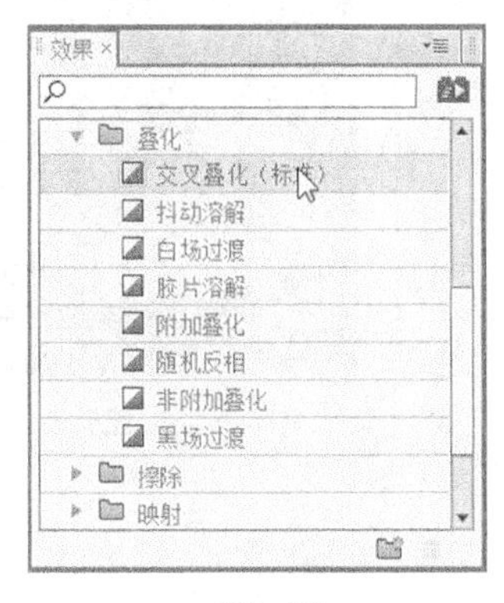

图 7-55

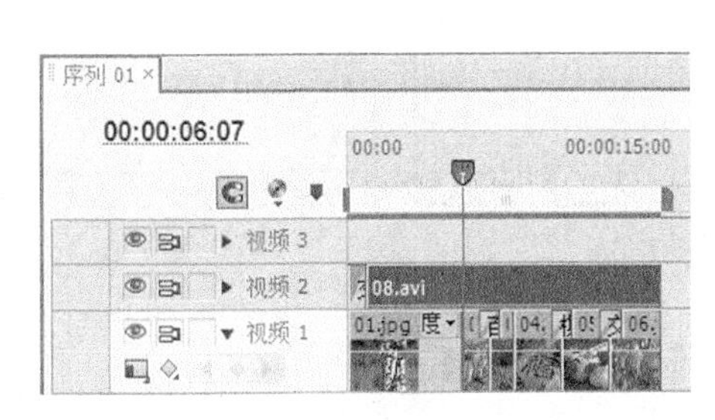

图 7-56

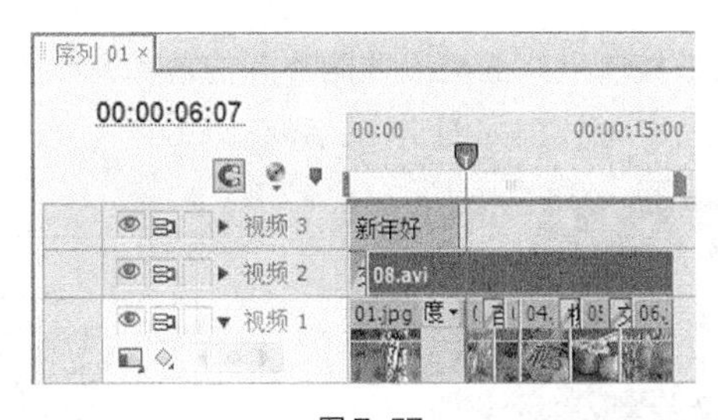

图 7-57

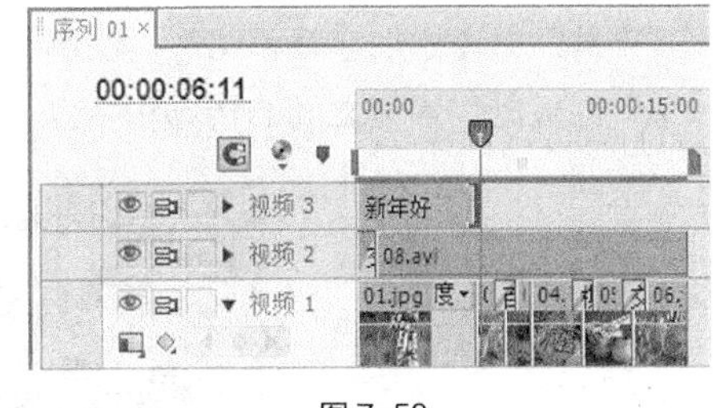

图 7-58

步骤 13　将时间标签放置在 2:00s 的位置，在“特效控制台”面板中展开“透明度”选项，单击“透明度”选项右侧的“添加/移除关键帧”按钮，如图 7-59 所示，记录第 1 个动画关键帧。将时间标签放置在 6:11s 的位置，将“透明度”选项设置为 0%，如图 7-60 所示，记录第 2 个动画关键帧。

步骤 14　在“项目”面板中选中“07.mp3”文件并将其拖曳到“时间线”面板的“音频 1”轨道中。将时间标签放置在 17:08s 的位置，将鼠标指针移动到“07.mp3”文件的尾部，当鼠标指针呈状时，向前拖曳到 17:08s 的位置上，如图 7-61 所示。

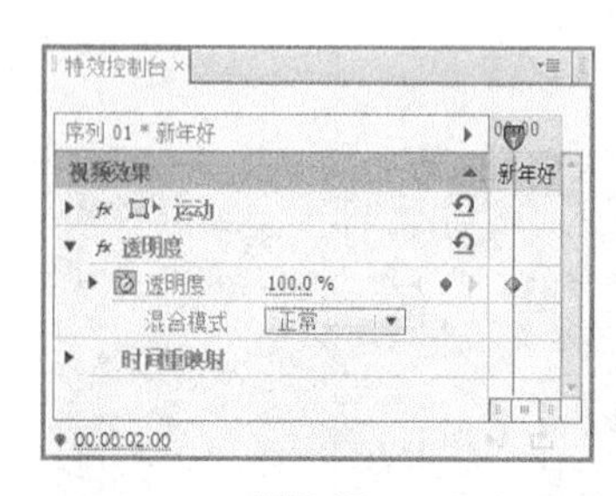

图 7-59

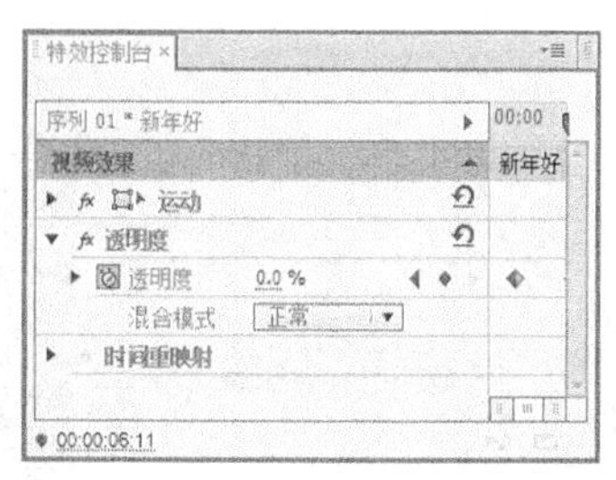

图 7-60

图 7-61

步骤 15　将时间标签放置在 16:00s 的位置，在“特效控制台”面板中展开“音量”选项，单击“级别”选项右侧的“添加/移除关键帧”按钮，如图 7-62 所示，记录第 1 个动画关键帧。将时间标签放置在 17:08s 的位置，将“级别”选项设置为-24.3dB，如图 7-63 所示，记录第 2 个动画关键帧。至此，歌曲 MV 制作完成，如图 7-64 所示。

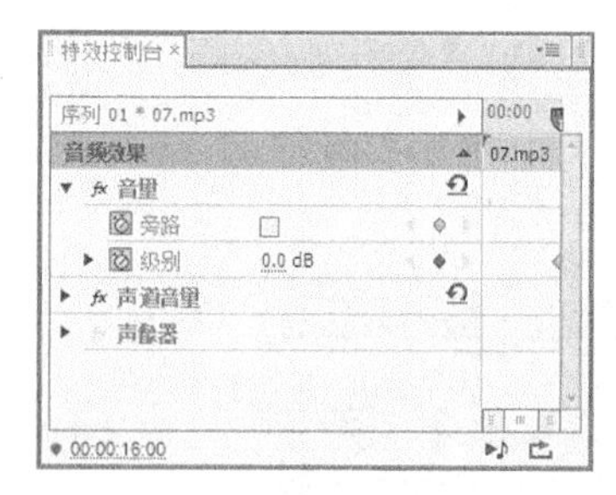

图 7-62

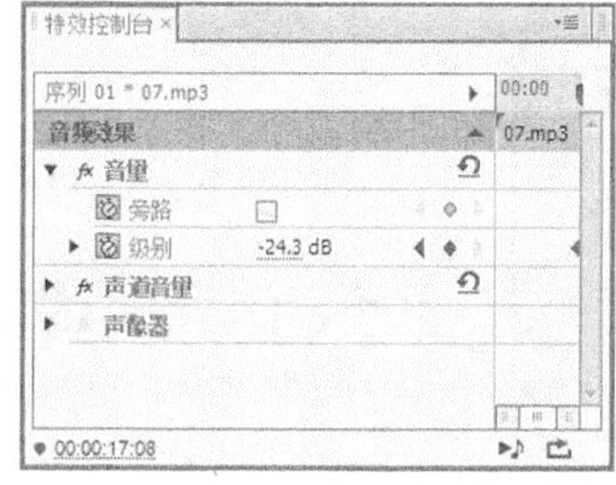

图 7-63

图 7-64

7.3.2　制作卡拉 OK

【案例知识要点】

使用“字幕”命令添加字幕和图形，使用“特效控制台”面板设置图片的位置和音频的动画，使用“效果”面板制作素材之间的转场和特效。卡拉 OK 效果如图 7-65 所示。

图 7-65

微课：制作卡拉 OK

【案例操作步骤】

步骤 1　启动 Premiere Pro CS6 软件，弹出启动对话框。单击“新建项目”按钮，弹出“新建项目”对话框，设置“位置”选项，选择保存文件路径，在“名称”文本框中输入文件名“制作卡拉 OK”，如图 7-66 所示。单击“确定”按钮，弹出“新建序列”对话框，在左侧的列表中展开“DV-PAL”选项，选中“标准 48kHz”模式，如图 7-67 所示，单击“确定”按钮，完成序列的创建。

图 7-66

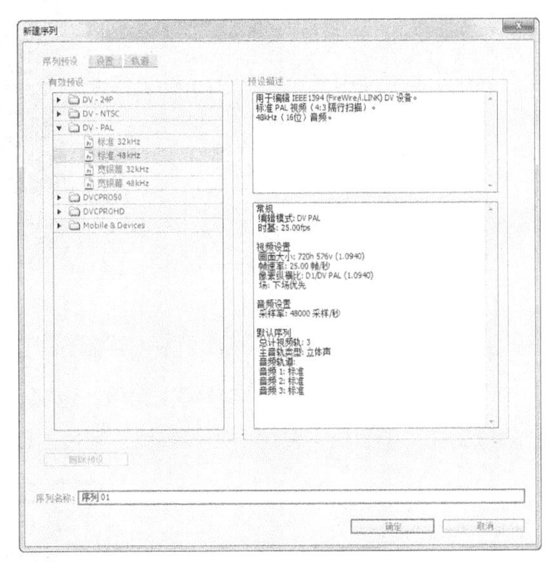

图 7-67

步骤 2　选择“文件 > 导入”命令，弹出“导入”对话框，选择云盘中的“项目七\制作卡拉 OK\素材”中的所有素材文件，单击“打开”按钮，导入文件，如图 7-68 所示。导入后的文件排列在“项目”面板中，如图 7-69 所示。

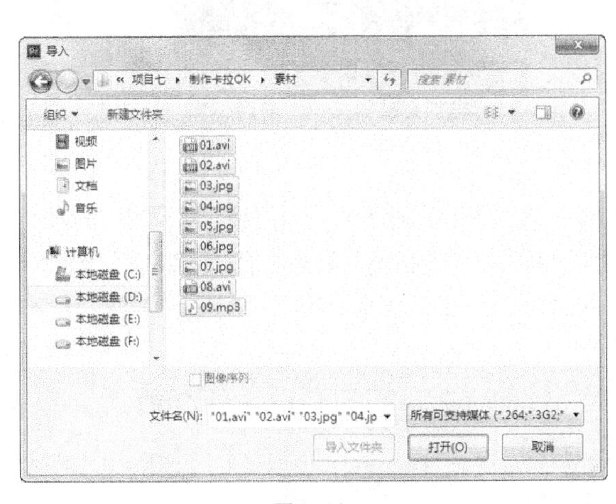

图 7-68

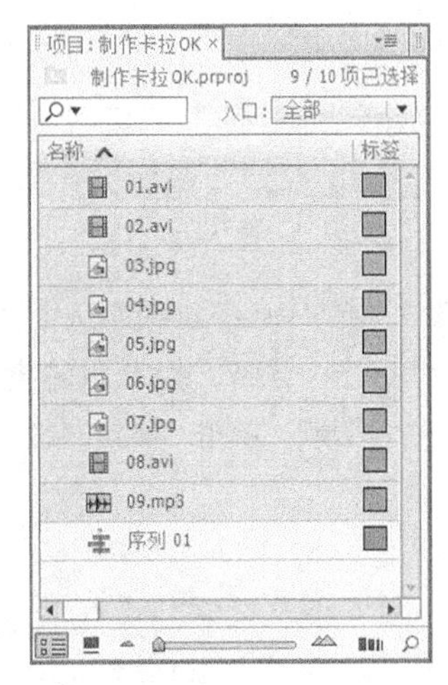

图 7-69

步骤 3　选择“文件 > 新建 > 字幕”命令，弹出“新建字幕”对话框，相关设置如图 7-70 所示，单击“确定”按钮，弹出字幕编辑面板，选择“输入”工具 T，在字幕工作区中输入需要的文字，在字幕编辑面板工具栏中设置字体、文字大小、字距和行距，在“字幕属性”子面板中设置填充和阴影，字幕工作区中的效果如图 7-71 所示。使用相同的方法制作“字幕 02”。

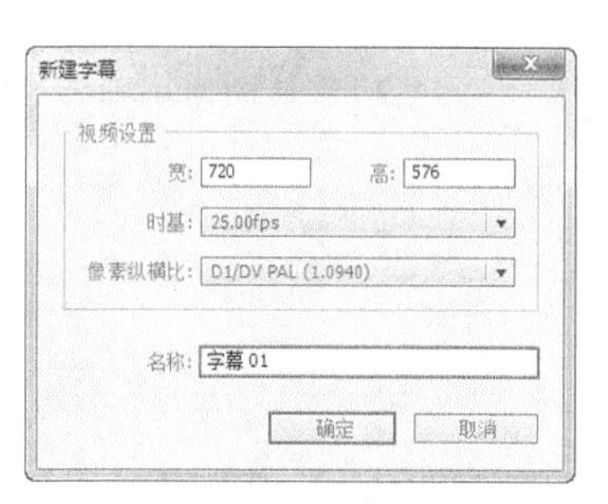

图 7-70

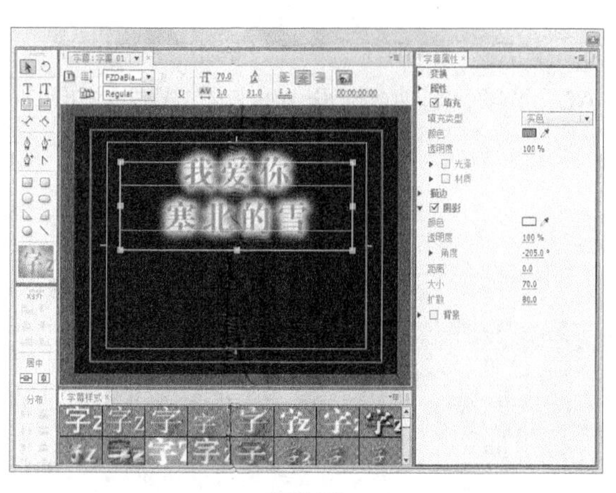

图 7-71

步骤 4　选择“文件 > 新建 > 字幕”命令，弹出“新建字幕”对话框，相关设置如图 7-72 所示，单击“确定”按钮，弹出字幕编辑面板，选择“椭圆形”工具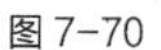，在字幕工作区中绘制圆形，在“字幕属性”子面板中设置适当的颜色，字幕工作区中的效果如图 7-73 所示。

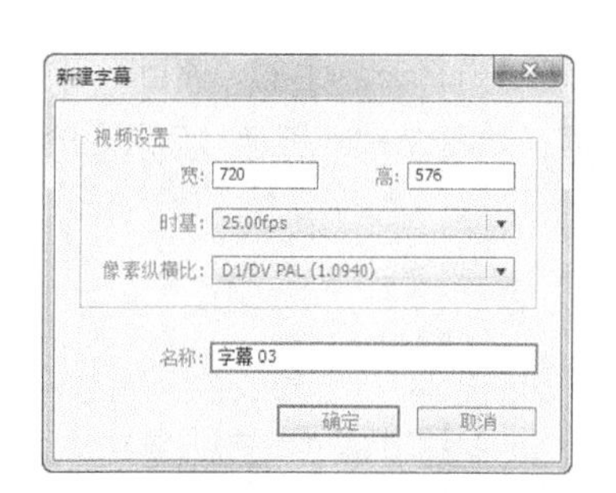

图 7-72

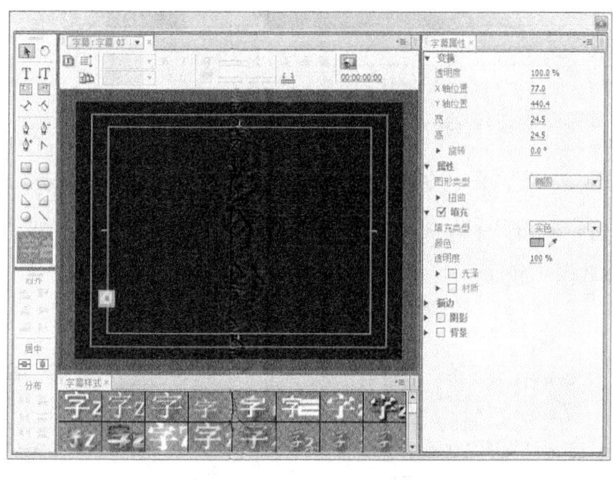

图 7-73

步骤 5　在“项目”面板中选中“01.avi”文件并将其拖曳到“时间线”面板的“视频 1”轨道中，如图 7-74 所示。选择“素材 > 速度/持续时间”命令，弹出“素材速度/持续时间”对话框，相关设置如图 7-75 所示，单击“确定”按钮，此时，“时间线”面板如图 7-76 所示。

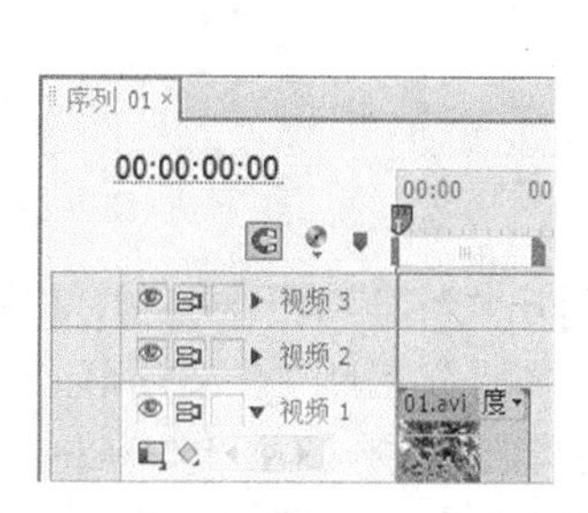

图 7-74

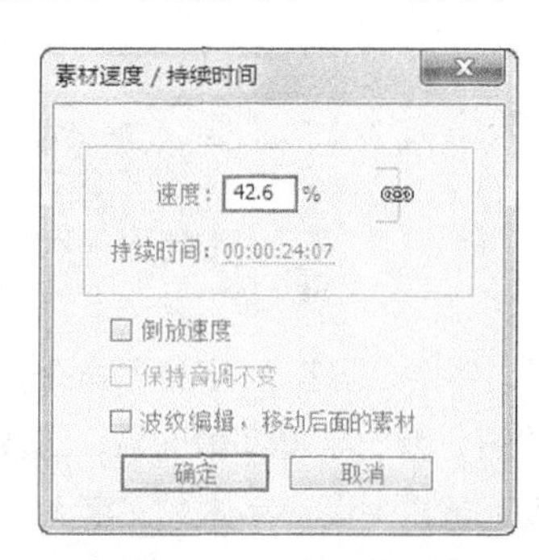

图 7-75

步骤 6　将时间标签放置在 22:09s 的位置，将鼠标指针移动到“01.avi”文件的尾部，当鼠标指针呈⊣状时，向前拖曳到 22:09s 的位置上，如图 7-77 所示。

图 7-76

图 7-77

步骤 7　使用相同的方法在“时间线”面板中添加其他文件，并调整各自的播放时间，如图 7-78 所示。将时间标签放置在 0s 的位置，选中“时间线”面板中的“01.avi”文件，选择“窗口 > 效果”命令，弹出“效果”面板，展开“视频特效”选项，单击“色彩校正”文件夹前面的三角形按钮▶将其展开，选中“亮度曲线”特效，如图 7-79 所示。

图 7-78

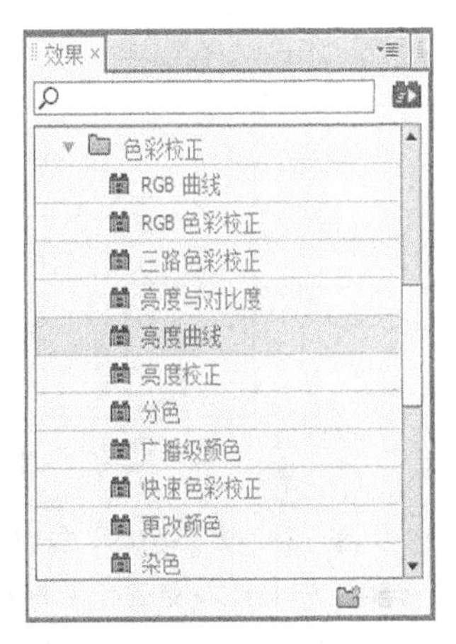

图 7-79

步骤 8　将“亮度曲线”特效拖曳到“时间线”面板中的“01.avi”文件上，在“特效控制台”面板中展开“亮度曲线”选项，在“亮度波形”框中添加节点并将其拖曳到适当的位置，其他选项的设置如图 7-80 所示。

步骤 9　将时间标签放置在 37:09s 的位置，选中“时间线”面板中的“04.jpg”文件，在“特效控制台”面板中展开“运动”选项，将“缩放比例”选项设置为 110，单击“缩放比例”选项左侧的“切换动画”按钮⏱，如图 7-81 所示，记录第 1 个动画关键帧。将时间标签放置在 41:17s 的位置，将“缩放比例”选项设置为 81，如图 7-82 所示，记录第 2 个动画关键帧。

步骤 10　将时间标签放置在 51:18s 的位置，选中“时间线”面板中的“07.jpg”文件，在“特效控制台”面板中展开“运动”选项，将“位置”选项设置为 50 和 288，单击“位置”选项左侧的“切换动画”按钮⏱，记录第 1 个动画关键帧，如图 7-83 所示。将时间标签放置在 1:03:20s 的位置，将“位置”选项设置为 660 和 288，如图 7-84 所示，记录第 2 个动画关键帧。

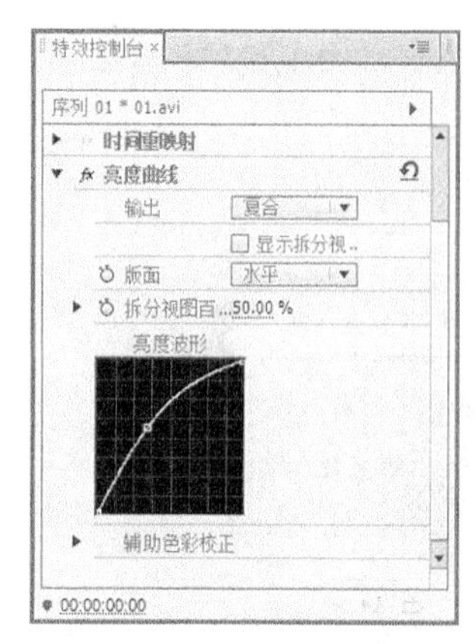

图 7-80

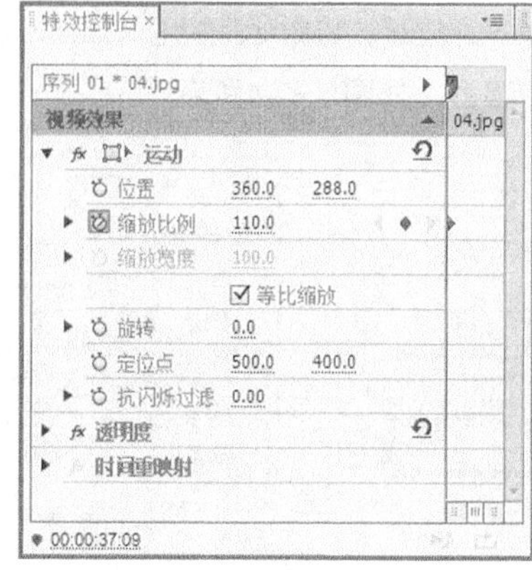

图 7-81

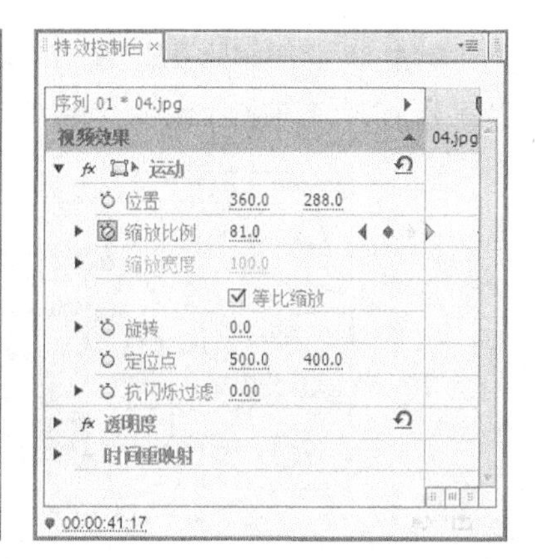

图 7-82

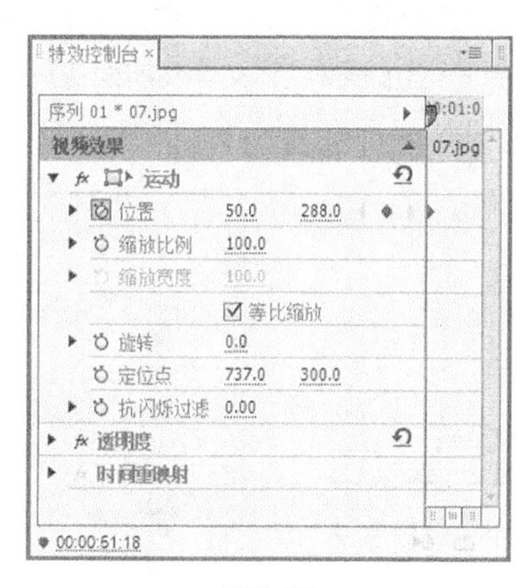

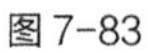
图 7-83 图 7-84

步骤 11　在“效果”面板中展开“视频切换”选项，单击“叠化”文件夹前面的三角形按钮 ▶ 将其展开，选中“交叉叠化（标准）”特效，如图 7-85 所示。将“交叉叠化（标准）”特效拖曳到“时间线”面板中的“01.avi”文件的结束位置和“02.avi”文件的开始位置，如图 7-86 所示。

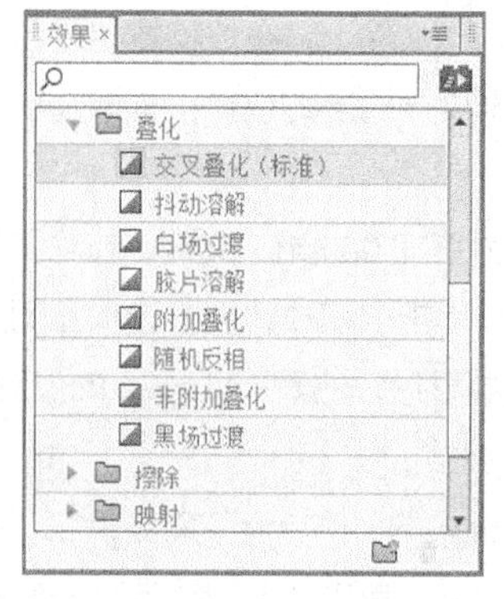

图 7-85

图 7-86

步骤 12　使用相同的方法为其他文件添加适当的切换特效，效果如图 7-87 所示。在“项目”面板中选中“08.avi”文件并将其拖曳到“时间线”面板的“视频 2”轨道中，如图 7-88 所示。

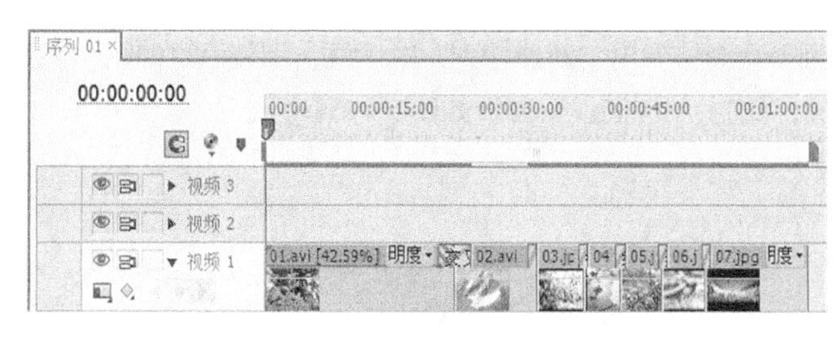

图 7-87

图 7-88

步骤 13　将时间标签放置在 0s 的位置，在“时间线”面板中选中“08.avi”文件，在“特效控制台”面板中展开“运动”选项，将“位置”选项设置为 271 和 500，“缩放比例”选项设置为 70，如图 7-89 所示。

步骤 14　将时间标签放置在 10:00s 的位置，在“特效控制台”面板中展开“透明度”选项，将“透明度”选项设置为 0%，如图 7-90 所示，记录第 1 个动画关键帧。将时间标签放置在 11:00s 的位置，将“透明度”选项设置为 100%，如图 7-91 所示，记录第 2 个动画关键帧。

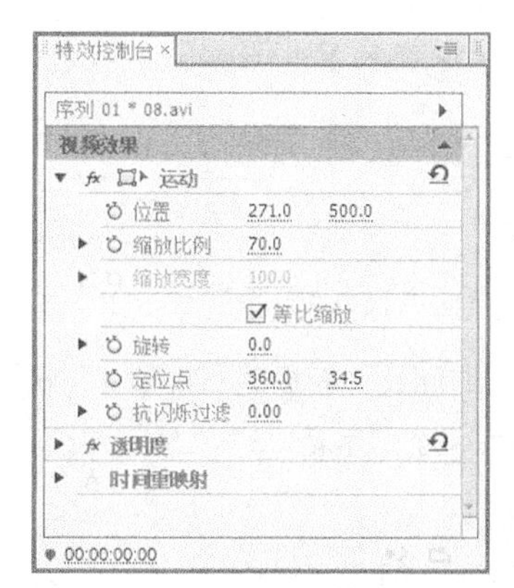

图 7-89

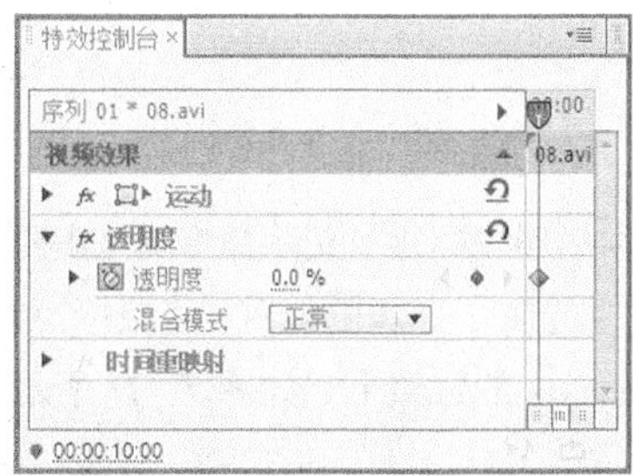

图 7-90

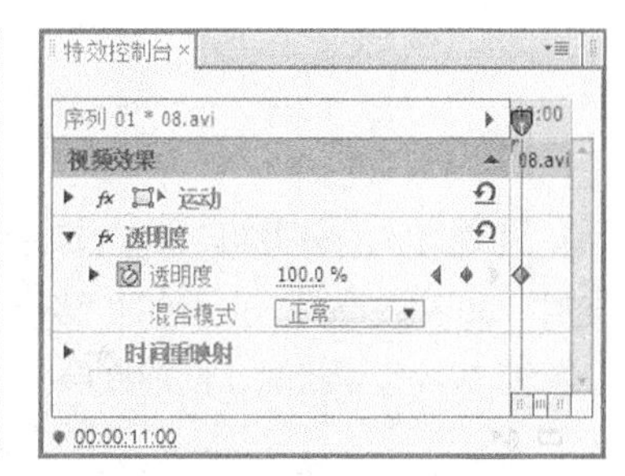

图 7-91

步骤 15　在“效果”面板中展开“视频特效”选项，单击“键控”文件夹前面的三角形按钮▶将其展开，选中“蓝屏键”特效，如图 7-92 所示。将“蓝屏键”特效拖曳到“时间线”面板中的“08.avi”文件上。在“节目”面板中预览效果，如图 7-93 所示。

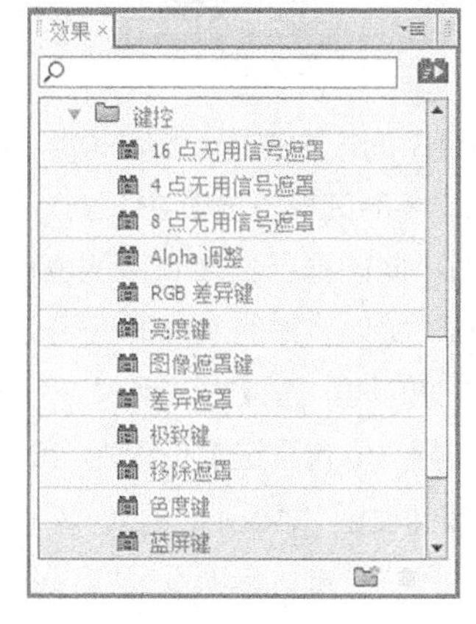

图 7-92

图 7-93

步骤 16　选择“文件 > 新建 > 序列”命令，弹出“新建序列”对话框，相关设置如图 7-94 所示，单击“确定”按钮，新建“序列 02”，此时，“时间线”面板如图 7-95 所示。

图 7-94

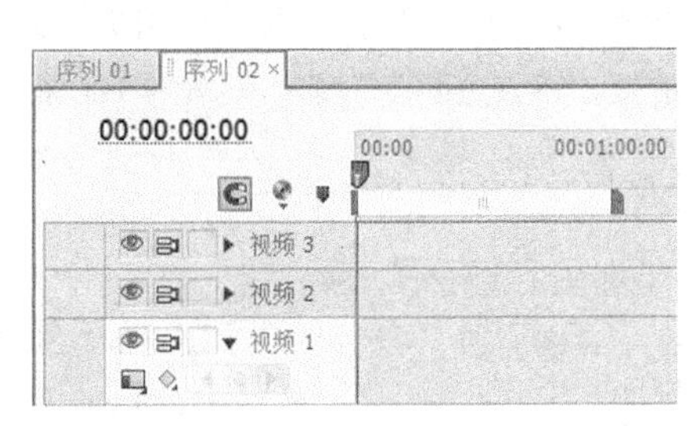

图 7-95

步骤 17　在“项目”面板中选中“字幕 03”文件并将其拖曳到“时间线”面板的“视频 1”轨道中，如图 7-96 所示。将时间标签放置在 3:00s 的位置，将鼠标指针移动到“字幕 03”文件的尾部，当鼠标指针呈◀]状时，向前拖曳到 3:00s 的位置上，如图 7-97 所示。

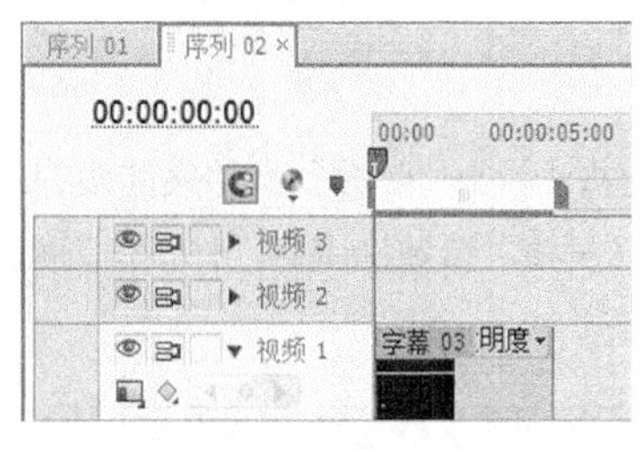

图 7-96

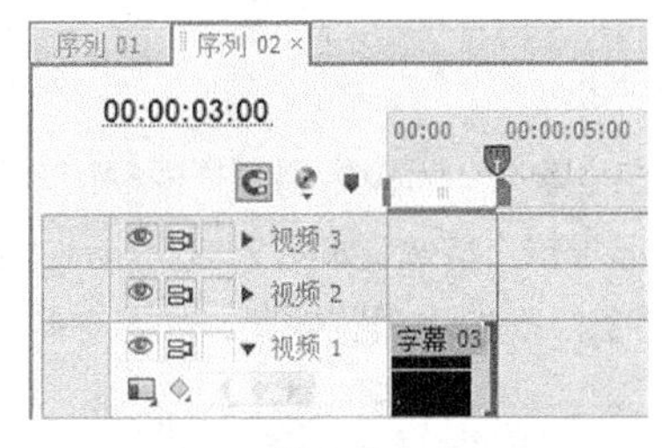

图 7-97

步骤 18　将时间标签放置在 1:00s 的位置，在“项目”面板中选中“字幕 03”文件并将其拖曳到“时间线”面板的“视频 2”轨道中，如图 7-98 所示。将时间标签放置在 3:00s 的位置，将鼠标指针移动到“字幕 03”文件的尾部，当鼠标指针呈◀]状时，向前拖曳到 3:00s 的位置上，如图 7-99 所示。使用相同的方法在“视频 3”轨道中添加“字幕 03”文件，如图 7-100 所示。

步骤 19　将时间标签放置在 1:00s 的位置，选中“时间线”面板中“视频 2”轨道中的“字幕 03”文件，在“特效控制台”面板中展开“运动”选项，将“位置”选项设置为 400 和 288，如图 7-101 所示。将时间标签放置在 2:00s 的位置，选中“时间线”面板中“视频 3”轨道中的“字幕 03”文件，在“特效控制台”面板中展开“运动”选项，将“位置”选项设置为 440 和 288，如图 7-102 所示。

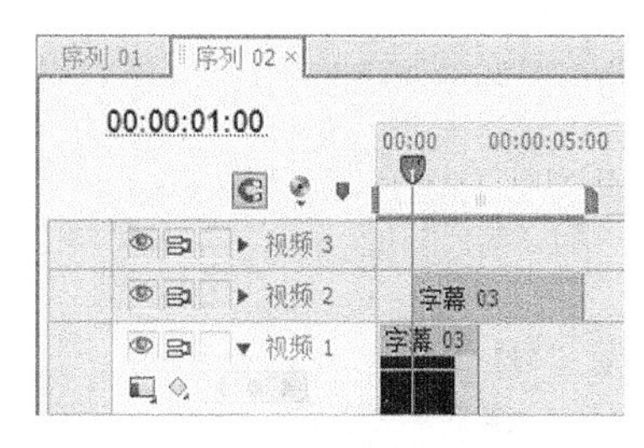

图 7-98

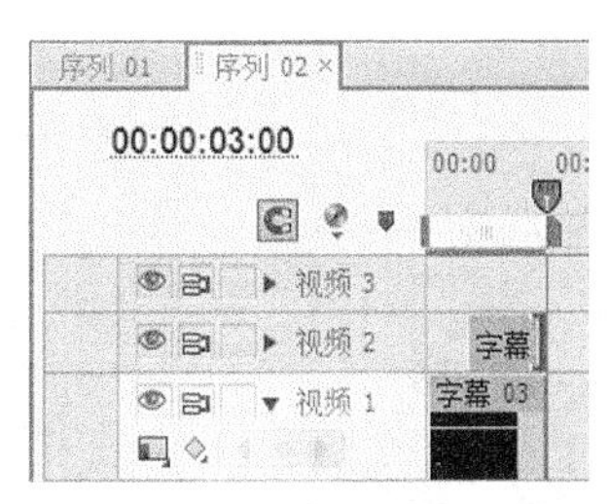

图 7-99

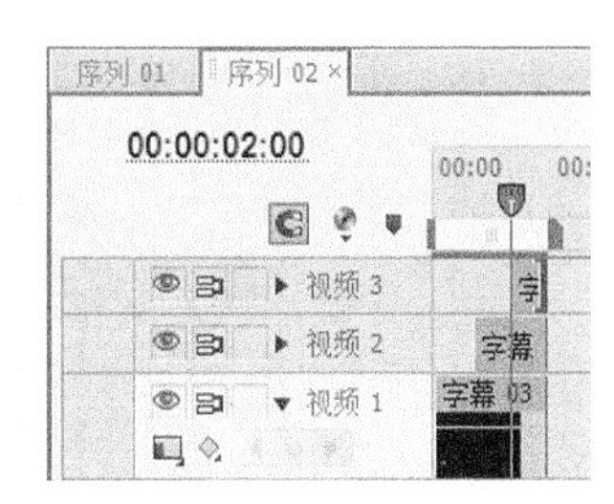

图 7-100

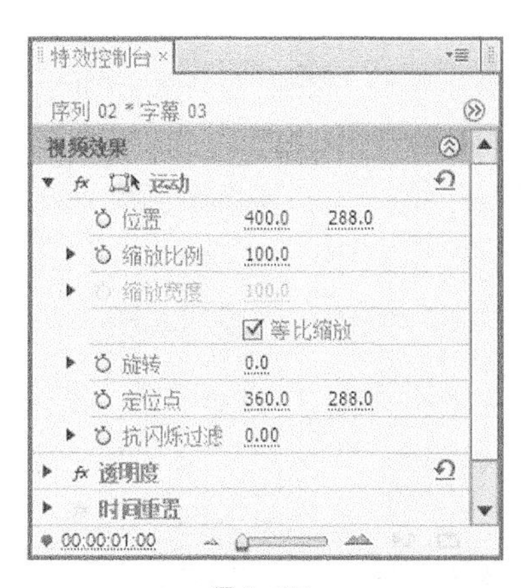

图 7-101

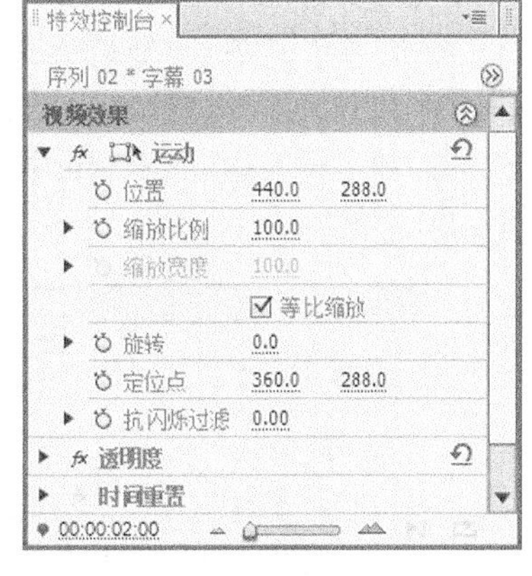

图 7-102

步骤 20　在“时间线”面板中选中“序列 01”。将时间标签放置在 10:00s 的位置，在“项目”面板中选中“序列 02”文件并将其拖曳到“时间线”面板的“视频 3”轨道中，如图 7-103 所示。选择“序列 > 添加轨道”命令，弹出“添加视音轨”对话框，相关设置如图 7-104 所示，单击“确定”按钮，在“时间线”面板中添加 2 条视频轨道。

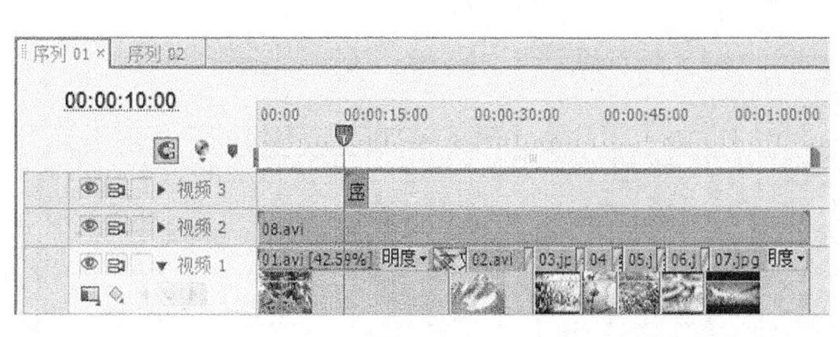

图 7-103

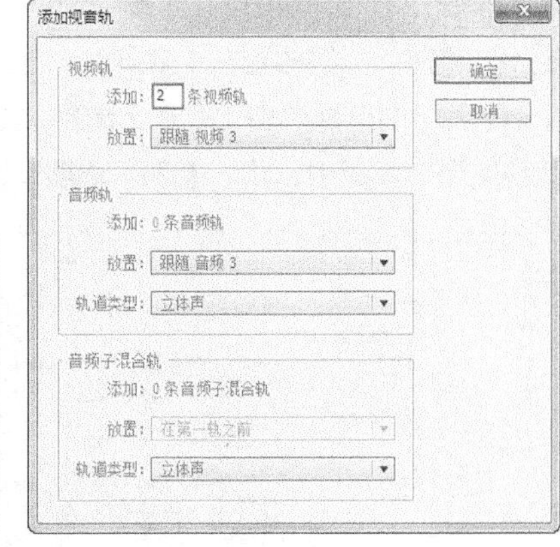

图 7-104

步骤 21　将时间标签放置在 4:00s 的位置，在“项目”面板中选中“字幕 02”文件并将其拖曳到“时间线”面板的“视频 4”轨道中，如图 7-105 所示。在“项目”面板中选中“字幕 01”文件并将其拖曳到“时间线”面板的“视频 5”轨道中。将时间标签放置在 10:00s 的位置，将鼠标指针移动到“字幕 01”文件的尾部，当鼠标指针呈状时，向后拖曳到 10:00s 的位置上，如图 7-106 所示。

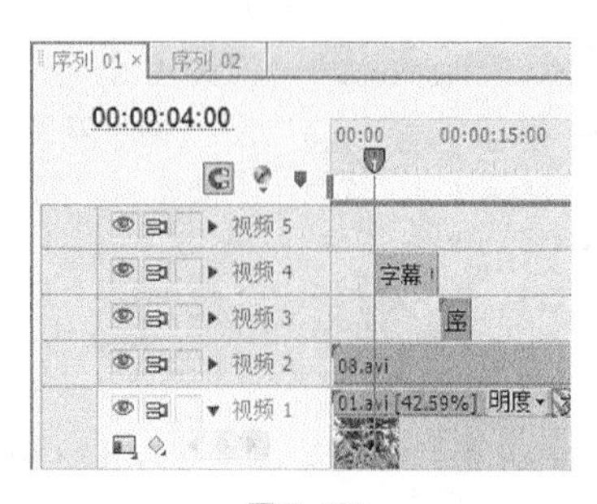

图 7-105

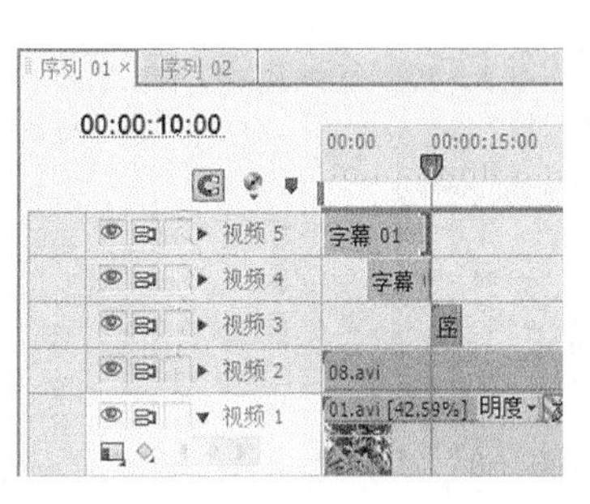

图 7-106

步骤 22　在“效果”面板中展开“视频切换”选项，单击“擦除”文件夹前面的三角形按钮▶将其展开，选中“擦除”特效，如图 7-107 所示。将“擦除”特效拖曳到“时间线”面板中的“字幕01”文件的开始位置。在“时间线”面板中选中“擦除”特效，在“特效控制台”面板中将“持续时间”选项设置为 4:00，如图 7-108 所示。

图 7-107

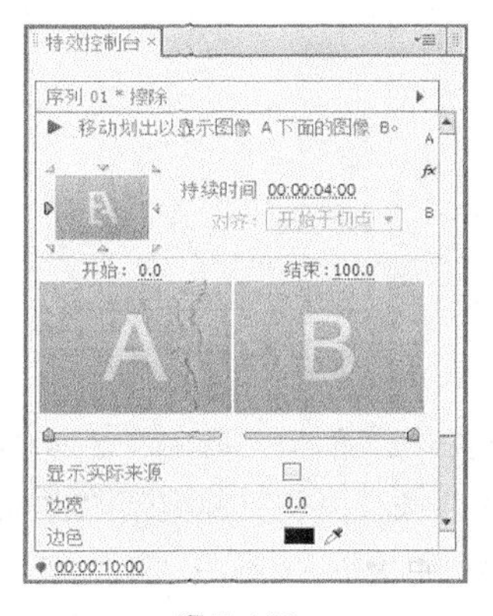

图 7-108

步骤 23　在“项目”面板中选中“09.mp3”文件并将其拖曳到“时间线”面板的“音频 1”轨道中。将时间标签放置在 1:03:20s 的位置，将鼠标指针移动到“09.mp3”文件的尾部，当鼠标指针呈状时，向前拖曳到 1:03:20s 的位置上，如图 7-109 所示。将时间标签放置在 0s 的位置，在“特效控制台”面板中，将“级别”选项设置为-100dB，如图 7-110 所示，记录第 1 个动画关键帧。

图 7-109

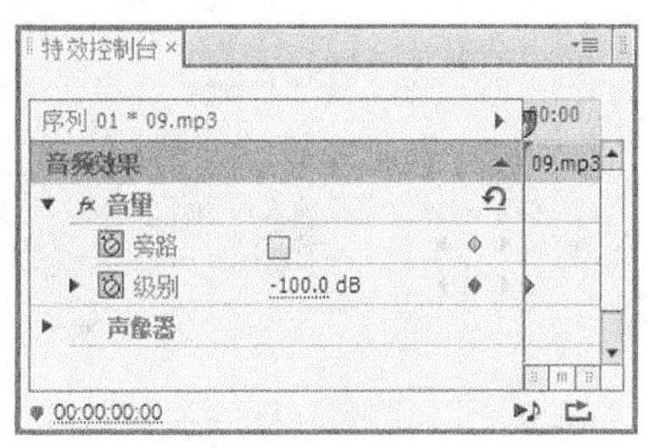

图 7-110

步骤 24　将时间标签放置在 4:00s 的位置，将“级别”选项设置为 0dB，如图 7-111 所示，记录第 2 个动画关键帧。将时间标签放置在 1:00:20s 的位置，单击“级别”选项右侧的“添加/删除关键帧”按钮◈，如图 7-112 所示，记录第 3 个动画关键帧。将时间标签放置在 1:03:20s 的位置，将“级别”选项设置为-200dB，如图 7-113 所示，记录第 4 个动画关键帧。至此，卡拉 OK 制作完成，如图 7-114 所示。

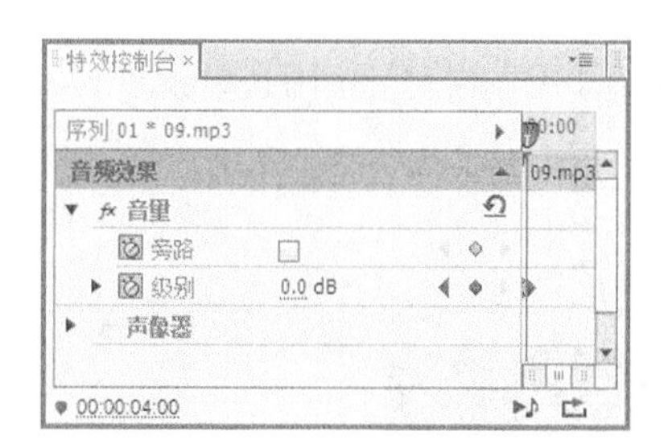

图 7-111

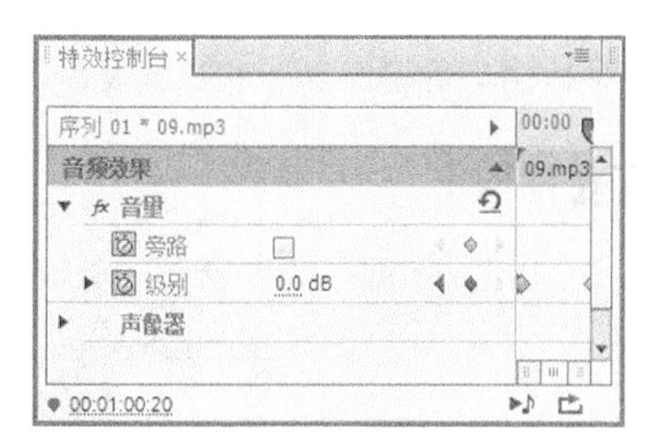

图 7-112

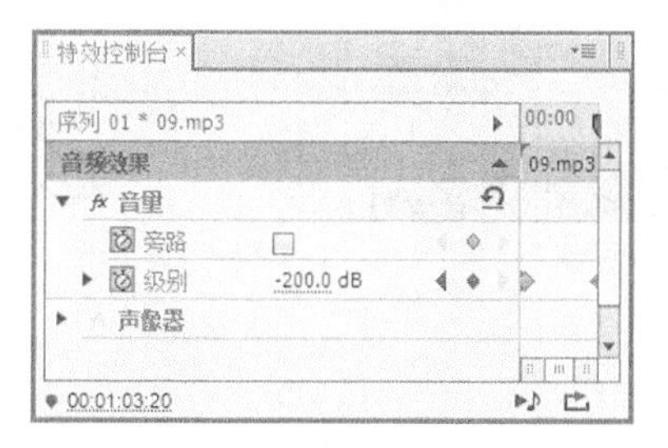

图 7-113

图 7-114

任务四 课后实战演练

7.4.1 超重低音效果

【练习知识要点】

使用“色阶”特效调整图像亮度，使用“音频增益”命令调整音频的品质，使用“低通”特效制作音频低音效果。超重低音效果如图 7-115 所示。

【案例所在位置】

云盘中的“项目七\超重低音效果\超重低音效果.prproj”。

图 7-115

微课：超重低音效果

7.4.2 音频的剪辑

【练习知识要点】

使用“显示轨道关键帧”命令制作音频的淡出与淡入。音频的剪辑效果如图 7-116 所示。

【案例所在位置】

云盘中的“项目七\音频的剪辑\音频的剪辑.prproj”。

图 7-116

微课：音频的剪辑